COURS DE BOTANIQUE.

SECONDE PARTIE.

PHYSIOLOGIE.

PARIS. — IMPRIMERIE DE FÉLIX LOCQUIN,

RUE NOTRE-DAME-DES-VICTOIRES, N° 16.

PHYSIOLOGIE VÉGÉTALE,

OU

EXPOSITION DES FORCES

ET DES FONCTIONS VITALES DES VÉGÉTAUX,

POUR SERVIR DE SUITE A L'ORGANOGRAPHIE VÉGÉTALE,
ET D'INTRODUCTION A LA BOTANIQUE GÉOGRAPHIQUE
ET AGRICOLE;

PAR M. AUG.-PYR. DE CANDOLLE.

TOME DEUXIÈME.

PARIS.

BÉCHET JEUNE,
LIBRAIRE DE LA FACULTÉ DE MÉDECINE,
PLACE DE L'ÉCOLE DE MÉDECINE, N° 4.

1832

PHYSIOLOGIE

VÉGÉTALE.

LIVRE III.

DE LA REPRODUCTION OU DE LA VIE DE L'ESPÈCE.

CHAPITRE PREMIER.

De la Reproduction en général.

L'étude de la nutrition végétale nous a montré, autant du moins que les bornes de la science nous l'ont permis, comment l'individu végétal soutient son existence. Voyons maintenant comment l'espèce soutient la sienne, ou, en d'autres termes, comment le nombre d'individus d'une même espèce vient à s'augmenter.

Chacun sait que les végétaux sont, sous ce rapport, doués de deux grandes facultés : celle de produire des graines, ce qui constitue la fructification ou la reproduction sexuelle, ou la reproduction proprement dite ; et celle de se diviser ou d'être divisés en plusieurs parties, dont chacune peut vivre isolément, ce qui constitue la multiplication ou la reproduction par division. Nous commencerons par étudier ces deux grands phénomènes séparément dans les végétaux où ils sont bien distincts. Ainsi, l'étude de la fructification se compose de celle de la fleuraison, de la fécondation, de la maturation, de la dissémination des graines et de leur germination. Celle de la multiplication par division se compose du mode de développement des organes ascendans et de celui des organes descendans. Lorsque nous aurons passé en revue ces diverses séries de faits, nous en viendrons à comparer l'essence et les résultats des deux phénomènes dans les végétaux phanérogames, et nous arriverons ainsi, par une marche assez logique, à étudier ce que c'est que l'espèce, et ce qui constitue les diverses sortes de variétés qu'on y observe. Nous terminerons par un examen succinct des mêmes questions dans les plantes cryptogames.

Les animaux étant doués d'un instinct propre ou de la conscience de leur nature, et pouvant en même temps se rapprocher à volonté, ont pu, sans inconvénient pour leur reproduction, avoir souvent les sexes séparés, et on ne les y trouve en effet réunis que dans ceux qui, à d'autres égards, se rapprochent des végétaux. Ceux-ci, au contraire, étant dépourvus de tout mouvement locomotif, et ne paraissant pas doués de la conscience de leur nature, auraient facilement disparu de la surface du globe, si leur reproduction n'avait pas été assurée par des moyens plus variés et inhérens à leur structure même :

nous devons donc nous attendre d'avance à trouver proportionnellement plus de diversité dans les moyens de reproduction des plantes, que dans ceux des animaux; nous devons y trouver plus de profusion dans les moyens reproducteurs, et malgré cela plus de cas où leur action ne pourra s'exercer par suite de l'éloignement des individus. Nous pouvons croire enfin à l'avance que, de cette diversité de phénomènes, il résultera plus de causes de variétés dans les types végétaux que dans les types animaux.

Indépendamment de la cause que je viens de mentionner, cet effet est encore augmenté, 1° par la facilité avec laquelle la plupart des végétaux se multipliant de bouture, en conservent leurs moindres particularités; 2° par la très-grande influence que les élémens extérieurs exercent sur leurs formes et sur leur nature.

CHAPITRE II.

De la Fleuraison des végétaux phanérogames.

---

§. 1. De la fleuraison en général.

LE brillant phénomène du développement et de l'épanouissement des fleurs a reçu le nom de *fleuraison* ou de
floraison (1). Il est connu de tout le monde, à l'époque
où il est à son terme ; mais il y aurait des observations
importantes à faire à ce sujet, long-temps avant l'époque
où la fleur est visible à nos yeux. Sans admettre les vi-
sions par lesquelles une dame anglaise croyait apparce-
voir dans l'intérieur des troncs, sous le microscope, des
bouquets tout préparés d'avance, et qui devaient se développer graduellement, on ne peut nier que dans quelques végétaux on ne voie des grappes de fleurs toutes
formées long-temps avant l'époque de leur apparition ;

---

(1) On emploie indifféremment ces deux termes ; mais comme
le verbe *fleurir* s'applique exclusivement aux plantes, et le verbe
florir aux hommes, comme lorsqu'on dit que *Virgile florissait
du temps d'Auguste*, ou aux composés du mot fleur pris dans
le sens de farine, comme *déflorer* et *défloration*, il me paraît plus conforme à l'analogie d'admettre le terme de *fleuraison* plutôt que celui de *floraison*, lorsqu'il s'agit de l'acte de
l'épanouissement des fleurs.

c'est ainsi qu'en coupant en long, par le centre, le tronc de plusieurs palmiers, on y trouve les rudimens des régimes qui doivent se développer, la première, la seconde, et, dit-on, jusqu'à la septième année. Il y aurait un intérêt très-grand à étudier avec détails cette préfleuraison qui n'a été indiquée que d'une manière vague, et sur laquelle nous ne trouvons aucun renseignement précis.

Nous ignorons encore presque complétement quelle est la cause qui détermine, dans les végétaux, cette interversion du développement ordinaire. Tous les organes des fleurs sont, comme nous l'avons vu dans l'Organographie, de simples feuilles plus ou moins modifiées ou métamorphosées. Quelle est la cause prédisposante qui fait que plus ou moins long-temps à l'avance un rameau est déterminé de telle sorte, que tous ses organes appendiculaires subissent cette mutation ? Nous ne le savons pas mieux que l'on ne sait en physiologie animale pourquoi tel animal est adulte à telle époque plutôt qu'à telle autre. Dans l'ignorance où nous sommes sur les causes, nous devons nous borner aux faits et examiner la fleuraison, d'abord, dans ses rapports avec l'âge des plantes, l'époque de l'année, l'heure de la journée ou les circonstances atmosphériques, puis la décrire en elle-même et en suivre les différentes phases.

§. 2. De la Fleuraison comparée avec l'âge des plantes, ou de la puberté des végétaux.

L'époque où chaque espèce de plantes commence à fleurir pour la première fois, ou, si l'on veut, la puberté des végétaux, est soumise à quelques lois assez simples.

Ainsi, en général, les herbes fleurissent dès la première année de leur vie; un petit nombre d'entre elles, dites bis-annuelles, ne fleurissent qu'à la seconde année, et quelques autres plus tard. Les sous-arbrisseaux présentent assez de variations : il en est qui fleurissent la première, la deuxième, la troisième, la quatrième année, etc. Les arbrisseaux, et surtout les arbres, commencent en général à fleurir d'autant plus tard, que leur croissance est plus lente, et que leur durée habituelle est plus prolongée. Cette loi est conforme à ce qui a lieu en général chez les animaux ; mais elle offre moins de régularité dans les plantes : ainsi le ricin d'Afrique, qui est un arbrisseau, fleurit dès la première année de sa vie; les rosiers de Bengale, venus de graines, offrent, d'après l'observation de M. Bauman, un bouton à fleur immédiatement après leur germination et le développement des feuilles primordiales ; et j'ai eu en fleur dans le jardin de Genève des pins des Canaries (1), âgés de quatre ans, et hauts de trois pieds seulement, quoique cet arbre s'élève jusqu'à soixante pieds dans son sol natal.

Les circonstances dans lesquelles la plante peut être forcée de vivre, modifient souvent l'époque de sa puberté : ainsi, en général, les plantes d'une même espèce commencent à fleurir plus tôt dans les pays chauds que dans les pays froids; dans ces derniers, il arrive même que quoiqu'elles puissent y vivre, elles ne peuvent jamais fleurir. L'élévation de la température est donc une première cause qui tend à exciter la vitalité, et à disposer les plantes à fleurir.

----

(1) Plant. rares du jardin de Genève, pl. 1.

Cette première loi est souvent combinée avec une autre qui la combat quelquefois : c'est que les plantes trop arrosées, ou trop abondamment nourries, tendent souvent à pousser trop en bois et en feuilles, et ne fleurissent pas si tôt, ou ne se *mettent pas à fruit*, comme disent les jardiniers, tandis que les individus de la même espèce, crus dans un lieu sec ou moins abondamment nourris, ont souvent plus de disposition à fleurir. Ce double fait, sans être universel, est assez fréquent pour qu'on puisse le regarder comme inhérent à la nature des végétaux. C'est ainsi que dans les années très-humides ou dans les terrains trop fertiles, on voit souvent les arbres fruitiers pousser en branches et non en fruits. C'est ainsi que nos arbres fruitiers et nos légumes, transportés entre les tropiques, portent des feuilles en abondance, mais difficilement du fruit, et que les forêts des pays équatoriaux fleurissent rarement, d'après l'observation de M. Wydler. C'est probablement par une suite de la même loi que les boutures tendent souvent à fleurir plus tôt que si elles étaient restées adhérentes au tronc qui les portait.

M. de Tschudy (*Mémoire sur la Greffe*, p. 42) raconte qu'il a mis un melon à fruit, soit en lui enlevant quelques racines, soit en lui enlevant une partie de la sève ascendante, par suppression d'une portion cylindrique de sa tige. *Jeunesse et vigueur*, dit-il, *ne produisent que de l'herbe, et n'accordent pas de fruits, ou les mûrissent mal.* C'est à cause de l'amaigrissement qu'elles éprouvent, que certaines plantes, telles que les pervenches (1), fructifient

---

(1) Du Petit-Thouars, Ann. soc. d'hortic. de Paris.

mieux en vase qu'en pleine terre. Lorsqu'on veut cultiver les arbres fruitiers dans les Indes-Orientales, on dé-
chausse leurs racines pendant la grande chaleur. Ce dé-
chaussement fait tomber leurs feuilles, et opère un arrêt
de végétation assez analogue à celui que l'hiver produit
chez nous : il en résulte qu'au lieu de pousser en bois et
en feuilles, leurs bourgeons se développent en fleurs et
en fruits.

Outre ces deux causes générales qui modifient l'âge
de la puberté des plantes, il en est d'autres moins uni-
verselles et moins avérées qui méritent d'être mentionnées.

Ainsi, on a remarqué que certains arbrisseaux maritimes ont peine à fleurir lorsqu'on les cultive dans les
jardins, loin de la mer; et on assure qu'on peut les y
déterminer en les arrosant avec de l'eau salée. Linné dit
avoir réussi de cette manière à faire fleurir un nitraria.
L'eau salée agit-elle ici comme un aliment approprié à
l'espèce, ou comme un moyen de retarder la végétation ?
Avant de discuter l'explication, il serait prudent de s'assurer si le fait est bien avéré; car on voit fréquemment
le nitraria, et bien d'autres plantes maritimes, fleurir
sans arrosemens salés.

On dit encore que les plantes qui ont voyagé dans
l'année sont plus disposées que les autres à fleurir; et
sans avoir fait à cet égard des expériences bien précises,
j'ai toujours, dans les jardins botaniques que j'ai dirigés, été frappé de ce fait, que les plantes qu'on y rece-
vait fleurissaient plus souvent dans l'année de leur arrivée que dans la suite. Est-ce, comme ont cru quelques-
uns, que la commotion du voyage retarde leur végéta-

tion foliacée , et produit le même effet que la diminution de leur nourriture ?

§. 3. De la Fleuraison comparée avec l'époque de l'année, ou du rut des végétaux.

Lorsqu'un végétal vivace a commencé à fleurir, il est assez ordinaire que la fleuraison revienne chaque année d'une manière périodique, à peu près comme le rut des animaux revient annuellement à certaines saisons, soit parce qu'il faut un certain temps à l'être organisé pour accumuler l'aliment nécessaire à la reproduction, soit parce qu'un certain degré de température est nécessaire pour l'y déterminer. On remarque cependant chez les plantes , comme chez les animaux , que cette régularité est moins grande dans les premières années qu'elle ne l'est dans la suite, et qu'il y a quelquefois des années stériles : celles-ci ont lieu si la plante , par exemple , est transportée d'un lieu plus chaud dans un lieu plus froid, ou si quelque intempérie locale nuit à sa végétation.

Il est d'autres causes spéciales qui tendent à interrompre cet ordre régulier : ainsi , lorsqu'un arbre a porté beaucoup de fruits ou les a conservés très-tard une année , il est fréquent que l'année suivante la fleuraison soit faible ou nulle. On a remarqué dans le midi de l'Europe que , si on laisse les olives trop tard sur les arbres , la récolte manque l'année suivante : c'est ce qui produit les récoltes bisannuelles de l'olivier. Si, au contraire , on cueille les olives de bonne heure, on peut obtenir des récoltes annuelles. Les arbres fruitiers d'automne ont , comme on le voit par l'exemple des pommiers et des poiriers , plus souvent des récoltes bisannuelles que les fruitiers du printemps, tels que les cerisiers ou les groseillers , parce que ceux-ci , après avoir porté fruit , ont encore le temps de nourrir les bourgeons qui doivent se développer l'année suivante.

On peut, au contraire , citer des cas où le nombre des fleuraisons est plus grand qu'il ne devrait être : ainsi, il arrive quelquefois que , dans les automnes chauds et humides , on voit se développer de nouveau les fleurs des arbres et des herbes à fleuraison printanière (1) ; quelquefois il en résulte que ces individus ne refleurissent pas au printemps suivant ; le plus souvent, la fleuraison de l'automne , ou , comme on dit , *l'arrière-fleur* , ne nuit pas à celle du printemps. Rozier cite un marronier d'Inde qui existait de son temps à Orléans, et qui chaque année fleurissait au printemps et en automne. On obtient encore une double fleuraison par d'autres causes : ainsi, elle est fréquente dans les mûriers qu'on effeuille , et elle est souvent déterminée dans les arbres fruitiers par la grêle , qui abat toutes les feuilles en été, si après la grêle il survient un temps favorable à la fleuraison. C'est par un accident de ce genre qu'on trouve quelquefois des pommiers portant à la fois des fruits provenant de la fleuraison du printemps, et des fleurs appartenant à celle de l'automne.

L'époque annuelle de la fleuraison des plantes est généralement déterminée pour chaque espèce , comme l'é-

---

(1) Rozier, dans son Dict. d'agric., au mot *Fleur*, et Marcorelle, dans le Journ. de phys., vol. 27, p. 128, en ont cité plusieurs exemples.

poque du rut pour les animaux ; et chacun sait que ,
pour les deux règnes organisés , c'est le printemps qui
est l'époque ordinaire du phénomène. Cette circonstance si fréquente peut s'expliquer , soit parce que le repos de l'hiver leur donne le temps de se préparer , pour
ainsi dire , à l'acte éminemment vital de la reproduction;
soit parce que les premières chaleurs du printemps agissent plus vivement sur les forces vitales en succédant aux
rigueurs de l'hiver; soit enfin parce que la fleuraison
printanière , laissant plus de temps pour se développer
aux jeunes êtres qui doivent naître que la fleuraison automnale , il doit y avoir un plus grand nombre d'accidens parmi les espèces tardives , et plusieurs d'entre
elles ont pu être détruites dans certains climats par ces
causes accidentelles. On peut juger de cet effet dans les
naturalisations qui se font du midi au nord : plusieurs
espèces méridionales à fleuraison tardive , telles , par
exemple , que le néflier du Japon , ne peuvent point fleurir , ou tout au moins ne peuvent porter fruit dans les
pays du nord, et y seraient bien vite détruites , si la
main de l'homme ne travaillait sans cesse à les renouveler par des boutures ou par de nouvelles graines.

Si l'on recherche les causes probables de l'époque des
fleuraisons, on en trouve trois principales, savoir : la
température, l'habitude, et peut être l'idiosyncrasie
ou nature propre du végétal.

La température est de ces trois causes la plus évidente , et celle sur laquelle l'homme a le plus d'action.
Considérée d'une manière générale , elle ne peut être
révoquée en doute : ainsi, les plantes de nos climats
fleurissent plus tôt dans les années chaudes que dans les

années froides; mises en serre, elles y fleurissent plus tôt qu'en plein air ; portées dans un climat plus chaud , elles accélèrent , dans un climat plus froid, elles retardent leur fleuraison. Ainsi, M. Aug. de Saint-Hilaire (1) rapporte avoir vu, le 1er avril 1816 , les pêchers encore sans fleurs ni feuilles à Brest; le 8 , ils étaient entièrement fleuris à Lisbonne; le 25 , les pêches étaient nouées à Madère, et le 29, à Ténériffe, elles étaient mûres. M. Schubler (2) a comparé les fleuraisons des mêmes plantes dans divers pays d'une manière fort instructive pour la géographie botanique. Sous le rapport qui nous occupe ici, il a bien constaté l'influence de la température sur la fleuraison : par exemple, l'amandier qui fleurit à Smyrne dans la première moitié de février , fleurit en Allemagne dans la seconde moitié d'avril , et à Christiania, dans les premiers jours de juin. Il a constaté aussi que cette accélération est très-grande pour les arbres à fleuraison printanière , et va en diminuant pour ceux qui sont plus tardifs. Ainsi, la vendange se fait à Smyrne le 1er septembre , et en Allemagne le 15 octobre. Nous verrons tout à l'heure la cause de ce fait.

Comme il s'établit chaque année une certaine moyenne de température pour chaque mois de l'année dans chaque lieu , il en résulte qu'en général chaque espèce de plante fleurit à une époque déterminée. Linné a dressé le tableau des fleuraisons successives des divers végétaux sous le climat d'Upsal, pour l'année 1755 , et , selon sa ma-

---

(1) Pl. remarq. du Brésil, introd.. p. 1.

(2) Recherches sur le temps de la fleuraison; Mém. en allem. dans la *Flora* , 1830 , p. 553.

nière toujours poétique de parler, il a donné à cette liste le nom de *Calendrier de Flore*. De pareilles listes ont été dressées dans divers pays : ainsi, Stillingfleet a donné la comparaison du calendrier de Flore de Stratton en Norfolck (52° 45′ de latit.) avec celui d'Upsal (59° 51′ de latit.) pour cette même année 1755. Lamarck a donné la liste mensuelle des fleuraisons des environs de Paris. Rœmer a donné un calendrier de Flore pour la Suisse dans les Annales d'Usteri. Gilibert a donné le calendrier de Flore pour Grodno en Lithuanie (1), et, de concert avec madame Lortet, il a dressé celui de Lyon (2). Récemment M. Bigelow a rappelé l'attention des naturalistes sur ce genre de recherches, en comparant ensemble divers points des États-Unis (3), et un grand nombre de Flores contiennent des documens à ce sujet.

Si on considère les calendriers de Flore, quant à la comparaison de pays divers, ils se lient utilement à la géographie botanique et à l'étude des climats, dont les époques de fleuraison sont des conséquences; si on les considère dans un même lieu, on ne tarde pas à connaître qu'il y a de grandes diversités d'une année à l'autre. Adanson a cherché à se rendre raison de ces diversités, en les rapportant à la température antécédente; ainsi il a supputé le nombre de degrés de chaleur qui ont eu lieu depuis le commencement de l'année jusqu'au mo-

---

(1) *Chloris grodnensis et syst. pl. cur.*

(2) Calendrier de flore pour Grodno et Lyon, 1 vol. in-8°. Lyon, 1809.

(3) *Facts sarving to shew the comparative forwardness*, etc., in-4°. Cambridge, 1828.

ment de la fleuraison de chaque espèce, et il en a dressé
une table pour le climat de Paris. Le peuplier blanc,
dit-il, épanouit sa fleur lorsque le nombre des degrés
de chaque jour additionnés s'est élevé à 168; la violette, quand elle en a reçu 272; le lilas, 725; la vigne,
1770, etc. Cette manière d'estimer l'époque des fleuraisons annuelles aurait l'avantage de pouvoir comparer facilement les années et les localités différentes : ainsi,
on comprendrait pourquoi la violette fleurit à Lyon
plus tôt qu'à Upsal, et un même chiffre suffirait pour
tous les lieux. Mais quelque ingénieuse que soit l'idée
d'Adanson, elle est loin d'être aussi exacte qu'elle le
semble. Ainsi, 1° quel sera le point de départ de cette
supputation? Adanson a pris arbitrairement le 1er janvier. Mais n'est-il pas évident que la température de l'automne influe aussi sur le phénomène, et que tous les
arbres n'arrivent pas au 1er janvier avec une égale disposition à fleurir?

2°. Comment supputera-t-on ces degrés de chaleur?
Prenez-vous le chiffre exprimant la température à midi,
je suppose de chaque journée? Mais qui ne voit que le
froid plus ou moins grand de la nuit peut retarder plus
ou moins l'effet de la chaleur du jour? Prendrez-vous la
moyenne de toutes les heures de la journée, ce qui est
beaucoup plus exact? Êtes-vous certain que la même
température obtenue par une grande uniformité, ou par
la compensation d'extrêmes très-inégaux, produira le
même effet sur la végétation?

3°. Les degrés thermométriques sont ordinairement
estimés d'après l'état de l'air à l'abri des rayons directs
du soleil; mais l'action directe de ces rayons influe beau-

coup sur la végétation, et il est probable que si l'on comparait l'effet d'une journée sans soleil avec une autre d'égale température, obtenue sous l'influence solaire, on aurait des résultats différens quant à la végétation.

4°. Tout ce que nous avons dit sur le développement des bourgeons, au chap. XIV du livre II, tend encore, par analogie, à montrer le vide de cette théorie.

L'idée d'Adanson n'a donc pas un degré d'exactitude assez grand pour mériter une confiance implicite; elle tend, aussi bien que celle du calendrier de Flore, à confirmer d'une manière générale l'influence de la température sur la fleuraison; mais celle-ci, comme je l'ai déjà montré au livre Ier, chap. XIV, pour la feuillaison, participe au vague et à la complication de tous les phénomènes météorologiques.

Parmi ces derniers, l'un de ceux qui paraissent quelquefois modifier l'effet de la température, c'est le degré d'humidité du sol : ainsi, il n'est pas rare de voir certains printemps chauds, mais très-secs, où la fleuraison des marroniers est évidemment retardée plusieurs jours par la sécheresse du sol, et d'autres cas contraires à ceux-ci, où une trop grande humidité détermine certaines espèces à pousser en feuilles, et retarde la fleuraison.

Je suis aussi disposé à croire qu'un certain état électrique de l'atmosphère peut influer sur la fleuraison ; mais je n'ai à cet égard que des inductions vagues, et je dois me borner à indiquer ce sujet de recherches aux observateurs.

Lors même qu'on supposerait connues toutes les causes météorologiques qui influent sur la fleuraison, il faudrait encore tenir compte, dans les végétaux comme dans les animaux, de la nature propre de l'espèce, nature qui influe puissamment sur le phénomène : ainsi la fleuraison une fois déterminée, paraît soumise à une loi de périodicité et d'habitude ; il est probable que pour que ce phénomène puisse avoir lieu, il doit y avoir une certaine masse de développement ou de nourriture accumulée, qui exige un certain temps; de telle sorte que, jusqu'à ce que ce développement ou ce dépôt soit opéré, la plante ne fleurira pas, quoique exposée souvent à un degré de température supérieur à celui qui détermine sa fleuraison ordinaire : ainsi un cerisier ou un marronier reçoivent, sans fleurir, plus de chaleur en été que celle qui a déterminé leur fleuraison au printemps. Cet effet de la périodicité ou de l'habitude ne se montre nulle part d'une manière plus prononcée que dans les naturalisations de l'un des hémisphères à l'autre. Lorsqu'on transporte nos arbres fruitiers dans les parties tempérées de l'hémisphère austral, ils continuent quelques années à fleurir à l'époque qui correspond à notre printemps : l'inverse a lieu lorsqu'on apporte chez nous certains arbres de l'hémisphère austral. Nous manquons cependant de documens suffisamment exacts pour apprécier la réalité et l'intensité de ces phénomènes, attestés par les jardiniers.

Il est une circonstance importante à observer ici : les fleurs ne peuvent se nourrir que de l'aliment préparé par les feuilles, ou dans l'année précédente, ou dans l'année actuelle. Lorsque l'aliment est préparé dès l'année précédente, et emmagasiné dans les tiges des arbres ou les racines vivaces, la fleur peut se développer dans le premier printemps et avant les feuilles ; aussi est-ce toujours dans les espèces printanières qu'on trouve celles qui sortent de bourgeons spéciaux avant la naissance des feuilles :

tels sont, par exemple, le *chimonanthus fragrans*, qui fleurit en hiver, l'amandier, le pêcher, le pommier, le poirier, qui fleurissent au premier printemps. Au contraire, lorsque les fleurs naissent des mêmes bourgeons que les feuilles ou se développent après elles, il faut que leur fleuraison se retarde pour pouvoir profiter de la nourriture élaborée par les feuilles de l'année. C'est par le même motif qu'il y a moins de différence, d'un climat à l'autre, entre les fleuraisons du printemps qu'entre celles de l'automne. Dans les premières, la nourriture est prête, il ne manque que la chaleur pour en tirer parti; dans les secondes, il faut que la nourriture se prépare, et pendant la durée de la végétation la chaleur a le temps d'exciter graduellement la fleuraison ou la maturation.

Parmi les causes inhérentes aux espèces, et qui peuvent modifier l'époque des fleuraisons, il faut surtout, pour les végétaux cultivés, compter la prolongation et l'abondance plus ou moins grande des fruits sur l'arbre, circonstance dont j'ai parlé tout à l'heure sous un autre rapport. Tant que les fruits restent sur un arbre, ils attirent à eux la sève, et les bourgeons des fleurs futures sont mal nourris. C'est par ce motif qu'on détermine la fleuraison plus abondante des rosiers, en coupant les jeunes fruits immédiatement après la fleuraison; c'est peut-être parce qu'on cultive plus de dahlia doubles et par conséquent stériles, que la fleuraison de ces plantes s'est avancée depuis que nous les cultivons en Europe. En effet, dans les dahlias simples, la plante est pour ainsi dire occupée toute l'année à nourrir ses graines et ne peut pas déposer beaucoup d'aliment dans ses racines, tandis que l'inverse a lieu dans les dahlias doubles. Ce fait paraît général pour toutes les plantes dont nous cultivons des individus à fleurs simples et à fleurs doubles : celles-ci fleurissent toujours les premières, comme MM. Knight et Salisbury l'ont remarqué, et comme je l'ai observé sur les hépatiques, les galants d'hiver, etc. Cela tient à ce que, dans l'année précédente, la nourriture ne s'étant pas portée sur les graines qui n'existaient pas, s'est déposée en plus grande abondance dans la racine, et a favorisé un développement plus précoce.

Indépendamment des causes inhérentes aux espèces, il en est d'autres qui semblent tenir aux individus mêmes, et qui modifient les époques de leur fleuraison, à peu près comme on voit parmi les animaux des diversités notables entre les individus de la même espèce soumis en apparence aux mêmes circonstances. Nous voyons dans la table d'Adanson citée plus haut, que certains pieds de lilas ont fleuri avec 620° de chaleur, et que d'autres en ont exigé 830; que certains sainfoins ont fleuri après 1100° de chaleur et d'autres après 1400°. On ne peut nier que ces différences ne tiennent souvent à des diversités de localités, telles qu'un abri contre le vent de nord, une exposition plus favorable, un filet d'eau passant près des racines, etc.; mais il est des cas où ces explications semblent impossibles à admettre; il est rare que, dans une promenade de marroniers, où tous les arbres semblent exposés de la même manière, on ne remarque certains individus qui se feuillent et qui fleurissent chaque année ou plus tôt ou plus tard que les autres. Il y avait de mon temps au jardin de Montpellier deux marroniers situés l'un à côté de l'autre, et par conséquent dans les circonstances les plus semblables possibles, dont l'un fleurissait toujours le premier de l'allée et l'autre le dernier. Je connais auprès de Genève (à Plainpalais) un marronier qui se feuille et fleurit chaque année *un mois* avant tous les autres, sans que rien dans sa station puisse expliquer cette précocité. Je trouve la même observation consignée dans un livre qu'on n'a pas l'habitude de citer parmi les ouvrages de science. Un spirituel *inconnu* dit dans *ses Souvenirs* (imprimés à la suite des mémoires de Constant, vol. VI, p. 222) : « Si » je ne profitais pas de cette occasion pour faire une ob- » servation, que je renouvelle chaque année quand je me » trouve à Paris aux approches du printemps, je me le re- » procherais toute ma vie. Parmi les marroniers des Tui- » leries qui s'élèvent en dôme au-dessus des statues d'Hip- » pomène et d'Atalante, il en est un dont la verdure se » développe avant celle de tous les arbres de Paris. Voilà » 25 ans au moins que je fais la remarque, et jamais je n'ai » trouvé mon arbre en défaut. Il y a plus, comme j'en par- » lais un jour devant quelques personnes, l'une d'elles » me fit voir dans les papiers de son grand-père la même » remarque consignée, et se rapportant parfaitement au » même marronier par la désignation du lieu où il est » situé. A présent me voilà soulagé, car depuis long-temps » je brûlais de faire part au public de cette grande et im- » portante observation. C'est aux naturalistes à déter- » miner la cause de ce phénomène. »

Malheureusement les naturalistes sont loin de pouvoir expliquer ce fait, qui se rapporte à la feuillaison et à la fleuraison, et sont réduits à le classer dans une série de faits plus généraux.

Cette disposition, qu'on ne peut rapporter qu'au tem- pérament ou à l'idiosyncrasie des individus végétaux, paraît se conserver dans la division des individus par tubercules et boutures : ainsi les cultivateurs anglais ont obtenu des races de pommes de terre très-précoces ou très-tardives, en choisissant sans cesse dans les champs les individus les plus précoces ou les plus tardifs. Il est vraisemblable qu'on pourrait obtenir de même par la greffe des races de marroniers plus précoces ou plus tardifs que les autres. Serait-ce à quelque cause analogue que tient le développement tardif du noyer de la Saint-Jean, qui paraît bien appartenir à la même espèce que le noyer commun? Cette disposition est-elle susceptible de se propager de graine? Plusieurs faits d'agriculture sembleraient le prouver, mais ne sont peut-être pas établis avec assez de précision pour en tirer des conséquences physiologiques.

§. 4. De la Fleuraison comparée avec l'heure de la journée ou l'état de l'atmosphère.

L'époque de la fleuraison comparée avec l'heure de la journée présente quelquefois des phénomènes variés et dignes d'attention. Ce genre d'époque n'a reçu aucun nom dans la physiologie animale, parce qu'à l'exception de quelques insectes, l'heure de la journée n'est pas déterminée pour l'accouplement des animaux (1); de même

---

(1) J'ai consulté à ce sujet mon ami M. Pierre Huber, qui est connu par la sagacité avec laquelle il observe les mœurs des insectes, et je crois être agréable à mes lecteurs en transcrivant ici sa réponse : « Ce que je sais sur les heures où les insectes font » l'amour n'est pas très-étendu : je n'ai pas toujours assisté à » leur rendez-vous; les fourmis sont ceux auprès desquels je me

le plus grand nombre de végétaux fleurit à toute heure
et paraît indifférent à cette circonstance , comme ón le
remarque dans presque tous les animaux ; mais un certain nombre de plantes appartenant à un grand nombre
de familles différentes , sont évidemment soumises à
quelque influence diurne. La série des plantes, rangée d'a-
près l'heure de la journée où les fleurs s'épanouissent,
constitue ce que Linné a, dans son style métaphorique

» suis permis le plus d'indiscrétion, et elles vont vous fournir
» quelques particularités que vous n'auriez peut-être pas ima-
» giné se trouver réunies dans un même genre. La fourmi
» fauve, la fourmi mineure, la fourmi noire-cendrée, les four-
» mis amazone, roussâtre et sanguine, escortent leurs mâles et
» leurs femelles qui sont disposés à opérer leur jonction aérienne
» pendant les heures de la matinée, ordinairement entre neuf
» heures et midi. La fourmi brune, la fourmi jaune, la fourmi
» des gazons et la fourmi échancrée (qui sont des espèces plus
» petites), opèrent leurs noces dans l'après-midi, ainsi que les
» fuligineuses ; mais la fourmi rouge choisit toujours le soir. Je
» puis vous répondre de ces faits, quoiqu'il y ait quelquefois des
» exceptions. Vous savez que l'occasion est pour beaucoup dans
» ces sortes d'affaires, et que les animaux ne présentent pas la
» même stabilité dans leurs habitudes que les plantes. Quant aux
» abeilles, il paraît certain que l'accouplement ne s'opère qu'aux
» heures les plus chaudes de la journée. Il en est de même d'un
» très-grand nombre d'insectes : les insectes diurnes s'accou-
» plent de jour, cela n'est pas douteux ; les phalènes, le soir ou
» la nuit; les bombyx, la nuit : on voit des teignes accouplées
» en plein jour, mais il n'y a rien de régulier quant aux heures.
» Ainsi, l'horloge des insectes ne vaut pas celle des fleurs. Je ne
» crois pas que personne ait étudié les insectes sous ce point de
» vue. »

nommé *horloge de Flore* (1). Ainsi j'ai **vu** s'épanouir en été à Paris :

Entre trois et quatre heures du matin, les *convolvulus nil* et *sepium*;

Entre quatre et cinq heures du matin, le *tragopogon* et quelques autres chicoracées, le *matricaria suaveolens*;

A cinq heures, le *papaver nudicaule*, la plupart des chicoracées ;

Entre cinq et six, le *momordica elaterium*, le *lapsana communis* et plusieurs chicoracées, le *convolvulus tricolor*;

A six heures, l'*hypochœris maculata*, plusieurs *solanum*, le *convolvulus siculus*;

Entre six et sept, les *sonchus*, les *hieracium*;

A sept heures, les *nenufars*, les *laitues*, les *camelines*, le *prenanthes muralis*;

De sept à huit, le *mesembryanthemum barbatum*, le *specularia speculum*, le *cucumis anguria* ;

A huit heures, l'*anagallis arvensis*;

Entre huit et neuf heures, le *nolana prostrata* :

A neuf heures, le souci des champs ;

De neuf à dix, la glaciale ;

De dix à onze, le *mesembryanthemum nodiflorum*;

A onze heures, le pourpier, l'*ornithogalum umbellatum* appelé pour cela dame-d'onze-heures, le *tigridia pavonia* :

A midi, la plupart des ficoïdes ;

A deux heures après midi, le *scilla pomeridiana*, (à Montpellier) ;

___

(1) Linné, *Philos. bot.*, ed. *Vindob.*, 1763, p. 278 ; David de Gorter, *Beschryving van een bloem-horologie.* (*Verhandel van het jenvotsh*, te *Rotterdam*, 1 deel., p. 477.)

Entre cinq et six heures du soir, le *silene noctiflora* ;

Entre six et sept, la belle-de-nuit ;

Entre sept et huit, le *cereus grandiflorus*, le ficoïde noctiflore, les *œnothera tetraptera* et *suaveolens* ;

Enfin à dix heures du soir, le *convolvulus purpureus* que les jardiniers ont nommé *belle-de-jour*, sans doute parce qu'ils la trouvaient toujours ouverte avant leur lever.

Ces phénomènes, compliqués avec ceux de la durée de la fleuraison, ont fait distinguer ces végétaux à fleuraison périodique en deux classes :

1° Les fleurs *éphémères* s'ouvrent à une heure déterminée, et tombent ou se ferment pour toujours dans la même journée à une heure à peu près fixe. Il y a des éphémères *diurnes*, c'est-à-dire qui s'ouvrent de jour : tels sont les cistes, les lins, dont les fleurs s'épanouissent le matin, vers cinq ou six heures, et périssent avant midi ; et des éphémères *nocturnes*, tels que le cierge à grande fleur, qui s'épanouit à sept heures du soir, et se ferme à minuit environ.

2° Les fleurs *équinoxiales* s'ouvrent à une heure déterminée, se referment le même jour à une heure fixe, puis se rouvrent et se referment le lendemain, et quelquefois plusieurs jours de suite aux mêmes heures. Il y a, comme dans le cas précédent, des équinoxiales *diurnes*, comme l'ornithogale en ombelle qui s'ouvre plusieurs jours de suite à onze heures du matin, et se referme à trois heures de l'après-midi, et des éphémères *nocturnes*, comme le ficoïde noctiflore qui s'épanouit plusieurs jours de suite à sept heures du soir, et se referme vers six ou sept heures du matin.

La régularité de ces phénomènes a frappé tous les ob-

servateurs; mais quoique leur cause tienne évidemment
à l'action de la lumière, elle est cependant difficile à
apprécier avec précision. Je me suis assuré par l'expérience que les fleurs, soit météoriques, soit équinoxiales, s'ouvrent sous l'eau aux mêmes heures qu'à
l'air; ce qui prouve que l'action de l'atmosphère est nulle
dans le phénomène. J'ai vu aussi ces fleurs s'épanouir aux
mêmes heures, à l'air libre ou dans une serre chaude; ce
qui prouve que la température ne détermine pas le phénomène; mais j'ai vu que l'action de la lumière, quoique
soumise à des lois complexes, a une action évidente sur la
fleuraison (1). J'ai soumis des belles-de-nuit à la lumière
continue des lampes, et j'ai obtenu par-là une fleuraison
tout-à-fait irrégulière; mais ayant placé ces plantes dans un
lieu éclairé pendant la nuit et obscur pendant le jour, j'ai vu
d'abord leur fleuraison très-irrégulière; puis elles se sont
accoutumées à ce nouveau climat, et ont fini par s'épanouir le matin, c'est-à-dire à la fin de la journée que je leur
faisais artificiellement, et se refermer le soir, c'est-à-
dire à la fin de leur époque d'obscurité. J'ai eu des résultats très-variés pour les végétaux que j'ai forcés à fleurir à l'obscurité totale : les uns fleurissaient à leur heure
accoutumée; d'autres devenaient tout-à-fait irréguliers;
mais ces irrégularités même tendent à prouver que la
lumière est le seul agent extérieur qui paraisse agir sur
le phénomène. Draparnaud (2), qui a vu les belles-de-nuit
s'épanouir en automne plus tôt qu'en été, pense pouvoir
conclure de là que la chaleur joue un rôle dans le phé-

(1) Mém. des savans étrangers de l'Institut, vol. 1.
(2) Disc. sur les mœurs des anim. et vég., p. 38.

nomène; mais cette conclusion me paraît peu exacte, surtout si on la compare aux expériences par lesquelles j'ai vu des fleurs semblables s'épanouir aux mêmes heures dans des lieux chauffés et non chauffés.

L'heure de la journée paraît encore agir sur quelques fleurs sous un autre rapport. Ainsi quelques-unes d'entre elles n'exhalent leur odeur que le soir; ce sont les espèces que les botanistes nomment tristes, *pelargonium triste*, *gladiolus tristis*, *hesperis tristis*, etc. : elles ont ceci de singulier que leur couleur est un jaunâtre fauve et sale, que leur odeur est analogue dans toutes ces plantes d'ailleurs si diverses, et que cette odeur ne se répand qu'à l'heure du coucher du soleil.

Enfin certaines fleurs sont encore subordonnées à l'heure de la journée pour leur couleur. Ainsi la fleur de l'*hibiscus mutabilis* est blanche le matin, d'un rose pâle à midi, et d'un rose vif le soir, d'où est venu le nom de *flos horarius* que Rumph lui a donné. M. Ramon de la Sagra (1) a remarqué que ce changement n'a pas eu lieu un jour où, par une intempérie extraordinaire, la température ne s'était élevée qu'à 19 degrés centigrades au lieu de 3o qu'on éprouve d'ordinaire à Cuba à l'époque de la fleuraison de l'*hibiscus*. On serait tenté de croire, d'après ce fait, que la chaleur du soleil serait la cause efficiente ou éloignée du phénomène.

Il est un petit nombre de plantes qu'on appelle *météoriques*, dont la fleuraison est modifiée par l'état de l'atmosphère : ainsi le sonchus de Sibérie ne se ferme pas, dit-on, le soir, quand il doit pleuvoir le lendemain; plu-

---

(1) *Ann. sienc. de Habana*, oct. 1828.

sieurs chicoracées ne s'ouvrent pas le matin quand il va pleuvoir ; le souci des pluies se ferme quand le temps est disposé à la pluie ; mais les jardiniers assurent que les orages le trompent pour ainsi dire, de sorte que sa fleur reste ouverte dans les pluies d'orage. Les cistes conservent leurs pétales plus long-temps quand le ciel est couvert. M. Bierkander a réuni ces faits peu nombreux sous le nom d'*hygromètre de Flore*.

Ces faits tiennent-ils à une moindre intensité de la lumière, ou à un état hygrométrique de l'air, ou aux deux causes réunies? C'est sur quoi je n'oserais rien affirmer. Il est remarquable que la plupart des fleurs météoriques appartiennent aux genres de plantes d'ailleurs évidemment soumises aux influences de la lumière.

La position que certaines fleurs prennent pendant la nuit pourrait bien appartenir à la même classe de faits liés à la fois à la clarté et à l'humidité : ainsi plusieurs malvacées courbent leurs pédicelles et penchent leurs fleurs pendant la nuit. Plusieurs composées penchent de même leur tête de fleurs à l'entrée de la nuit, pour la relever le matin. L'*impatiens noli tangere* cache sa fleur sous ses feuilles pendant la nuit. Ces mouvemens semblent destinés à placer en général les fleurs, et surtout les organes sexuels, à l'abri de l'humidité ; mais de ce qu'on croit entrevoir le but ou le résultat de ces mouvemens, il ne suit pas de là qu'on puisse en déterminer la cause efficiente : je ne connais aucune observation précise à cet égard. Nous verrons plus tard, en parlant de la fécondation, d'autres phénomènes analogues à ceux-ci, en ce qu'ils concourent à mettre les fleurs à l'abri de l'eau.

Enfin l'*helianthus annuus*, vulgairement appelé soleil,

ou quelquefois tournesol, doit ces diverses dénominations à ce que le disque de son capitule de fleurs est, par une flexion du sommet de la tige, penché vers l'orient le matin, vers le sud à midi, vers l'occident le soir, et semble ainsi suivre la marche apparente diurne du soleil. Quelques-uns ont attribué cet effet à la dessiccation des fibres du haut de la tige, du côté où elle est frappée par le soleil ; mais on n'a aucune preuve de la réalité de cette explication, et je serais plutôt tenté de rapporter ce fait à la même explication que la direction des branches vers les lieux éclairés, savoir, que les fibres du côté éclairé restent plus courtes parce qu'elles sont plus promptement carbonisées, et que celles du côté opposé s'alongent davantage parce qu'étant moins carbonisées elles restent plus molles. Nous reviendrons sur ce sujet, d'une manière plus générale, au livre suivant, chap. V.

§. 5. De la Fleuraison considérée dans son développement.

Dans la plupart des végétaux, le développement des organes floraux ou de ceux qui leur servent de soutiens, s'exécute avec une régularité conforme à l'accroissement général de la plante. Dans plusieurs on observe que ces organes tendent à pousser avec plus de vivacité que les autres, et dans quelques-uns, cette espèce de fièvre ou de végétation accélérée se présente à un degré très-remarquable. Dans un grand nombre de plantes bulbeuses ou tubéreuses, la hampe qui porte les fleurs s'élève avec une rapidité beaucoup plus grande que celle de la plupart des tiges. Chez quelques-unes, cette rapidité contraste singulièrement avec la lenteur du reste de la végétation. La plupart des aloès, et surtout des agavés, présentent ce phénomène : ainsi l'*agave americana* reste, dans le midi de l'Europe, trois ou quatre ans, et dans les serres des pays tempérés, souvent cinquante ou soixante ans, sans s'alonger et sans fleurir, puis tout d'un coup pousse en quelques mois une tige florale, qui s'élève à quinze et dix-huit pieds de hauteur. On a cru cependant pouvoir reconnaître, plusieurs années à l'avance, cette disposition à fleurir, par un certain changement dans l'état habituel des feuilles. Mais la plante où ce fait a été observé avec le plus de détail, et celle peut-être où il est le plus remarquable, est l'*agave fœtida*, ou *four-crœa gigantea* de Ventenat (1). Cette plante était cultivée depuis près d'un siècle au jardin de Paris, et n'y avait offert qu'un développement lent et médiocre ; tout à coup, dans l'été de 1793, qui fut assez chaud, la plante commença à s'alonger rapidement. Ventenat nous a conservé le journal de sa végétation. On y voit que du 9 août au 25 octobre, c'est-à-dire en quatre-vingt-sept jours, elle s'est alongée de vingt-deux pieds et demi, ce qui ferait une moyenne de plus de trois pouces par jour ; mais cette croissance fut loin d'être régulière, et il y eut des jours où elle était de près d'un pied. Elle croissait principalement pendant la journée et dans les jours les plus chauds. On ne pensa pas alors à faire des observations d'heure en heure, et on doit le regretter depuis que M. Ernest Meyer a prouvé qu'il y a des

---

(1) Bull. philom., 1, p. 651.

heures où certaines plantes semblent s'alonger plus promptement qu'à d'autres (1).

Si l'on réfléchit à la structure des fleurs qui se développent avec rapidité, on verra que ce sont en général celles dont le pédoncule part d'un corps épais et charnu, qui joue le rôle de magasin de nourriture préparée à l'avance. La sève ascendante qui traverse ce dépôt y trouve une ample provision d'alimens qu'elle porte dans les fleurs pour ainsi dire tout à la fois; mais lors, au contraire, qu'il y a peu d'aliment préparé à l'avance, la sève ascendante ne peut la porter qu'à mesure que les feuilles l'élaborent, et c'est ce qui a lieu dans les fleuraisons lentes et régulières de la plupart des végétaux.

L'accroissement du bouton de fleurs suit des lois analogues à celle des feuilles, dont les parties florales ne sont que des dégénérescences (2) : ainsi les tegumens s'alongent par le bas, et leur partie supérieure, souvent plus ou moins calleuse, est la première qui prend son developpement complet; les anthères se développent de même avant que les filets aient acquis leur longueur.

L'épanouissement des pièces de la corolle et du calice s'opère presque toujours par leur séparation de haut en bas; il n'y a qu'un petit nombre de fleurs chez lesquelles les tégumens floraux restent soudés ensemble par le sommet, et se séparent par leur base; c'est ce qui est facile à voir dans les pétales de la vigne, mais ce qui (quoi qu'en ait dit Fourcroy) ne prouve pas du tout que

---

(1) Voyez ce que j'ai dit à ce sujet, liv. II, chap. XV.
(2) Organ. végét., vol. 1, p. 354.

les pétales de la vigne soient les pièces d'un calice. Les phyteuma, quoique gamopétales, présentent le même phénomène : leurs lobes se séparent par en bas, et restent soudés par en haut. Les pièces du calice dans les eucalyptus, de la corolle dans les sizygium et le caryophyllus, de l'un et de l'autre organes réunis dans les calyptranthes, restent tellement soudés par le sommet, qu'elles forment une sorte de capuchon qui se détache tout d'une pièce.

Je ne dis rien ici, ni de l'ordre d'épanouissement des fleurs d'une même inflorescence, ni de la disposition des parties de la fleur entre elles, etc., parce que ces sujets ont été traités dans l'*Organographie* ; mais je dois dire encore quelques mots de la durée de la fleuraison.

La fleuraison se continue, dans le cours ordinaire des choses, jusqu'à ce que la fécondation soit opérée : alors l'embryon doué d'une nouvelle vie attire à lui les sucs nourriciers, et tous les organes qui ne sont plus nécessaires à son développement ; les étamines et les pétales tombent et se dessèchent ; le style et le stigmate suivent ordinairement leur sort ; le calice qui, à titre d'organe foliacé, peut encore servir à la nutrition du jeune fruit, et qui, de plus, est souvent collé avec lui, persiste plus souvent après la fleuraison, mais comme partie ou tégument du fruit. Ainsi la loi générale est donc que la fleuraison proprement dite dure jusqu'à ce que la fécondation soit opérée. Si, malgré la généralité de cette loi, la durée des fleurs est si différente, cette diversité tient à une des causes suivantes :

1° Dans certaines fleurs, le bouton s'ouvre long-temps avant que les anthères soient prêtes à lancer leur pollen;

dans d'autres, au moment même où cette émission a lieu ; quelquefois, comme cela paraît le cas des campanules, des oxalis, après que l'émission du pollen a eu lieu.

2°. Dans certaines fleurs, toutes les étamines lancent leur pollen presque à la fois, tandis qu'il en est, comme la rue ou la parnassie, chez lesquelles chaque étamine de chaque rangée vient l'une après l'autre, à des intervalles réglés, déposer son pollen sur le stigmate.

3°. Dans les fleurs où les sexes sont séparés, la fécondation du stigmate est souvent retardée, parce que l'éloignement fortuit des fleurs munies d'anthères empêche quelquefois leur pollen d'atteindre les fleurs femelles, et celles-ci prolongent d'autant leur fleuraison.

4°. Lorsqu'un accident ou quelque variété de structure a supprimé les étamines ou les a transformées en pétales, il n'y a plus de fécondation, et les pétales prolongent leur durée au-delà du terme ordinaire : c'est l'un des mérites des fleurs doubles que leur longue durée, déterminée parce que les sucs, n'étant point appelés par les jeunes embryons, continuent long-temps à se porter sur les pétales.

A ces causes de variétés réelles dans la durée de la fleuraison, il faut en ajouter quelques-unes qui ne sont qu'apparentes :

1°. Dans les fleurs en tête, que l'on prend d'ordinaire pour une fleur unique, la fleuraison semble durer plus long-temps qu'à l'ordinaire, parce qu'elle se compose de la fleuraison successive de toutes les petites fleurs dont la tête est composée.

2°. Certaines fleurs sont ou entourées de bractées permanentes, ou munies d'un calice coloré, qui tantôt se développe avant la fleuraison réelle, tantôt est soudé avec le fruit, et persiste avec lui : dans ces divers cas, ces parties colorées semblent par leur présence prolonger la durée de la fleuraison.

3°. Enfin, dans un petit nombre de plantes, les pétales ne tombent pas après la fleuraison; et lorsqu'ils ne sont pas trop décolorés, leur persistance semble être une suite de la fleuraison proprement dite.

Il résulte de tout ce chapitre, que la fleuraison, quoique ce soit aux yeux du public le phénomène le plus apparent de la vie végétale, n'est pas par elle-même une fonction, mais un simple préparatif à un acte que, d'après l'appareil compliqué qui y est destiné, nous devons juger d'une haute importance : c'est cet acte que nous devons maintenant étudier en lui-même.

CHAPITRE III.

De la Fécondation des végétaux phanérogames.

§. 1. Introduction historique.

Dès les temps les plus anciens, on a eu quelque idée de la fécondation des végétaux, et les plus simples observations de l'agriculture avaient conduit à penser que la formation des graines dans les végétaux était probablement, comme dans celles des œufs des animaux, déterminée par un acte préliminaire propre à donner la vie à l'embryon. L'observation des végétaux dioïques, c'est-à-dire, où les sexes naissent sur des individus différens, avait surtout conduit à cette idée émise par plusieurs des plus anciens écrivains, mais avec peu de détails et peu d'exactitude.

Déjà, au temps d'Hérodote (1), les Babyloniens distinguaient les dattiers mâles et femelles, et pratiquaient sur ces végétaux une sorte de caprification, comme sur le figuier. Cette opération, d'après le témoignage de Kæmpfer (2), s'exécute encore dans l'Orient : elle consiste, et consistait déjà probablement, du temps d'Hérodote, en ce qu'on va chercher dans les forêts des branches ou régimes fleuris de palmiers mâles, et on les apporte sur les

---

(1) Liv. I, §. 193.
(2) Amæn. exot., p. 696.

palmiers femelles cultivés. Il résulte de cette opération la
fécondation des fleurs femelles, tout comme la maturité
des fruits des figuiers cultivés résulte de ce que, dans
l'Orient, on apporte sur eux des branches de figuier sauvage. Mais, malgré ce rapport apparent, ces deux opérations n'ont rien de commun : dans le figuier, les insectes,
nommés cynips, sortant des figues sauvages, viennent
piquer les figues cultivées, et accélèrent leur maturité.
Dans le dattier, le pollen des fleurs mâles tombe sur les
femelles, et détermine leur fécondité. La confusion de
ces deux phénomènes, faite par Hérodote, prouve que
la fécondation végétale n'était pas réellement connue de
lui avec précision. Cette confusion paraît avoir existé et
exister encore dans l'esprit des Arabes : ceux-ci donnent, d'après Michaelis (1), à la fleur du palmier mâle
un nom qui, rendu littéralement, signifie les mouches du
palmier (*anbaur elnachl*).

Théophraste (2) parle souvent des plantes mâles et
femelles ; mais il semble ou n'avoir à cet égard que
des idées bien vagues, ou peut-être attacher à ces termes
des idées métaphoriques étrangères à leur sens réel, à
peu près comme nos paysans et quelques botanistes des
quinzième et seizième siècles désignent le chanvre femelle sous le nom de mâle, parce qu'il est le plus fort,
et le mâle sous le nom de femelle, parce qu'il est le plus
faible. Ainsi, Théophraste semble parler de plantes mâles
qui portent des fruits : *Fructiferarum aliæ mares, aliæ*

---

(1) Infl. des opin. sur le lang., p. 18.
(2) *Hist.*, liv. III, cap. 6, 7, 8; liv. I, cap. 13, 22. Voy.
Sprengel, *Hist. rei herb.*, I, p. 114.

fœmineæ (1) , dit-il, mais ailleurs il s'exprime avec plus de précision en disant (2) que les palmiers femelles ne peuvent donner de fruits , à moins qu'on n'ait secoué la poussière des fleurs mâles sur leurs fleurs.

Pline paraît avoir eu des idées assez vraies sur le sexe des plantes ; au livre 13 , chap. 4 de son *Histoire du monde* , il décrit la fructification des palmiers avec assez de précision, et il ajoute : *Arboribus imo potius omnibus quæ terra gignit, herbisque etiam, utrumque sexum esse, diligentissimi naturæ tradunt, quod in plenum satis est dixisse hoc loco. Nullis tamen arboribus manifestius (quam palmæ)... Cætero non sine maribus gignere fœminas, circaque singulos plures nutare in eum pronas blandioribus comis. Illum erectis hispidum afflatu visuque ; ipso et pulvere etiam fœminas maritare , hujus arbore excisâ viduas post sterilescere fœminas.* Il dit ailleurs : *Dari in plantis veneris intellectum , maresque afflatu quodam et pulvere etiam fœminas maritare.*

Aux troisième et quatrième siècles de notre ère , Cassianus Bassus (cité et traduit par Stapel) exprime des idées analogues en ces termes :

Palma ipsa amat et quidem ardenter alteram palmam velut Florentinus in georgicis suis tradit, neque prius desiderium in ipsa cessat donec ipsam dilectus consoletur.... Medela amoris est ut agricola frequentem masculam contingat, et manus suas amanti admoveat ; et maxime ut flores de capite masculæ ademptos in caput amantis imponat , hoc namque modo amorem mitigat et palma ipsa splendida

- - - - -

(1) *Hist.*, liv. II , chap. 8, p. 91 de l'édit. de Stapel.
(2) *De causis* , lib. 3 , cap. 23.

1. 32

reddita de cætero optimum et pulcherrimum fructum feret.

Il est remarquable que les agriculteurs romains, Caton, Columelle, etc., n'aient fait aucune mention de ces faits et de ces opinions, qui paraissaient populaires, comme on peut le croire, puisqu'elles étaient parvenues jusqu'aux poètes.

Ovide connaissait bien l'influence de la fleuraison sur la formation des graines, lorsqu'il dit dans ses Fastes (*liber 5, carm. 262*) :

> Si bene floruerint segetes erit area dives,
> Si bene floruerit vinea Bacchus erit.
> Si bene floruerint oleæ nitidissimus annus,
> Poma quoque eventum temporis hujus habent,
> Flore semel læso pereunt viciæque fabæque
> Et pereunt lentes, advena nile, tuæ.

Claudien a exprimé dans ses vers des opinions plus expresses que les naturalistes qui l'avaient précédé. Voici la manière dont il décrit les amours des plantes :

> Vivunt in venerem frondes, arborque vicissim
> Felix arbor amat : nutant ad mutua palmæ
> Fœdera ; populeo suspirat populus ictu
> Et platani platanis, alnoque assibilat alnus.

Mais si ces vers tendent à prouver que l'idée de sexe dans les plantes n'était pas étrangère aux anciens, ils ne suffisent pas pour prouver qu'ils en aient eu une idée exacte; le mélange d'arbres dioïques et monoïques sous la même tournure de phrase pourrait faire croire que le poète a suivi ici les inspirations de la mythologie, qui personnifiait tous les êtres naturels, plutôt que les documens obtenus par une véritable observation.

Un peu après l'époque de la renaissance des lettres
(en 1505), le poète Jov. Pontanus a décrit en vers élé-
gans les amours de deux palmiers qui vivaient de son
temps à Brindes et à Otrante, à la distance d'environ
trente milles d'Italie en ligne droite, et dont le mâle a
fécondé la femelle, lorsque l'un et l'autre sont parvenus
à une hauteur suffisante pour s'élever au-dessus des arbres qui les entouraient. Ces vers, déjà souvent cités,
ainsi que les passages précédens (*voyez* Stapel, *Trad. de
Théophraste;* Desfontaines, *Flor. atlant.*, v. 2, p. 442),
doivent encore trouver ici leur place, comme preuve
des connaissances réelles du temps sur la fécondation des
palmiers.

> Brundusii latè longis viret ardua terris
>   Arbor, Idumæis usque petita locis ;
> Altera Hidruntinis in saltibus æmula palma ;
>   Illa virum referens, hæc muliebre decus.
> Non uno crevère solo, distantibus agris,
>   Nulla loci facies, nec socialis amor.
> Permansit sine prole diù, sine fructibus arbor
>   Utraque, frondosis et sine fruge comis.
> Ast postquam patulos fuderunt brachia ramos,
>   Cœpère et cœlo liberiore frui.
> Frondosique apices se conspexère, virique
>   Illa sui vultus, conjugis ille suæ,
> Hausère et blandum venis sitientibus ignem,
>   Optatos fœtus sponte tulère suâ :
> Ornârunt ramos gemmis, mirabile dictu,
>   Implevère suos melle liquente favos.

Prosper Alpin (1), qui écrivait à la fin du seizième

---

(1) *Hist. nat. ægypt.*, 2, p. 14-15.

siècle, revient, comme tous les précédens, sur la fécondation des dattiers, qu'il avait observée en Égypte : *Hæc arbor alternis tantum annis copiosiores fructus edit, neque, quod dictu valde mirabile videtur, fœminæ concipiunt ac fructificant ni in ramis maris fœminæ ramos aliquis permiscuerit ac se quasi osculari permiserit. Plerique fœminas ut fecundent non ramos sed pulverem intra maris involucrum inventam supra fœminarum ramos atque cor spargunt vel aliis flores pulveris loco spargere solent. Ni etiam Ægyptii hoc fecerint, sine dubio fœminæ vel nullos fructus ferent, vel quod ferent non retinebunt neque hi maturescent.*

Il résulte évidemment des passages que je viens de citer, et de plusieurs autres que j'omets, qu'à la fin du seizième siècle, la fécondation du dattier, du pistachier, et peut-être de quelques autres arbres dioïques était connue ; mais l'étonnement même des auteurs, et en particulier celui de Prosper Alpin, prouvent qu'on n'avait pas observé celle des autres végétaux. Dès la fin du seizième siècle, nous commençons à trouver des idées plus larges.

Césalpin (1), dès l'an 1583, a reconnu l'existence des sexes dans les plantes unisexuelles, et son contemporain Patrizio (2) a aussi soutenu l'existence des sexes dans les plantes.

Adam Zaluziansky, né en Bohême, publia, en 1604, son ouvrage intitulé *Methodus herbaria*, où il parle, page 24, du sexe des plantes d'une manière peu exacte, et en reproduisant quelquefois dans leurs propres termes les

---

(1) *De plantis. Florentiæ*, 1583, in-4º.
(2) *Discuss. peripat.*, *vol.* 2, *lib.* 5.

erreurs de Théophraste (1). Sprengel ajoute cependant que Zaluziansky a reconnu que plusieurs fleurs sont hermaphrodites, d'autres androgynes, et que quelques-unes ont les sexes séparés. Il appelle le filament de l'étamine *ligula*, et l'anthère *apex*, et donne au pistil le nom de *stamen*.

Ces idées demeurèrent près d'un siècle avant d'attirer l'attention des observateurs. En 1676, Th. Millington commença à rappeler leurs idées sur ce sujet. Bobart montra aussi par des expériences sur le *lychnis dioïca* la nécessité du concours du mâle et de la femelle pour la formation des graines. Grew, en 1685, admit la diversité des sexes et l'action du pollen dans la fécondation. En 1694, Rod. Jac. Camerarius, professeur à Tubingue, publia une dissertation sous forme de lettre (*Tubingæ*, in-12), dans laquelle il expose le sexe des plantes; il y raconte que le *pyrus dioica* ne porte pas de graines, parce qu'il manque d'anthères; que le chanvre femelle, séparé du mâle, ne reproduit pas de graines susceptibles de germer; mais il est embarrassé par l'exemple des prêles et des lycopodes, qui lui paraissent porter des anthères sans avoir des graines. Dans cette même année 1694, Ray dit expressément dans la préface de son Sylloge pl. ext. *Apices (stamina) floris principua pars sunt cum pollinem contineant, nostra sententia spermati animalium*

---

(1) Je n'ai jamais vu l'ouvrage de Zaluzianski, qui est rare, et je le cite d'après M. Sprengel, *Hist. rei herb.*, I, p. 445. Haller est si succinct, Bibl. bot., 3, p. 387, au sujet de cet auteur, qu'il semble ou ne pas l'avoir lu, ou l'avoir lu bien légèrement.

analogum, vi prolifica donatum et seminibus fecundendis inservientem.

En 1702, Burckardt établit plus disertement encore les mêmes principes dans une lettre adressée à Leibnitz (1).

Ces idées devinrent dès-lors un sujet de controverse habituel parmi les naturalistes. Moreland (*Trans. phil.*, n° 287) admit, en 1703, le sexe des plantes, et chercha à établir que le pollen descend par le stigmate et le style dans l'ovaire et y forme la graine. Geoffroi le jeune donna un mémoire à ce sujet dans ceux de l'Académie de Paris, pour 1711, et adopta une opinion analogue ; mais surtout Séb. Vaillant, en 1717, ouvrit son cours au Jardin-du-Roi à Paris, par un discours qui fut imprimé en 1718, et dans lequel il établit le sexe des plantes de la manière la plus formelle (2), et comme une chose connue de son temps. *Les fleurs, dit-il, ne devraient être prises que pour les organes qui constituent les différens sexes des plantes.... Les organes qui constituent les sexes sont les étamines et les ovaires.... Les botanistes modernes distinguent les fleurs mâles, qui ne contiennent que les étamines ou organes masculins, les fleurs femelles qui ne renferment que l'ovaire et les trompes, et les fleurs androgynes ou hermaphrodites, où les deux sexes se trouvent conjointement.* Vaillant décrit en style très pitto-

---

(1) *Epistola ad Leibnitzium de caractere plantarum naturali ;* éd. 1, 1702, éd. 2, 1750.

(2) « *Hoc mysterium naturale omnibus antea paradoxon et* » *absurdum extra dubitationis aleam posuit,* » a dit Linné (*Spons. plant. in amœn. Acad.* I, p. 330).

resque la manière dont les étamines fécondent le pistil ,
et établit une comparaison judicieuse entre ces organes
et les parties analogues des animaux.

Les découvertes de Vaillant furent célébrées, en 1728,
par un Irlandais, habitant de Paris, et nommé Lacroix ,
en un petit poème intitulé *Connubia florum* (in-8° Paris,
1728). C'est de ce poème que Linné à tiré l'épigraphe
qui orne la planche de son mémoire sur le sexe des fleurs :
Urit amor plantas. Lacroix avait dit : *Urit amor plantas
etiam suus*. Blair et Pontedera, en 1720, Ant. Jussieu,
en 1721 , et Bradley en 1724 , confirmèrent l'opinion
de Vaillant par de nouvelles observations. Jac. And.
Trembley admit aussi la fécondation des plantes comme
prouvée, dans ses thèses sur la végétation , publiées à
Genève en 1734 , sous la présidence et probablement
sous l'inspiration de Calandrini.

Linné confirma ces découvertes en 1735 dans ses
Fundamenta botanices, et s'en servit habilement en 1737,
dans l'établissement de son système sexuel. Si le public,
peu instruit des travaux antérieurs à Linné, et frappé
par le style poétique de cet auteur, lui attribua la découverte du sexe des plantes, il faut reconnaître que lui-
même n'a point eu cette idée, et qu'il relate avec soin
dans ses *Sponsalia plantarum*, publiés en 1746, tous les
travaux de ses prédécesseurs sur cette matière. Il y re-
vint encore en 1760, dans sa dissertation sur le sexe des
plantes , en réponse aux programmes de l'Académie de
Pétersbourg. Lors donc que dans la Théorie élémentaire,
j'ai attribué la découverte du sexe des plantes à d'autres
qu'à Linné, je n'ai fait que suivre la vérité historique,
et le témoignage même de ce grand homme, assez riche

de son fonds pour qu'on ne l'enrichisse pas du bien
d'autrui. Les critiques que Rœmer a insérées contre moi,
à cette occasion, dans sa traduction de mon ouvrage, sont
entièrement contraires aux faits et aux assertions de
Linné lui-même.

L'opinion du sexe des plantes a donc dominé la botanique à peu près depuis le commencement du 18ᵉ siècle ;
si quelques-uns ont essayé dès-lors d'y faire des objections, nous les examinerons plus tard, et nous commencerons à étudier les faits tels qu'ils sont connus aujour-
d'hui.

§. 2. Des Preuves générales de la fécondation végétale.

Avant d'entrer dans aucuns détails sur la série des
phénomènes qui constituent la fécondation, il convient
de présenter un aperçu des preuves générales sur lesquelles cette théorie a été admise. Je les énumérerai ici
rapidement.

1° L'observation des plantes dioïques, ou dont les étamines et les pistils sont sur des pieds différens, est la
vraie origine de cette théorie. Nous avons vu tout à
l'heure, que la fécondation des dattiers et des pistachiers
était connue dès la plus haute antiquité ; la stérilité du
chanvre femelle, lorsqu'on le prive de pieds mâles, l'absence totale de graines sur ces derniers, a été populairement connue depuis plusieurs siècles. Peu à peu ces observations faites sur les plantes cultivées en grand, se
sont étendues à tous les végétaux dioïques. On eut occasion de voir en 1800 tous les dattiers de la Basse-Égypte
privés de fruits, parce que la guerre des Musulmans avec

les Français empêcha les paysans d'aller dans les déserts
chercher les régimes mâles , et de saupoudrer leurs palmiers femelles avec leur pollen (1). On pourrait citer ici
une foule d'observations qui tendent à prouver la stérilité des végétaux dioïques , quand les sexes sont isolés.
Ainsi , le saule-pleureur , dont on n'a eu très - long-
temps que la femelle en Europe , ne porte jamais de
graines. M. de Montbron (1) , ayant long-temps possédé
le pied femelle de l'hippophaë du Canada , n'avait jamais
eu de fruit : dès la première année qu'il eut un pied
mâle , l'individu femelle se chargea d'une telle quantité
de fruits qu'il fallut l'étayer , etc. , etc.

2° On a bientôt étendu ces observations aux fleurs
monoïques : ainsi , les agriculteurs ont su , bien avant les
botanistes , que si l'on retranche trop tôt au maïs ses
panicules munies d'étamines , on frappe de stérilité l'épi
femelle , tandis qu'après une certaine époque on peut
retrancher sans inconvénient la panicule dont les étamines ont rempli leur fonction.

3° L'analogie évidente , disons mieux , l'identité de
nature des étamines des fleurs des plantes monoïques et
dioïques , avec celles qu'on trouve à côté des pistils dans
les fleurs hermaphrodites , a frappé tous les yeux , et une
fois qu'on a su que ces organes servaient à la fécondation dans les cas où ils sont séparés des pistils , on n'avait
aucune raison de douter de leur action lorsqu'ils en sont
rapprochés.

4°. Quelques fécondations artificielles ont achevé cette

(1) Delile, Fl. d'Egypt., p. 172.
(2) Ann. de Fromont, 3, p. 59.

démonstration. Ainsi, sans parler du fait trop vague de la caprification des palmiers, Gleditsch a fait une expérience célèbre dans son temps; il avait dans les serres du jardin de Berlin un palmier femelle (1) qui fleurissait chaque année sans porter de fruits, et il y avait à Leipsik un individu mâle de la même espèce qui fleurissait aussi tous les ans : il fit venir dans le milieu du dix-huitième siècle (2) le pollen de ce dernier par la poste, en saupoudra les pistils du palmier de Berlin, qui porta fruit pour la première fois. Il existe encore aujourd'hui dans le jardin de Berlin un chamærops provenant de cette fécondation. Dès-lors cette opération a été fréquemment répétée sous toutes sortes de formes; elle est devenue, dans quelques cas, une opération pratique d'horticulture, surtout pour certaines plantes de serre, où la fécondation manque souvent. Entre mille observations qu'il serait facile d'accumuler ici, je me bornerai à citer l'exemple du singulier pommier monstrueux observé à Saint-Valery-en-Somme (3). Ce pommier ne porte accidentellement que des pistils, et chaque année on va chercher des fleurs munies d'étamines ; on saupoudre le pollen sur les pistils d'une fleur femelle; celle qui est ainsi saupoudrée porte fruit, et les autres restent stériles. Les habitans qui ont fait de cette opération une

---

(1) M. Otto fait remarquer que cette expérience a été faite par un jardinier nommé Michelmann, et que ç'a été sur un *chamærops humilis*, et non sur un *borassus*, comme le croyait Linné. (Bull. des sc. nat., 5, p. 254.)

(2) Mém. de l'acad. de Berlin, 1749, p. 105.

(3) Revue encycl., 1829, p. 761 ; Seringe, Bull. botan., 1830, p. 117.

petite fête , appellent cela *faire sa pomme*. Ajoutons
encore qu'on a dans la culture des jardins une foule
d'exemples de l'efficacité des fécondations artificielles. Il
y a même des genres, tels que les passiflores (1) , dont
la fructification est plus assurée par ce moyen que par
la fécondation naturelle.

5°. L'histoire des fleurs doubles a concouru aussi à
démontrer l'action des étamines et des pistils. Les jardiniers savaient depuis long - temps que les fleurs complétement doubles, c'est-à-dire , dont toutes les étamines et les pistils sont transformés en pétales , ne donnent jamais de graines fertiles ; qu'on en obtient quelquefois des fleurs où les étamines sont entièrement métamorphosées, pourvu qu'il reste quelques pistils en bon
état, et qu'il y ait dans le voisinage des fleurs munies
d'étamines ; qu'enfin on en obtient plus fréquemment
des fleurs semi-doubles, c'est-à-dire , dans lesquelles
une partie des pistils et des étamines ont conservé leur
état naturel. De ces faits populaires , il était facile de
conclure l'action des étamines pour la fécondation des
pistils , et la fertilisation des graines.

6°. Des mutilations accidentelles, ou faites à dessein ,
ont présenté des résultats analogues : quand on coupe
toutes les étamines ou tous les styles d'une fleur avant
la fécondation, on rend cette fleur stérile, à moins qu'elle
ne puisse être fécondée par les fleurs voisines. En coupant l'un des styles des fleurs qui, en ont plusieurs , le carpelle, ou la loge correspondante , est frappé de stérilité.

____

(1) Bosse, Ann. Fromont , 3, p. 64.

M. Perotti (1) assure même qu'en couvrant le stigmate, on obtient le même résultat. Ce genre d'expérience doit être fait avec précaution, soit parce que la fécondation s'opère quelquefois avant l'épanouissement de la fleur, soit parce que le pollen des fleurs voisines peut suppléer celui qu'on a enlevé. Dans le cas où l'expérience est faite en temps opportun, tantôt elle empêche le développement des graines, tantôt celles-ci se développent bien en apparence, mais ne sont pas fertiles par défaut d'embryon.

7°. On a remarqué que les globules de pollen, mis en contact avec l'eau, s'ouvrent et lâchent la liqueur qu'ils renferment, et que les anthères qui reçoivent l'humidité ont tous les globules de leur pollen dénaturés par l'effet de l'eau. Les agriculteurs ont vu que les brouillards et les pluies continues empêchent la fécondité du blé, de la vigne, des arbres fruitiers. De ces faits, il était facile de conclure que l'action du pollen est la cause déterminante de la fécondation.

8°. Lorsque, artificiellement ou accidentellement, le pollen d'une espèce tombe sur le stigmate d'une espèce analogue, et qui n'a pu recevoir son propre pollen, la graine de la fleur, ainsi fécondée, peut se développer, et produit alors un individu qui participe des formes et des qualités des deux qui ont déterminé sa naissance : c'est ce qu'on a nommé un mulet ou une plante hybride. Ce phénomène, quoique originairement établi sur des exemples la plupart faux, s'est trouvé très-réel, et a été confirmé par une foule de faits : il a servi de complément à la dé-

____

(1) *Fisiolog. delle piante*, p. 140.

monstration de la fécondation végétale. Nous y reviendrons plus tard en détail.

A ces argumens, dont l'évidence a semblé manifeste, il faut joindre les considérations générales déduites :

1°. De l'universalité des organes sexuels, qui tend à démontrer l'importance de leur rôle, et la frivolité des usages qu'on leur avait attribués;

2°. De l'époque du développement et de la fugacité des organes mâles, qui démontre que leur rôle est relatif au premier moment du développement des graines;

3°. Des mouvemens remarquables que présentent les étamines et les pistils de plusieurs plantes à l'époque de leur action;

4°. Des dispositions organiques d'où résulte presque toujours la facilité de la chute du pollen sur le stigmate;

5°. De l'analogie générale des deux règnes organiques, qui doit faire présumer que leur mode de reproduction n'est pas entièrement différent dans l'un et dans l'autre.

Ces raisons ont tellement entraîné l'opinion générale, qu'il semble à peine nécessaire de répondre aux objections faites contre la théorie générale de la fécondation. C'est ce dont il faut cependant nous occuper un instant.

§. 5. Des Objections qui ont été faites contre la théorie de la fécondation des végétaux.

Les objectans contre la théorie de la fécondation végétale peuvent se ranger sous deux catégories : ceux qui nient les faits admis par la presque unanimité des botanistes, et ceux qui les expliquent autrement qu'eux.

Quant à ceux des anciens qui ne connaissaient pas les faits cités dans l'article précédent, et qui se contentaient d'opinions vagues et sans preuves sur l'usage des étamines, nous pouvons les laisser de côté, sans danger pour la vérité.

Parmi ceux qui ont nié les faits, non d'une manière vague, mais d'après des expériences, on doit citer au premier rang Spallanzani (1). Ce célèbre observateur a vu, dans un grand nombre de cas, les plantes femelles séparées de leurs mâles, fleurir sans porter de graines fertiles, et souvent sans pouvoir achever leur fleuraison naturelle. Mais il a cru voir aussi quelques cas où les plantes avaient produit des graines fertiles sans fécondation. Ainsi, il dit avoir élevé des basilics privés d'étamines, des chanvres et des épinards femelles, loin de toute plante munie d'étamines, et avoir eu des graines. On lui objecta que peut-être il y avait quelques fleurs mâles mêlées dans les femelles, et difficiles à distinguer, ce qui arrive en effet fréquemment dans ces plantes. Il choisit alors pour sujet de son expérience le melon d'eau, où la grosseur des fleurs est telle qu'aucune erreur de ce genre ne peut avoir lieu : il obtint de même, dit-il, des graines fertiles de plantes femelles isolées. On objecta que le pollen pouvait avoir été apporté de loin par les vents. Pour répondre à cette crainte, il sema des melons d'eau dans une serre, de manière à les avoir en fleurs en hiver, c'est-à-dire, à une époque où il n'y avait aucun mâle vivant de cette espèce dans toute la Lombardie; il assura avoir obtenu le même résultat.

______

(1) Mém. sur la générat. des plantes, trad. par Senebier.

A ces faits, se présentent en contradiction deux autres observateurs. Le premier est A. de Marti (1), qui, dès 1791, répéta à Barcelone les expériences de Spallanzani : il prouva que dans le chanvre, l'épinard, et même dans la pastèque, il est beaucoup plus fréquent qu'on ne le pense de rencontrer des fleurs mâles, et même quelquefois des fleurs hermaphrodites. Il assure qu'il n'a point eu de graines fertiles quand il a pu enlever toutes les fleurs mâles, mais qu'il lui est arrivé souvent d'en avoir laissé quelques-unes, malgré de sévères investigations : ce qui lui fait croire que Spallanzani a pu être induit en erreur assez facilement. L'autre observateur n'est rien moins que le célèbre Volta (2), qui assure avoir répété les expériences de Spallanzani, et n'avoir point obtenu de graines fertiles, quand il avait pris toutes les précautions convenables pour enlever les étamines. Une autorité d'un si grand poids, corroborée par l'ensemble des faits, doit faire présumer qu'il y a eu erreur dans l'expérience de Spallanzani.

D'un autre côté, un observateur plus récent, M. Lecoq (3), a répété les expériences de Spallanzani, en les dirigeant d'après une idée ingénieuse. Il a remarqué qu'en se bornant aux plantes sauvages ou cultivées en grand dans la France, le nombre des plantes à sexe séparé, et où, par conséquent, la fécondation est plus

---

(1) *Experimento y observaciones sobre los sexos y fecundacion de las plantas*, 1 vol. in-8°. *Barcelona*, 1791.

(2) Mémoires de l'Acad. de Mantoue, 1, p. 226.

(3) Rech. sur la reproduction des végét., Clermont, 1827, in-4°.

hasardée, est beaucoup moins grand parmi les espèces qui ne peuvent fructifier qu'une fois, que chez celles où cette opération peut se renouveler plusieurs fois (1). Dans le premier cas, en effet, si la fécondation manquait, l'espèce risquerait d'être détruite, tandis que dans le second, les graines pourraient se reproduire une autre année. D'après ce principe, M. Lecoq a comparé l'effet de la castration dans ces diverses classes; il a trouvé que parmi les espèces susceptibles de fleurir plusieurs fois, comme le *lychnis dioïca* (2), les graines des femelles isolées ont toujours été stériles, tandis que parmi les espèces qui ne peuvent fleurir qu'une fois, telles que l'épinard, le chanvre, la mercuriale annuelle (3), et la trinie (4), les graines des individus isolés ont été fertiles.

On voit donc qu'il y a encore du doute sur les faits. Il est évident que le cas de beaucoup le plus ordinaire est celui où la séparation des sexes entraîne la stérilité; mais lors même qu'on pourrait trouver, ainsi que l'assure Spallanzani, quelques espèces qui, sans fécondation,

---

(1) Les proportions des espèces de France sont les suivantes, d'après M. Lecoq :

Espèces monocarpiennes sont aux polycarpiennes, en général, $= 1:2,41$;

Parmi les plantes hermaphrodites, elles sont $= 1:2,28$;

Parmi les monoïques, $= 1:4$;

Parmi les dioïques, $= 1:18$.

(2) M. Lecoq cite ici la courge, qui est cependant annuelle.

(3) L'auteur admet lui-même quelque doute sur cette observation.

(4) Sur 100 graines obtenues, il y en a eu quatre seulement de fertiles.

donneraient quelquefois des graines fertiles, cette observation, fût-elle même démontrée, prouverait-elle plus
contre la fécondation végétale, que l'accouchement des
pucerons vierges n'a prouvé contre la fécondation animale? Si l'on a admis, dans le règne des animaux, qu'une
seule fécondation peut, dans quelques cas très-rares, suffire pour plusieurs générations, ne peut-on pas l'admettre
aussi pour les plantes ? Je ne sache pas qu'aucun de ceux
qui ont admis la fécondation végétale crût cette théorie
ébranlée par ceux qui diraient qu'elle n'est prouvée qu'au
même degré que la fécondation animale.

Quant à ceux qui admettent les faits et qui cherchent
à les expliquer autrement que par la théorie de la fécondation, il faut d'abord écarter ceux qui ne présentent
que des doutes vagues ou des raisonnemens purement
métaphysiques et sans base positive. Que peut-on dire,
par exemple, pour ou contre l'opinion de M. Mærklin,
qui considère la fécondation comme une simple opération chimique? Hâtons-nous d'en venir à ceux qui présentent des opinions possibles à saisir.

L'une de celles que je rangerai dans la classe des opinions discutables, consiste à penser que le pollen, en
tombant sur le stigmate, y détermine une sorte de maladie ou de mortification qui en arrête la végétation;
d'où résulte que la sève se porte sur les ovules et les
force à se développer (1). Mais comment expliquer dans

(1) Schelver, *Kritik der Lehre von den Geschlechtern der
Pflanzen. Heidelberg*, 1822, in-8°, *erste fortsetz.* 1823. Henschel, *von der Sexualitate der Pflanzen. Breslau*, 1820, in-8.

cette hypothèse la formation des plantes hybrides (1), qui participent de celle qui les porte et de celle qui a produit le pollen? Pourquoi tout autre genre de mutilation ou de mortification appliqué au stigmate, ne produit-il pas le même résultat? Pourquoi cette sève qu'on suppose empêchée d'arriver au stigmate, ne se porte-t-elle jamais ni sur le péricarpe, ni sur les parties florales, pour les faire grandir? Pourquoi, en particulier, les ovaires sont-ils stériles, quand le stigmate, oblitéré par quelque autre cause que la fécondation, empêche tout abord du pollen? J'avoue que, d'accord avec M. Treviranus (2), je ne puis concilier ces graves objections, avec une théorie qui n'est d'ailleurs appuyée ni sur des analogies, ni sur des faits directs suffisamment démontrés.

Je conçois que quelques esprits peuvent s'étonner des rapports de position qui existent souvent entre les germes susceptibles de développement sans fécondation, et ceux qui ont besoin de cet acte; je suis disposé même à croire que ces germes pourraient bien être originairement identiques : mais suit-il de-là que leur développement est, dans tous les cas, dû à la même cause, tandis

----

(1) Je sais que M. Schelver croit expliquer le phénomène de l'hybridité en le comparant à la greffe, qui, selon lui, reçoit du sujet, et lui donne à son tour. Mais cette comparaison me paraît peu probante, je pense même peu intelligible. Je ne crois pas, en particulier, que les vraies greffes produisent un état intermédiaire, et je ne conçois pas pourquoi, dans cette hypothèse, le phénomène serait borné aux ovules.

(2) *Vermischte schriften*, IV, p. 95; *Kritik der Lehre vom geschlecht. der Pflanzen. Bremen*, 1822, in-8°.

que les résultats de ces deux modes offrent tant de différences ? (Voyez ci-après, chap. IX.)

Je conçois encore qu'on doit souvent se défier des
rapports trop intimes qu'on cherche à établir entre les
deux règnes organisés ; mais il faut avouer que nulle
part ils ne se présentent avec plus d'apparence de vérité ;
que plus on les a étudiés, plus les ressemblances sont de-
venues évidentes, et qu'enfin des doutes vagues de ce
genre ne sont pas des argumens. Je m'étonne surtout de
les voir s'établir dans des têtes accoutumées à l'étude
des rapports naturels, dans des ouvrages qui commencent par établir la série organique depuis l'homme jusqu'à la moindre plante.

Je conçois enfin que lorsqu'on est pénétré de la théorie de l'identité originelle des parties des fleurs avec les
feuilles, on peut s'étonner du changement prodigieux de
fonctions qu'elles acquièrent par cette métamorphose.
Mais n'a-t-on pas une foule d'exemples analogues ? Celui qui voit la sommité d'une feuille ou d'un pédoncule
se tranformer en vrille, niera-t-il les usages de la vrille à
cause de son origine ? Celui qui voit le style de certaines
plantes se transformer en épines qui couronnent le fruit,
ou qui voit le calice se changer en aigrettes, niera-t-il
les fonctions de ces nouveaux organes, parce qu'ils
étaient en apparence destinés à un autre but ? Non, sans
doute. Soyons donc conséquens avec nous-mêmes et
concevons que, tout en admettant que les fleurs ne sont
autre chose que des rosettes d'organes appendiculaires,
modifiés dans leur développement (*Organographie*,
vol. I, p. 547), on peut et on doit admettre que leur
fonction est tout autant modifiée que leur forme.

J'ai fait tous mes efforts pour me dépouiller à cette occasion de toute habitude acquise, de toute idée préconçue, et plus j'ai étudié le sujet, plus je suis resté convaincu de la vérité de la théorie de la fécondation végétale, et mes efforts, comme ceux de la plupart des botanistes, se sont portés sur l'examen des procédés par lesquels le phénomène s'exécute, et sur l'étude des cas peu nombreux qui semblent y échapper.

§. 4. Des circonstances accessoires qui préparent ou facilitent la fécondation.

Lors même que nous serions privés de toutes les preuves qui résultent des faits cités jusqu'ici en faveur de la fécondation végétale, nous pourrions la deviner, et peut-être l'affirmer d'après les circonstances accessoires que nous pouvons observer dans un grand nombre de végétaux, et qui tendent évidemment à assurer l'action des anthères sur le stigmate. Tels sont ;

1° Les mouvemens des organes sexuels à l'époque de la fleuraison ;

2° Les rapports de position qui résultent soit de ces mouvemens, soit de l'accroissement des parties ;

3° Les précautions par lesquelles les fleurs, soit aériennes, soit aquatiques, semblent éviter l'action de l'eau sur le pollen.

Nous examinerons ici ces divers objets, moins pour en tirer des preuves en faveur de la fécondation, ce qui nous semble inutile au point où cette théorie est arrivée, mais, au contraire, pour déduire de celle-ci l'utilité qui résulte pour le végétal d'une foule de mouvemens et de

rapports de forme qui semblent incohérens , quand on
les sépare de l'action principale à laquelle ils sont liés.

A. *Des mouvemens des organes sexuels.*

Dans le plus grand nombre des fleurs, les organes
sexuels se développent graduellement et d'une manière
analogue à leurs enveloppes ; mais il en est plusieurs où
ces organes semblent annoncer par leurs mouvemens insolites l'importance du rôle qu'ils ont à remplir. Ces
mouvemens, décrits avec autant d'exactitude que d'élégance , par M. Desfontaines (1), et aussi mentionnés par
Médikus (2), Smith (3), Conrad-Sprengel (4), et plusieurs autres botanistes , intéressent la physiologie sous
deux rapports , comme une des preuves de l'excitabilité végétale , et comme indice de l'analogie qui existe
entre ces organes et les organes correspondans des animaux.

Les étamines d'un grand nombre de plantes offrent
des mouvemens marqués et comme spontanés au moment qui précède la fécondation. Ainsi, pour faire un
choix entre une foule d'exemples , celles de plusieurs liliacées, des saxifrages , du parnassia , s'approchent du
pistil. Dans les géranium et les kalmia, les filets se courbent pour poser l'anthère sur le stigmate. Dans les œil-

---

(1) Mém. de l'Acad. des sc. de Paris pour 1783, et Encycl.
méth. botan. , art. *Irritabilité.*
(2) *Pflanzen-physiolog. abh.* , 1 , p. 58-88; p. 120, 159, etc.
(3) *Trans. philos,* 1788.
(4) *Das entdeckte Geheimniss der natur im Bau und in der
Befruchtung der Blumen,* 1 vol. in-4°, Berlin, 1753.

lets, les rues, elles s'en approchent successivement, en commençant par le rang de celles qui sont alternes avec les pétales, et en finissant par celles qui leur sont opposées. Dans la capucine (1), les huit étamines s'inclinent chacune à leur tour avec une sorte de régularité pendant huit jours ; dans le tabac, au contraire, elles s'en approchent toutes presqu'à la fois. Les étamines de l'*amaryllis aurea* sont souvent, à cette époque de leur vie, comme agitées d'une espèce de mouvement automatique. Enfin, celles de plusieurs autres plantes peuvent être excitées par des causes mécaniques : ainsi on peut avec la pointe d'une aiguille déterminer un mouvement subit, en irritant la base interne des étamines de l'épine-vinette, le tube des anthères de plusieurs chardons, ou les filets des opuntia.

Les mouvemens des organes femelles des végétaux sont moins apparens que ceux des mâles, comme si la loi qui porte les femelles à une sorte de pudeur était commune à tous les êtres organisés. Les stigmates des passiflores, des nigelles, des lis, des épilobes, etc., se penchent vers les étamines ; ceux de la tulipe, du martynia et de la gratiola, se dilatent et deviennent béans d'une manière tout-à-fait remarquable. Les lèvres du stigmate du mimulus sont aussi béantes, mais la moindre irritation mécanique détermine leur clôture. Ce mouvement s'exécute même lorsque ce stigmate est récemment séparé du style (2).

Les stylidium présentent un genre de mobilité exci-

---

(1) Ch. Conr. Sprengel, *Geheimniss d. natur*, tab. 8, f. 15.
(2) Braconnot, Bull. sc. nat., 9, p. 175.

table qui est très-remarquable. Ces singulières plantes ont le style soudé dans toute sa longueur avec les deux filets des étamines , d'où résulte une colonne en apparence unique ; celle ci se termine par un stigmate glanduleux , entouré des quatre loges qui constituent les deux anthères (1). Cette colonne est fléchie deux fois dans le cours de sa longueur , et déjetée du côté du plus petit et du plus irrégulier des cinq lobes de la corolle. Dans la jeunesse de la fleur , quand la corolle est jaune et les anthères non épanouies, la colonne n'est point excitable ; mais quand les anthères sont ouvertes , et que la corolle est devenue blanche ou rose , alors la colonne est singulièrement excitable : si on secoue la fleur , et surtout si on excite la colonne vers sa base externe avec une épingle, on la voit instantanément se déjeter avec force et se coucher sur le côté opposé de la fleur ; au bout de quelque temps elle reprend sa première position et peut être excitée de nouveau. A la fin de la fleuraison , cet effet n'a plus lieu. Pendant sa durée , il est surtout sensible , quand la plante est exposée aux rayons du soleil.

Les mouvemens des étamines paraissent en général avoir pour résultat de faciliter et d'assurer la sortie du pollen hors des anthères, et sont par conséquent au nombre des causes qui tendent à assurer la fécondation. Ceux des organes femelles concourent au même résultat, soit en rapprochant le stigmate des anthères, soit en épanouissant ses lèvres de manière à en accroître la surface,

---

(1) Voy. Salisb. *parad. lond.*, t. 77 ; *Asiat. journ.* , n° 154 ; Bull. sc. nat. , 18, p. 65.

et à augmenter la chance qu'il peut avoir de recevoir le pollen , soit en les refermant de manière à comprimer les globules de pollen et à en faire sortir la fovilla. Ces explications sont difficiles à appliquer au stylidium , car les anthères y sont déjà si rapprochées du stigmate , qu'aucune plante ne semble avoir moins besoin d'une précaution particulière pour assurer la fécondation , et d'ailleurs ce mouvement n'a lieu qu'à une époque où la fécondation semble opérée : aussi Salisbury soupçonne-t-il que l'utilité de cette secousse est d'écarter les insectes qui voudraient tenter de s'insinuer dans la fleur.

M. Henschel (1) dit avoir remarqué que ces mouvemens sont sous l'influence des circonstances extérieures, de telle sorte que s'il fait humide , le mouvement n'a pas lieu, ou celui qui a commencé est interrompu. En admettant la réalité de cette observation , on ne peut, ce me semble , en rien conclure contre l'opinion de l'excitabilité vitale , car on sait que tous les phénomènes vitaux , quoique dus à une cause intrinsèque à l'être organisé, sont, jusqu'à une certaine limite, aussi sous l'influence des agens extérieurs. Peut-être, selon M. Wydler, y a-t-il quelques rapports entre les mouvemens des organes sexuels et ceux des organes foliacés, que nous examinerons liv. IV, chap. VII, et que nous chercherons aussi à rapporter à l'excitabilité.

B. *Position relative des organes sexuels.*

Les mouvemens que je viens d'indiquer dans les or-

---

(1) *Von der Sexualität*, p. 104.

ganes sexuels ont pour résultat évident de mettre , au moins momentanément , les anthères en contact avec les stigmates , et par-là de favoriser la chute des globules du pollen sur les papilles stigmatiques. Dans la plupart des plantes , au contraire , la simple position relative de ces organes suffit pour atteindre ce but. On peut , sous ce point de vue , diviser les végétaux en plusieurs classes , où le même résultat général est obtenu , mais par un concours de circonstances diverses.

1°. Dans un grand nombre de fleurs hermaphrodites , les étamines portent les anthères plus haut que les stigmates , et dans ce cas, la fleur est habituellement dressée , de sorte que la chute du pollen fait naturellement tomber celui-ci sur le stigmate.

2°. Dans plusieurs , au contraire , les styles se prolongent de manière à dépasser sensiblement la longueur des étamines. Dans ce cas, la fleur est habituellement penchée et renversée, et par conséquent, le pollen peut tomber sur le stigmate : c'est ce qu'on observe dans le *campanula stylosa* , le fuchsia, etc. , qui ont la fleur constamment inclinée , et dans les aloès, où elle est dressée avant et après la fleuraison , et recourbée entièrement au moment de la fécondation.

3°. Dans les fleurs hermaphrodites , on voit fréquemment les anthères et les stigmates à la même hauteur; mais dans ce cas même, l'agitation déterminée par le vent ou par les insectes porte une partie du pollen sur le stigmate, et cet effet est encore facilité , soit par le grand nombre des étamines, soit par la surabondance du pollen , soit par les mouvemens des organes sexuels.

4°. Plusieurs plantes dont les fleurs sont en tête, font

exception aux règles précédentes, mais c'est que les stigmates de chaque fleur ne sont pas fécondés par leurs propres anthères, mais par les anthères des fleurs voisines. C'est ce qu'on voit dans plusieurs composées, campanulacées et dipsacées, et dans toutes celles que Ch. Conr. Sprengel range dans sa classe de la dichogamie, c'est-à-dire, dont les deux sexes ne se développent pas en même temps. Il croit que dans un grand nombre de plantes le transport du pollen s'opère par les insectes d'une fleur à l'autre.

5°. Dans les plantes monoïques, il est fréquent que les fleurs mâles soient au sommet de l'épi, comme les arum, etc., etc., ou que les épis mâles soient au-dessus des épis femelles, comme dans les carex, les typha, etc.

6°. Dans les plantes dioïques, chez lesquelles la fécondation offre des chances plus défavorables, on peut remarquer que les fleurs femelles ont des styles très-saillans, et susceptibles de prolonger long-temps leur état d'orgasme, par exemple, le *lychnis dioica*, et que les fleurs ou les individus mâles sont en général plus nombreux, comme pour compenser leur moindre probabilité d'action : c'est ce qu'on observe entre autres dans le *myrica gale*.

Ainsi, du seul examen de la position relative des organes, on aurait pu conclure que le pollen n'était pas, comme le disait déjà Tournefort, et comme l'ont dit depuis MM. Schelver et Henschel, un simple excrément des fleurs, mais que c'est une matière qui doit tomber sur le stigmate, et que cette action est assez importante pour que toute la structure des fleurs semble déterminée dans ce but.

J'ai indiqué dans tout cet article les lois qui résultent

de la masse générale des faits : sans doute, on peut citer un grand nombre d'exceptions à chacune de ces lois prise isolément. M. Schelver les a recueillies avec un soin d'autant plus grand, que ces exceptions lui ont paru des argumens favorables à son opinion, et contraires à la théorie de la fécondation. Mais la solution de la presque totalité de ces objections peut, dans chaque cas particulier, se déduire, soit de quelqu'autre des combinaisons mentionnées plus haut, soit de l'une des observations suivantes :

1°. La très-petite quantité de pollen nécessaire pour la fécondation, comme Kohlreuter et d'autres l'ont observé dans la formation des hybrides;

2°. L'action du vent qui détermine des mouvemens variés et brusques dans les fleurs, de manière à déterminer la chute du pollen hors de la verticalité;

3°. L'action des insectes, et, dans quelques cas très-rares, celle des colibris et des oiseaux-mouches, qui, comme les insectes, vont recueillir le nectar des fleurs (1), peut produire le même effet, et de plus, transporter matériellement le pollen d'une anthère à un stigmate;

4°. Les mouvemens automatiques des organes sexuels mentionnés à l'article précédent;

5°. Le rapprochement si fréquent des fleurs en tête, en épi, en corymbe, en ombelle, etc.; d'où il résulte que chaque fleur est souvent fécondée par les fleurs voisines.

Quant aux pollens qui, comme ceux des onagraires, sont comme enchaînés par des filamens visqueux, leur

____

(1) M. La Billardière (voy. 1, p. 80) dit que le *parus ater* va recueilllir le nectar des fleurs de l'*agave americana.*

chute offre sans doute quelques difficultés ; mais on voit bien qu'elle y a cependant lieu, et la grandeur des stigmates de ces plantes semble une compensation à la difficulté plus grande à les atteindre.

Restent enfin les pollens des orchidées et des asclépiadées, qui sont composés de masses plus ou moins solides et compactes. Il est sans doute aujourd'hui difficile d'expliquer en détail leur mode de fécondation ; mais le rapprochement habituel des anthères et des stigmates dans ces familles montre assez qu'ils sont en rapport les uns avec les autres. Il me paraît d'ailleurs plus conforme à la logique de reconnaître notre ignorance sur ces points, que de conclure de ces faits particuliers le renversement d'une théorie aussi généralement claire et prouvée. Que penserait-on d'un zoologiste qui nierait la fécondation animale, parce qu'il y a encore quelques animaux dans lesquels elle est inconnue (1) ?

C. *Des moyens par lesquels les fleurs échappent à l'action de l'eau sur le pollen.*

Needham paraît avoir le premier observé que les globules de pollen mis en contact avec l'eau éclatent et lâchent leur fovilla. On comprend par conséquent que tout globule de pollen qui se trouve humecté pendant qu'il est encore dans l'anthère, s'ouvre intempestivement et ne peut contribuer à la fécondation. L'observa-

______

(1) Au moment même de l'impression de cette page, il paraît deux Mémoires . l'un de M. Ad. Brongniart, dans les *Annales des sciences naturelles ;* l'autre de M. Rob. Brown , dans les *Annals of Philosophy,* qui démontrent que ces deux familles rentrent dans les lois générales.

tion confirme cette prévision. Ainsi , lorsqu'on fait développer une fleur dans l'eau, ses anthères sont comme vides ou ne renferment aucun globule de pollen en bon état ; lorsqu'une pluie abondante ou un brouillard humide atteint les fleurs au moment de l'ouverture des anthères, le pollen est détruit par l'humidité, et la fécondation n'a pas lieu, à moins que d'autres fleurs , s'épanouissant plus tard , ne réparent cet accident.

Dans un grand nombre de plantes , il n'existe aucun préservatif contre cette cause de stérilité ; quelques unes même , comme la belle-de-nuit et les équinoxiales ou éphémères nocturnes, s'ouvrent aux heures où elle est le plus redoutable ; mais il en est d'autres où la fécondation est protégée contre l'effet de l'eau d'une manière spéciale. Ainsi, un grand nombre de plantes météoriques ferment leur corolle à l'approche de la pluie ; ainsi plusieurs fleurs équinoxiales se closent pendant la nuit, comme pour éviter l'humidité ; ainsi plusieurs plantes courbent leurs pédicules à l'entrée de la nuit, de manière que la corolle renversée est mieux à l'abri de l'humidité de l'air ; ailleurs, comme dans l'impatiens, les fleurs se cachent sous les feuilles pendant la nuit, et se mettent ainsi à l'abri des intempéries atmosphériques.

Enfin, dans plusieurs genres , la fécondation s'exécute dans le bouton non encore épanoui (campanules , papilionacées), ou au moment même de cet épanouissement, qui n'a lieu que par un temps sec, ou à l'abri de tégumens spéciaux , tels que les pétales cohérens par le sommet de la vigne ou du phyteuma, l'étendard des légumineuses , la lèvre supérieure des labiées, le calice operculaire des calyptranthes , etc.

Mais ces petits phénomènes particlels et propres aux

plantes qui fleurissent à l'air libre, sont bien moins remarquables et moins compliqués que ceux par lesquels les plantes aquatiques réussissent à effectuer leur fécondation.

Les plantes aquatiques ont deux moyens généraux de mettre leurs organes sexuels à l'abri, savoir, de s'épanouir dans une cavité pleine d'air, ou d'élever leurs fleurs au-dessus de la surface de l'eau.

Le premier moyen, plus fréquent chez les cryptogames, est le plus rare dans les phanérogames, et on ne peut en trouver dans cette classe qu'un petit nombre d'exemples : ainsi, les zostera sont implantés au fond des mers par des racines qui les fixent, et ne sont pas susceptibles d'un alongement suffisant pour atteindre la surface ; mais leur fleuraison s'exécute dans une duplicature de la feuille, qui, bien que latéralement ouverte, conserve cependant une certaine quantité d'air excrétée par la plante, de manière que les fleurs mâles renfermées dans cette cavité avec les femelles peuvent les féconder dans l'air, quoiqu'au fond des eaux. La renoncule aquatique présente quelquefois, par accident, ce mode de fécondation. Ramond a trouvé cette plante dans quelques petits lacs des Pyrénées sujets à des crues subites : les fleurs s'y trouvaient submergées par l'élévation rapide de l'eau, et la fleuraison paraissait cependant s'exécuter sans inconvénient. M. Balard, qui a revu ce fait, s'est assuré que la fécondation avait eu lieu. Cette anomalie tient à ce que l'émission du pollen a lieu de bonne heure, et qu'alors la fleur se présente sous la forme d'un bouton clos et globuleux, qui est rempli d'air, et dans lequel le pollen se porte sans inconvénient de l'anthère au stigmate. MM. de Saint-Hilaire et Choutant ont fait des observations analogues sur l'*alisma natans* et l'*illecebrum verticillatum*.

Les moyens par lesquels les plantes aquatiques fleurissent à l'air libre sont plus variés que les précédens, et, si on osait le dire, plus ingénieux. Le cas le plus simple de tous est celui des plantes qui, n'ayant point d'adhérence au sol à aucune époque, flottent naturellement à la surface, et s'y épanouissent par conséquent sans difficulté : telles sont, par exemple, les lentilles d'eau (*lemna*).

Un second cas qui offre déjà quelque complication, est celui des plantes qui sont attachées au fond de l'eau par des racines, et qui s'alongent au point d'atteindre la surface : ainsi, la plupart des potamogéton, les menthes, les carex aquatiques, les sparganium, etc., alongent leur tige jusqu'à la surface, et ne fleurissent que lorsqu'ils l'ont atteinte. Les nymphæacées, dont la tige rampe au fond de l'eau sans pouvoir se dresser, élèvent leurs pédoncules à la longueur nécessaire pour atteindre la surface. Dans le nymphæa blanc, la hampe s'élève de trois pouces au-dessus de l'eau pendant le jour, époque de la fécondation. Dans le nuphar jaune, la fleur s'épanouit immédiatement à la surface. Il serait curieux de savoir jusqu'à quel degré on pourrait, par une élévation progressive de l'eau, alonger les pédoncules et les pétioles des nymphæacées. Toutes les plantes de cette division qui ne peuvent pas atteindre la surface de l'eau, sont condamnées à ne point fleurir.

Un troisième cas fort analogue aux précédens est celui des plantes qui, bien qu'implantées en terre dans leur jeunesse, le sont assez faiblement pour que leur légèreté spécifique , combinée avec le petit nombre et la simplicité de leurs racines et le peu d'adhérence de la vase, suffise pour les élever à la surface : ainsi , le *vil-larsia nymphoides*, le *stratiotes aloides*, flottent sur les eaux pendant la plus grande partie de leur vie , et fleurissent à l'air, sans appareil spécial pour les soulever.

Je range sous un quatrième chef les plantes qui sont munies de vessies natatoires, pour s'élever du fond de l'eau jusqu'à la surface, à une époque déterminée : ainsi, le *trapa natans*, ou la châtaigne d'eau , germe au fond de l'eau , et s'y développe dans sa jeunesse. Dès que le moment de la fleuraison approche , le pétiole des feuilles se renfle en une espèce de vessie celluleuse pleine d'air. Ces pétioles vésiculaires , disposés en rosette , soulèvent la plante à la surface ; la fleuraison s'exécute à l'air, et dès qu'elle est terminée , les vessies se remplissent d'eau (où l'air est réabsorbé) , et la plante redescend dans le fond, où elle va mûrir sa graine. Les utriculaires offrent un mécanisme encore plus compliqué (1); leurs racines, ou plutôt leurs feuilles submergées , sont extraordinairement ramifiées et garnies d'une foule de petits utricules arrondis et munis d'une espèce d'opercule mobile. Dans la jeunesse de la plante , ces utricules sont pleins d'un mucus plus pesant que l'eau, et la plante , retenue par ce lest, reste au fond. A l'époque qui approche de la fleuraison, la racine sécrète de l'air qui entre dans les utricules et chasse le mucus en soulevant l'opercule : la plante , munie alors d'une foule de vessies aériennes , se

______

(1) Dreves et Hayne , choix de plantes d'Europe , IV. p. 20, pl. 88, 89.

soulève lentement, et vient flotter à la surface; la fleuraison s'y exécute à l'air libre : dès qu'elle est achevée,
la racine recommence à sécréter du mucus; celui-ci
remplace l'air dans les utricules, la plante redevient
plus pesante, et redescend au fond de l'eau, où elle va
mûrir ses graines au lieu même où elles doivent être semées.

Un cinquième mécanisme, dont je ne connais qu'un
seul exemple, et qui même a besoin de quelque vérification, est celui de l'aldrovanda. Cette plante croît au
fond des lacs vaseux et des fossés fangeux de l'Europe
méridionale. Elle est attachée au fond de l'eau par des
racines; sa tige et ses pédoncules sont dépourvus de
toute faculté d'alongement : comment pourra-t-elle atteindre à la surface ? Il paraît qu'à l'époque où la plante
a besoin de fleurir, sa tige se coupe naturellement près
du collet; elle s'élève à la superficie, facilitée dans cette
ascension par sa légèreté spécifique, et, quoique dépourvue alors de racines, elle a le temps d'y vivre assez
pour fleurir et pour mûrir ses graines (1).

---

(1) Je n'ai pas vu l'acte même de la coupure de la tige, mais
je le conclus des faits suivans : 1° J'ai vu près d'Arles des fossés
qui n'offraient aucun aldrovanda ; peu de jours après ils étaient
couverts de plantes au terme de croissance et en fleurs. 2° Ces
tiges fleuries n'ont jamais de racines, et on ne les trouve jamais
flottantes à un âge plus jeune. 3°. Leur base offre évidemment
l'apparence d'une tige coupée. Je suppose que la base de la
plante (peut-être vivace) reste cachée dans la vase, où je n'ai
pas eu, je dois l'avouer, le moyen de la chercher. J'engage les
botanistes d'Arles ou des bords des lacs d'Italie à vérifier mon
opinion sur l'histoire de cette plante singulière.

Enfin le sixième et dernier exemple que je citerai se complique plus encore , et présente dans une seule espèce les phénomènes rangés sous les second et cinquième des chefs précédens. Je veux parler ici de cette célèbre vallisneria , qui fait depuis long-temps l'admiration des naturalistes , et que les poètes même n'ont pas dédaigné de chanter; ils l'ont même décrite dans leurs vers avec une singulière exactitude. Qu'auraient-ils pu , en effet , imaginer de plus merveilleux que la simple réalité? La vallisneria est une herbe dioïque , qui vit dans le midi de l'Europe au fond des eaux , retenue par de nombreuses racines. Dans les individus femelles , la fleur est soutenue sur une hampe ou pédoncule radical , qui dans sa jeunesse est roulée en tire-bourre , puis s'alonge en se déroulant précisément à l'époque et à la longueur convenables pour que la fleur vienne s'épanouir à la surface de l'eau. Les plantes mâles ont , au contraire , un pédoncule radical très-court , et qui n'est susceptible d'aucune extension. Ce pédoncule porte une multitude de .petites fleurs mâles réunies en tête dans une sorte de spathe ; à la fleuraison ce spathe s'ouvre ; les petits boutons de fleurs se détachent par leur base , et étant un peu vésiculeux , s'élèvent à la surface. Là ils flottent autour de la fleur femelle , s'y épanouissent , lâchent leur pollen , et meurent. La fleur femelle est fécondée ; son pédoncule se raccourcit, en rapprochant de nouveau ses plis en tire-bourre , et ramène au fond de l'eau son ovaire, qui y mûrit ses graines (1).

---

(1) Après cette description exacte du phénomène , on sera peut-être bien aise de la lire telle que la poésie l'a racontée.

Dans la vallisneria d'Amérique, espèce qui ressemble beaucoup à celle d'Europe, les fleurs mâles, au rapport de M. Nuttall (1), ne se détachent point de la plante; mais les globules du pollen se séparent, viennent flotter sur la surface de l'eau, et y répandent leur fovilla auprès des fleurs femelles. Le même phénomène se retrouve aussi dans le genre udora d'après le même observateur.

Au récit de toutes ces merveilles de l'organisation, on ne sait qu'admirer le plus de la variété des procédés ou de la simplicité des moyens par lesquels la nature assure la conservation des espèces.

Delile, qui a mentionné la vallisneria dans son poème *des Trois Règnes*, l'a décrite d'une manière trop vague pour pouvoir être citée dans un livre de la nature de celui-ci. Mais la description que Castel en donne dans son poème des Plantes est remarquable par son élégance et son exactitude :

« Le Rhône impétueux dans son onde écumante
» Pendant neuf mois entiers nous dérobe une plante
» Dont la tige s'alonge en la saison d'amour,
» Monte au-dessus des flots et brille aux yeux du jour.
» Les mâles jusqu'alors dans le fond immobiles,
» De leurs liens trop courts brisent les nœuds débiles,
» Voguent vers leur amante, et, libres dans leurs feux,
» Lui forment sur le fleuve un cortége amoureux.
» On dirait d'une fête où le dieu d'Hyménée
» Promène sur les flots sa pompe fortunée.
» Mais les temps de Vénus une fois accomplis,
» La tige se retire en rapprochant ses plis,
» Et va mûrir sous l'eau sa semence féconde.

(1) Journ. de Philadelphie, août 1822. Note communiquée par M. Wydler.

Il convient d'ajouter encore ici que deux circonstances tendent à assurer l'existence des espèces aquatiques malgré l'élément où elles vivent : l'une est la rapidité avec laquelle leur fécondation s'exécute, comme on le voit en particulier dans l'aldrovanda et la vallisneria; l'autre est la singulière facilité qu'elles ont, et que leur séjour dans l'eau tend à développer, de se propager par surgeons, toutes les fois surtout qu'elles ne peuvent se multiplier de graines. Ainsi, certaines eaux profondes sont peuplées de prairies de potamogeton toujours submergés, et qui ne se propagent presque jamais que par les surgeons qui naissent des parties inférieures de leurs tiges. En parlant des cryptogames, nous verrons de nouveaux exemples de la manière dont les plantes aquatiques se propagent.

Ceux que nous venons de citer suffisent sans doute pour confirmer la nécessité du pollen dans l'acte de la fécondation, et pour donner une idée des moyens variés par lesquels les végétaux éludent, si j'ose parler ainsi, les difficultés de certaines positions où ils n'auraient pu vivre ou du moins se conserver sans ces phénomènes spéciaux qui sont pour eux des conditions d'existence.

§. 5. De l'action des organes sexuels à l'époque de la fécondation.

J'ai donné dans l'*Organographie* des descriptions trop détaillées des organes sexuels pour qu'il me semble utile d'y revenir ici, sinon sous quelques points de vue spéciaux, ou publiés depuis l'ouvrage cité, ou plus directement en rapport avec l'usage des parties. L'étamine (*Organ.*, liv. 3, ch. 2, art. 4) est un corps composé du filet et de l'anthère, qui représentent le pétiole et le limbe d'une feuille ; l'anthère en est la partie la plus essentielle ; c'est celle qui se développe la première. Elle est divisée en deux loges qui représentent les deux bords du limbe foliacé, et qui sont souvent elles-mêmes divisées en deux loges partielles ; mais on peut reconnaître qu'on ne doit pas considérer l'anthère comme étant essentiellement à quatre loges, à ce qu'elle s'ouvre ou par deux pores, ou par deux valves, ou par deux fentes, et que, dans tous ces cas, l'ouverture de chaque loge générale est commune aux deux loges partielles. Le pollen remplit à la maturité chacune de ces loges. M. Ad. Brongniart, qui a publié un mémoire fort remarquable sur la fécondation végétale (1), a donné plus de probabilité à l'opinion que les globules du pollen ne sont point, même dans leur jeunesse, soutenus par un filet qui les lie à l'anthère, comme le funicule soutient l'ovule. Il croit, au contraire, d'après des dissections soignées de jeunes anthères, que les globules du pollen sont libres entre eux, comme le seraient des cellules ou utricules entassées sans cohérence dans une enveloppe commune. Il faudrait, dans ce cas, supposer que le suc aborde dans les méats intercellulaires, et que chaque cellule pollinique absorbe par imbibition la nourriture qui lui est nécessaire. Je n'ai contre cette opinion d'autre difficulté que celle de la concilier avec les cas monstrueux où les anthères renferment des ovules qui ont des funicules, et qui semblent cependant des globules de pollen dégénérés. Je sens qu'une objection, tirée d'un cas qui est lui-même très-obscur, est en réalité de peu de force ; mais comme il

____

(1) Ann. des scienc. nat., vol. XII (1827), p. 14, 145 et 225.

s'agit ici d'un point qui ne s'établit que sur une observation négative, il vaut toujours mieux ne pas se hâter de l'admettre, et il convient d'appeler à ce sujet de nouvelles observations. On conçoit, en effet, que ce pédicelle des globules pourrait disparaître assez promptement pour n'être pas visible à l'ordinaire, et ne persister que dans quelques cas anomaux.

Les globules du pollen, toujours libres au moins à leur maturité, sortent hors les anthères, et paraissent, d'après M. Purkinje, être chassés hors les loges qui les renferment par l'action de cellules fibreuses très-hygroscopiques, qui sont placées dans l'enveloppe de l'anthère, et qui, par l'effet des variations hygroscopiques, chassent les globules au dehors. Ces fibres ont été récemment découvertes et décrites par M. Purkinje (1). M. Mohl (2), qui a aussi bien étudié ces organes, pense que l'ouverture des anthères est simplement déterminée par la dessiccation, qui contracte davantage la partie épidermique de l'anthère, laquelle est peu ou point fibreuse, qu'elle n'agit sur la partie interne, laquelle est plus consistante, et pour ainsi dire ligneuse. C'est par-là qu'il explique pourquoi les valves de l'anthère se roulent en dehors, et pourquoi les anthères fermées reprennent leur forme primitive, et se ferment quand on les met dans l'eau.

Les globules du pollen, mis en contact avec une surface humide ou avec de l'eau, s'ouvrent par des pores dont la place et le nombre sont déterminés dans chaque plante selon la forme des globules. Cette propriété paraît

---

(1) *De cellulis antherarum fibrosis;* in-4°. Breslau, 1830.
(2) Sur les cellules fibreuses; Flora, 1830, novembre.

ou inhérente à leur tissu, ou, si elle est vitale, singulièrement persistante, au moins dans certaines plantes. M. Bartling (1) a vu que la sortie de la fovilla hors des grains de pollen par des points spéciaux peut être déterminée dans les dipsacées après une dessiccation de six mois et au-delà.

M. Ad. Brongniart décrit et figure les globules de pollen comme revêtus d'une double membrane, ainsi que Needham, Kœlreuter et Gœrtner paraissaient déjà l'avoir admis. D'autres observateurs n'admettent qu'une seule membrane. Selon eux, la membrane interne n'existerait pas, et une partie plus visqueuse du liquide intérieur aurait causé quelque illusion. La membrane externe, qui, selon M. Brongniart, est la plus ferme, paraît percée en des places déterminées de petits orifices, au travers desquels la membrane interne fait, selon lui, des espèces de hernies, d'où résulte autant de tubes alongés qui s'ouvrent au sommet, et par lesquels la fovilla sort à la maturité. La question serait donc de savoir si ce tube est formé par une membrane ou par une partie plus dense et visqueuse de la fovilla; la régularité de ce tube me fait admettre plus volontiers la première opinion. Ce tube ou boyau a été vu pour la première fois, en 1823, dans le pollen du pourpier, par M. Amici (*Oss. micr.*, 1823, fig. 16), qui en a donné une bonne figure; mais son existence a été reconnue d'une manière plus générale par M. Brongniart, en 1827; et grâces à ces deux observateurs, on le connaît aujourd'hui dans un grand nombre de plantes de diverses fa-

____

(1) *Ordin. natur.*, 1 vol. in-8°, 1830.

milles. Il a été aussi, en 1827, vu par M. Raspail (1), qui en parle incidemment à l'occasion de la fécule, mais n'a pas donné de détails à ce sujet.

Les globules du pollen sont chassés hors de l'anthère, et poussés, ou par leur poids, ou par l'agitation de l'air, ou par celle que les insectes impriment à l'étamine, etc. Ils tombent, au moins plusieurs d'entre eux, sur le stigmate. Celui-ci, à cette époque, est à son plus grand développement, et lubréfié par une humeur légèrement visqueuse qu'il a sécrétée; cette humeur remplit le double office de retenir les globules de pollen, et d'humecter légèrement le côté du globule qui touche le stigmate. Il résulte de cette humectation que les pores du globule les plus voisins du stigmate tendent à s'ouvrir; ils poussent leur boyau qui s'insinue dans les méats situés entre les cellules du stigmate, et le globule verse ainsi, comme par une espèce de copulation, la liqueur qu'il renferme dans les interstices des cellules du stigmate. MM. Amici et Brongniart ont surpris souvent des globules de pollen dans cette position, et versant ainsi leur fovilla. Cette opération ne s'exécute pas au moment où le globule du pollen tombe sur le stigmate, mais il se passe quelquefois plusieurs heures et même plusieurs jours avant qu'elle ait lieu. Plusieurs globules peuvent ainsi à la fois envoyer leurs boyaux tubuleux dans le stigmate. M. Ad. Brongniart les compare, dans cet état, à une pelotte couverte d'épingles, dont on ne voit que la tête, parce que le corps même de l'épingle est enfoncé dans la pelotte. On n'aperçoit aucun vaisseau dans le stigmate,

----

(1) Bull. des sc. nat., 10, p. 253.

aux points où les tubes s'y insinuent. Dans quelques
plantes, telles que les malvacées, le stigmate est recouvert par une fine pellicule qui empêche l'introduction
du boyau tubuleux. M. Brongniart pense que, dans ce
cas, l'extrémité du boyau se soude avec la pellicule, et
que peut-être celle-ci donne passage à la matière contenue dans le pollen. C'est un point qui exige encore des
recherches.

Sam. Moreland (1), dans les premières époques de la
découverte du sexe des plantes, avait prétendu que les
globules du pollen pénétraient dans le tube central du
style (2), et venaient se loger dans l'ovule; mais il a été
dès-lors bien reconnu que ce tube central, très-visible
dans quelques styles (celui de l'opuntia par exemple),
ne communique point avec la cavité de l'ovaire, qu'il
manque dans le plus grand nombre des végétaux, ou
qu'il est trop étroit pour recevoir le pollen, et qu'enfin
on n'y trouve pas ses globules d'une manière régulière :
il faut donc admettre que le pollen ne pénètre pas en
nature dans l'ovaire, mais que la partie fluide qu'il renferme doit seule y parvenir. C'est ce qui fut adopté dès
le siècle dernier par Geoffroi, Hill, Needham, Jussieu,
Linné, et ce que tous les modernes ont aussi admis. Il
convient donc d'exposer d'abord ce qu'on sait sur ce
fluide appelé fovilla, qui remplit les globules du pollen.

____

(1) *Transact. philos.* pour 1703, n. 287.

(2) Cette erreur a été à peu près reproduite, quoiqu'avec des
modifications, par M. J. F. von Hoffmann, dans l'ouvrage intitulé : *Drey Physiologisch-Botanische Abhandlungen.* In-8°;
Warschau, 1828.

La fovilla paraît composée, 1° d'un fluide de nature huileuse, un peu visqueux et transparent; 2° de molécules flottantes dans ce fluide. Ces molécules paraissent être de deux sortes. Les unes, que M. Brongniart désigne sous le nom de *granules*, qui sont remarquables, selon lui, par la régularité de leur grandeur et de leur forme, et d'autres corpuscules moins réguliers, que M. Brown désigne sous le nom de *molécules*.

Needham avait déjà cru apercevoir quelque mouvement dans les corpuscules qui nagent dans le pollen : dès-lors MM. Brown, Brongniart, Amici, Guillemin, Raspail (1), etc., ont reconnu l'existence de ce mouvement, tout en différant beaucoup sur sa nature, son intensité ou sa permanence. Ce mouvement peut se voir à deux époques : 1° quand le boyau tubuleux du pollen est inséré entre les utricules du stigmate et qu'il n'est pas encore ouvert ; M. Amici (2) a reconnu dans son intérieur des globules en circulation, qui lui ont rappelé le mouvement des globules dans les cellules des chara. Il dit avoir vu ce fait dans un grand nombre de plantes, et notamment dans le *yucca gloriosa* et l'*hibiscus syriacus*. Ce mouvement rotatoire dans une cellule close ne peut, ce me semble, être considéré comme spontané sans preuves ultérieures, car il est clair qu'il peut être imprimé aux corpuscules par l'action propre de la paroi ou du sac qui les renferme.

2°. Lorsqu'on place sous le porte-objet du microscope et dans de l'eau la liqueur qui sort des globules de pol-

---

(1) Voy. Bull. des sc. nat., 15, p. 89-105.
(2) Ann. des sc. nat., nov. 1830, p. 329.

len , on y aperçoit aussi un mouvement ; ce mouvement
est lent et irrégulier, d'après tous les observateurs. On a
cru d'abord qu'il était propre aux granules , et , d'après
cette circonstance, on a paru disposé à le considérer
comme spontané ; mais M. Brown (1) a ensuite reconnu
qu'un mouvement très-analogue existait aussi dans les
molécules plus irrégulières , entremêlées avec les granules ; il a retrouvé le même mouvement dans les molécules provenant du frottement des matières inorganiques. Ces mouvemens sont-ils propres aux molécules ,
ou leur sont-ils communiqués ? Cette dernière opinion
me paraît la plus vraisemblable ; et d'abord pour les molécules d'origine inorganique , on a peine à ne pas l'admettre presque par le simple raisonnement. En effet,
quelque soin qu'on prenne , il semble impossible de
soustraire ces molécules aux causes mécaniques qui peuvent les mettre en mouvement , savoir , l'agitation communiquée au liquide placé sous le microscope, l'inégalité de pesanteur des molécules et du liquide , l'attraction de ces molécules entre elles, l'évaporation du liquide , quelque action dissolvante de l'eau sur les molécules , quelque jeu d'électricité entre les molécules , et
surtout l'inégalité de température des parties de la goutte
d'eau. Cette inégalité peut provenir , ou de la différence
de température du porte-objet et du liquide , ou de l'action de l'air ou du soleil sur le liquide, ou de l'approche
de l'observateur lui - même (approche d'autant plus
grande , que pour éviter d'autres illusions, on est obligé
d'employer des microscopes simples et de petite dimen-

---

(1) *Brief account of microsc. obs.* , etc. ; in-8°. Lond. , 1828.

sion). Au milieu de tant de causes qui , réunies ou séparées, peuvent déterminer dans ces molécules des
mouvemens très-légers, il est vrai , mais que le microscope exagère et rend visibles; au milieu, dis-je, de tant
de causes agissant en divers sens, il me paraît impossible d'affirmer que le mouvement de ces molécules inorganiques leur soit propre , et je ne puis m'empêcher
de croire qu'il leur est communiqué. Cette opinion se
trouve confirmée par les détails mêmes de l'observation :
ainsi M. Tiedeman (1), qui a apprécié avec sagacité dans
sa *Physiologie* l'action des causes mécaniques, fait remarquer les grandes différences qui existent entre les
mouvemens vraiment automatiques des moindres animalcules infusoires et ceux des molécules : les premiers
sont ralentis par l'opium et les agens qui influent sur la
vitalité, excités par d'autres matières , et subitement
arrêtés par l'action de certains poisons, tandis qu'aucun
de ces effets n'a lieu sur les molécules d'origine inorganique.

Mais si ces mouvemens de la matière brute réduite en
molécules lui sont communiqués par les agens ambians,
en est-il de même des molécules organiques mêlées avec
les granules ? Je ne vois aucune raison pour ne pas leur
appliquer les mêmes raisonnemens ; leur nature chimique pourrait même y faire soupçonner certains jeux de
dissolution et d'affinité propres à y produire quelque
mouvement; et M. Braconnot paraît tenté de les attribuer à la fermentation de la liqueur contenue dans les

---

(1) *Physiologie ;* Darsmtatdt, 8°, 1830, vol. 1, p. 697-704.

globules (1). Enfin, en est-il de même des granules ? La question est plus douteuse, puisqu'on affirme y avoir aperçu , non pas seulement des mouvemens de rapprochement ou d'écartement , mais des mouvemens de flexion. M. Brongniart dit avoir vu en particulier que ceux des hibiscus et des œnothera se courbent en arc ou même en forme d'S, mais toujours avec lenteur (2); il avoue en même temps n'avoir pu l'observer sur d'autres. Je sais que les observations négatives prouvent moins, en pareil sujet , que les observations positives ; mais je sais aussi combien il est facile de se tromper sur des faits observés au microscope, et combien, en particulier, la réunion fortuite de plusieurs granules , et la présentation d'un granule oblong sous diverses faces, peuvent facilement induire en erreur. Je ne nie donc pas le mouvement propre des granules , et qui paraît tout-à-fait analogue à celui qui constitue la cyclose et la rotation dont nous avons parlé au livre II de cet ouvrage ; mais je le regarde comme un de ces faits qui ont besoin d'être vérifiés par tous les moyens que le perfectionnement du microscope met chaque jour davantage entre les mains des observateurs.

Par quelle route peut-on croire que la fovilla parvienne à l'ovule ? Les physiologistes sont d'autant plus divisés sur cette question , qu'une partie du phénomène échappe forcément à l'œil de l'observateur.

Les uns éludent la plus grande partie de la difficulté,

____

(1) Ann. de phys. et chim. , 42 , p. 105.
(2) Ann. des sc. nat., 13 , p. 149.

en supposant que l'action de la fovilla se passe sur le stigmate , et se transmet à l'ovule par une sorte de sympathie. Cette idée est peu susceptible de preuves directes, et par conséquent d'objections positives. On peut dire seulement contre elle qu'elle ne repose pas sur des analogies suffisantes, pour inspirer beaucoup de confiance.

Les autres, tels , par exemple, que M. Aug. de Saint-Hilaire , et probablement la plupart de ceux qui ont nié l'existence des méats intercellulaires, ont cru qu'il existait des vaisseaux allant directement des stigmates aux ovules; mais M. Ad. Brongniart me semble avoir démontré de la manière la plus complète qu'il n'existe aucun vaisseau dans la partie du style où l'on peut supposer que le phénomène s'opère ; on n'y trouve qu'un tissu cellulaire que M. Brongniart désigne sous le nom de *tissu conducteur*.

Parmi ceux qui reconnaissent que la transmission de la fovilla aux ovules a lieu par le tissu cellulaire, il en est , tels que M. Link , qui supposent qu'elles passent d'une cellule à l'autre par simple transmission ou imbibition; mais outre qu'on ne peut avoir aucune preuve de cette opinion , elle ne s'accorde guère avec le fait primitif de l'engagement du boyau tubuleux entre les cellules, ni avec l'existence dans la fovilla de granules ou de molécules, qui , vu leur universalité, paraissent devoir jouer quelque rôle dans ce phénomène. L'opinion émise par MM. Brongniart et Amici , que la transmission de la fovilla s'exécute par les méats intercellulaires , semble donc plus vraisemblable; mais ces deux observateurs commencent ici à diverger entre eux.

M. Amici (1) pense que le boyau qui pénètre dans le stigmate s'alonge peu à peu, descend par le style, et va se mettre en contact avec l'amande de chaque ovule ; selon lui, à chaque ovule correspond un boyau, et le même globule de pollen peut en émettre jusqu'à vingt et trente. M. Amici ne se dissimule point que l'alongement de ces boyaux est très-difficile à expliquer, et il suppose que le tissu conducteur lui fournit la nourriture nécessaire à cet alongement. Cet habile observateur n'ayant point encore publié les détails ni les preuves de son opinion, nous sommes obligés de suspendre tout jugement à son égard.

M. Ad. Brongniart pense, au contraire, que le boyau engagé dans le stigmate s'ouvre à son extrémité, et que la fovilla se verse dans les espaces intercellulaires par lesquelles elle est conduite au placenta. Là, elle serait absorbée par le tube conducteur qui la porterait à l'ovule ; le spermoderme, percé au point nommé mycropyle, recevrait cette liqueur, qui, absorbée par un mamelon de l'amande, serait portée au sac embryonaire. Il paraît que ce trajet se fait souvent avec beaucoup de lenteur, ou que les graines, une fois fécondées, restent plus ou moins de temps avant que de se développer. Rien ne prouve que la fécondation ait lieu pour tous les ovules d'une manière instantanée, ainsi que le dit M. Lefébure (2).

M. Brongniart pense, par analogie avec le règne animal, que les granules sont les représentans des animal-

---

(1) Ann. des sc. nat., 1830, nov., p. 331.
(2) Expériences sur la germination ; in-8°, Strasbourg, 1801.

cules spermatiques , et que ce sont les parties actives de la fovilla , les agens immédiats de l'imprégnation ; il croit avoir retrouvé ces granules dans la dissection du tissu conducteur, et, pour ainsi dire, en route du stigmate à l'ovule ; et comme ces granules lui ont paru avoir une forme (globuleuse, ellipsoïde ou cylindroïde) et une grandeur (de 1/456ᵉ de millimètre à 1/700ᵉ pour les globuleux, de 1/46ᵉ de largeur sur 1/550ᵉ de longueur, à 1/456ᵉ de largeur sur 1/700ᵉ de longueur) déterminées dans chaque genre, il pense que ces granules sont adaptés aux méats intercellulaires de ces genres, et que cette proportion détermine l'impossibilité de la formation des hybrides hors des plantes congénères ou très-analogues ; il pense enfin que ces granules, se combinant avec ceux fournis par l'organe femelle, composent les premiers rudimens de l'embryon. J'engage ceux qui voudront étudier en détail ce mystérieux phénomène, à étudier avec attention le beau mémoire de M. Brongniart ; et laissant ici de côté les parties de ce travail qui sont relatives à la structure, et non aux fonctions de ces organes, je me bornerai aux réflexions suivantes.

Que les granules jouent un rôle dans le phénomène de l'imprégnation, c'est ce qu'on est autorisé à croire , soit par leur analogie avec les animalcules spermatiques , soit par leur universalité. Qu'ils puissent se glisser dans les méats intercellulaires, c'est ce que je suis disposé à croire, non par l'observation à mes yeux fort sujette à erreur, qu'on a cru les y reconnaître, mais par l'ensemble du phénomène. Que ces granules, arrivant à l'ovule, y jouent un rôle, cela est vraisemblable ; mais au-delà tout me semble incertain.

On sait qu'il existe trois manières générales de considérer la fécondation : les uns, tels que Leuwenhoek,
Needham, veulent que le germe soit fourni par le mâle,
reçu et nourri par la femelle; les autres, tels que Graaf,
Bonnet et Spallanzani, que le germe préexiste dans la
femelle, et reçoive du mâle l'impression vitale; d'autres
enfin, tels que Buffon et plusieurs modernes, que l'embryon résulte de la combinaison des germes produits par
le mâle et par la femelle. Or, il est facile de voir qu'en
admettant comme vrais tous les faits indiqués ci-dessus,
on peut les adapter aux trois systèmes. On peut dire, en
effet, ou avec Needham, que chaque granule est un embryon qui va se nicher dans le sac embryonaire et s'y
développe; ou avec Bonnet, que le granule (ou la partie
liquide de la fovilla) est un corps excitateur qui va sti-
muler l'embryon né dans l'organe femelle, et enveloppé
dans ses tégumens; ou enfin, avec Buffon, que le granule
mâle, se combinant avec le ou les granules femelles,
forme l'embryon dans le sac qui lui est destiné. L'impossibilité de voir ce qui se passe dans ce sac ne nous
permet pas d'apprécier directement la valeur de ces trois
opinions; mais quelques considérations indirectes peuvent
éclairer un peu l'obscurité du phénomène.

L'opinion de ceux qui pensent que l'embryon est formé
par le seul granule mâle me paraît la moins soutenable.
En effet, 1° elle rend fort mal raison de la ressemblance
qu'on observe souvent dans les fécondations hybrides,
entre la plante produite et la mère qui l'a portée, et cet
argument devient plus fort encore en l'appliquant au
règne animal. 2° Elle est en particulier directement contraire à l'observation de MM. Knight et Gærtner, que les

hybrides tendent souvent à revenir à la forme de leur mère, et non à celle de leur père. 3° Elle est entièrement contraire aux faits qui, dans les deux règnes, peuvent faire admettre des fécondations qui suffisent à plusieurs générations, et il suffit d'un seul de ces faits bien constaté pour la renverser. Les pucerons semblent dans ce cas, quant au règne animal; et quoiqu'on n'en puisse citer aucun prouvé au même degré dans les végétaux, il serait difficile d'y admettre une théorie contraire à celle du règne animal. 4° Cette opinion est en contradiction complète avec l'analogie si remarquable qu'on observe entre les tubercules ou germes non fécondés qui existent dans plusieurs végétaux (notamment dans les feuilles de bryophyllum) et les ovules fécondés.

Entre les deux autres opinions, le choix est plus délicat : elles admettent en commun que partie ou totalité de l'embryon est formée par l'organe femelle; mais les uns veulent que ce granule femelle ne reçoive du mâle qu'une excitation; les autres, qu'il se combine avec une partie matérielle provenant du mâle. Je penche pour cette dernière opinion : 1° parce qu'elle me semble plus intelligible, notre esprit se prêtant difficilement à attribuer un rôle si grand et si durable à une impression produite dans un temps très-court; 2° parce qu'elle rend mieux raison des ressemblances mêlées et variées que les produits de la fécondation offrent avec les êtres mâle et femelle qui leur ont donné naissance, et en particulier des phénomènes de l'hybridité.

J'ai tenté, dans cet exposé rapide, de présenter les diverses opinions soutenues par les physiologistes. Si je ne suis pas entré dans de plus grands détails, c'est

qu'une partie des faits a besoin de confirmations nouvelles, et que l'autre rentre plutôt dans l'organographie
que dans la physiologie. Si j'ai présenté plus de doutes
que d'assertions positives, je pense que les amis de la
vérité m'en sauront gré, plutôt que de m'en blâmer.

§. 6. De l'action des parties non sexuelles des fleurs pour la
fécondation.

Il a été, comme nous venons de le voir, bien démontré que les étamines et les pistils sont les organes qui
exécutent la fécondation, et déterminent la génération
des végétaux. Mais concourent-ils seuls à ce résultat?
Les autres organes, si variés et souvent si brillans, dont
la fleur se compose, sont-ils sans utilité directe dans la
génération? Cette question doit se présenter naturellement à nos esprits, habitués, comme nous le sommes,
à penser que tout organe a une fonction connue ou inconnue. Sans croire cette opinion rigoureusement fondée dans tous les cas, et persuadé, au contraire, qu'il
existe çà et là des organes qui sont des conséquences de
la symétrie générale, et qui n'ont point de rôle actuel et
positif, je ne pense pas moins qu'il faut faire tous ses efforts pour découvrir ces emplois secrets ou peu apparens
des organes. L'universalité des parties de la fleur doit conduire aussi à croire qu'elles ne sont pas de simples orne-
mens, et qu'elles doivent avoir un usage.

Les bractées, et plus généralement les pièces du calice, servent évidemment à protéger les parties de la
fleur, et souvent à les nourrir. Comme organe protecteur, leur rôle s'exerce surtout avant la fleuraison : on
le voit spécialement dans les calices très-caducs, comme

celui du pavot; mais le calice se prolonge plus ou moins autour de la fleur, puis même autour du fruit, comme dans les labiées, les physalis, etc. Il faut avouer que, dans quelques plantes, telles que les fumeterres, le némopanthes, etc., le calice est si petit, que son rôle protecteur est à peu près nul. Considéré comme organe nourricier, il paraît remplir d'autant mieux cette fonction, qu'il est plus près de la nature des feuilles, et qu'il peut mieux, comme celles-ci, dénaturer la sève qui lui arrive, et transmettre à la base de tous les organes floraux un suc mieux élaboré. Sous ce rapport encore, les calices membraneux ou colorés ne doivent remplir ce rôle que d'une manière imparfaite. Certains calices scarieux et changés en aigrette ont, par suite de cette transformation, des fonctions spéciales à remplir pour la dissémination des graines. Enfin, les calices adhérens à l'ovaire deviennent partie du fruit, et doivent concourir d'une manière plus intime à sa nutrition.

Les pétales, considérés en général, servent évidemment d'enveloppe immédiate aux organes sexuels, soit pendant leur developpement, soit même quelquefois pour protéger la fécondation elle-même. Ainsi, dans les fleurs papilionacées, celle-ci s'exécute sous l'abri de la carène; dans les campanules, elle s'opère dans l'enveloppe corolline, avant qu'elle soit épanouie. Certaines corolles contribuent même d'une manière indirecte à la fécondation : ainsi, les pièces de la corolle des indigotiers et de quelques luzernes sont fixées les unes aux autres par des espèces de crochets; lorsque leur développement s'achève, ces crochets se détachent; la carène, n'étant plus fixée, se déjette avec élasticité, et imprime aux faisceaux des étamines une secousse qui détermine la chute du pollen. Mais des faits de ce genre sont trop spéciaux pour mériter peut-être une place dans l'histoire des fonctions générales des corolles. Celles-ci, comme les calices, sont quelquefois si petites, qu'elles ne peuvent être d'un usage marqué, et même, dans un grand nombre de plantes, elles manquent complétement, et sont remplacées dans leur fonction protectrice par les calices ou les bractées.

Il paraît que les pétales jouent encore un rôle plus actif : du moins Mustel (1) assure, d'après sa propre expérience, que si on les coupe lorsqu'une fleur commence à s'épanouir, toutes les autres parties périssent; tandis que si on le fait plus tard, l'embryon semble ne s'en fortifier que mieux.

Les pétales, en commun avec toutes les parties des fleurs qui ne sont pas vertes, sont doués de la faculté d'altérer l'air atmosphérique; ces parties colorées cèdent une partie de leur propre carbone, qui, s'unissant à l'oxigène de l'air, forme un volume de gaz acide carbonique à peu près égal à celui de l'oxigène, qui existait auparavant à l'état de liberté. Cette formation d'acide carbonique leur est assez nécessaire pour qu'elles ne finissent pas de se développer dans des milieux privés de gaz oxigène. M. Théod. de Saussure (2) a, le premier, apprécié ce fait avec exactitude : il plaçait les fleurs dans un récipient d'air atmosphérique clos par du

---

(1) Traité de la végétation, 1, p. 178.
(2) De l'action des fleurs sur l'air. et de leur chaleur propre. Ann. de Chim. et de Phys. (1822), et broch. à part.

mercure, et dont elles n'occupaient qu'une 200° partie, et mesurait la quantité d'acide produit, en le comparant avec le volume de la fleur mise en expérience, prise pour unité; celle-ci restait vingt-quatre heures, la température extérieure étant entre 18 et 25° centig. Voici ses résultats :

	Gaz oxigène consumé par	
	les fleurs	les feuilles
Cheiranthus incanus var. simple rouge....	11	4
Idem, var. double....................	7,7	
Polianthes tuberosa simple.............	9	5
— double.............	7,4	
Tropæolum majus simple..............	8,5	8,5
— double.............	7,25	
Datura arborea......................	9	5
Passiflora serratifolia................	18.5	5.25
Daucus carota......................	8,8	7,5
Hibiscus speciosus...................	8,7	5,1
Hypericum calycinum.	7,5	7,5
Cucurbita melopepo. fl. mâle	12	6,7
— fl. femelle	3,5	
Lilium candidum	5	2,5
Typha latifolia, chat. mâle et femelle...	9,5	4,25
Castanea vesca, chat. mâle.	9,1	8,1

Ce tableau prouve évidemment que les fleurs détruisent plus d'oxigène que les feuilles à l'obscurité. Mais toutes les parties des fleurs ne sont pas douées de la même intensité d'action. Les organes sexuels consument plus d'oxigène que les autres parties : ainsi, ceux de *cheiranthus incanus* ont détruit 18 fois leur volume, au lieu de 11 1/2 détruits par la fleur entière.

Ceux de capucine 6,5 au lieu de 8,5.

Ceux d'*hypericum calycinum*, 8,5 au lieu de 7,5.

Ceux d'*hibiscus speciosus* 6,3 au lieu de 5,4.

Les étamines d'une fleur mâle de courge, 16 au lieu de 7,6.

Ceux de cobæa, 7,5 au lieu de 6,5.

Les organes génitaux du lis blanc et de la *passiflora serratifolia* n'ont pas différé de la fleur entière.

Les fleurs simples (comme les faits précédens pouvaient l'indiquer) ont détruit plus d'oxigène que les doubles ; la destruction a été plus grande au moment du plus grand développement qu'à toute autre époque. Les organes mâles en ont plus détruit que les fleurs femelles, et dans les plantes monoïques ou dioïques, les parties mâles plus que les femelles (excepté peut-être dans le châtaignier.)

Mais de toutes les plantes, celle où la destruction de l'oxigène par les parties florales est la plus prononcée, c'est l'*arum vulgare*. Son cornet détruit cinq fois son volume de gaz oxigène ; sa massue en a détruit trente fois son volume, et dans la partie de cette massue qui porte les organes sexuels, l'effet a été jusqu'à trente-deux fois.

Cet effet se lie évidemment à un autre fait présenté par cette même plante, savoir, la chaleur que son spadix émet à une époque déterminée de la fleuraison, qui correspond avec celle de la destruction de l'oxigène ; avant et après cette époque, le spadix n'en détruit que dans une quantité analogue à celle de la spathe. Cette chaleur de l'arum a été observée pour la première fois par M. de Lamarck sur l'*arum italicum*. Je l'y ai moi même depuis observé fréquemment à Montpellier, et j'ai vu que cette chaleur n'a lieu qu'une fois pour chaque chaton ; elle commence vers trois heures de l'après-midi, atteint son maximum vers cinq heures et cesse à sept heures. M. Senebier a reconnu ce fait dans l'*arum vulgare*, et a vu qu'il acquiert 7° au-dessus de la température ambiante ; mais ce phénomène est plus rare dans cette espèce, d'après M. Th. de Saussure. Cependant M. Schultes dit l'y avoir observé dix ans ; il ajoute que le maximum de la chaleur y a lieu entre six et sept heures du soir. M. Schultz (1) dit que la fleur d'un *caladium pinnatifidum* vigoureux, mais qui dans la serre ne portait jamais de graines, avait une température de 19 à 20°, l'air étant à 15°. Cet effet est beaucoup plus prononcé dans l'*arum cordifolium* de l'Ile-de-France, qui, selon MM. Hubert et Bory, acquiert 44° et même 49°, l'air ambiant étant à 19. Le maximum dans cette espèce a lieu au lever du soleil. Comme ces observations sont positives, qu'elles ont été constatées par plusieurs observateurs dignes de foi, et que j'ai eu connaissance personnelle de plusieurs de ces faits sans aucune espèce de doute, je ne puis être arrêté par les résultats négatifs annoncés récemment par MM. Tréviranus, Gæppert et Schübler ; et je dois croire qu'ils ont observé des plantes souffrantes ou placées sous un climat ou des circonstances contraires à leur végétation.

En combinant les deux classes de faits précédens, il est presque certain que la chaleur de l'arum est due à la combinaison de l'oxigène de l'air avec le carbone de la plante, ce qui forme une sorte de combustion. De là on pouvait penser que, puisque toutes les fleurs, quoique

____

(1) *Nat. de lebend*, l'II 1-. 185.

à de moindres degrés, présentent une destruction analogue de l'oxigène, on devrait aussi y trouver quelque
chaleur. Pour s'en assurer, M. de Saussure s'est servi
d'un thermoscope très-sensible (1); parmi les plantes
qu'il a essayées, celle qui a donné les principaux résultats est le *cucurbita melopepo*. Les fleurs mâles de cette
plante donnent, entre sept et huit heures du matin, une
élévation de 1/2 degré centigrade; les fleurs femelles en
donnent aussi, mais un peu moins. Celles du *cucurbita
pepo* en donnent, mais moins que la précédente. Les fleurs
de *bignonia radicans* ont produit une chaleur qui atteignait quelquefois 1/2 degré centigrade : celle de tubéreuse 9/10e de degré.

M. Murray (2) dit aussi avoir trouvé une élévation
sensible de température dans plusieurs fleurs, et assure
même que ce phénomène est en rapport avec leur couleur. Mais je n'ose admettre ces résultats qui me semblent
un peu mêlés de faits et d'hypothèses, et où l'auteur n'a
pas suffisamment exposé ni sa méthode d'observation, ni
les précautions prises pour éviter les erreurs. Celles-ci
sont en effet faciles sous divers rapports : ainsi, 1° les
fleurs un peu compactes, telles que les épis de maïs et
les têtes d'artichaut ou d'hélianthe, acquièrent, comme
les corps bruts au soleil, une chaleur sensible au toucher, et qui exige souvent plus d'une heure pour disparaître. 2° L'évaporation dépose quelquefois sur la boule
du thermomètre une liqueur visqueuse qui n'agit pas

---

(1) Celui décrit par Pictet dans son *Essai sur le feu*. p. 67.
(2) *Experimental researches of the painted corolla of the
Flower*. 8°, London, 1824.

sur l'instrument tant qu'il est en contact avec la fleur , mais qui le refroidit dès qu'on l'en sépare , de sorte que si on réintroduit ce thermomètre alors dans la fleur , elle pourra sembler plus chaude que l'air.

Plusieurs causes, au contraire , telles que l'évaporation, la faculté conductrice , la fugacité du phénomène , le défaut de délicatesse du thermoscope peuvent faire qu'une chaleur réellement existante ne soit pas aperçue par l'observateur, et doivent faire désirer la multiplication d'expériences exactes sur ce sujet.

Ce développement de chaleur est considéré par M. Brongniart comme pouvant concourir à assurer la fécondation , vu qu'il a cru remarquer plus de rapidité dans les mouvemens des granules , lorsque la température est plus avancée. Les faits sur lesquels cette induction repose sont encore trop peu nombreux pour lui donner de l'importance , quoique des faits plus généraux aient bien appris que l'élévation de la température atmosphérique favorise la fécondation.

M. Raspail a été conduit dans ses travaux sur la fécule (1) à entrevoir une liaison entre la fécondation et la germination , déterminée soit par la présence de la fécule, soit par le degré de température qui se détermine dans ces deux phénomènes. En partant des mêmes faits , M. Dunal (2) a observé que le torus de plusieurs plantes, et notamment de l'amandier, a une apparence et une consistance analogues à celles du tubercule des pommes de

---

(1) Mém. sur la fécule ; Ann. des sc. nat. , nov. 1825.

(2) Considérations sur les organes floraux colorés ou glanduleux , 4°, Montpellier. 1829.

terre; il a trouvé que 70 grammes de la pâte formée par les appendices glanduleux du spadix *d'arum italicum*, traités comme la pomme de terre dont on veut extraire la fécule, ont donné 5 grammes de fécule desséchée à la température de 20 degrés; tandis que ces mêmes organes traités de la même manière après la fécondation, n'ont fourni que 0,5 grammes. Considérant d'ailleurs que, dans l'acte de la germination, l'oxigène de l'air enlève le carbone à la graine comme il le fait à la fleur, et qu'il en résulte dans la graine la formation d'un suc sucré, il croit que le même phénomène a lieu dans le torus ou dans les pétales. Il trouve encore des rapports entre ces deux phénomènes : 1° en ce qu'ils ne peuvent s'exécuter l'un et l'autre qu'à un degré déterminé de température; 2° en ce que la germination développe quelquefois de la chaleur, comme la fleuraison. La préparation de la drèche, qui n'est, comme on sait, que la germination de l'orge, en fournit un exemple; mais je ne sais si ce fait a été bien étudié et surtout généralisé à d'autres végétaux. Ainsi, l'action de l'oxigène de l'air, en enlevant le carbone surabondant, développerait dans la fleuraison, comme dans la germination, un suc sucré; celui des graines sert de nourriture à la jeune plante ; celui des fleurs servirait de nourriture au pollen et aux ovules, et les sucs sécrétés par les nectaires seraient une excrétion de ces matériaux surabondans. On ne peut nier que cette liaison de faits, en apparence fort éloignée, ne soit habile et ingénieuse ; mais elle exige encore, de l'aveu même de son auteur, de nouvelles vérifications. Elle tendrait tout au moins à faire comprendre l'utilité des organes glanduleux et colorés des fleurs pour la nutrition des parties sexuelles.

Il nous reste maintenant à examiner quel est spécialement le rôle des nectaires dans la fleuraison. J'ai déjà (liv. 2, chap. VIII, §. 10) examiné le nectar dans sa nature et à titre d'excrétion. Je dois le considérer ici dans ses rapports avec la fécondation.

Le nectaire, déjà observé dans 72 familles (1), est un organe trop universel pour qu'on ne doive pas présumer qu'il concourt à quelque usage important. Il offre cependant, lorsqu'on le compare aux organes essentiels, une différence remarquable : c'est d'être placé sur tous les organes des fleurs presque indifféremment, et de participer ainsi, moins que toutes les autres parties, à la symétrie naturelle de la fleur (2). Cette circonstance pourrait bien autoriser à croire que, même en bornant ce terme aux glandes qui suintent du nectar, nous confondons ici des organes différens sous un nom commun. La position du nectaire dans la fleur a dû naturellement faire penser que son usage était en rapport avec la fécondation ; et cette opinion semble confirmée par le fait observé par Schkuhr (3), qu'avant la fécondation, les nectaires des delphinium, des hellébores et de la capucine, sont vides, et ne se remplissent que pendant sa durée. On a dit que la présence de cette glande était nécessaire pour l'efficacité de la génération. Pontedera (4) assure que, si avant la fécondation on enlève

---

(1) D'après M. Soyer-Willemet, Mémoire sur le nectaire, 1826, in-8°.

(2) Les mamelles, chez les mammifères, présentent aussi cette exception aux lois de la symétrie, d'être placées sur des organes très-différens les uns des autres.

(3) Bull. sc. nat., 6, p. 360.

(4) Cité par Senebier, Physiol. vég., 2, p. 42.

les nectaires (qui sont ici des pétales glandulifères) de l'aconit jaune, les graines avortent. M. Soyer-Willemet (1) dit avoir eu le même résultat. M. Biria (2) en dit à peu près autant des nectaires des renoncules. Mais d'autres n'ont pas eu le même succès (3); et il est certain que, dans le plus grand nombre des cas, l'ablation de certains nectaires n'a pas empêché la fécondation. Ainsi, M. Desvaux (4) a coupé l'éperon des orchis sans nuire à la fécondation; il a coupé les nectaires de la nigelle de Damas, et la plante n'a pas laissé de fructifier. M. Perrotteau (5) avait dit que, lorsqu'on enlève avec un tube capillaire le nectar de la fritillaria, celle-ci cesse de fructifier. M. Desvaux a eu dans plusieurs cas le résultat contraire. Or, il faut remarquer que c'est ici un résultat positif, tandis que ceux qui, dans certains cas, disent n'avoir pas eu de graines quand ils ont enlevé le nectaire, ne donnent qu'un résultat négatif toujours moins digne de confiance que l'autre; car il peut tenir à plusieurs autres causes inaperçues.

Lorsqu'on a voulu établir avec quelque précision l'usage du nectar, on a cherché par diverses opinions à rendre raison des faits qu'il présente : essayons de les passer rapidement en revue.

---

(1) Mém. sur le nectaire, Paris, 1826, 8°. p. 17.
(2) Monogr. des Renoncules; 4°. Montp.
(3) *Vermischte Schrift aus der Naturwissensch. Francf.*, 1756, 8°, part. 2, p. 85.
(4) Ann. soc. Linn. Paris, vol. 5.
(5) Ann. des travaux de la soc. d'Angers. 1823, p. 23, cité par M. Desvaux.

M. Conrad-Sprengel (1) a cherché à établir que le nectar est l'aliment approprié à un grand nombre d'insectes; que ceux-ci sont le plus souvent avertis de sa présence par des taches colorées visibles à l'extérieur; qu'ils viennent dans les fleurs pour le sucer; que par ce mouvement ils tendent mécaniquement, soit à exciter ou agiter les étamines, et à déterminer ainsi la chute du pollen, soit à porter eux-mêmes le pollen d'une fleur à l'autre; qu'enfin les fleurs sont souvent stériles, lorsqu'on empêche les insectes de remplir cette fonction. J'ai peu de doute que les choses ne se passent fréquemment de la manière dont Conrad-Sprengel les décrit; mais j'ai quelque peine à admettre que ce soit là la vraie fonction du nectaire. Jusqu'ici, dans les êtres organisés, les fonctions sont en rapport avec leur propre nature, et non avec celle d'êtres qui leur sont étrangers. Je regarde donc ces fécondations causées par les insectes comme des incidens curieux, mais non comme constituant une fonction.

MM. Bosc et Soyer-Willemet pensent que l'usage du nectaire est de fournir au stigmate un suc capable par sa viscosité d'y faire adhérer le pollen, par son humidité de faire ouvrir celui-ci, et par sa fluidité de s'insinuer avec la matière fécondante dans les conduits qui vont du stigmate à l'ovule pour en faciliter les mouvemens. Cette hypothèse suppose que le stigmate est habituellement en position de recevoir le nectar ou d'être en contact avec lui : or, si cela arrive quelquefois par la position de la

---

(1) *Das entdeckte geheimniss der Natur im Bau und in der Befruchtung der Blum. in-4°.* Berlin, 1793.

fleur, on peut assurer que c'est le cas le plus rare. Je ne
voudrais donc pas nier que ce fait n'eût lieu, non comme
usage habituel, mais quelquefois comme un phénomène
particiel, et je citerai une observation de M. Vaucher qui
paraît favorable à cette opinion. Ce savant m'écrivait en
1828 : « J'ai eu occasion de vérifier une remarque que
» j'ai faite, il y a quatorze ans, sur la fécondation de la
» lopezia. La seule étamine qu'on y trouve est renfermée
» sous un cuilleron, et elle tourne ses poches anthérifères
» du côté des deux nectaires, qui sous forme de goutte-
» lettes sont placés sur les deux pétales extérieurs préci-
» sément au point où ils se coudent. Derrière le cuilleron
» qui renferme l'étamine, se trouve le pistil, qui est en-
» tièrement dérobé à l'influence du pollen. Tant que l'an-
» thère répand sa poussière, l'étamine reste ainsi enfer-
» mée; il y a plus, à cette époque le pistil n'a point de
» stigmate, et semble comme tronqué. Après l'émission
» du pollen, le cuilleron s'abaisse et laisse l'anthère flé-
» trie à découvert. Au même instant, le style s'alonge et se
» développe au sommet en un stigmate penicilliforme
» destiné à recevoir les émanations du nectaire, qui est
» alors en pleine activité, et dans lequel on peut recon-
» naître des nuages bleuâtres, qui sont les portions de
» pollen non encore dissous. »

Mais si l'on peut trouver ainsi quelques cas où le nectar semble retenir le pollen, et favoriser son abord au
stigmate, il faut avouer que, dans la presque totalité des
cas observés, il n'y a aucune action de ce genre. La position des nectaires la rend tout-à-fait impossible; et
lorsque M. Soyer-Willemet suppose que les mouvemens
des fleurs ont pour résultat d'amener le nectar sur les

organes sexuels , il me paraît donner une simple hypothèse dont je ne connais pas de preuve déduite de l'observation.

Le même auteur admet encore que le nectar doit être
aux ovules ce que la liqueur de l'amnios est au fœtus , un
liquide capable d'aider à leur développement , et de fournir à leur première nourriture. Cette hypothèse me paraît
peu admissible. Laissons de côté la comparaison avec l'amnios, qui est évidemment contraire à l'analogie des deux
règnes ; voyons seulement s'il est probable qu'un suc ex-
crété doive servir à la nourriture des parties internes.
L'analogie n'est pas favorable à cette hypothèse , qui n'est
d'ailleurs appuyée sur aucune preuve.

M. Meinecke (1) croit avec Pontedera que le nectar
sert à la nutrition des graines , et il ajoute même que les
plantes pourvues de nectaire ont des graines qui contiennent une huile grasse , tandis que celles qui en sont
dépourvues ont des graines farineuses ou ligneuses.
Quant à l'idée générale que le nectar nourrit la graine ,
on peut sans doute le soupçonner d'après le rapprochement de ces organes ; mais il n'y en a aucune preuve directe. Quant à l'assertion que la présence de l'huile
grasse dans la graine est liée à celle du nectar dans la
fleur, elle me paraît contraire à bien des faits. Sans doute
on peut dire qu'il y a des nectaires dans les crucifères ou
les composées qui ont les graines huileuses ; mais n'y en
a-t-il pas, et de très-gros , dans la couronne impériale ,
qui a les graines farineuses ? Les rubiacées à albumen fa-

____

(1) *Neu. Schrift. d. naturforsch ges. Halle. 1. heft.*
1809, 8°.

rineux diffèrent-elles sous ce rapport de celles à albumen corné ? Les conifères, les amentacées, qui ont les graines huileuses, ne sont-elles pas la plupart dépourvues de nectaires, etc. ?

Enfin, reste l'opinion de ceux qui, tels que M. Dunal, considèrent le nectaire comme un simple organe excréteur chargé de débarrasser la fleur de quelque matière surabondante. Cette théorie est l'expression d'un fait, et sous ce rapport ne peut être contestée ; mais il faut avouer qu'elle n'éclaire pas beaucoup l'histoire de l'organe.

Je suis donc, en résumé, disposé à considérer le nectar comme une simple sécrétion excrémentitielle des fleurs, qui, dans quelques cas très-rares, peut servir à lubréfier le stigmate, et qui accidentellement, en attirant les insectes, détermine par leur moyen dans les organes sexuels un mouvement souvent favorable à la fécondation.

―――――

CHAPITRE IV.

De la Maturation des fruits et des graines, ou de la gestation des végétaux phanérogames.

———

§. 1. Des fruits en général.

Dès que l'embryon est fécondé, il acquiert une vie particulière, et devient un centre d'action; il attire à lui la sève des parties environnantes, comme le font dans les deux règnes organiques toutes les parties qui ont une excitation spéciale. La sève, qui peu auparavant était appelée dans les pétales, les étamines et le style, doués alors d'un mouvement d'orgasme très-marqué, change de route, et se rend à l'ovaire et aux graines, à peu près comme le sang dans les femelles des animaux se porte dès les premiers momens de la grossesse aux fœtus fécondés. Tous les ovaires dont les embryons n'ont pas été fécondés, suivent le sort des autres parties de la fleur; ils se dessèchent, meurent, et se détachent le plus souvent d'eux-mêmes des pédicelles qui les portent. Ceux qui sont fécondés commencent, au contraire, à grossir, et on a coutume de dire dans le langage ordinaire qu'ils ont *noué*.

Pour qu'un ovaire noue, il n'est pas nécessaire que tous les ovules qu'il renferme aient été fécondés; le contraire arrive fréquemment, et cette non-fécondation peut tenir à diverses causes : 1° à l'altération accidentelle de quelqu'un des stigmates ou des conduits qui vont des stigmates aux graines, comme on le voit dans les expériences où l'on retranche un stigmate, et où la loge correspondante avorte. 2° Elle peut tenir à ce que le premier ou les premiers ovules fécondés peuvent grossir avec assez de rapidité pour étouffer le développement des ovules voisins. C'est peut-être de cette manière que se fait l'avortement de cinq ovules sur les six dont l'ovaire du chêne est muni. Même après cette époque, des causes qui ne nous sont pas bien connues peuvent déterminer l'avortement de quelques ovules : ainsi, en ouvrant à diverses époques les jeunes fruits du marronier d'Inde, on y voit d'abord six ovules, qui paraissent également aptes à prospérer; puis quelques-uns d'entre eux meurent et se détruisent sans aucune cause apparente. Peut-être les ovules voisins, devenant accidentellement plus vigoureux, attirent à eux tous les sucs, et affament ainsi ceux dont la végétation s'est trouvée plus faible ou plus tardive. L'action séparée ou simultanée de ces causes détermine toutes les variations accidentelles ou constantes qu'on observe en comparant le nombre des graines avec celui des ovules.

L'accroissement du péricarpe et des portions de la fleur qui peuvent être intimement liées avec lui, s'opère à la même époque que celui des ovules, mais ne lui est pas aussi subordonné qu'on pourrait le croire. Ainsi, d'un côté, il n'est pas rare de voir des ovaires dont les ovules n'ont pas été fécondés, et qui cependant grandissent comme à l'ordinaire et quelquefois mieux qu'à l'ordi-

36.

naire. Ainsi le péricarpe sec du *ranunculus lacerus* ou du *centaurea hybrida*, dont l'ovule avorte constamment, prend précisément la forme et la dimension qu'il aurait sans cet avortement, la place de la graine restant vide au milieu du fruit. Parmi nos arbres fruitiers il n'est pas rare de trouver des fruits dont tous ou presque tous les ovules ont avorté, et où le péricarpe a pris son développement. Tel est, par exemple, le bon-chrétien d'Auch. Bien plus, il est des fruits chez lesquels le péricarpe grossit d'autant plus, que l'avortement des graines y est plus complet, comme si la nourriture destinée aux graines se jetait tout entière, en leur absence, sur le péricarpe : l'arbre à pain est un exemple remarquable de ce fait. Lorsque les graines y avortent, ce qui constitue la variété cultivée des îles des Amis, le fruit devient plus gros et plus charnu. La même chose a lieu dans l'ananas, dont les espèces sauvages et munies de graines fertiles ont, dit-on, un fruit à péricarpe peu développé, tandis que les variétés cultivées, où les graines avortent, ont un fruit gros et charnu. En opposition à cette loi, qui paraît assez générale, la vigne présente une exception ou apparente ou réelle : plus les graines y avortent, plus le fruit est précieux pour les cultivateurs, parce que la place des graines y est remplacée par de la pulpe ; mais lorsqu'elles avortent toutes, comme cela arrive dans le raisin de Corinthe, le fruit reste beaucoup plus petit qu'à l'ordinaire ; cependant il faudrait savoir si cette petitesse du grain tient à l'avortement des graines ou à la nature propre de la variété. On peut ajouter à cet exemple que, dans une foule de cas, on voit la non-fécondation des ovules entraîner l'avortement total des fruits ; c'est ce qui arrive dans la vigne , dans les céréales , lorsque des froids ou des pluies abondantes à l'époque de la fleuraison empêchent la fécondation. Ces faits , en opposition avec les précédens , montrent qu'il n'y a pas de liaison nécessaire entre l'avortement des ovules et celui des péricarpes , et que ces organes peuvent suivre des phases ou semblables ou différentes , selon des circonstances qui n'ont pas encore été appréciées.

Depuis le moment où les fruits sont noués jusqu'à l'époque de leur maturité , ils attirent à eux la sève ascendante par leur action propre. Hales a vu que des branches de pommier , chargées de leurs fruits , pompent une quantité d'eau assez considérable , et en comparant ces branches avec celles qui ne portent que des feuilles , il a vu que , tandis que des branches feuillées , comparées entre elles , absorbent en proportion de la surface de leurs feuilles , celles qui sont chargées de fruits absorbent une quantité d'eau beaucoup plus grande. Cette action des fruits pour attirer la sève est prouvée par diverses observations pratiques : ainsi les troncs d'orangers chargés de leurs fruits gèlent plus facilement en hiver que ceux qui n'ont que des feuilles , parce que les oranges y maintiennent une plus grande quantité de sève en ascension. M. Gallesio raconte même avoir vu des orangers à moitié dépouillés de leurs fruits geler du côté où on leur en avait laissé, et ne pas geler du côté où on les avait enlevés. Les parties inférieures des tiges herbacées sont dépouillées d'une grande partie de leurs sucs pendant la maturation des fruits et des graines , parce que la sève , appelée par ceux-ci en grande proportion , emporte avec elle la plus grande partie des matières préalablement déposées. La présence trop prolongée des fruits sur les arbres empêche quelquefois le développement complet des fleurs de l'année suivante, parce que ces fruits attirent à eux une trop grande quantité de sève. Enfin, une trop grande quantité de fruits mûrissant à la fois sur un arbre tend à l'épuiser, parce que ces fruits appellent la sève chargée de principes nutritifs dans des organes qui ne rendent pas à l'arbre de suc nourricier, mais consomment pour leur propre compte la sève qu'ils reçoivent. Chaque fruit peut donc être considéré comme un point d'appel assez actif pour la sève ascendante.

Si les fruits sont trop nombreux, il est clair qu'ils ne pourront acquérir un developpement suffisant, la sève devant se partager entre eux. S'ils sont trop rapprochés, les plus faibles de chaque groupe tendent à périr, parce que les plus forts attirent à eux la totalité de la sève. De là la convenance pratique d'enlever les jeunes fruits les moins gros, situés près d'autres plus actifs, afin que ceux-ci profitent de la sève qui irait en pure perte alimenter les premiers, destinés cependant à mourir avant la maturité.

La longueur de la maturation, ou, en d'autres termes, le temps qui s'écoule entre la fleuraison et la maturité, est très-différent d'une plante à l'autre, sans qu'il soit possible de rapporter cette diversité à quelque cause connue. Cette période de la vie végétale correspond à la gestation des animaux; la grosseur du fruit, qui par analogie semblerait un élément important de la durée de la maturation, semble n'y entrer pour rien, puisqu'on voit cette durée plus courte dans le melon que dans la poire, et le même exemple pourrait servir aussi à prouver que le nombre des graines n'influe point sur cette durée. En général, les végétaux à fleuraison tardive semblent destinés à mûrir leurs graines en moins de temps; mais cette loi est loin de se confirmer dans tous les cas, et par exemple, celle des graminées observées par Synclair dans le jardin de Woburn qui fleurit la dernière, est une de celles dont la maturation est la plus longue, le *trachynotia cynosuroides*, qui mûrit ses graines en cinquante-deux jours (du 3o août au 20 octobre). Le genre des chênes, dont une moitié a une maturation de six à sept mois, et l'autre d'environ dix-huit, tend à prouver à lui seul que toutes les circonstances de ce genre ont peu ou point d'action. Cette durée de la maturation paraît tenir essentiellement au degré de vitalité ou d'excitabilité des organes, circonstance qui échappe à tous nos moyens d'investigation.

Pour donner une idée des différences observées, je présenterai ici, sous une forme adaptée à mon but, le tableau des plantes fourragères observées à Woburn par M. Synclair, et j'y joindrai quelques autres exemples (1).

---

(1) Les exemples cités par le nombre des jours proviennent de l'observation directe de M. Synclair; ceux cités en nombre de mois sont le résultat plus vague de l'observation générale. Plus le temps est long, moins il est précis. Il est à regretter que la plupart des Flores et des catalogues de jardin qui indiquent l'époque de la fleuraison, n'aient pas cru devoir indiquer celle de la maturité. Les Flores du Palatinat par Pollich et du grand-duché de Bade, par Gmelin, méritent d'être citées pour leur soin à cet égard.

Il s'est écoulé, entre la fleuraison et la maturité,

13 jours, chez le *panicum viride.*

14 — pour le *panicum sanguinale,* l'*agrostis lobata,* l'*avena pratensis.*

16 — pour le *festuca ovina, briza media.*

17 — pour l'*agrostis repens,* l'*aira cespitosa,* le *bromus cristatus,* l'*elymus sibiricus.*

18 — pour le *poa angustifolia,* le *poa elatior,* l'*avena elatior,* l'*hordeum bulbosum,* le *festuca calamaria,* le *festuca cambrica.*

19 — pour le *poa aquatica,* l'*hordeum pratense,* le *poa compressa,* le *festuca pinnata,* le *medicago sativa.*

20 — pour le *festuca rubra,* le *dactylis glomerata, festuca duriuscula, milium effusum, festuca pratensis, lolium perenne, agrostis fascicularis, Agrostis nivea, triticum repens.*

21 — pour *poa alpina, onobrychis sativa.*

22 — pour *bromus multiflorus, cynosurus cristatus, bromus tectorum, aira flexuosa.*

23 — *avena flavescens.*

24 — *festuca glabra, poa cristata.*

25 — *alopecurus pratensis, a alpinus, avena pubescens, bromus littoreus, festuca elatior, nardus stricta.*

27 — *bromus sterilis, holcus mollis, bromus inermis, agrostis vulgaris, festuca loliacea.*

28 — *festuca fluitans.*

30 — *alopecurus agrestis.*

31 — *agrostis palustris, a. stolonifera, a. canina, a. stricta, cynodon dactylon, phalaris canariensis.*

37 — *festuca dumetorum.*

41 — *stipa pennata, melica cærulea.*

43 — *holcus lanatus, sanguisorba canadensis, trifolium pratense, t. macrorhizon, bunias orientalis, arundo colorata.*

45 — *elymus arenarius, e. geniculatus, phleum pra-*

tense, p. nodosum, beckmannia erucæformis,
poa fertilis, p. pratensis, p. cærulea.

5ı jours ,   *cynosurus cæruleus.*

52 —   *trachynotia cynosuroides.*

53 —   *anthoxanthum odoratum.*

57 —   *holcus odoratus.*

2 mois.   Le framboisier, l'ormeau, le cerisier, le fraisier,
            les *euphorbia platyphillos , esula, cyparissias ,*
            le *spiræa filipendula,* les potentilles, les pavots, etc.

3   —   *reseda iuteola, prunus padus,* l'amelanchier, le co-
            toneaster, la chélidoine, le tilleul.

4   —   Le marronier d'Inde, l'aubépine, les rosiers.

5 à 6 mois. Les div. variétés de la vigne, du poirier, etc.

5 mois.   Le sorbier des oiseleurs, le bouleau, l'aulne.

3 à 5 mois. Le pommier, le prunier, le *prunus spinosa,* le hêtre,
            le noyer.

6   —   Le châtaignier, le néflier, le noisetier, l'amandier,
            l'hippophaë.

7   —   L'olivier, le chêne rouvre, la sabine, le *daphne
            laureola.*

8 à 9 mois. Le colchique d'automne, le gui.

10 —   Le pin laricio.

11 —   La plupart des pins.

1 an.   La plupart des mousses, quelques conifères.

A ces exemples, où la maturation s'exécute dans
l'année de la fleuraison, ajoutons ceux plus rares et plus
singuliers où elle n'a lieu que dans l'année suivante :
c'est ce qu'on observe dans un grand nombre de conifères tels que le genevrier commun, dans plusieurs
chènes d'Amérique, et dans quelques-uns de ceux
d'Europe, tels que le *Q. ilex;* c'est ce qu'on observe
encore dans les métrosidéros.

L'orange présente sous ce rapport un phénomène singulier ; elle passe pour mûrir à la fin de la première

année ; mais il arrive souvent dans le midi de l'Europe que pour obtenir des oranges de meilleure qualité , on leur laisse passer un second été sur l'arbre. Quelle est donc la durée réelle de la maturation de ce fruit dans son état naturel ? Jusqu'où pourrait s'étendre cette faculté ?

Le cèdre du Liban , qui fleurit en été , ne donne ses graines spontanément que deux ans après , et même vingt-sept mois, au rapport de MM. Bosc et Delamarre (1): c'est à ma connaissance le terme de maturation le plus long qui ait encore été observé.

§. 2. De la maturation des péricarpes.

Les péricarpes foliacés, tels que ceux des pois, se développent d'une manière tout-à-fait analogue aux feuilles ; ce qui doit d'autant moins surprendre , qu'ils ne sont que des feuilles dans un état particulier. Doués de stomates comme les feuilles, ils exhalent l'eau surabondante et restent par conséquent dans une consistance membraneuse; ils décomposent le gaz acide carbonique comme les feuilles, et peuvent, comme elles, à la fin de l'année , prendre une coloration qui varie du jaune au rouge et a la couleur de la feuille morte , mais qui ne prend pas les teintes étrangères aux feuilles, telles que le bleu.

Il est au contraire d'autres péricarpes dont la surface est dépourvue de stomates, qui par conséquent ne peuvent point exhaler complétement l'eau, qu'ils reçoivent cependant comme les autres, et dont par suite de cette

______

(1) Traité de la culture des pins , 1 vol. in-8°, Paris, 1826.

eau surabondante , le parenchyme se dilate beaucoup. C'est ce qui constitue les fruits charnus , dont l'homme tire un si grand parti pour sa nourriture , qu'il a exclusivement appelé arbres fruitiers ceux qui en portent de tels.

La surface des fruits charnus commence presque toujours par être verte comme celle des feuilles , dont ils ne sont qu'une dégénérescence plus éloignée que les péricarpes foliacés. A cette époque de leur maturation , ils décomposent le gaz acide carbonique , et dégagent du gaz oxigène au soleil , comme le font les surfaces foliacées ordinaires. M. Bérard (1) avait cru trouver dans ses expériences sur divers fruits (faites dans des récipiens d'une capacité six à huit fois seulement plus grande que le volume des fruits) , que ceux-ci n'avaient pas cette propriété , et qu'ils ormaient de l'acide carbonique , même au soleil , pendant leur maturation , avec l'oxigène de l'air et leur propre carbone ; il croyait même ce dégagement nécessaire à leur maturation ; mais M. Th. de Saussure (2) a très-bien montré que cette induction tenait à la petitesse des vases employés , et a prouvé que les fruits verts , soit foliacés , soit charnus , se conduisent à cet égard comme les feuilles , soit au soleil , soit à l'obscurité , et ne diffèrent « de » celles-ci que par une moindre intensité dans leur action. » Ils font disparaitre pendant la nuit le gaz oxigène de

____

(1) Mémoire sur la maturation des fruits , in-8°. , et dans les Ann. de phys. et de chimie.

(2) Mém. de la Soc. de phys. et d'hist. nat. de Genève , vol. 1 (1821) , p. 284. Les résultats ci-joints sont textuellement extraits de ce mémoire.

» leur atmosphère, et ils le remplacent par du gaz acide
» carbonique qu'ils absorbent en partie. Cette absorption
» est ordinairement moins grande à l'air libre que sous
» un récipient; ils consument à volume égal plus d'oxi-
» gène à l'obscurité, lorsqu'ils sont éloignés de la matu-
» rité, que lorsqu'ils en sont rapprochés. Dans leur expo-
» sition au soleil, ils dégagent en tout ou en partie l'oxi-
» gène qu'ils ont inspiré pendant la nuit, et ne laissent
» aucune trace de cet acide dans leur atmosphère. Plu-
» sieurs fruits détachés de la plante ajoutent ainsi du gaz
» oxigène à de l'air qui ne contenait point d'acide carbo-
» nique. Lorsque leur végétation est très-faible ou très-
» languissante, ils corrompent l'air dans toutes les cir-
» constances, mais moins au soleil qu'à l'ombre. Les fruits
» verts détachés de la plante, et exposés à l'action succes-
» sive de la nuit et du soleil, ne le changent que peu ou
» point en pureté et en volume : les légères variations
» qu'on observe à cet égard dépendent soit de la faculté
» plus ou moins grande qu'ils ont d'élaborer l'acide car-
» bonique, soit de leur composition, qui se modifie selon
» le degré de leur maturité : ainsi, les raisins en état de
» verjus paraissent s'assimiler en petite quantité l'oxigène
» de l'acide carbonique qu'ils forment dans l'air où ils
» végètent jour et nuit, tandis que les raisins à peu près
» mûrs représentent en totalité, pendant le jour, dans leur
» atmosphère, l'oxigène de l'acide qu'ils ont produit dans
» l'obscurité. S'il n'y a point d'illusion dans ce résultat,
» qui a été faible mais constant, il signale le passage de
» l'état acide à l'état sucré, en indiquant que l'acidité du
» verjus tient à la fixation du gaz oxigène atmosphérique,
» et que cette acidité disparaît lorsque le fruit ne puise

» que du carbone dans l'air ou dans l'acide carbonique.
» Les fruits verts décomposent en tout ou en partie non-
» seulement l'acide carbonique qu'ils ont produit pen-
» dant la nuit, mais en outre celui qu'on ajoute artificiel-
» lement à leur atmosphère. Quand on fait cette der-
» nière expérience avec des fruits qui sont aqueux, et qui,
» tels que les pommes et les raisins, n'élaborent que len-
» tement le gaz acide carbonique, on voit qu'ils absorbent
» au soleil une portion de gaz beaucoup plus grande que
» ne pourrait le faire un même volume d'eau dans un sem-
» blable mélange; ils dégagent dès-lors l'oxigène de l'a-
» cide absorbé, et paraissent ainsi l'élaborer dans leur
» intérieur.

» Ils s'approprient dans leur végétation l'oxigène et
» l'eau, en lui faisant perdre l'état liquide.

» Ces résultats ne s'observent souvent que dans des
» volumes d'air qui excèdent 30 à 40 fois le volume du
» fruit, et qu'en affaiblissant l'action échauffante du so-
» leil; si l'on néglige ces précautions, plusieurs fruits
» corrompent l'air, même au soleil, en formant de l'acide
» carbonique avec l'oxigène ambiant; mais encore dans
» cette dernière circonstance, la seule comparaison de
» leur effet à l'obscurité avec celui qu'ils produisent sous
» l'influence de la nuit et du soleil, démontre qu'ils dé-
» composent l'acide carbonique. »

Les fruits destinés à rester verts ou verdâtres se colorent partiellement du côté où la lumière solaire les frappe,
comme on le voit dans la prune reine-claude, les poires,
les pommes, les pêches, etc. Ces couleurs sont toujours
analogues à celles que les feuilles sont susceptibles de
prendre en automne.

Mais il est d'autres fruits charnus dont la surface extérieure se colore d'une manière uniforme. Ces couleurs générales des fruits n'ont aucun rapport nécessaire avec celle des feuilles : ainsi, on voit des fruits du rouge le plus vif, comme la cerise; d'un jaune pur, comme l'ananas ou l'abricot; d'un bleu décidé, comme le dianella ou le *convallaria japonica*; d'un beau violet, comme la prune monsieur; d'un blanc décidé, comme le *symphoricarpos racemosus*; d'un noir parfait, comme le *ribes nigrum*, et de toutes les teintes intermédiaires; on en voit même quelques-uns naturellement tachés ou panachés, tels que le *maianthemum bifolium*. On ne connaît pas mieux la cause de ces colorations que celle des couleurs des pétales; on ignore surtout pourquoi les fruits charnus sont susceptibles de colorations beaucoup plus variées que les fruits foliacés. On sait que ces couleurs ne sont pas tellement inhérentes aux espèces, qu'elles ne puissent être modifiées par des circonstances inconnues. Ainsi, les fruits colorés paraissent tous susceptibles de devenir blancs ou d'un jaune très-pâle : tels sont, par exemple, les myrtilles qui sont à l'ordinaire d'un bleu foncé, et qui, dans les Ardennes, prennent souvent une belle couleur blanche; tels sont les bigarreaux blancs ou jaunâtres, les raisins blancs, les groseilles blanches, etc. Plusieurs présentent même des teintes plus variées : ainsi, la prune offre des variétés pourpres, rouges, jaunes et blanches; le fruit du cornouiller, celui de l'épine-vinette et une foule d'autres sont rouges, jaunes ou blancs. Ces couleurs des fruits une fois obtenues sont permanentes dans les variétés, ou peut-être même dans les races qui en sont douées. Dans la culture, on les ob-

tient accidentellement ; mais les cultivateurs ne savent
point les faire naître. Tout leur art consiste à les conserver et à les multiplier lorsqu'ils les ont trouvées. Ils
ont cru que les couleurs des variétés des fruits sont souvent en rapport avec la teinte des jeunes branches :
ainsi, le cornouiller à fruit blanc ou jaune a les jeunes
branches beaucoup plus pâles que celui à fruit rouge.
Quoique j'aie observé fréquemment cette concordance,
je n'oserais affirmer qu'elle fût universelle : elle tend à
prouver que la coloration des fruits, quoiqu'elle soit un
phénomène purement local, se lie à l'ensemble des dispositions générales du végétal.

La nature propre des fruits charnus est, comme on sait,
très-différente de celle des fruits foliacés, et les divers fruits
charnus comparés entre eux présentent des consistances
et des saveurs fort différentes. La sève, introduite par les
méats intercellulaires, est graduellement pompée par les
cellules du parenchyme, et c'est dans l'intérieur de ces
cellules que paraît se faire l'élaboration. La nature du
fruit peut dépendre du mode d'action de ces cellules,
de la nature des matières apportées par la sève, et des
circonstances atmosphériques qui facilitent l'action des
organes élaborateurs.

Quant au premier objet, il échappe à toutes nos recherches, car il tient à la nature intime des tissus. Nous
ne saurons probablement pas mieux pourquoi les cellules
du citron forment un suc acide, et celles de l'orange un
suc sucré, que nous ne saurons la cause générale des
sécrétions. La nature de la sève absorbée est aussi peu
appréciable par nos moyens d'investigation ; comparée à
l'action des cellules, elle paraît en réalité de peu

d'importance , puisqu'un fruit greffé sur une espèce différente conserve sa propre nature ; mais l'action des circonstances atmosphériques est la seule que nos études
puissent réellement apprécier.

Nous savons par une expérience journalière que la
chaleur est une des circonstances qui déterminent le
mieux la maturité des fruits , et qui tend en particulier
à y faire développer le plus de matière sucrée ; nous savons que l'action directe des rayons solaires agit comme
moyen de réchauffement sur la qualité des fruits , et
comme corps lumineux , sur sa coloration totale ou partielle ; qu'ainsi, le côté des fruits exposé à cette action
est généralement plus sapide et plus coloré. Cet effet
est assez prononcé dans les fruits destinés à rester verts
ou verdâtres ; ils se colorent du côté frappé par le soleil ;
au contraire, la différence est presque nulle dans les
fruits totalement colorés, comme les cerises. Tous les
procédés qui tendent à placer les fruits dans une température plus élevée, tendent à améliorer et à accélérer
leur maturité , soit que ce procédé agisse sur la plante
entière , comme on le fait en la mettant en serre , soit
qu'il agisse sur le fruit seulement ; ce qui démontre que la
fonction de la maturation est locale. On sait que des fruits
introduits sous des cloches de verre y mûrissent mieux
qu'en plein air ; on les y fait quelquefois entrer très-
jeunes , et on obtient ainsi des fruits enfermés dans des
bouteilles , et beaucoup plus gros que leur orifice. On
place certains fruits dans des sacs de crin ou de papier ,
et outre qu'on obtient par-là l'avantage de les mettre à
l'abri de certains animaux, cette mince enveloppe suffit
pour entretenir autour d'eux une température un peu

plus élevée, et pour améliorer leur maturité. On obtient des résultats analogues, en plaçant les fruits devant des murs noircis, ou sur des ardoises; la chaleur que ces matières noires contractent par l'effet du soleil fait mûrir les fruits plus tôt que ceux des espaliers ordinaires, et les espaliers eux - mêmes sont plus précoces que les arbres en plein vent, parce qu'ils conservent une température plus élevée près des fruits.

Dans les localités et les années sèches, la sève entre en moindre quantité dans le fruit, et les cellules de celui-ci n'en recevant pas une grande quantité à la fois, peuvent l'élaborer complétement; la maturité s'y trouve donc accélérée, et la saveur plus développée. Au contraire, dans les lieux ou les années humides, la sève entre dans le fruit trop abondante et trop aqueuse, et les cellules destinées à l'élaborer ne peuvent le faire que d'une manière imparfaite; le fruit devient gros, mais aqueux et insipide. C'est par un motif analogue que les jeunes arbres, recevant plus de sève aqueuse, poussent en bois et donnent peu de fruits, et que les très-vieux arbres, recevant moins de sève aqueuse, portent des fruits plus savoureux, parce que l'élaboration des sucs y est plus complète. La combinaison qui paraît la plus favorable, c'est qu'à une époque antérieure à celle de la maturité, le fruit puisse recevoir beaucoup d'humidité, qui tend à le faire grossir, qu'ensuite il n'y arrive plus qu'une très-faible quantité d'eau, et qu'en même temps la température devienne chaude, pour que les cellules soient excitées à élaborer la sève qu'elles ont reçue. Ces circonstances sont appréciées par les cultivateurs de vignobles : pour les obtenir artificiellement, on arrose souvent les arbres ou herbes à fruit dans les premiers temps

2.   37

de la maturation, et on s'abstient de le faire quand on approche de la maturité. Les jardiniers anglais ont souvent l'habitude de baigner les groseilles pendant leur maturation, pour les faire grossir. Les céréales mûrissent leurs fruits lorsque la tige desséchée leur fournit peu ou point de suc. On favorise cet effet dans les risières, en enlevant l'eau à l'époque de la maturation du riz. C'est probablement par un motif analogue que les grandes pervenches mûrissent plus fréquemment leurs fruits en vase, qu'en pleine terre (1). Enfin, on trouve dans ces considérations l'explication d'un petit fait connu des ménagères : c'est qu'il est des fruits, tels que la pêche par exemple, qui mûrissent mieux lorsqu'on les a détachés de l'arbre quelques jours avant leur maturité absolue ; ces fruits renferment alors tous les sucs qui leur sont nécessaires, et en les enlevant on empêche qu'il n'en arrive de nouveaux ; on les force ainsi à élaborer plus complétement la sève qu'ils renferment. La même chose s'observe avec le melon d'hiver, qui mûrit après avoir été plusieurs mois détaché de sa tige. Un fait analogue a lieu pour les poires et les pommes conservées en hiver ; l'élaboration des sucs des fruits charnus est donc un phénomène purement local, déterminé par l'action propre des cellules du sarcocarpe.

Une dernière preuve en faveur de l'action toute locale des cellules de ce parenchyme peut se tirer de ce qui se passe dans certaines greffes. On sait qu'on peut greffer des rameaux très-courts chargés de fruits sur des troncs qui leur sont étrangers, et qu'on n'en obtient pas moins des fruits qui gardent leur propre nature : c'est ce que

____

(1) Du Petit-Thouars, Ann. sc. d'hortic. de Paris, in-4°, p. 39.

les jardiniers font souvent pour les orangers nains, et ce que M. de Tschudy a fait en greffant la tomate sur l'herbe de la pomme de terre, ou le melon sur l'herbe de la courge.

Ainsi un péricarpe charnu doit être considéré comme un amas de cellules plus ou moins baignées par la sève qui s'y porte ; ces cellules apportent cette sève et l'élaborent chacune pour elle et à leur façon, comme le prouvent les variétés d'oranges ou de raisins, dont les divers quartiers sont de couleur différente. Quand toute l'eau est absorbée, il est des fruits qui peuvent être rompus sans présenter des traces notables d'eau à l'état de liberté : c'est ce qu'on observe dans les cellules de l'orange, qui peuvent se séparer à un état fort avancé ; c'est même ce qui fait qu'on peut rompre une pomme âgée, sans que la tranche en paraisse sensiblement humide.

Parmi les causes qui tendent à accélérer la maturité des fruits, on doit compter l'action excitante de certaines piqûres : ainsi, tout le monde sait que les fruits dits *verreux*, c'est-à-dire piqués par les insectes, mûrissent toujours avant les autres, cette piqûre paraissant agir comme un stimulant qui accélère l'action locale du parenchyme. On a tiré un parti régulier de cette observation dans l'acte populaire, exécuté dans l'Archipel, sous le nom de caprification du figuier, et qu'il faut se garder de confondre avec l'opération du même nom opérée sur le palmier. Celle du figuier, pratiquée dans les îles de l'Archipel, consiste en ceci, qu'à l'époque de la maturation on va prendre dans les campagnes des branches de figuier sauvage qu'on place sur des figuiers domestiques ; les figues sauvages donnent nais-

sance à un grand nombre de *cynips psenes* (1). Ces insectes volent sur les figues domestiques, et les piquent
pour y déposer leurs œufs. Cette piqûre fait mûrir les
figues plus tôt qu'à l'ordinaire; elle permet ainsi d'obtenir régulièrement deux récoltes par an des mêmes
arbres : mais elle en détériore un peu la qualité, comme
nous le voyons dans nos poires et nos pommes *verreuses*.
M. Bernard, de Marseille, qui a prouvé que telle était
l'action de la caprification du figuier, l'a imitée en pi-
quant des figues saines avec une alêne, et en mettant
une gouttelette d'huile dans la blessure, pour l'empêcher de se cicatriser trop vite : les figues ainsi piquées
ont mûri plus tôt que celles du même arbre laissées intactes à côté d'elles.

Lorsque par la nature du climat on ne peut décidément point espérer d'avoir deux récoltes de figues, on
cherche alors à améliorer la récolte unique à laquelle
on vise : on se trouve bien, sous ce rapport (2), d'enlever au moment de la sève d'août tous les boutons à
fruits qui, destinés à une seconde récolte (laquelle n'aurait pas le temps de mûrir), ne fait qu'épuiser l'arbre en
pure perte.

A ces moyens anciennement connus d'influer sur la
maturation des fruits, nous devons joindre celui de l'incision annulaire, qui a été découvert par Lancry en
1776, et qui a acquis plus de célébrité dans ces der-

---

(1) Ou *Diplolepis ficus caricæ*. Voy. L. C. Tréviranus, dans
le *Linnæa*, 1828, p. 71, t. 1, f. 1, 2.

(2) Swaine, *Repert. of arts*, 1825, p. 110; Fér. Bull. sc. agr.,
IX, p. 273.

niers temps, par l'application qu'on en a faite à la culture de la vigne. On a remarqué qu'en enlevant à l'époque de la fleuraison un anneau d'écorce à la branche qui soutient les fleurs, les fruits nouent d'une manière beaucoup plus certaine et plus prompte, et souvent deviennent plus gros qu'à l'ordinaire. Lancry montra à la société d'Agriculture de Paris une branche de prunier, dont la moitié qui avait subi l'incision annulaire, avait des fruits mûrs, et l'autre moitié, laissée intacte, portait des fruits verts. L'anneau enlevé doit être assez étroit pour que la communication puisse se rétablir au bout de peu de temps, sans quoi la branche opérée souffrirait et risquerait de périr. Il paraît que l'effet de cette opération est de retenir momentanément la sève descendante dans les parties qui entourent le fruit ; ce qui tend à donner plus de force à celui-ci dans ce premier moment qui suit la fécondation, et où l'expérience prouve qu'un très-grand nombre de fleurs meurent et tombent ou *coulent*, comme disent les cultivateurs. On a surtout appliqué ce procédé à la vigne, et on a ainsi obtenu des grappes mieux nourries et plus précoces. M. Bouchette (1) ayant opéré l'incision annulaire sur trente-cinq ares de vignes, y a vu la maturité accélérée de douze à quinze jours sur celle des vignes voisines non opérées. L'un des faits les plus probans que j'ai vu en faveur de ce procédé, est celui-ci : Un cultivateur des environs de Genève avait devant sa maison une treille fort ancienne qui fleurissait abondamment chaque année, et dont tous les grains coulaient, à ce point qu'on ignorait à quelle variété ce cep appartenait. Un de mes amis,

____

(1) Bull. des sc. agr., XII, p. 279.

à ma demande, pratiqua l'incision annulaire sur l'une des branches de cette treille, et cette branche seule porta cette année des grappes de raisin qui arrivèrent à maturité parfaite : c'était du raisin de Corinthe qui, peut-être par l'effet du climat, n'avait jamais porté fruit, et qui à la suite de cette opération noua et mûrit pour la première fois. Quand on a eu remarqué que les fruits soumis à ce procédé mûrissent d'ordinaire un peu plus tôt que les autres, on a proposé de l'employer en grand dans les vignes, et on a fabriqué dans ce but un instrument fort simple appelé *bagueur*, au moyen duquel l'opération se fait très-promptement. Cependant cette pratique n'est point encore devenue populaire. Est-ce, comme on l'a dit, je crois sans preuves, parce qu'elle affaiblit les ceps pour les années suivantes? est-ce qu'elle rapporte moins qu'elle ne coûte? ou serait-ce simplement un effet de l'incurie et de la défiance contre les nouveautés, qui est si fréquente dans la classe des agriculteurs? Quoi qu'il en soit de la partie pratique du baguage, son effet physiologique sur les fruits est digne d'attention et mérite de nouvelles recherches. Quelques faits que j'ai vus, sans les avoir assez répétés, me font soupçonner qu'au moyen de l'incision annulaire on pourrait peut-être forcer certains fruits où, dans le cours ordinaire, il avorte plusieurs ovules, à les conserver tous; on pourrait peut-être se servir de ce procédé pour vérifier par l'expérience certains faits d'avortemens si constans, qu'on ne peut aujourd'hui les soupçonner que par la théorie de la symétrie.

On a encore observé que les fruits charnus deviennent plus gros lorsqu'ils reposent sur un appui, que lorsqu'ils sont vivement ballottés par les vents. M. Jaume a appelé

sur ce point l'attention des cultivateurs, et a cité plusieurs faits à l'appui de cette opinion, tels que la grosseur des fruits des espaliers, comparés à ceux des arbres
en plein vent de la même espèce, la grosseur de plusieurs fruits à courte queue et adhérens au tronc, et enfin
la dimension acquise par les fruits posés volontairement
sur un appui pendant leur maturation. Celle qu'acquièrent les fruits enfilés dans un sac ou dans une bouteille,
pourraient peut-être rentrer dans cette classe de faits,
si l'expérience en confirme la réalité. Peut-être les torsions des pédicules qui portent les fruits suspendus, em-
pêchent-elles les sucs d'y pénétrer aussi facilement que
dans les fruits posés sur un appui fixe.

Si nous examinons maintenant les modifications que
la chair des fruits éprouve en mûrissant, nous verrons
d'abord que le tissu fibreux ou celluleux des fruits (qui
est en quantité très-diverse dans différentes espèces)
n'est, d'après M. Bérard (1), que de la lignine. Elle est,
dans plusieurs cas, surtout dans les parties très-charnues, plus légère, moins tenace, et plus facilement soluble dans les dissolutions alcalines que la lignine ordinaire; mais elle offre les caractères inverses dans d'autres parties des mêmes fruits, telles que les noyaux.

Le liquide qui remplit la chair des péricarpes charnus
se compose de la sève placée dans les méats intercellulaires et de la matière contenue dans les cellules. Ce liquide de la chair ou de l'endocarpe charnu contient,
selon M. Bérard, outre une grande partie d'eau, du
sucre, de la gomme, de l'acide malique, du malate de
chaux, des matières colorantes, une matière végéto-

---

(1) Mém. sur la maturation des fruits, p. 32.

animale , et une substance aromatique particulière à chaque fruit. Il existe aussi quelquefois du tartrate acide de potasse et du tartrate de chaux , comme dans les raisins ; de l'acide citrique dans le citron , ou en plus petite quantité dans la groseille. M. Bérard n'a pu , avec la dissolution d'iode , trouver aucune trace d'amidon dans les fruits aqueux , tels que les cerises , prunes , pêches , groseilles , raisins , etc., ni même dans les poires et les pommes , quoiqu'on l'ait avancé.

La comparaison de l'analyse des mêmes fruits avant la maturité et à cette époque donne des résultats curieux , malgré que son extrême difficulté laisse dans l'incertitude sur certains points (1). On y voit d'abord une disparition proportionnelle d'eau à l'état liquide , savoir, sur 100 parties :

	Eau avant la maturité.	Eau à la maturité.
Abricots	89,39	74,87
Groseilles.................	86,41	81,10
Cerises royales............	88,28	74,85
Prunes reine-claude	74,87	71,10
Pêches d'été	90,51	80,24
Poires cuisse-madame.	86,28	83,88

Cette diminution paraît tenir en partie à ce que le fruit absorbe moins d'eau en approchant de la maturité, et 2° à

---

(1) Dans les résultats cités ci-dessous , les chiffres , et surtout ceux de la première colonne , ne sont que des termes de comparaison et non des termes absolus ; car, en prenant les mêmes fruits un peu plus tôt ou un peu plus tard, on aurait eu d'autres chiffres. Ces résultats et les suivans sont extraits du beau travail de M. Bérard , mais disposés dans un ordre plus conforme à mon but physiologique et non purement chimique.

ce qu'une partie de celle qui lui est parvenue s'est combinée dans son tissu.

Le sucre paraît, au contraire, aller toujours en augmentant, ce que la saveur pouvait indiquer ; ainsi , on en trouve sur 100 parties :

	Verts.	Mûrs.
Abricots (très-jeunes des traces), puis	6.64	16.48
Groseilles rouges	0,52	6,24
Cerises royales	1,12	18,12
Prunes reine-claude.	17,71	24.81
Pêches d'été.	0,63	11.61
Poires cuisse-madame. . . . . , . . .	6.45	11,52

Ce sucre se trouve tantôt à un état plus ou moins concret , comme dans le raisin, la figue et la pêche , tantôt à l'état liquide dans les autres. Il semble se former aux dépens d'autres matières , dont la proportion diminue. Ainsi , sur 100 parties, on trouve du principe ligneux :

	Verts.	Mûrs.
Abricots	5.61	1,86
Groseilles (graines comp.)	8.45	8,01
Cerises royales	2,44	1.12
Prunes reine-claude.	1,26	1.11
Pêches d'été.	5,01	1,21
Poires cuisse-madame.	5,80	2.19

Il se pourrait bien que la ligoine formée dans le fruit vert ne diminuât réellement point, mais que la dilatation du tissu cellulaire , et par conséquent l'augmentation des produits aqueux, la rendit proportionnellement moindre, sans qu'elle le fût dans le sens absolu ; mais les parties gommeuses , mucilagineuses ou gélatineuses paraissent très-susceptibles de se changer en su-

cre : ainsi, M. Couverchel (1) a vu que, si on traite
de la gelée de pomme par un acide végétal en dissolution dans l'eau, on obtient un sucre analogue à celui
du raisin ; que de la gomme de pois placée avec de l'a-
cide oxalique à une température de 125°, se convertit
en sucre ; que la gomme extraite de la fécule mélangée
avec du jus de raisin vert, le rend sucré ; qu'enfin, l'a-
cide tartarique peut produire le même effet, à l'aide de
la chaleur : c'est ce qui fait que la plupart des fruits deviennent doux par la cuisson.

Les autres matières présentent des disparités notables
d'un fruit à l'autre : ainsi, l'acide malique va en diminuant dans les abricots et les poires, et en augmentant
dans les groseilles, la cerise, la prune et la pêche ; la
gomme va en diminuant dans les groseilles, les cerises,
les prunes et les poires, et en augmentant dans l'abricot
et la pêche. La matière animale va en diminuant dans
l'abricot, la prune, et en augmentant dans la groseille,
la cerise, la pêche, la poire.

La chaux, qui est toujours en très-petite quantité,
semble aller en général en diminuant, probablement
parce que l'évaporation tend à diminuer avec la maturité.

Si on avait des analyses correspondantes sur des fruits
foliacés ou munis de stomates (2), il est vraisemblable

____

(1) Ann. des sc. nat. ; Bulletin, 1831, p. 59.

(2) Les péricarpes foliacés sont des feuilles très-peu modifiées, et qui en particulier ont des stomates à la surface extérieure ; mais ils n'en ont point à la face interne, même quand
ils appartiennent à une plante dont les feuilles en ont à la face
supérieure. C'est ce dont M. Rœper s'est assuré à ma demande,

qu'on y trouverait une diminution plus grande d'eau, et une augmentation notable de chaux et de ligneux.

Après l'époque que l'on appelle généralement maturité, la plupart des fruits charnus subissent un nouveau genre d'altération : leur chair pourrit ou *blessit*, c'est-à-dire, passe à l'état de fruit *blet*. Ces deux états de décomposition ne peuvent, selon M. Bérard, s'exécuter que par l'action de l'oxigène de l'air, quoiqu'il reconnaisse qu'une très-petite quantité suffit pour les déterminer : il est parvenu à conserver pendant plusieurs mois, avec très-peu d'altérations sensibles, les fruits charnus mentionnés plus haut, dans le vide, dans le gaz azote ou le gaz hydrogène. Tous les fruits, à cette époque extrême de leur durée, soit qu'ils pourrissent, soit qu'ils blessissent, forment du gaz acide carbonique avec leur carbone et l'oxigène de l'air, et de plus dégagent de leur propre substance une certaine quantité de gaz acide carbonique.

Le blessissement est en particulier une altération spéciale. J'ai déjà fait remarquer ailleurs (1) que cet état des fruits ne se trouve bien caractérisé (2), à ma connaissance, que dans deux familles, les ébénacées et les rosacées-pomacées ; que ces deux familles ont de commun que leurs ovaires sont soudés avec le calice, et que les fruits qui en résultent sont acerbes avant leur maturité.

---

notamment dans les péricarpes ouverts du *reseda odorata*, qui en a de très-grands et très-distincts en dehors du fruit, et qui en manque à l'intérieur.

(1) DC. propr. médic. des plantes, éd. 2, p. 200.

(2) On trouve quelque chose analogue dans certaines annones, quelques vacciniées, etc.

Il semble même, par l'exemple des fruits des diospyros, du sorbier et du néflier, qu'on ne peut manger que blets, que plus l'acerbité a été grande, plus le fruit est susceptible de blessir régulièrement. M. Bérard a vu qu'une poire cuisse-madame, en passant à cet état, perd beaucoup d'eau (85,88 réduit à 62,75), assez de sucre (11,52 réduit à 8,77), et un peu de ligneux (2,19 réduit à 1,85), mais acquiert un peu plus d'acide malique, de gomme et même de matière animale. Le ligneux, en particulier, paraît, d'après sa saveur, subir dans cette altération un changement analogue à celui que le bois subit en pourrissant.

Tout ce que nous venons de dire des fruits charnus doit s'entendre, non-seulement des péricarpes proprement dits, mais encore des calices qui deviennent charnus, soit soudés avec l'ovaire, comme dans la poire, soit juxtaposés, comme dans le blitum; des polyphores succulens comme la fraise, et même des pédoncules charnus, comme la figue ou la pomme d'acajou.

§. 5. De la maturation des graines.

Les graines renfermées dans les péricarpes suivent pendant leur maturation une série de phénomènes un peu différens de ceux de leur enveloppe, mais qui n'ont pas encore été étudiés directement, et avec le soin qu'ils mériteraient. Dès les premiers temps où elles sont visibles, le spermoderme en est la partie la mieux développée, et l'embryon s'y présente ensuite entouré d'un liquide nommé amnios. Dès que la fécondation a eu lieu, la graine, animée d'une action propre, tire du placenta, par le cordon ombilical, la nourriture dont elle a besoin;

l'embryon grossit, soit par cette absorption, soit en combinant avec lui une partie ou totalité de l'amnios. La nature propre de son tissu détermine le mode, la quantité de cette absorption, et la nature propre des matières déposées dans les cellules. La partie de l'amnios non absorbée par l'embryon se concrète dans le tissu cellulaire situé autour de lui, pour former l'albumen; celui-ci, comme on sait, n'existe pas dans toutes les familles, et varie beaucoup dans divers végétaux comparés entre eux par sa grandeur, sa position, sa consistance et sa nature, mais est très-semblable à lui-même dans les mêmes espèces, souvent dans toute une famille.

La plupart des graines, pendant leur maturation, renferment un mucilage sucré : peu à peu cette matière se modifie, et, à la maturité absolue, fait place à une matière féculente, ou huileuse, ou charnue, etc., selon les plantes. Ce qui est commun à toutes les graines mûres, et ce qui semble constituer véritablement la maturité, c'est qu'à cette époque il ne reste plus d'eau à l'état liquide dans les graines; elle a été complétement élaborée et transformée en quelque autre matière, telle que la fécule ou l'huile fixe. Les graines mûres contiennent aussi une proportion de matière terreuse, et surtout de carbone, plus grande qu'à toute autre époque de leur existence. De la réunion de ces deux changemens résulte ce fait assez universel, que les graines mûres sont plus pesantes que l'eau : c'est ce qu'on observe depuis l'énorme graine du cocotier, qui tombe au fond de l'eau quand elle est dépouillée de son péricarpe fibreux, jusques aux graines microscopiques des fucus, qu'on voit tomber au fond de l'eau du porte-objet, lorsqu'elles sortent de leurs enveloppes sous l'œil de l'observateur. Ce fait universel présente quelques exceptions, les unes apparentes, les autres réelles : ainsi, les graines enfermées dans des vésicules pleines d'air, ou entourées de poils qui maintiennent de l'air autour d'elles, ou munies d'appendices membraneux qui flottent sur l'eau, ou revêtues d'une couche d'air adhérente à la surface, peuvent flotter sur l'eau; mais elles tombent au fond, quand on a enlevé l'air qui les soutenait. Si alors elles n'y tombent pas, c'est que leur embryon a avorté, et qu'elles renferment par conséquent une cavité qui les soutient, comme une vessie natatoire. Les jardiniers se servent de ce critère pour distinguer les graines fertiles des autres. Cette faculté des graines fécondes de tomber au fond de l'eau facilite beaucoup, comme nous le verrons, la semaison naturelle des plantes.

Les exceptions réelles à l'observation générale sur la pesanteur des graines, ont été récemment constatées par MM. Schübler et Renz (1). Ils ont conclu d'un grand nombre d'expériences, que la pesanteur spécifique des graines varie dans les diverses espèces de 1,450 à 0,210; l'eau étant 1,000. Parmi les plus pesantes sont celles d'amaranthe, et les plus légères sont celles de la capucine (*tropæolum majus*). Plusieurs de ces graines légères, telles que celles des ombellifères, des noyers, etc., doivent cette qualité aux cavités pleines d'air qu'elles contiennent à l'état de maturité parfaite. En faisant exception de cette cause d'anomalie, on trouve en général que les graines qui renferment le plus de fécule, sont les plus pesantes, et que celles qui ont le plus d'huile sont les plus légères; celles qui ont mûri dans des années, des climats

----

(1) *Archiv für die gesammte naturlehre.* X., p. 401 : Féruss., Bull. des sc. nat., 1831, p. 45.

ou des localités trop humides, sont proportionnellement plus légères que celles des mêmes espèces qui ont reçu leur élaboration dans des circonstances contraires : les agriculteurs connaissent déjà ce fait pour les graines des céréales. La règle des jardiniers, citée plus haut, ne doit donc pas être prise dans un sens trop absolu.

Le remplacement de l'eau liquide par des matières terreuses et charbonées est ce qui constitue la maturité de la graine : non pas que la graine en ait besoin pour germer; tout au contraire, elle germe souvent plus facilement, comme Senebier l'a observé sur le pois, quand on l'a cueillie un peu avant sa maturité absolue, et qu'on la sème immédiatement; mais elle la constitue en ce sens que c'est ce qui lui donne la faculté de pouvoir se séparer de la plante-mère, et rester pendant un temps plus ou moins prolongé, exposée, sans périr, aux intempéries de l'air. Si elle contenait alors de l'eau liquide, elle pourrait ou geler dans les grands froids, ou se dessécher dans les grandes chaleurs, tandis que la graine mûre supporte tous les degrés extrêmes des températures atmosphériques. Les matières terreuses et charbonées sont aussi les moins altérables de toutes celles dont les végétaux se forment. Cette composition de la graine à sa maturité explique donc très-bien comment cet organe, malgré sa frêle apparence, se conserve vivant au milieu de la plupart des intempéries auxquelles il est soumis.

J'ai dit plus haut que la graine, pendant sa maturation, tire sa nourriture du placenta, lequel la reçoit, dans l'état ordinaire des choses, de la tige par le pédoncule. Mais lorsque le placenta est fort épais, et renferme par conséquent une quantité notable de nourriture, on peut couper le fruit avant la maturité absolue des graines, et celles-ci peuvent mûrir en absorbant les sucs du placenta, qui alors devient flasque et desséché. Ce phénomène s'observe très-bien dans le cobæa, dont le placenta est fort gros, et dont les graines mûrissent très bien dans le fruit détaché de sa plante avant la maturité. Les jardiniers savent bien que lorsqu'on veut recueillir des graines de pois, de haricots, etc., il vaut mieux les cueillir avec leur gousse, parce que celles des graines qui ne sont pas encore complétement mûres, aspirent encore quelques sucs de ces gousses et acquièrent ainsi la chance d'une maturité absolue. Dans certaines plantes où les fruits sont semblables à des graines, en ceci que le péricarpe et la graine sont soudés et où un grand nombre de fruits semblables reposent sur un réceptacle commun, celui-ci joue à leur égard le rôle de placenta. Ainsi, on peut remarquer que dans les composées à réceptacle épais, celui-ci se dessèche et se vide pour fournir à la maturation des graines. Si on coupe la tête d'un chardon avant la maturité absolue des semences, celles-ci mûrissent comme les graines du cobæa en absorbant les sucs du réceptacle.

C'est par une action de ce genre que la maturation des fruits et des graines épuise la partie inférieure des plantes, parce que toute la nourriture qui s'y était accumulée pendant la durée de la végétation est pompée par les fruits et les graines, et transportée dans les parties supérieures. On a cru long-temps qu'à cette époque les plantes épuisaient le sol de ses sucs nourriciers, et en tiraient plus qu'à l'ordinaire. On aurait pu déjà se défier de cette assertion en réfléchissant qu'alors les plantes pompent moins qu'à l'ordinaire et ont besoin de moindres arrosemens. M. Mathieu de Dombasle (1) a très-bien démontré qu'alors

____

(1) Ann. de Roville.

en effet, les plantes ne font que porter à leurs fruits et à leurs graines la nourriture qui était dans leurs racines ou le bas de leur tige; il a expliqué très-clairement l'illusion des cultivateurs. Si en effet on enterre la base des tiges avant cette époque, comme on le fait pour le lupin, on enterre le dépôt de nourriture préparée pour les graines, et le terrain s'en engraisse; tandis que si l'on enterre cette même partie inférieure des tiges quand elle a déjà cédé sa nourriture aux graines, on n'enterre qu'une matière presque inerte, et qui ne peut sensiblement améliorer le sol. Mais, dans l'un et l'autre cas, le terrain a fourni cette nourriture dans le commencement, et non à la fin de la végétation.

Gessner avait déjà remarqué, ainsi que le rapporte Tournefort (1), que les graines du lis blanc mûrissent plus facilement lorsqu'on coupe la tige après la fleuraison, et qu'on la suspend au plafond d'une chambre. M. Kielmeyer a récemment appliqué le même procédé au *veltheimia capensis* et à quelques orchidées. La cause de ce fait paraît être que, dans l'état ordinaire, ces plantes produisent un grand nombre de cayeux qui attirent à eux la sève des parties inférieures, tandis que, lorsque la tige est isolée, les graines, débarrassées de cette concurrence, appellent à elles toute la sève de la tige.

§. 4. De quelques particularités des fruits et des graines.

Je ne terminerai point ce qui tient à la maturation, sans mentionner certaines particularités par lesquelles divers fruits ou graines sont abrités contre les accidens

---

(1) *Gessn. epist.*, p. 55; *Tournef.. elem. bot.*, p. 297; Du Petit-Thouars, Ann. soc. d'hortic., 4. p. 56.

extérieurs. Non-seulement plusieurs de ces organes importans sont protégés par des bractées ou des calices, ou quelquefois même des corolles marcescentes qui les entourent ou les recouvrent comme on le voit dans les trèfles, dits chronosémiums, dont l'étendard persiste sur la gousse comme un abri, dans l'alkekenge, où le calice vésiculeux renferme la baie, dans les conifères, où les bractées s'accroissent de manière à protéger les jeunes fruits, etc., etc. Mais, outre ces précautions générales et fort évidentes, il en est d'autres qui méritent une mention rapide. Ainsi, par exemple, les calices des labiées et de la plupart des borraginées renferment dans le fond de leur tube les quatre petites noix propres à ces familles. Ces tubes étant d'ordinaire dressés, la pluie pourrait s'y introduire et altérer les graines avant leur maturité; mais tantôt le calice se ferme ou se penche après la fleuraison, tantôt de petits poils se développent ou s'étalent dans son tube, de manière à y former une espèce de treillis qui arrête le passage de l'eau et des insectes, et sert de protection aux graines. Certains fruits, tels que ceux de la pomme épineuse (*datura metel*), ou de l'opuntia, par exemple, se couvrent d'excroissances épineuses, qui ont pour résultat évident de les mettre à l'abri de l'attaque des grands animaux, etc.

Un certain nombre de plantes exécutent à l'époque de la maturation des mouvemens variés mais réguliers dans chaque espèce; ces mouvemens sont sans doute liés à l'acte de la maturation; mais la liaison a jusqu'ici échappé à nos observations. Ainsi, par exemple, les fleurs de plusieurs aloès sont dressées à l'époque de la fleuraison; le pédicelle se courbe ensuite à l'extrémité, et le jeune fruit est pendant à l'époque de sa maturité totale.

CHAPITRE V.

De la Dissémination des graines ou des fruits, et de leur conservation.

———

Une graine, avons-nous dit tout à l'heure, est mûre lorsqu'elle ne contient plus d'eau liquide, et qu'elle a fixé dans son tissu toute la quantité de terre et surtout de carbone que sa nature peut comporter. Dans cet état, elle renferme un embryon ou le germe, pour ainsi dire endormi, d'une plante semblable à elle-même, qui n'attend que des circonstances favorables pour se développer. Avant d'étudier ce développement, il convient de jeter les yeux sur les moyens divers par lesquels les graines se sèment naturellement, et conservent leur frèle existence pendant la durée de cet état de torpeur.

§. 1. Dissémination naturelle des graines.

L'étude de la dissémination des graines mérite l'intérêt des observateurs sous deux points de vue principaux. D'un côté, on y trouve l'une des causes les plus évidentes des degrés divers auxquels les différentes espèces de plantes se réunissent en société ou se dispersent sur la surface du globe, et sous ce rapport, cette étude est une des bases de la géographie botanique ; de l'autre, on rencontre dans cet examen une foule d'exem-

ples de ces coexistences d'organes, de ces rapports né
cessaires de structure qui déterminent les conditions
d'existence des êtres, et se lient à toutes les questions
les plus élevées de l'histoire naturelle et de la méta-
physique.

Pour comprendre la manière diverse dont les graines
se détachent de la plante qui leur a donné naissance,
et se sèment naturellement, il faut se référer non pas à
l'étude pure et simple de l'anatomie organique, mais à
la classification physiologique des fruits, telle que je l'ai
présentée en 1805, dans le premier volume de la *Flore
française*, 1, p. 149. J'ai divisé sous ce rapport les fruits
en trois classes, savoir, les fruits pseudospermes, charnus ou capsulaires.

A. *Fruits pseudospermes.*

J'ai désigné sous le nom de fruits *pseudospermes* les
corps qu'on avait, avant moi, improprement décrits
sous le nom de graines nues, parce que la graine ordinairement unique qu'ils contiennent à la maturité est
tellement adhérente au péricarpe (dépourvu de toute
déhiscence), ou si complétement recouverte par lui,
que ce péricarpe semble une graine plutôt qu'un fruit.
C'est ici que se rapportent les cariopses des graminées,
les akènes des composées, les utricules des amaranthes,
les samares des ormeaux, les noix des borraginées, etc.

Dans tous ces fruits, la graine est enfermée dans le
péricarpe et n'en sort point ; c'est le péricarpe qui se
détache de la plante, et qui se sème comme s'il était
une véritable graine, et, sous le rapport purement phy-

siologique, on peut en effet les considérer comme si c'é-
taient des graines. On le fait habituellement dans la
pratique, et l'on étonnerait beaucoup les cultivateurs si
on leur disait (ce qui est pourtant la vérité) que les
corps qu'ils jettent en terre pour reproduire le blé, la
scorzonère, la carotte, l'ormeau, etc, sont des fruits
et non de simples graines.

Tous les fruits pseudospermes sont articulés sur le
pédicelle qui les porte, et s'en détachent à leur maturité. Cette circonstance est nécessaire à leur propagation, puisqu'ils ne s'ouvrent point, et que la graine qu'ils
renferment ne pourrait se semer autrement. Ceux qui
naissent isolés tombent en se désarticulant, et sont
d'autant plus dispersés autour de la plante qui les a
produits, qu'ils sont plus légers ou bordés d'appendices
qui donnent plus de prise au vent : la samare de l'ormeau est un exemple remarquable de cette dispersion
naturelle. Dans les valérianes, le limbe du calice, qui
pendant la fleuraison était roulé sur lui-même et à peine
visible, se déroule à la maturité sous la forme d'une
aigrette plumeuse qui donne au vent une singulière facilité pour transporter au loin les fruits de ces plantes.
Les bractées isolées qu'on trouve dans certaines plantes
servent aussi d'ailes ou de parachutes pour favoriser la
dissémination : ainsi, dans le tilleul, la bractée qui est
soudée au pédicelle joue évidemment ce rôle.

Mais la plupart des fruits pseudospermes sont entou-
rés de bractées diversement disposées, qui les protégent,
il est vrai, contre certains accidens, mais qui sont aussi
des obstacles à leur dissémination naturelle. Plusieurs
même sont agglomérés ensemble, et ont besoin de se

séparer à la maturité pour ne pas s'étouffer les uns les autres en germant tous à la même place. Passons en revue les exemples principaux des différens faits physiologiques qui résultent de ces systèmes d'organisation.

Le cariopse des graminées se présente sous deux apparences générales. Tantôt il est entouré de glumes et de glumelles qui le recouvrent étroitement, et le renferment à la maturité comme dans une capsule : tel est, par exemple, l'épeautre, le locular, etc. Dans ces cas, le pédicelle se rompt sous l'origine des glumes, et le cariopse se sème enveloppé de ses tégumens. Ceux-ci se détruisent par l'effet de l'humidité, et le cariopse se trouve en contact direct avec le sol. Ailleurs, les glumes n'entourent pas le grain d'une manière intime, et restent sur la plante ; le grain seul se détache et se sème de lui-même, comme on le voit dans le froment, le maïs, etc. Dans ce dernier cas, les grains dépourvus de toute appendice n'ont aucun moyen facile de transport. Dans le premier, les glumes, soit par elles-mêmes, soit par les barbes qu'elles portent, offrent plus de prise aux vents, et permettent le transport des graines au loin.

Les fruits des pins, des sapins, des protea, etc, sont situés à l'aisselle de bractées très-grandes et très-serrées, dont la réunion forme ce qu'on appelle un cône ; pendant la maturation, ces bractées, plus ou moins exactement appliquées les unes sur les autres, protégent ces fruits ; mais à la maturité, elles ne servent qu'à empêcher leur dispersion ; celle-ci se trouve alors facilitée par divers procédés organiques. Dans la plupart des cas, les bractées, en se desséchant, tendent à s'écarter les unes des autres par leur sommet, et ouvrent ainsi un passage aux fruits qu'elles recouvrent. Souvent le pédicule général se recourbe, de manière que les fruits tendent à tomber par leur propre poids. Lorsque le cône reste dressé, alors les petits fruits sont munis, ou, comme dans les mélèzes, d'ailes membraneuses qui donnent prise au moindre vent pour les enlever d'entre les bractées, ou comme dans certains protea, de longs poils scarieux, qui, en divergant par la sécheresse, servent à la fois et à écarter davantage les bractées, et à donner prise au vent pour emporter les petits fruits enchâssés sous les bractées du cône.

Mais il n'est aucune famille aussi curieuse à observer sous ce rapport que celle des composées ou synanthé-rées. La tête ou capitule de ces plantes est, comme on sait, formée d'un grand nombre de petites fleurs qui naissent très-rapprochées sur un réceptacle général, et qui sont entourées par un involucre composé de brac-tées nombreuses et plus ou moins serrées. Chaque fleur (lorsqu'elle est fertile) donne naissance à un fruit qu'on nomme akène, qui se compose du fruit proprement dit, et du calice soudé avec lui. Pendant la maturation, les bractées de l'involucre recouvrent et protégent tous ces petits fruits; mais à leur maturité, il est nécessaire que ceux-ci puissent sortir de cette enveloppe et se disperser: c'est ce qui arrive par suite de procédés divers qui ont ceci de curieux, que leur liaison avec les caractères orga-niques des plantes est assez évidente. Je les mentionnerai ici principalement d'après l'habile observateur de cette famille, M. Cassini (1), et aussi d'après un ancien tra-vail qui m'est propre.

---

(1) Cassini. Bull. soc. philom., année 1821, p. 92. Dès l'année 1798, j'avais observé les rapports des organes fructi-

Tous les organes de la fructification peuvent, selon certaines combinaisons, concourir pour déterminer une dissémination plus ou moins complète des fruits. Ainsi, 1° le pédicule qui porte la tête des fleurs s'alonge souvent après la fleuraison, de manière à exposer les graines plus complétement à l'action des vents. Ce phénomène se retrouve dans la plupart des familles : mais ici cette élongation est souvent très-frappante, par exemple, dans le *chevreulia stolonifera*, dont les têtes sont presque sessiles à la fleuraison, et dont les pédoncules acquièrent jusqu'à cinq pouces de longueur à la maturité. Le pédoncule concourt encore puissamment à la dissémination, lorsqu'il se penche après la fleuraison, de manière à ce que l'espèce d'urne formée par l'involucre soit ou horizontale, ou renversée, l'orifice tourné en bas, comme, par exemple, dans le *tussilago farfara*.

2°. L'involucre influe puissamment sur la facilité de dissémination des fruits, selon qu'il s'ouvre plus ou moins complétement à la maturité.

3°. Le réceptacle est ordinairement plane à l'époque de la fleuraison; mais il devient fréquemment convexe, ou même conique à la maturité des fruits, et contribue ainsi à déterminer leur chute. Lorsqu'il est charnu et couvert,

---

fères des composées avec leur mode de dissémination, et j'avais rédigé un mémoire, que j'ai montré dans le temps à quelques amis ; mais j'ai négligé de le faire imprimer, parce qu'il se liait comme partie à un projet plus général que je méditais alors. M. Cassini en a publié un très-semblable quant au fond, et qui, en m'enlevant la priorité de ce travail, m'a laissé la satisfaction de m'être trouvé, dès ma première jeunesse, d'accord avec ce que ce profond observateur a développé plus tard.

comme dans les cynarocéphales, de petites alvéoles, il se dessèche à la maturité, et les alvéoles, en se rétrécissant, chassent au dehors les fruits qu'elles renferment.

4°. Le fruit considéré en lui-même contribue aussi à ce mécanisme : s'il est lisse, il se prête à la pression qu'exercent sur lui les alvéoles dont je viens de parler; s'il est garni de longs poils sur sa surface, ces poils s'étalent en se desséchant et en s'appuyant sur les paillettes ou sur l'involucre, soulèvent le fruit au-dessus du réceptacle ; s'il est enfin bordé de membranes, il donne plus de prise au vent pour le porter au loin, comme les samares.

5°. Ce fruit est souvent couronné d'une aigrette composée de barbes roides et hygroscopiques, dressées tant qu'elles sont humides, qui s'étalent par la sécheresse, et servent, en s'appuyant sur les organes voisins, d'abord à soulever le fruit, puis à lui servir d'ailes ou de parachute, pour que le vent puisse le transporter au loin. Ces aigrettes exécutent ces diverses fonctions, d'autant mieux qu'elles sont plus longues, plus fortes, et que leurs poils sont eux-mêmes dentelés ou barbus. On peut s'assurer facilement de l'action des aigrettes, car elle est une propriété de tissu qui se prolonge après la mort. Ainsi les jardiniers exposent au soleil les tiges coupées de scorzonères pour en faire sortir les graines, et l'aigrette de celle-ci conserve indéfiniment la faculté de s'ouvrir par la sécheresse, et de se resserrer par l'humidité. On en ferait de bons hygromètres.

6°. Les fruits sont souvent rétrécis à leur sommet en un long col qui soutient l'aigrette, et accroît son action lorsque l'involucre est très-alongé.

7°. Ces fleurs d'une même tête sont en nombre très-divers, et ont d'autant plus besoin de moyens généraux de dispersion, qu'elles sont plus nombreuses, et qu'un plus grand nombre d'entre elles portent des fruits qui parviennent à maturité.

8°. Enfin la tête elle-même se détache, dans quelques cas, du pédicule, et s'accroche aux animaux au moyen des pointes ou des crochets dont ces écailles peuvent être munies, comme on le voit dans la bardane, le xanthium, etc.

Ces différentes causes d'action réunies ou séparées, et agissant toutes à des degrés divers, s'observent dans toutes les composées, et déterminent toutes les nuances qui se font remarquer dans ces plantes, quant à la facilité de la dissémination de leurs graines, depuis le pissenlit où cette facilité est poussée au plus haut degré, jusqu'au gundelia, où elle n'existe point, puisque toutes les parties de la tête de fruits y sont soudées ensemble. Mais, outre ces observations générales, on doit encore quelque attention aux rapports de simultanéité qui se trouvent entre certaines structures.

Ainsi, l'aigrette étant le moyen le plus efficace de dispersion, on voit que les genres qui en sont dépourvus offrent d'une manière plus claire les moyens d'y suppléer : les uns, comme le carpesium, versent leurs graines, parce que leurs capitules s'inclinent ou se renversent; d'autres, comme le bellis ou l'anthémis, offrent un réceptacle qui devient conique après la fleuraison. Parmi les genres sans aigrette, il en est un grand nombre où les fleurs de chaque tête sont en partie stériles; d'où résulte une moindre pression entre les fruits et une grande facilité à sortir de l'involucre. Enfin, la plupart des genres sans aigrettes ont l'involucre plus court et plus lâche, de sorte que l'émission des graines peut se faire sans l'action de ces poils hygroscopiques.

Au contraire, les genres munis d'aigrettes sont ceux parmi lesquels on trouve des involucres à folioles longues, imbriquées, fermes et serrées, comme dans les chardons, ou soudées ensemble comme dans le tragopogon, etc. Plus l'obstacle opposé par l'involucre à la sortie des graines est prononcé, plus les aigrettes sont douées des moyens de le vaincre, soit parce que leurs poils sont plus roides, plus longs et plus nombreux, soit parce qu'elles sont portées sur un pédicelle formé par le prolongement du tube du calice au-dessus de l'ovaire, etc.

Chaque genre de composées présente donc la combinaison de certains détails de structure, d'où résulte le plus ou moins grand degré de dispersion des graines, et par conséquent des individus de chaque espèce. Ces considérations sont également applicables aux familles voisines, les calycérées et les dipsacées.

Avant de quitter ce qui tient à l'action de l'aigrette, je me permettrai de mentionner ici un petit fait, quoiqu'il fût peut-être plus méthodiquement placé dans le chapitre suivant. En voyant la manière dont le vent transporte les graines munies d'ailes ou d'aigrettes, et en remarquant qu'elles tombent toujours à terre par le bout opposé à l'aigrette, c'est-à-dire par la cicatricule, je conçus l'idée que peut-être cela était nécessaire à leur germination : pour cela je pris des graines munies de leur aigrette bien épanouie, et je les semai dans toutes sortes de positions ; toutes levèrent également bien, sauf celles que j'avais placées verticalement, la cicatricule en bas et l'aigrette en haut. Ne voyant rien sortir de terre, là où précisément j'attendais la germination la plus facile, je déterrai ces graines, et je vis que la radicule était sortie par en bas, mais que la plantule n'avait pas pu soulever le cylindre de terre qui reposait sur l'aigrette épanouie. Je réfléchis ensuite que ce cas très-exceptionnel ne devait peut-être jamais se présenter dans la nature, soit parce que les graines aigrettées, en tombant, tendent toujours à se pencher de côté, soit parce que l'aigrette se referme dès qu'elle sent l'humidité, et ne peut ainsi, sans l'action de l'homme, se trouver à la fois enterrée et épanouie. Cet exemple, joint au grand nombre de graines dont on enlève l'aigrette avant de les semer, prouve que celle-ci n'a pas d'action dans la germination, et confirme celui que nous lui avons reconnu dans la dissémination.

B. *Fruits charnus.*

Les fruits charnus sont, comme leur nom l'indique, ceux où le péricarpe soit dans son entier, soit dans sa partie extérieure seulement, est épais, succulent, et ne s'ouvre jamais de lui-même ; on peut, sous le point de vue qui nous occupe ici, confondre sous cette classe, 1° les fruits à péricarpes charnus proprement dits ; 2° ceux qui semblent charnus, parce que le calice (comme dans la poire), les bractées (comme dans la fausse baie du genévrier), le pédoncule (comme dans la noix d'acajou, la figue), le torus (comme dans le nénufar), ou le polyphore (comme dans la fraise), deviennent charnus, et semblent faire partie du fruit ; et 3° ceux enfin qui résultent de la soudure en un corps de plusieurs fruits pseudo-spermes (comme dans le gundelia). Le nombre des graines est très-variable dans cette classe; plusieurs n'en ont habituellement qu'une à la maturité, comme on le voit dans la cerise; d'autres deux, comme l'azerole; de trois à cinq, comme la plupart des pomacées, et on trouve les fruits charnus de certaines familles, comme les cucurbitacées, où le nombre des graines se compte par centaines : les premiers ont, sous ce point de vue, du rapport avec les fruits pseudospermes, les derniers avec les fruits capsulaires.

Dans un grand nombre de fruits charnus, les graines sont revêtues par un tégument plus solide qu'elles, et formé par l'endurcissement de la partie interne du péricarpe : c'est ce qu'on voit dans les noyaux des drupacées, dans les nucules qui se trouvent dans les fruits des sapotilliers, et même dans le tégument exactement appliqué sur la graine des cucurbitacées. Ces corps monospermes sembleraient des fruits pseudospermes enveloppés de pulpe; ils se séparent, dans plusieurs cas, sans peine, du reste du tissu, et nous pouvons, dans un premier examen, ne pas les séparer des graines proprement dites.

Les fruits charnus sont tantôt articulés sur la tige qui les porte, tantôt continus avec elle. Dans le premier cas, le fruit se détache à sa maturité; il tombe nécessairement près de son origine, car il offre peu de prise au vent. Arrivé à terre, sa partie charnue se détruit plus ou moins vite par l'humidité, ou est dévorée par les animaux, et les graines qu'elle renferme sont ainsi dégagées de cette enveloppe, et propres à germer. On pourrait croire que, dans l'économie naturelle, la pulpe est une sorte d'engrais préparé d'avance pour la germination ;

mais je n'ai jamais observé que les fruits semés entiers
avec leur chair germassent mieux que ceux où l'on ne
sème que la graine dépouillée de pulpe. On a toujours
soin de prendre ce dernier moyen lorsqu'il s'agit de conserver ces graines ; car la partie charnue risque de déterminer leur putréfaction.

Parmi les fruits qui ne sont point articulés sur la tige ,
il faut distinguer ceux qui appartiennent à des tiges vivaces et de consistance solide , et ceux qui sont nés sur
des tiges molles et herbacées.

Dans le premier cas , le fruit reste sur la tige jusqu'à
ce que des accidens quelconques déterminent la destruction du parenchyme , et par conséquent la libération de
la graine. Ainsi , nos cerises sont mangées sur l'arbre par
les oiseaux , et leur graine tombe par suite de la destruction du parenchyme , ou est avalée par l'oiseau , qui
la transporte avec lui et la dépose avec ses excrémens.
Dans d'autres cas , les insectes mangent le parenchyme,
ou enfin la simple humidité en altère le tissu , et détermine la chute de la graine. On pourrait dire , avec quelque vérité , que la chair est un appât qui engage les animaux à avaler les fruits , et qui fait qu'ils transportent
au loin les graines assez robustes pour résister aux forces
digestives : c'est ainsi que les grives transportent les
graines du gui , et divers oiseaux celles de cerises et
d'autres fruits. On dit , en particulier , que ce sont les
oiseaux qui , en mangeant les fruits du *phytolacca decan-
dra* (1) , introduit à Bordeaux , en 1770 , pour y colorer

---

(1) Note de M Saint-Pierre de Lesperet, dans Mirbel , Phys.
vég., 1, p. 354.

les vins, ont transporté cette plante dans tout le midi de la France.

Lorsque les fruits sont nés sur une plante très-herbacée, comme on le voit dans les courges, la tige elle-même se détruit après la maturité, et le fruit se trouve libéré par cette destruction. Ces fruits, quoique munis d'une écorce assez dure, finissent par se décomposer par l'effet de l'humidité; leurs graines sont ainsi mises en liberté, et probablement entraînées par les eaux.

Dans quelques cas très rares, le calice ou les bractées restent autour des fruits charnus, et forment des appendices qui donnent quelque prise au vent pour les disperser. Ainsi la baie de l'alkekenge, entourée de son calice renflé, est souvent roulée par le vent à d'assez grandes distances ; mais, à l'exception de ces particularités très-peu fréquentes, on peut remarquer que les fruits charnus sont ceux où la dispersion des graines par les vents est la moins favorisée par la nature : aucun de ces fruits et aucune des graines qu'ils renferment ne sont munis de moyens de dispersion, tels que des ailes, des aigrettes ou des chevelures. Ces fruits et ces graines sont donc destinés à tomber près de la plante qui les a produits. S'ils s'en écartent, ce ne peut être qu'à la longue et entraînés par les eaux. Sous ce rapport, leur organisation facilite ce genre de dispersion.

Nous avons déjà remarqué que les graines des fruits charnus sont revêtues le plus souvent par une enveloppe dure et peu attaquable par l'humidité. Il résulte de là que ces graines peuvent être beaucoup plus long-temps que d'autres exposées à l'action de l'humidité sans pourrir ni germer. Presque toutes les graines qui sont connues pour la lenteur de leur germination, appartiennent à cette

classe : telles sont celles des rosiers et de plusieurs pomacées, qui ne germent d'ordinaire qu'après un an de semaison. On conçoit que des graines, ainsi organisées et
entourées de noyaux ou autres corps, peuvent être impu-
nément transportées au loin par les eaux ou à l'intérieur
des animaux sans perdre la possibilité de reproduire l'espèce. La nature des graines de la plupart des fruits charnus compense donc le peu de moyens d'être transportées
par les vents, dont elles sont douées.

C. *Fruits capsulaires.*

Sous le nom de fruits capsulaires, nous réunissons tous
ceux dont les graines sont renfermées dans un péricarpe
sec, et qui s'ouvre ou se rompt à la maturité, quelle que
soit d'ailleurs la forme de ce péricarpe et son mode de
déhiscence. Ces fruits renferment, en général, un grand
nombre de graines; ils s'ouvrent à la maturité pour que
ces graines puissent en sortir, soit par leur poids et la
position naturelle que le fruit prend à cette époque, soit
par les secousses que le vent donne à la plante ou aux
graines. Les moyens de libération des semences ne semblent pas toujours très-parfaits au premier coup-d'œil;
mais il faut remarquer que dans les péricarpes à graines
très-nombreuses, si celles-ci pouvaient tomber presque à
la fois, il en résulterait une accumulation sur un point
donné de plantes semblables, qui se nuiraient les unes
aux autres : aussi l'organisation semble en général cal-
culée sur la nécessité de la dispersion. Ainsi les grosses
capsules des pavots, qui renferment un nombre immense
de graines, ne les laissent sortir que par des pores si
étroits, qu'à chaque secousse il n'en peut sortir qu'un
petit nombre à la fois.

Les graines situées vers le haut des péricarpes sont généralement les premières qui mûrissent, peut-être parce qu'elles sont les premières fécondées; lors donc que les valves du fruit s'entr'ouvrent graduellement par le haut, soit par un ou plusieurs pores, soit par l'écartement des valves, ce qui est le cas le plus fréquent, ces graines sont les premières qui peuvent s'échapper par leur poids, par l'action du vent, et par celles de toutes les causes mécaniques qui secouent la branche. La déhiscence des valves se prolonge vers le bas du fruit, et à mesure aussi les graines inférieures acquièrent leur maturité totale. On peut voir très-bien ce mécanisme dans les gousses des légumineuses et les siliques de plusieurs crucifères. Parmi ces fruits qui s'ouvrent au sommet, il semble qu'on en devrait trouver un grand nombre qui se pencheraient à la maturité pour favoriser la sortie des graines, et c'est précisément le contraire qui semble le cas le plus fréquent : ainsi, les aloès qui ont la fleur pendante, redressent leur capsule, quoique celle-ci s'ouvre par le haut : il en résulte probablement quelque difficulté dans la sortie des graines qui assure leur maturité et leur dispersion. Mon fils a remarqué, à l'appui de ce soupçon, que dans les campanulées (1), celles dont le fruit s'ouvre par le haut le tiennent dressé, tandis qu'il est souvent incliné ou pendant dans celles où il s'ouvre par le bas, de manière à obtenir habituellement le résultat qui gêne le plus la sortie.

Un fait analogue s'observe dans les gousses des légumineuses et dans les follicules situés horizontalement. Ces

___

(1) Monogr. des campanulées. in-4°. Paris, 1830.

péricarpes s'ouvrent par la déhiscence de leur suture supérieure, c'est-à-dire, de manière que, même après son
ouverture, les graines placées comme dans une gout-
tière ont encore quelque peine à tomber, et ne le font
que peu à peu. Mais dans quelques légumineuses, telles
que les phaca (1), on observe une espèce de correctif à
cette disposition. La gousse s'y ouvre bien, comme à
l'ordinaire, par la suture supérieure; mais son pédicelle
se tord sur lui-même, de manière que cette suture devient inférieure; d'où résulte que les graines peuvent
tomber par leur propre poids. Il doit en résulter moins
de dispersion dans les plantes douées de cette structure.
Remarquons en passant que si les feuilles tournées à
contre-sens détordent leurs pétioles, ces gousses, au contraire, plus remarquables peut-être, tordent leur pédicule par un mouvement vital, qu'on serait presque tenté
de dire instinctif.

Les fruits qui s'ouvrent ou de bas en haut ou par la
coupure transversale de leur péricarpe, ne m'ont rien
offert qui leur soit propre dans leur manière de dissé-
miner les graines qu'ils renferment.

La sortie des graines et leur dispersion à quelque distance sont souvent favorisées par l'élasticité propre à certaines parties du fruit. Ainsi, les valves des balsaminées
s'ouvrent avec élasticité, et déterminent ainsi une secousse qui détache et lance les graines. On retrouve un
phénomène analogue dans le fruit charnu du *momordica
elaterium.* Les coques des euphorbiacées, les valves des
rutacées, s'ouvrent à leur maturité avec une élasticité
remarquable, qui les détachent de l'axe central et lance

---

(1) DC. Astragal., 1 vol. in-fol., 1802.

les graines à distance. On retrouve, quoiqu'à un moindre degré, des traces de cette élasticité et des effets analogues dans les valves des siliques des cardaminées, etc. C'est dans l'endocarpe des fruits que réside en général cette faculté élastique. L'arille des oxalis est aussi muni d'élasticité, et, selon M. Rœper, sert à lancer au loin la graine à sa maturité. Cette faculté pourrait bien n'être pas seulement une faculté de tissu, mais dépendre de l'action vitale, car on assure que les matières vénéneuses ou narcotiques arrêtent ou diminuent cette action.

Dans d'autres cas plus nombreux, les graines elles-mêmes sont douées d'appareils analogues à ceux que nous avons indiqués dans les fruits pseudospermes, et qui servent à leur dispersion. Ainsi, dans plusieurs genres, comme dans les bignones, elles sont bordées d'ailes membraneuses, d'où résulte que, dès que le péricarpe s'ouvre, ces ailes donnent prise au vent pour emporter les graines au loin. Dans d'autres genres, tels que la plupart de ceux de la famille des apocynées, dans les épilobes, les saules, etc., les graines sont couronnées par une houppe de poils qui divergent par la sécheresse et servent à faire sortir les graines des péricarpes et à les transporter absolument de la même manière que les aigrettes, dont ces organes sont très-différens sous le point de vue organographique, mais avec lesquelles ils ont la plus grande ressemblance sous le rapport physiologique. Ailleurs, comme dans le cotonnier, le peuplier, les graines sont revêtues sur leur surface entière de poils qui jouent un rôle analogue, quoique d'une manière plus imparfaite. On peut s'assurer de cette action par le soin qu'on met à exposer les capsules du cotonnier au soleil, pour en faire sortir les graines. Il est enfin des semences qui portent sur leur surface de très-petits poils dirigés vers le haut, et ceux-ci, par une légère divergence, servent à faciliter un peu la sortie des graines et l'écartement des valves.

On peut rapprocher des faits précédens le mécanisme particulier de la dispersion des graines des géraniées : ces graines sont enfermées dans une petite loge membraneuse peu ou point déhiscente ; ces loges sont enchâssées au bas d'un axe alongé, et soutenues par un filet qui part du sommet de l'axe, et aboutit au haut de la loge. A la maturité, ce filet se courbe en volute ou en spirale, et soulève la loge monosperme de la place où elle est enchâssée. Ce filet est souvent armé, du côté intérieur, d'une rangée de poils qui, par leur divergence, favorisent d'abord son écartement de l'axe, puis fournissent une prise au vent, lequel emporte l'appareil composé de la loge, de la graine et du filet, et va le transporter au loin, comme il ferait d'un fruit pseudosperme.

Il est encore d'autres cas où des fruits qui appartiennent anatomiquement à la classe des fruits capsulaires se sèment à la façon des fruits pseudospermes ; telles sont les gousses et les siliques lomentacées : ces fruits, au lieu de s'ouvrir le long des sutures, se coupent en travers à leur maturité, en un certain nombre d'articles monospermes, de manière que chaque graine reste enfermée dans un fragment du péricarpe, et se sème absolument comme le ferait un utricule ou une samare : c'est ce qu'on voit très-clairement en suivant la semaison naturelle des mimosa, des desmodium, des hedysarum, des raphanus, etc. Le même effet a lieu dans les ombellifères et plusieurs rubiacées, où le fruit se coupe dans le sens longitudinal, en fragmens qui se sèment à la façon des fruits pseudospermes.

Jusqu'ici j'ai fait allusion au cas le plus ordinaire, celui où l'ouverture des fruits est déterminée par la dessiccation de leurs valves ; d'où résulte que les graines sont en général prédisposées à se semer naturellement par les temps de sécheresse, aux époques où elles n'ont point à redouter l'effet trop prompt ou trop prolongé de l'humidité. Mais il est, au contraire, des fruits qui, par suite de leur organisation, tendent à s'ouvrir par l'effet de l'humidité; tels sont ceux des onagres, qui, selon l'observation de M. Defrance, ouvrent les valves de leur silique par l'humidité, et les ferment par la sécheresse. Peut-être ce fait est-il lié avec la manière de vivre de ces plantes, qui ne prospèrent habituellement que dans les terrains inondés, et ont besoin de semer leurs graines par un temps humide. Ce soupçon semble confirmé par l'histoire d'une autre plante douée de la même propriété, savoir, à la singulière herbe de l'Orient, connue sous le nom bizarre de rose de Jéricho (*anastatica hierochuntina*). Cette petite plante croît dans les déserts les plus arides. A la fin de sa vie, et par la sécheresse, son tissu devient presque ligneux, ses branches se referment en boule les unes sur les autres, ses siliques ont leurs valves bien closes, et la plante ne tient au sol que par une racine sans ramifications. Dans cet état, le vent, toujours si actif sur les plaines de sable, enlève cette boule sèche, et la roule sur l'arène. Qu'au milieu de ce voyage forcé, mais nécessaire, la boule soit jetée sur une flaque d'eau, alors l'humidité, promptement absorbée par son tissu ligneux, fait épanouir les branches et ouvrir les péricarpes : les graines, qui, si elles fussent tombées sur

le sable sec , n'auraient pu se développer, se sèment
alors naturellement sur un sol humide, où elles peuvent
germer , et où la jeune plante peut se nourrir. Ainsi,
cette plante , à laquelle de ridicules superstitions ont
donné de la célébrité , offre réellement un phénomène
merveilleux d'organisation ; mais c'est celui dont on a
le moins parlé.

Un exemple analogue à celui-ci, mais en sens contraire,
est fourni par les fruits des ficoïdes. Les capsules de ces
plantes, qui vivent, comme on sait, dans les déserts sablonneux de l'Afrique australe, se détachent à leur maturité, et sont roulées par le vent; les fissures naturelles, par
lesquelles les graines doivent sortir, sont ouvertes par la
sécheresse , et closes par l'humidité ; de sorte qu'elles se
sèment aussi en temps opportun pour la nature de la plante
qui craint l'humidité. C'est cette alternative de clôture et
d'ouverture qui a causé l'erreur de certains naturalistes,
lesquels ont pris ces capsules détachées et roulant sur le
sable pour un genre de champignon analogue au géas-
trum (1), et qu'on avait nommé *rediviva*.

J'ai dit plus haut que les graines de la plupart des fruits
charnus sont revêtus de quelque tégument immédiat plus
dur qu'à l'ordinaire ; ce qui leur donne la faculté de résister long-temps à l'action de l'eau : il est, au contraire,
certains fruits capsulaires dont les graines sont remarquables par la consistance charnue ou pulpeuse de leur
spermoderme (*semina baccata*). Ces graines offrent toujours dans leur mode de dissémination certaines circonstances particulières, d'où résulte qu'elles sont quelque

______

(1) Cette erreur a été relevée par MM. Sims et Kœnig. *Ann.
of botany*, 1 , p. 365.

temps exposées à l'air avant leur semaison : ainsi, parmi les iridées à graines charnues, on voit l'*iris fœtidissima*, dont les valves restent long-temps béantes avant la chute des graines, et le *belemcanda chinensis*, où les valves tombent entièrement, et laissent les graines complétement à nu, attachées à un axe central, formé par la soudure des six placentas. Un effet analogue est obtenu dans les magnolia par un tout autre procédé : chacun des carpelles partiels s'ouvre par sa suture dorsale, et les graines, qui sont très-charnues, sortent du carpelle, et restent quelque temps suspendues par un long filet composé de trachées. En voyant l'analogie de ces faits, je présume que les graines à spermoderme pulpeux ont besoin d'être quelque temps exposées à l'action évaporatoire et desséchante de l'air, soit pour ne pas être trop promptement altérées par l'humidité du sol, soit pour acquérir le dernier degré de maturité.

D. *Des plantes hypocarpogées.*

J'ai jusqu'ici considéré les phénomènes de la dissémination des graines dans leurs rapports avec la structure des fruits ; mais il est des phénomènes relatifs à cette fonction qui sont communs à diverses sortes de fruits, et se rapportent plutôt aux pédoncules et à l'inflorescence. On pourrait dire d'une manière générale que l'un des résultats de l'existence et des proportions des pédoncules est de favoriser l'écartement et la dispersion des fruits. Mais il convient d'observer les résultats de l'inflorescence dans des cas plus évidens et plus spéciaux ; je veux parler ici de ces plantes qui mûrissent leurs fruits et leurs graines sous terre, et qu'on a nommées *hypocar-pogées* (1). Il en est de deux sortes : celles qui fleurissent à l'air et déposent ensuite leurs fruits en terre, et celles dont le fruit est souterrain dès son origine.

A la première série appartiennent les exemples suivans : 1° la linaire-cymbalaire croît naturellement, dans le midi de l'Europe, sur les rochers munis de fissures ou sur les vieux murs, qu'elle décore de ses touffes élégantes. A l'époque de la fleuraison, son pédoncule est dressé et à peu près de la longueur du pétiole; après cette époque, il s'alonge, se courbe irrégulièrement jusqu'à ce qu'il rencontre une fente du rocher ou du mur; dès qu'il la trouve, il s'y enfonce, et va porter ainsi la capsule de manière à ce que ces graines tombent dans un lieu obscur et humide. 2° Le cyclamen porte un pédoncule terminé par une seule fleur, et dressé à l'époque de la fleuraison; plus tard il se courbe et se tord en tirebourre de manière à poser la capsule sur le terrain ou dans le terrain selon sa consistance. 3° Le trèfle enterreur (*trifolium subterraneum*) offre un mécanisme encore plus remarquable : son pédoncule porte une tête de fleurs serrées; à la fleuraison il est dressé et de consistance herbacée; ensuite il se durcit, surtout à son sommet, qui devient épineux, et il se courbe avec une telle rigidité, que cette pointe épineuse pénètre dans le sol meuble où cette plante croît d'ordinaire, et y va semer ellemême les gousses monospermes dont le capitule est composé.

Toutes les plantes aquatiques qui fleurissent à l'air,

---

(1) Bodard, sur les plantes hypocarpogées, in-8°, Pise. 1798.

et vont ensuite déposer leurs fruits dans la vase du fond, savoir le trapa, le vallisneria, etc., rentrent dans cette série; mais comme j'ai exposé en détail leur histoire dans le chapitre de la fleuraison, je ne la répète pas ici.

Quant aux fruits qui mûrissent sous terre, on peut d'abord noter ceux qui, par leur position sur une tige souterraine, naissent forcément dans cette situation. Tel est le colchique, dont la fleur sort du sol, mais dont l'ovaire est fécondé sous terre. Mais il est d'autres végétaux plus singuliers qui offrent deux sortes de fleurs, les unes aériennes, les autres souterraines. Ainsi, par exemple, le *vicia amphicarpos* a des branches aériennes et d'autres branches souterraines qui se glissent entre les pierres; les unes et les autres portent des fleurs : les premières ont des fleurs à corolles grandes et colorées; les secondes en sont presque dépourvues; toutes sont fertiles. Les fleurs aériennes portent des gousses alongées et polyspermes; les fleurs souterraines, des gousses courtes et le plus souvent monospermes. Une variété du *lathyrus setifolius*, qu'on a aussi désignée sous le nom d'*amphicarpos*, présente le même phénomène. Une autre légumineuse, l'*arachis hypogœa*, offre aussi deux sortes de fleurs; mais les fleurs aériennes sont stériles, et il n'y a que les fleurs inférieures qui, enterrées par le sol sablonneux, parviennent à mûrir leurs graines en terre.

Il est probable que les plantes dont les graines se sèment d'une manière si particulière, ont dans leur organisation quelque chose qui rend ces précautions nécessaires; mais il faut avouer que, dans un grand nombre de cas, et notamment dans ces derniers exemples, nous ne voyons pas la liaison de ces faits.

Si nous réfléchissons cependant à l'ensemble des phénomènes rapportés dans cet article , nous y verrons , ce me semble , des exemples curieux , et encore rarement observés dans le règne végétal, de ces rapports d'organisation nécessaires pour la vie des êtres , et qui constituent ce que les naturalistes ont nommé leurs *conditions d'existence*. Ils ont voulu indiquer ainsi par un terme court que les espèces qui n'en auraient pas été douées auraient dû nécessairement périr, et ne peuvent se rencontrer à la surface du globe , quelque idée qu'on ait d'ailleurs de l'origine des êtres organisés.

§. 2. Conservation des graines.

Tous les moyens de dissémination des graines sont , malgré leur diversité , subordonnés à une autre classe de phénomènes , savoir , le degré divers auquel chaque graine conserve plus ou moins la faculté de germer. Cet objet, comme la plupart des autres , présente quelques lois générales et de nombreuses exceptions déterminées par la nature propre de chaque espèce.

Les premières se réduisent à quelques observations très-simples.

1°. Les graines se conservent d'autant mieux qu'elles ont plus complétement acquis le degré de maturité absolue, tel que nous l'avons défini au chapitre précédent; la plupart d'entre elles se conservent mieux lorsqu'on les laisse quelque temps dans leur enveloppe , parce qu'elles achèvent alors de tirer du placenta tout ce qui peut compléter leur maturation. Après cette époque, l'enveloppe , si elle est sèche et dure , peut contribuer à les protéger contre les accidens extérieurs; mais si elle est molle ou pulpeuse, elle ne servirait qu'à faciliter leur décomposition.

2°. Les graines, considérées à l'état de maturité absolue, peuvent, sauf les exceptions propres à certaines d'entre elles, se conserver indéfiniment, pourvu qu'elles se trouvent à l'abri :

1°. Des causes de destruction mécanique, comme, par exemple, l'action du feu qui les brûle, celle de l'eau qui, trop prolongée, les pourrit; celle des animaux qui les mangent, ou les accidens qui peuvent les briser, etc., phénomènes trop évidens pour qu'il vaille la peine d'en parler.

2°. Elles doivent encore être à l'abri de l'action simultanée des causes qui déterminent la germination. Nous verrons plus tard en détail que celle-ci ne peut avoir lieu sans l'effet simultané de l'humidité, de l'oxigène et d'un certain degré de chaleur. Les graines peuvent en général supporter entre des limites assez étendues une ou deux de ces influences, pourvu que les trois ne soient pas réunies; alors, en effet, elles commencent à germer en temps inopportun, et elles périssent lorsque les autres circonstances ne sont pas favorables au développement de la jeune plante.

Il y a continuellement dans la nature un nombre immense de graines qui périssent par l'action des diverses causes que je viens d'indiquer, et on peut en juger par le petit nombre des individus de chaque espèce qui existent, comparé aux graines qui se produisent. Il se forme probablement chaque année assez de graines d'ormeaux, de tabac ou de pavot, pour en couvrir le monde entier en peu d'années; mais le plus grand nombre périt sans pouvoir se développer. La culture ne doit donc pas strictement imiter l'état de nature ; elle choisit les circonstances favorables , et obtient un nombre de germinations utiles, prodigieusement plus grand que les plantes livrées à elles-mêmes.

Parmi ce grand nombre de graines qui ne germent pas, il en est qui peuvent trouver des circonstances telles que leur faculté germinative se conserve. Ainsi les graines qui se trouvent enterrées assez profondément pour ne point trop éprouver l'action de l'oxigène , et dans un lieu où l'humidité ne soit pas trop grande, peuvent garder cette faculté. On voit les forêts en coupe réglée présenter après chaque coupe la naissance d'arbres différens de ceux qui forment l'essence de la forêt : c'est ce qu'on nomme la *recrue* ; cette recrue est composée à chaque coupe des mêmes arbres, et ainsi il faut que les graines de ces arbres se conservent en terre pendant les vingt , trente , cinquante ou cent ans que peut durer la végétation de l'essence principale. On a vu certains terrains qui , par suite de travaux de terrassement, se sont trouvés exposés à l'air après plusieurs siècles , se couvrir dès la première année d'une multitude d'individus appartenant à une certaine espèce , quelquefois peu commune à l'entour, et dont les graines s'étaient évidemment conservées en terre. M. Savi (1) a vu, pendant plus de dix ans , naître de jeunes tabacs de graines semées naturellement dans un carreau de jardin où il avait soin de les arracher chaque année. Duhamel a vu le stramoine reparaître (2) , après vingt-cinq ans , dans

____

(1) *Elem. di botanica* , p. 156.
(2) Traité des semis , p. 93 et 95.

un fossé qu'il avait comblé , puis déblayé. Ray raconte qu'après un incendie les murs d'une maison de Londres se convrirent de *sisymbrium irio*, qui était à peine connu dans la ville. On assure, selon Gérardin (1) , que le même fait s'est répété à Versailles. Miller raconte avoir vu lever le *plantago psyllium* dans un fossé de Chelsea qui fut curé de son temps, et où on n'en avait jamais vu de mémoire d'homme.

M. Thouin a trouvé sous les racines du plus ancien marronier d'Inde cultivé à Paris, une graine d'*entada scandens* en germination ; il la fit soigner, et elle a vécu dans les serres du Jardin de Paris.

On peut voir cette conservation des graines dans d'autres circonstances : ainsi, il y a plus de soixante ans qu'un sac de graines de sensitives fut apporté au Jardin de Paris, et les graines de ce sac lèvent encore quand on les sème (2). Pline assure que du blé a germé au bout de cent ans ; mais Duhamel n'a vu cette faculté de conserver que jusqu'à dix ans (3). Friewald raconte la germination de melons, dont la graine était conservée depuis quarante-et-un ans (4). Roger Galen a vu germer des graines de haricots après trente-trois ans (5), et Voss après trente-sept ans. Le même a vu lever des graines de concombre de dix-sept ans, et d'*alcea rosea* de vingt-trois (6). M. Lefébure (7) a fait germer des graines de

____

(1) Gérardin , propr. conserv. des graines, p. 9.
(2) Gérardin , *ibid.*, p. 11.
(3) Traité des semis, p. 93 et 95.
(4) *Philos. trans.*, 1742, art. IX, n. 464.
(5) *ibid.*, 1743, art. X, n. 475.
(6) Bull. sc. nat., XVII, p. 226.
(7) Expér. sur la germin., p. 27.

rave de dix-sept ans ; Olini , des graines de *malva crispa* de la même date. Home a trouvé des graines de seigle encore fécondes après cent quarante ans ; enfin Gérardin (1) a fait germer des graines de haricots qui , prises dans l'herbier de Tournefort , avaient au moins cent ans.

Il y a lieu de croire que toutes les graines ne sont pas également susceptibles de ce degré de conservation si remarquable dans celles de plusieurs légumineuses. Ainsi, celles du café et de la plupart des rubiacées , celles de la fraxinelle , de l'angélique , des lauriers , de la plupart des myrtées , perdent leur faculté germinative peu de temps après qu'elles sont détachées de leur tige. Celles dont la surface est fortement hygroscopique doivent aussi s'altérer plus facilement. Mais on manque de faits suffisans pour généraliser ces exceptions. Quelques jardiniers (2) soutiennent que les graines de melons semées dès la première année poussent plus en feuilles et donnent moins de fruits , ou les donnent moins beaux. M. Sageret (3) , qui a tant étudié la végétation des cucurbitacées , nie absolument cet effet, lequel d'ailleurs paraît très-peu vraisemblable.

J'ai , à dessein, évité de citer dans cet article les exemples de graines en apparence conservées intactes , mais qui avaient perdu leur faculté germinative : ainsi , les graines du lodoicea , portées par la mer des îles Séchelles aux Maldives ; celles de l'*entada scandens* , portées par les courans des Antilles aux îles Hébrides , arrivent

---

(1) Propr. conserv. des graines.
(2) Bull. des sc. nat. XVII , p. 226 , *l. c.*
(3) Ann. de From. , 1, p. 394.

dans un état d'altération qui les empêche de germer : ainsi , on trouve dans certaines constructions romaines , comme Rœmer dit que cela a eu lieu en Transylvanie , ou dans certains dépôts de date inconnue , comme au lieu dit *grenier de César* , dans la montagne de Gergovia, en Auvergne , ou dans les tombeaux des momies d'E-gypte , des grains de blé semblables aux nôtres , mais noircis , charbonnés et dépouillés de la faculté germi-native ; ainsi on a vu à Zurich (1) une provision de blé faite en 1548 , et qui fit de bon pain en 1799 ; mais on n'a pas essayé de le semer, et on ne peut le citer parmi les faits de conservation de la faculté germinative. Il convient cependant de dire quelques mots de la conserva-tion des graines pour l'usage de l'homme , et indépen-damment de leur reproduction.

La théorie de la conservation des graines est d'une haute importance pour l'espèce humaine. Non-seulement il importe pour l'art de la culture de connaître la durée ordinaire de la conservation des graines que l'on veut se-mer, et les moyens de les abriter contre tout accident, mais il importe encore à l'économie publique d'avoir des procédés certains de conserver intactes les graines qui sont destinées à la nourriture de l'homme. Tous les tra-vaux des économistes pour la conservation des blés ren-trent dans cette catégorie de faits. Deux systèmes ont été mis en pratique sous ce rapport : 1° on a su très-promp-tement que ces grains , nécessairement exposés, comme ils le sont dans les greniers , à l'action de l'oxigène de l'air et de la température atmosphérique , entraient en

____

(1) Rœmer, trad. de la Théorie élém. , en allem. , 1, p. 187.

germination ou en fermentation si on les laissait exposés à l'humidité, et la première condition requise a été de les mettre à l'abri de l'eau; après cette précaution, on a eu encore à lutter contre les insectes, et on y est plus ou moins bien parvenu, en remuant beaucoup les grains pour les chasser des greniers; mais cette méthode est douteuse et dispendieuse.

Un second système qui paraît préférable, c'est de placer les grains dans une situation telle, qu'ils soient à la fois à l'abri de l'humidité qui les corromprait, et de la dose d'oxigène nécessaire à la germination. On a obtenu ces résultats, 1° en enterrant les grains dans des silos, c'est-à-dire, en imitant ce que nous avons vu arriver naturellement aux graines enfouies profondément; mais ce procédé n'est praticable qu'en grande masse, parce que les bords du silo sont toujours un peu atteints par l'humidité; 2° en plaçant les grains dans des vases hermétiquement clos, soit par leur nature métallique, soit par un enduit imperméable à l'air et à l'eau, tel que le goudron. Pour la première de ces indications, M. Clément a proposé de conserver les grains en grande masse dans des tours construites en fer fondu, dont les pièces seraient mastiquées sur les jointures de manière à empêcher le passage de l'air et de l'humidité. On jetterait les grains bien secs par un orifice supérieur, qui serait ensuite hermétiquement luté, et on les retirerait par le bas au moyen d'un large robinet. On aurait soin de placer dans la tour ou près des orifices une couche de sel susceptible d'attirer l'humidité de l'air (comme du muriate de chaux), de manière que, s'il s'introduisait de l'air, il fût trop sec pour servir à la germination. Ce procédé n'a pas, que je sache, été mis encore en pratique.

Pour la seconde méthode, M. Fazy-Pasteur a proposé
à la classe d'agriculture de Genève de placer des grains
dans des tonneaux ou caisses de bois bien goudronnées ;
et l'expérience a montré que ce procédé simple, économique, et susceptible d'être éminemment adapté aux petites cultures, est suffisant pour conserver du blé intact
pendant plusieurs années sans le remuer. Si la fabrication
des toiles imperméables à l'eau et à l'air se perfection-
nait, peut-être serait-il possible d'en faire des sacs assez
bien clos pour conserver les grains de la même manière.
En Pologne (1), on se contente de les mettre dans des
espèces de ballots formés de nattes et emballés dans la
paille, et on se trouve bien de ce moyen, pourvu qu'on
ait soin de les abriter de la pluie.

Tous ces procédés ont l'immense avantage qu'en même
temps que la privation d'oxigène empêche la germination des graines, ils arrêtent par la même cause la vie et
la propagation des insectes. Il serait hors de mon sujet
d'entrer ici dans le détail pratique des procédés convenables pour la conservation des grains ; mais j'ai cru
qu'il était utile de montrer que toute la théorie peut se
déduire de l'imitation des faits que la nature nous présente dans la dissémination des graines et de l'étude des
lois de leur germination.

Quant à la conservation des péricarpes charnus, c'est
un objet qui a sans doute quelque intérêt sous le rapport
économique, mais qui se fonde sur des procédés purement physiques ou chimiques, et n'a qu'un rapport indirect avec la physiologie. Les procédés de cet art se ré-.

---

(1) Jour. des connais. usuelles, 1829, p. 271.

duisent, 1° à priver les fruits du contact de l'oxigène autant qu'on le peut (1); 2° à les abriter de l'humidité, qui tend à les corrompre ; 3° à les préserver de toute contusion ou d'un rapprochement trop grand, causes qui favorisent la corruption; 4° à les tenir à une température moyenne fort égale, et éloignée à la fois et de la gelée qui les altère, et de la chaleur qui les dessèche ou les dispose à pourrir; 5° à les abriter contre la clarté qui tend à accélérer leur évaporation. Ceux qui désireront des détails spéciaux à ce sujet pourront consulter la *Chimie agricole* de M. Chaptal, vol. II, p. 116.

----

(1) C'est dans ce but que l'on se trouve bien de faire brûler du sucre dans les fruitiers ; la légère couche huileuse que sa fumée dépose sur les fruits arrête le contact immédiat de l'air.

CHAPITRE VI.

De la Germination.

———

§. 1. En général.

La germination est l'acte par lequel l'embryon fécondé d'une graine quitte l'état de torpeur dans lequel il a demeuré plus ou moins long-temps, reprend la vie, sort de son enveloppe, et soutient son existence jusqu'au moment où ses organes nourriciers sont développés. Cette période de la vie végétale correspond à peu près à l'allaitement des mammifères, ou, plus exactement, à l'incubation des oiseaux.

A considérer la germination en général, elle offre les apparences suivantes : dès qu'une graine se trouve placée dans un degré de chaleur et d'humidité convenables, elle absorbe l'eau ambiante ; l'amande de la graine se gonfle, et par suite de ce gonflement elle rompt son enveloppe ; dès que la rupture a lieu, la radicule sort par la fissure, et se dirige vers la terre, où elle commence à pomper de la nourriture ; la plumule se redresse et étale ses cotylédons : ceux-ci se dessèchent dès que les feuilles primordiales sont assez développées pour nourrir la jeune plante, et alors la germination est terminée : la plante est sevrée et commence à végéter suivant les lois ordinaires. D'après cet exposé rapide du phénomène, on peut juger que,

40.

pour s'en faire une idée complète, il faut étudier, 1° les circonstances extérieures plus ou moins nécessaires au développement de la graine ; 2° l'action des divers organes de la graine elle-même.

§. 2. Des circonstances extérieures à la graine.

La germination d'une graine parfaite ne peut s'opérer que par la réunion de trois agens, l'eau, l'oxigène et un certain degré de chaleur : ce sont là les conditions essentielles du phénomène (1) ; toutes les autres n'agissent que comme des causes qui peuvent le faciliter ou lui nuire.

La présence de l'eau est la cause qui agit le plus évidemment dans la germination ; comme l'air et la chaleur nous entourent habituellement, sans que nous ayons l'habitude d'y penser, il est fréquent d'entendre dire que l'eau est la cause immédiate du développement des graines ; elle y est au moins indispensable ; le petit nombre de cas où les graines semblent germer sans eau tient ou à ce qu'elles sont placées dans un air très-humide dont les vapeurs se déposent à leur surface, ou à ce qu'elles sont en contact avec quelque corps spongieux qui leur transmet de l'eau d'une manière inaperçue.

La quantité d'eau dont chaque graine a besoin pour germer est généralement proportionnée à sa grosseur ; toutes les graines que j'ai soumises à l'expérience ont ab-

---

(1) Voyez Lamarck. Mém. de chim. et d'hist. nat., 7. p. 594 : Senebier. Physiol. 1800 : Senebier et Huber. Essai sur la germination, 1 vol. in-8°. 1800 : Lefébure, Expér. sur la germination, 1 vol. in-8°. 1801.

sorbé pendant leur germination un poids d'eau plus grand que le leur : un haricot, par exemple, pesant 544 milligrammes, en a absorbé 756 dans sa germination ; un autre, du poids de 558 milligrammes, en a absorbé 491 ; mais je n'ai pu apercevoir que cette proportion eût quelque chose de régulier. Certaines graines m'ont paru absorber proportionnellement plus que d'autres, et l'on conçoit en effet que l'état particulier des matières déposées dans le tissu doit exiger plus ou moins d'eau pour les délayer.

L'eau paraît agir essentiellement dans la germination comme corps humectant. Elle délaye les matières déposées dans la graine, et les rend propres à se glisser dans les diverses parties de la plantule. Rien ne prouve qu'il y ait alors décomposition de l'eau ; les résultats contraires cités par Senebier paraissent tenir à ce que les graines des pois qu'il a employées avaient subi une décomposition ; et en effet elles n'ont point germé dans l'expérience où il y a eu dégagement d'hydrogène.

L'eau bouillie ou distillée, quand elle entoure complétement les graines, ne détermine point leur germination ; il en est de même de l'eau, qui tient en solution ou de l'azote ou de l'acide carbonique. Ces faits nous conduisent à la nécessité de l'oxigène de l'air pour la germination. Celle-ci, en effet, n'a point lieu dans le vide parfait (1) ; elle ne réussit pas davantage dans une atmosphère de gaz azote ou de gaz hydrogène, et moins

____

(1) On cite des expériences de Homberg (Mém. de l'Acad. des sciences de Paris pour 1693), qui a vu le pourpier, la laitue et le cresson germer sous le vide de la pompe pneumatique ;

encore dans le gaz acide carbonique, ou tout au moins s'il y a dans ces gaz sans oxigène libre quelque commencement de germination, elle s'arrète rapidement ; elle n'a lieu réellement que dans les gaz qui contiennent de l'oxigène libre. Il résulte des expériences de Senebier et d'Huber que la germination peut s'opérer dans un gaz, pourvu qu'il contienne 1/8 de son volume de gaz oxigène. Lefébure a vu des graines de rave germer dans de l'air qui ne contient que 1,6 de gaz oxigène ; il en a vu germer encore quelques-unes dans de l'air qui n'en contenait que 1/52 ; mais elles y ont germé lentement, et plusieurs ne s'y sont pas développées. 2° Que la proportion la plus favorable pour la germination est que le gaz contienne une partie d'oxigène et 5 d'azote, ce qui s'écarte peu des proportions de l'air atmosphérique, qui offre une partie d'oxigène et 4 d'azote. 5° Qu'une trop grande dose de gaz oxigène affaiblit la jeune plante en accélérant trop la germination, et en lui enlevant trop de carbone. 4° Qu'une graine de laitue, par exemple, fait disparaître pendant sa germination un volume de gaz oxigène égal au volume de 26 milligrammes d'eau. De Saussure a vu que des graines de froment et d'orge font disparaître une quantité d'oxigène égale à 2/1000 de leur propre poids, celles de fève et de haricot à 1/100, etc. Ces quantités doivent évidemment varier selon la grosseur de la graine, et la quantité proportionnelle du carbone qu'elle contient.

---

mais cette germination n'a lieu que lorsque le vide est imparfait, comme celui qu'il employait, et, dans ce cas même, la germination a été retardée et souvent nulle.

Le rôle chimique de l'oxigène dans la germination a été entrevu par Senebier, et bien démontré par MM. Gough et Théod. de Saussure, etc. Ce gaz n'est point absorbé par la plantule, comme on pouvait le croire : mais lorsqu'on établit la germination en vase clos, l'oxigène qui disparaît dans l'air du bocal se retrouve, ou dans l'air ou dans l'eau, sous forme de gaz acide carbonique, et on peut s'en assurer plus directement en fermant le bocal avec de l'eau de chaux : la graine perd en même temps une partie correspondante de son poids. Gough (1) a aussi obtenu ce résultat par l'expérience suivante : il a placé des graines d'orge dans un récipient d'air atmosphérique renversé sur une cuvette d'eau ; dès que la germination a commencé, l'eau s'est élevée dans le récipient, parce qu'elle dissolvait le gaz acide formé ; et si au lieu d'eau on employait de l'eau de chaux, on voyait celle-ci se troubler d'autant plus, que l'ascension dans le récipient était plus marquée. Le même chimiste a vu que la communication avec l'air n'était point nécessaire à la germination, pourvu que la graine fût en contact avec une quantité suffisante d'oxigène. Il est évident que dans cette opération l'oxigène de l'air agit en enlevant à la graine son carbone surabondant. Nous avons vu, en parlant de la maturation, que la graine en mûrissant combine dans son tissu beaucoup de carbone, qui paraît servir à lui donner l'inaltérabilité à laquelle elle devra sa conservation. Ce carbone surabondant la rend difficilement soluble à l'eau. Or, pour que l'eau puisse délayer les matières contenues dans l'albumen et

---

(1) Cité par Savi, *Elem. di botanica*, 8°, Pisa, 1820, p. 134.

les cotylédons, il faut que l'oxigène de l'air les décarbo-
nise. Cela est si vrai, que si l'on prend avec Senebier
des graines de pois avant leur maturité, elles germent plus
vite que des graines mûres, parce qu'elles contiennent
plus d'eau liquide et moins de carbone. La germination,
en imbibant d'eau et en décarbonisant les graines, les
ramène au point où elles étaient avant leur maturité. La
saveur même l'indique dans quelques cas : ainsi, les graines
d'orge ou de pois prennent, après un commencement de
germination, la saveur sucrée qu'elles avaient avant leur
maturité.

Ce besoin d'oxigène des graines pour la germination
explique les faits cités au chapitre précédent sur leur conservation en terre.

L'oxigène n'agit pas seulement sur l'albumen, comme
l'a dit un chimiste célèbre, mais aussi sur l'embryon, et
surtout sur les cotylédons ; car on obtient les mêmes
résultats sur les graines qui n'ont pas d'albumen.

L'oxigène agit-il encore comme excitant la vitalité du
germe ? Cette opinion a été soutenue par quelques physiologistes ; mais rien ne peut aujourd'hui la démontrer.
En effet, les faits principaux sur lesquels on l'avait appuyée offrent encore de l'incertitude dans leur explication.

M. de Humboldt a remarqué que des graines immergées
dans le chlore, et retirées avant que la radicule paraisse
au dehors, germent plus vite qu'à l'ordinaire : ainsi, le
cresson alénois peut, par l'effet du chlore, germer en
six heures au lieu de vingt-quatre ou trente. Il a vu même
germer par ce procédé de vieilles graines qui paraissaient dépourvues de cette faculté. Comme à cette époque

on croyait que le chlore était de l'acide muriatique surchargé d'oxigène, on expliqua ce fait en supposant que l'oxigène abandonnait l'acide muriatique, se portait sur la graine, et, vu son abondance, excitait sa vitalité. On se confirmait dans cette idée en voyant d'un côté que l'acide nitrique, qui est un des acides auquel l'oxigène est peu adhérent, accélère peut-être aussi un peu la germination; de l'autre, que les graines semées dans l'oxide de manganèse semblent aussi germer un peu plus vite qu'à l'ordinaire. Cependant, dans ces deux dernières expériences, l'accélération est si faible, qu'il est bien possible qu'on se soit fait illusion. Quant à l'effet accélérateur du chlore, il paraît difficile de le révoquer en doute, au moins dans le procédé admis, et il vient encore d'être affirmé par M. Rémond (1), mais d'une manière qui laisse cependant encore bien des incertitudes. Dans le procédé ordinaire, on entaille le spermoderme, et peut-être le chlore n'agit-il qu'en avivant l'action de l'eau simple pour imbiber la graine. Ce sujet mériterait un nouvel examen, soit sous le rapport pratique, soit sous le rapport théorique.

Si l'on peut facilement nier l'effet excitant de l'oxigène dans la germination, il est difficile de ne pas l'admettre quant à la chaleur. Il est clair que, s'il s'agit des degrés extrêmes de température, la germination peut être empêchée par le froid quand il congèle les liquides ambians, ou par la chaleur quand elle est au point de dessécher le sol; mais, entre ces extrêmes, chaque

____

(1) Cour. de l'Ain, févr. 1828; Bull. sc. agr., 10, p. 192.

graine a besoin d'un degré déterminé de chaleur pour pouvoir entrer en germination, et, à partir de ce point, toutes choses étant d'ailleurs convenablement disposées, la germination est généralement d'autant plus accélérée, que la température est plus élevée. Le minimum de chaleur nécessaire varie d'une espèce à l'autre; mais presque toujours il est de plusieurs degrés au-dessus du point de congélation. Quand la chaleur est trop grande pour les besoins d'un végétal donné, la germination marche trop vite, et il en résulte de jeunes plantes faibles et souffrantes; on ne peut guère s'empêcher de voir en elles des êtres trop excités et pas assez nourris. Si la température est trop basse, l'excitation n'est pas suffisante, et il arrive souvent que la graine ne peut résister à la pourriture déterminée par l'eau qu'elle a absorbée et qu'elle ne peut s'assimiler. C'est entre ces deux limites qu'il y a pour chaque espèce un degré de température convenable. Généralement les graines des pays chauds ont besoin de plus de chaleur que les nôtres; les graines d'un volume considérable et d'une consistance fort charnue, ont aussi besoin de plus de chaleur que les petites graines. Ces résultats généraux de la culture n'ont cependant pas été, à ma connaissance, soumis à des expériences rigoureuses, si ce n'est pour la graine de rave que M. Lefébure a vu ne pouvoir germer qu'entre 5 et 38 degrés centigrades.

Ainsi la chaleur tend évidemment à exciter la végétation du germe, absolument comme elle excite l'action vitale du bourgeon pour opérer son développement au printemps. Ces deux phénomènes ont sous divers points une grande analogie : dans l'un et l'autre, on voit un ap-

pareil préparé pour nourrir un germe, et une cause excitante pour le développer.

Les trois agens que nous venons d'examiner, l'eau,
l'oxigène et la chaleur, sont les seuls qui soient absolument nécessaires à la germination ; mais on ne peut absolument passer sous silence l'action du sol dans lequel
la graine est semée. La plupart des graines germent dans
l'eau ; mais les jeunes plantes, n'y trouvant pas d'appui,
périssent de bonne heure, à moins que leur structure ne
les appelle à flotter sur l'eau. Ainsi le sol sert à la germination comme support ou soutien des plantules. 2° Les
graines immergées dans l'eau sont souvent pourries par
la trop grande quantité de ce liquide, et la germination
va ordinairement mieux, quand la graine ne reçoit à la
fois qu'une quantité modérée d'eau : le sol sert donc encore comme régulateur d'arrosement. 3° La graine a besoin de l'oxigène de l'air ; le sol peut l'en priver lorsqu'il
est trop compacte, ou lui permettre un passage facile,
lorsqu'il est léger. 4° La jeune plantule qui se développe
dans le terrain peut être gênée ou par un sol trop compacte, qui arrête sa végétation, ou par un sol trop léger,
qui ne lui fournit pas un support assez stable ou qui permet au vent de l'enterrer. 5° Dès que la radicule est développée, elle a besoin de pomper dans le sol une eau
chargée d'acide carbonique et d'extrait soluble : le sol influe donc encore sur la germination par la nature des liquides qu'il contient. 6° Quant aux terres mêmes qui le
composent, leur choix a encore quelque influence sur la
germination. Le sol est-il trop siliceux ? l'eau y adhère
peu, et la dessiccation du terrain est trop facile. Le sol
est-il trop calcaire ? les pluies et les arrosemens dissol-

vent une partie de la terre calcaire, et, lorsqu'elles s'é-
vaporent, elles déposent à la surface cette terre, qui y
forme une croûte solide, laquelle nuit aux jeunes plantes,
soit en arrêtant l'oxigène de l'air, soit en opposant à la
plumule un obstacle que souvent elle ne peut pas vaincre.
Les jardiniers connaissent ces effets, et savent qu'on doit
piquer cette croûte sur les vases où elle s'est formée.
L'un des mérites de la terre de bruyère, c'est de contenir
du sable siliceux, qui, ne se dissolvant pas, ne fait jamais
croûte. La difficulté de soulever une trop grande masse
de terre est une des causes qui empêchent les graines semées trop profondément de prospérer. M. Juge-Saint-
Martin (*Arbr. du Limousin*, p. 77), ayant semé des
glands à trois ou quatre pieds de profondeur, les a vus
pousser de longues racines; mais la plumule, qui avait
un pouce à un pouce et demi de longueur, avait noirci et
moisi.

Ainsi le sol influe beaucoup, sinon sur la possibilité de
la germination, au moins sur le succès de cette opération. Les indications précédentes prouvent que les sols
trop compactes ou trop légers offrent des inconvéniens,
et il y a entre des limites larges un terme convenable
pour la germination de chaque plante. En général, les
sels légers conviennent mieux, surtout dans les jardins,
où l'arrosement régulier supplée à l'évaporation.

La combinaison de ces diverses causes détermine la
profondeur à laquelle les graines doivent être enterrées
pour bien germer. Cette détermination se compose de
plusieurs élémens : 1° les grosses graines doivent être
enfoncées plus avant que les petites; 2° les mêmes graines
doivent être d'autant plus enterrées, que le sol est plus

léger, et placées plus près de la surface quand il est compacte; elles doivent être très-près de la surface dans les terrains trop humides, et plus enfoncées dans les terrains secs. L'expérience confirme tous les jours ces préceptes; leurs motifs sont trop évidens pour qu'il vaille la peine de les exposer.

Des expériences faites à Ugazi en Bavière, et relatées dans le *Bulletin des sciences agricoles*, constatent la profondeur à laquelle il est le plus avantageux de semer certaines graines usuelles, comme suit :

	TERRES FORTES et argileuses.	TERRES LÉGÈRES, En temps humide.	En temps sec.	TERRES sablonneuses et marécageuses.
Froment... Seigle.... Avoine.... Orge.....	3/4 pouc.	1 pouc.	1/2 pouc.	2 1/2 pouc.
Pois...... Haricot...	1	2	2	3
Millet.... Maïs.....	1/2	1/2	1/2	1/2
Sarrasin.. Lentille... Vesce....	1	1 1/2	»	3

J'ignore à quel degré ces essais, qui sont en partie conformes, en partie contraires à la théorie, sont bien exacts.

L'action de la lumière sur la germination est nulle et souvent nuisible : l'expérience directe l'a montré à Senebier et à Lefébure ; l'analogie l'indiquait, puisque la plupart des graines germent à l'ombre ; la théorie le confirmait, puisque la lumière favorise la décomposition de l'acide carbonique, et que toute la germination exige sa formation. L'exclusion de la lumière est très-loin d'être, comme on l'a dit (1), une des conditions nécessaires à la germination : il n'y a personne, en effet, qui n'ait vu des graines germer, quoique exposées à la clarté. M. Boitard (2) assure qu'il a semé des auricules dans trois terrines, l'une couverte d'une cloche de verre transparent, la seconde d'une cloche de verre dépoli, la troisième d'une cloche enveloppée de chiffons noirs. Neuf jours après, ces dernières avaient levé ; au douzième jour, celles du verre dépoli levèrent; et au quinzième, il n'y en avait aucune levée dans la cloche sous le verre transparent. Cette expérience, qui tend à prouver seulement que la lumière retarde la germination, est même douteuse; car, si elle a été faite au soleil, la température de la cloche couverte de noir devait être plus élevée que celle des deux autres, et l'action directe du soleil au travers du verre transparent pouvait agir d'une manière fâcheuse sur la graine en la desséchant. Je ne nie point que l'obscurité soit utile à la germination; je nie seulement qu'elle soit nécessaire. Il est inutile d'ajouter que, dès que la plumule est sortie de terre, la lumière commence à exercer son action bienfaisante sur la jeune plante, comme sur tous les végétaux ; mais elle doit leur être donnée avec modération : l'action trop vive des rayons solaires tue facilement les plantes naissantes.

---

(1) Keith, *Phys. bot.*, 2, p. 5.
(2) Journ. de soc. d'agron. prat., 1829, p. 316; Bull. sc. agr. XIII, p. 310.

Quelques-uns ont assuré que l'électricité artificielle ou naturelle excite la germination ; mais je ne connais pas d'expériences assez précises à cet égard pour hasarder une opinion.

Toutes les causes que je viens de mentionner agissent à des degrés divers sur différentes graines selon leur combinaison entre elles et la texture des organes. C'est à la réunion de ces causes que tient la diversité du temps que les graines exigent pour leur germination dans l'état ordinaire des choses.

J'ai recueilli, autant que je l'ai pu, les documens épars dans les livres sur la durée des germinations, savoir : dans Adanson, *Fam. des plantes*, vol. 1, p. 84; Gérardin, *Physiol. végét.* et *Mém. sur la cons. des graines;* Ramon de la Sagra, *Annal. de cienc. de la Habana*, 1827, p. 26; 1828, p. 52; 1829, p. 186; et plusieurs autres qui s'en sont occupés moins directement. J'y ai joint mes propres observations, et mon fils m'a communiqué le journal qu'il a tenu de près de douze cents germinations. Ces documens m'ont prouvé l'impossibilité de réduire ces diversités à quelques règles simples. Comme il serait trop long et peut-être inutile de citer ici tous ces faits, je me bornerai à en extraire trois tableaux à températures différentes, indiquant les diversités générales, et un quatrième destiné à faire connaître quelques comparaisons entre les familles. Je dois d'autant plus me borner à ces considérations générales, que, si l'on peut conclure quelque chose des observations faites simultanément au même degré de température et d'humidité, il est impossible de comparer, sinon à grands traits, les germinations qui ont eu lieu dans des localités et des circonstances fort différentes.

N°. 1.

Tableau de la durée des germinations opérées en pleine terre, à Genève, à la température moyenne de 9,5° R., ou dans des circonstances très-analogues.

(Extrait du *Tableau* de M. Alph. De Candolle , contenant 863 espèces.)

Jours.	
2	Panicum miliaceum.
3	Lepidium sativum (2—3) ; brassica rapa (2—3), etc.
4	Sisymbrii sp. plur. , etc.
5	Cucurbita pepo.
6	Tritici sp. 3 (6—7 j.) ; avena sativa (5—7 j.) ; amaranthi sp. 10.
7	Cichorium intybus, lactuca sativa , linaria triphylla , atriplicis sp. 5 (7—8 j.) ; sisymbrii et sinapis sp. 8 (de 6—8 j.) ; lini sp, (6—8 j.)
8	Portulaca sativa , scorzonera hispanica , zea mays , atriplex hortensis (Ad.) ; amaranthi sp. 10 ; heliotropium indicum , plantaginis sp. 9 (6—11 j.) ; nicotianæ sp. 2.
9	Pisum sativum (8—10) ; echii sp. 2 : silenes sp. 17 (de 7 à 11 j.) ; chenopodii sp. 4 (9—10) : pelargonium ribifolium , altheæ sp. 3 (9—10 j.) : œnothera corymbosa.
10	Spinacia oleracea (10-12 j. ; helianthemi sp. 3 (18-12 j.) ; gloxinia speciosa, scandix brachycarpa, valerianellæ sp. (7—10).
11	Chærophyllum cerefolium (40 à 50, d'après Adanson) ; celastrus scandens, asteris sp. 11 : barbareæ sp. 2 : diospyros lotus.
12	Vicia faba (12—13), dianthi sp. 4 (de 10 à 14), ipomeæ et convolvuli sp. 8 (de 10 à 14) : papaver orientale, rhei sp. 3 (8 à 17).

Jours.	
13	Strophanthus dichotomus , campanula rapunculoides , crucianellæ sp. 2.
14	Apium petroselinum, asteris sp. 5; plumbago scandens, reseda virescens.
15	
16	Asclepias syriaca, chenopodii sp. 4 (14 à 19 j.); lythrum grandiflorum , anagallis cærulea.
17	Ocymum anisatum , wisteria frutescens.
18	Anisomeles mollissima.
19	Amaranthus aureus , linaria purpurascens, asparagus officinalis , begonia semperflorens , asterocephali sp. 2.
20	Delphinii et thalictri sp. 10 (19—22).
21	Terminalia benzoin, corydalis glauca , jasminum fruticans, allium acutum, rhus vernix.
22	Linariæ sp. 5, anthirrinum majus , geranium argenteum , origanum vulgare, lopezia miniata , duvaua dependens.
23	
24	Ligusticum levisticum (24—26), digitalis sp. 2, campanula grandiflora , cinnamomum japonicum.
25	Arenariæ sp. 2 , mesembryanthemum pugioniforme,
26	Myosotis deflexa, ricinus communis.
27	
28	Kiggelaria africana.
29	Pastinaca lucida.
Mois 1	
1 1/2	Viscum album (43 j.)
2	
2 1/2	
3	
6	Amygdalus sativa (va jusqu'à un an , quand la graine est vieille).
An 1	Persica vulgaris (Ad.) , melampyrum arvense, ceratocephalus falcatus, castanea vesca.
1 1/2	Cornus mas (1 1/2 à 2 ans, Ad. et Ger.), cratægus oxyacautha (id.), rosæ variæ (id.), planera crenata (d'après Michaux).
2	

N°. II.

Tableau de la durée des germinations opérées à la température moyenne d'environ 18 à 25° centigr. (1).

Jours.	
1	Erigeron caucasicum (B.)
2	Mesembryanthemum cristallinum (H.)
3	Hibiscus sabdariffa (H.) et Humboldtii (B.); carthamus tinctorius (H); malva alchemillæfolia (B.); convolvulus hederaceus (B.); portulacaria mucronata (B.); alyssum pinnatifidum (B.); tamarix indica (B.), etc.
4	Dianthus chinensis (H.); malva officinalis (H.); colutea orientalis (H.); acacia julibrissin (H.) et 6 j. (B.); ipomæa coccinea (B.); andromeda japonica (B.); commersonia echinata (B.); thlaspi ceratocarpum (B.), etc.
5	Robinia pseudacacia (4-8 H.); aster chinensis (4-6 H.); grindelia glutinosa (B.); grahamia aromatica (B.); crotalaria tenuifolia (B.); adesmia muricata (B.); indigofera tinctoria (B.), etc.
6	Cytisus nigricans (H.); linum usitatissimum (H.); sesamum indicum (B.); cardiospermum canescens (B.); cucumis dudaim (B.); spartium thebaicum (B.); cleome ophitocarpa (B.), etc.
7	Gleditschia triacanthos (H.); euphorbia esula (H.); nicotiana multivalvis (B.); silene indica (B.); hibiscus esculentus (B.); zygophyllum album (B.); poinciana pulcherrima (B.); anacardium occidentale (H.), etc.

---

(1) Ce tableau est extrait, 1° des observations faites en plein air au jardin de la Havane par M. Ramond de la Sagra; 2° de celles faites dans la bache du jardin de Genève par mon fils : la température y variait de 12 à 15° centigr. la nuit, de 20 à 25 le jour, et la tannée avait habituellement 4 à 5 degrés de plus que l'air. Les premières sont marquées H, et les secondes B.

Jours.

8   Spartium junceum (H); marrubium album (H.); papa-
    ver somniferum (H.); casuarina equisetifolia (H.);
    delphinium grandiflorum (H.): ochlodium ægyptia-
    cum (B.); hyptis radiata (B.); berberis ilicifolia (B.),
    etc.

9   Erythrina umbrosa (H.); senecio elegans (H.); hibis-
    cus palustris et syriacus (H.); cassia exaltata (B.);
    lycium chilense (B.); parkinsonia aculeata (B.); mu-
    cuna pruriens (B.); seseli pallasii (B.), etc.

10 Ceratonia siliqua (8-12 H.): hibiscus militaris (7-15 H.);
    liquidambar styraciflua (H.): hibiscus moschatus et
    pedunculatus (B.); nicotiana fragrans et chilensis
    (B.); polygonum donianum (B.), etc.

11 Lawsonia inermis (H. , et en 6 j., B.); gleditschia si-
    nensis (B.); indigofera fragrans (B.); bauhinia hir-
    suta (B.); poinciana pulcherrima (B.); ricinus micro-
    spermus (B.), etc.

12 Hibiscus abelmoschus (9—16, H.); gleditschia macra-
    cantha (H.): robinia candida (B.); vigna glabra (B.);
    ricinus communis (B.); ammania caspica (B.), etc.

13 Cassia brasiliensis (10—16, H.); pinus pinea (H.);
    lebbeckia cytisoides (B.): laurus benzoin (B.); ama-
    ryllis pumila (B.): protea speciosa (B.); vitex saligua
    (B.); kalanchoe amplectens (B.), etc.

14 Genista monosperma (H.); artocarpus jaca (H.); so-
    phora japonica (H); abrus precatorius (B.); urena
    repanda (B.), benincasa cylindrica (B.): physalis edu-
    lis (B.); metrosideros lanceolata (B.), etc.

15 Zinnia glauca (H.); passiflora albida (B.); hymeno-
    diction thyrsiflorum (B.); virgilia lutea (B.); anychia
    dichotoma (B.), etc.

16 Tropœolum majus (H.); cestrum nocturnum (H.); xe-
    ranthemum bracteatum (H): primula sinensis (B.);
    convolvulus pedatus (B.); cæsalpinia sapan (B.); du-
    vaua dependens (B.).

17 Grewia oppositifolia (B.); anisomeles nepalensis (B.);
    hedysarum purpureum et auriculatum (B.); comme-

41.

Jours.	
	lina cœlestis (B.) ; gilia capitata (B.) ; hibiscus roseus (B.), etc.
18	Ochradenus baccatus (B.) ; sida hastata et mutica (B.).
19	Pentapetes phœnicea (H.).
20	Punica granatum (H.) ; pinus maritima (H.)
21	Adenanthera pavonina (B.).
22	Taxodium distichum (H.) ; sterculia platanifolia (H.).
23	Cupressus sempervirens (H.) ; glycine memnonia (B.).
24	Dianthus barbatus (H.).
25	Castilleia elastica (H.) ; cassuvium pomiferum (B.) ; tamarindus indica (B.).
26	Crotalaria nitens (B) ; helicteres elongata (B.) ; triumfetta ovata (B.) ; hypericum crispum (B.).
27	Rivina lævis (B) ; æschinomene sesban (B.) ; dodonæa viscosa (B.) ; robinia suberosa (B.) ; mimosa stipulata (B.), etc.
28	Hibiscus lampas (B) ; asparagus amarus (B.) ; indigofera anil (B.) ; melaleuca cajeputi (B,) ; cistus eriocephalus (B.), etc.
29	Diospyros virginiana (H.).
Mois.	
1	Hibiscus mutabilis (H.) ; spilanthus fuscus (32 j., H.) zizyphus sinensis (52 j., H.) ; sterculia populifolia(B) ; gunnera scabra (B.).
1 1/2	Eugenia pimenta (43 j., H.) ; phœnix dactylifera (36 à 52 j., H.) ; acer negundo (57 j., H.) ; laurus nobilis (49 j., H.).
2	Tetragonia expansa (54 j., H) ; tillæa muscosa (63 j., H.).
3 1/2	Sapota elongata (111 j., H.).

N. B. Sur 379 graines levées en bache sous les mêmes circonstances , il y en a eu, d'après mon fils :

2e jour	1	8e jour	15	14e jour	25	23e jour	1
3e	10	9e	17	15e	7	25e	2
4e	20	10e	41	16e	8	26e	4
5e	46	11e	17	17e	17	27e	15
6e	52	12e	20	20e	3	28e	13
7e	27	13e	17	21e	1	30e	3

N°. III.

Tableau de la durée des germinations opérées à la température de 45 à 49° centigr. au soleil, dans le jardin de la Havane, d'après M. Ramon de la Sagra.

Jours.	
5	Crotalaria retusa.
8	Erythrina corallodendron.
9-10	Cedrela odorata.
10	Poinciana pulcherrima (7—11 dans la B. , à 25°) ; parkinsonia aculeata (9 dans la B. , à 25°).
13	Omphalobium indicum , smilax triplinervia.
14	Cordia callococca (14—26) ; erythrina corallodendron (8—14).
15	Swietenia mahagoni.
18	Psidium pomiferum , bauhinia scandens.
20	Jatropha multifida.
22	Solanum habanense.
23	Tamarindus indica (25 j. dans la B. , à 25°).
25	Cerbera thevetia.
26	Lucuma serpentaria.
28	Myginda ilicifolia.
31	Sophora tomentosa , trichilia spondioides.
32	Myrospermum peruiferum.
33	Tradescantia discolor.
37	Achras sapota , annona squammosa.
38	Cerbera thevetia.
39	Tabernæmontana citrifolia.
40	Sapindus saponaria , duranta plumieri.
46	Amyris sylvatica.
51	Mimosa pigra.
60	Oreodoxa ?
61	Citharexylon erectum , achras salicifolia.
63	Achras mammosa.
75	Cissampelos pareira.
100	Ceanothus colubrinus.
108	Achras dissecta.

N°. IV.

Tableau pour la germination de 863 espèces de pleine terre, montrant pour chaque famille le jour où il germe le plus grand nombre d'espèces, dressé par M. Alph. de Candolle.

	TOTAL des espèces observées.	JOURS à dater du semis, où il lève le plus grand nombre d'espèc.	JOURS où la demi des espèces ont germé.
Amaranthacées	28	6 et 8	9
Amentacées	1		
Antirrhinées	14	22	22
Apocynées	1		
Asclépiadées	1		
Asparagées	1		
Bégoniacées	1		
Borraginées	15	9	11
Broméliacées	1		
Campanulacées	9	13 et 16	14
Caryophyllées	40	9	11
Célastrinées	1		
Chénopodées	27	13	11
Cistinées	5		
Combrétacées	1		
Composées	160	11	12
Convolvulacées	12	11	12
Crassulacées	1		
Crucifères	55	8	10
Cucurbitacées	2		
Dipsacées	3		
Ebénacées	2		
Eléagnées	2		
Euphorbiacées	1		
Ficoides	1		
Flacourtianées	1		
Fumariacées	2		
Géraniacées	4		

	TOTAL des espèces observées.	JOURS à dater du semis, où il lève le plus grand nombre d'espèc.	JOURS où la demi des espèces ont germé.
Gessnériées	1		
Graminées	99	11	15
Jasminées.	1		
Joncées	1		
Labiées	21	14	15
Laurinées.	1		
Légumineuses	122	14	14
Liliacées	6		
Linées.	6		
Lythraires	1		
Malvacées.	25	10	11
Myrtacées.	1		
Ombellifères.	37	22	25
Onagrariées	10	22	22
Paronychiées	1		
Papavéracées	2		
Plantaginées	14	11	12
Plumbaginées.	1		
Polygonées.	22	12	13
Primulacées.	1		
Renonculacées	23	19	20
Résédacées.	1		
Rhamnées	1		
Rhinantacées	5		
Rosacées.	14	7 et 22	17
Rubiacées	5		
Saxifragées.	1		
Scrofularinées	1		
Simarubées.	1		
Solanées.	14	0	15
Térébinthacées.	1		
Urticées.	1		
Valérianées.	18	13	14
Violacées	1		

RÉSUMÉ DU QUATRIÈME TABLEAU.

En négligeant les familles où il y a moins de dix espèces observées, et celles moins nombreuses où l'époque du *maximum*
de germination n'est pas claire, on voit que les familles principales se placent de la manière suivante, quant à la rapidité
moyenne avec laquelle germent leurs graines.

Amaranthacées . . .	Jour du maxim. de germ.	du 6ᵉ au 8ᵉ
Crucifères	idem	8ᵉ
Borraginées. . . . . . } Caryophyllées . . . . {	idem	9ᵉ
Malvacées	idem	10ᵉ
Composées . . . . . . } Plantaginées. . . . . { Géraniacées. . . . . . { Convolvulacées . . . }	idem	11ᵉ
Polygonées.	idem	12ᵉ
Chénopodées. . . . . } Valérianées. . . . . . {	idem	13ᵉ
Légumineuses . . . . } Labiées . . . . {	idem	14ᵉ
Renonculacées	idem	19ᵉ
Anthirrinées. . . . . } Ombellifères . . . . {	idem	22ᵉ

On peut déduire de ces tableaux et de l'ensemble des
faits les conséquences suivantes sur la durée comparative
des germinations.

Cette durée varie *dans les graines de la même espèce*
par les circonstances extérieures où la graine est placée
pour sa germination, et par celles par lesquelles elle a
passé avant cette époque.

Les circonstances externes qui paraissent jouer le rôle principal sont :

1°. La température, qui, entre des limites données par la nature du tissu, accélère la germination d'autant plus qu'elle est plus élevée : c'est ce qu'on sait fort anciennement, et ce que démontrent plus directement les observations suivantes, recueillies par mon fils sur le nombre de jours nécessaires à la germination des mêmes espèces en plein air de 8 à 12° cent., et en bache à 18-25° centigrades.

	Nombre des jours	
	en plein air.	en bâche.
Erigeron caucasicum	10	2
Thlaspi ceratocarpum	8	4
Dolichos abyssinicus	10	3
Zinnia tenuiflora	11	5
— coccinea	22	5
Grabamia aromatica	14	5
Solidago hirta	11	5
Lablab vulgaris	14	10
Anthemis rigescens	7	6
Rheum undulatum	8	7
Duvaua dependens	22	16

Outre la température, il n'est pas douteux que l'humidité influe aussi sur la rapidité de la germination : c'est un fait évident dans l'observation journalière ; mais je n'ai pas d'observation rigoureuse pour le constater avec précision.

L'obscurité paraît enfin, comme je l'ai exposé plus haut, l'une des causes favorables à la rapidité de la germination, mais ne peut, non plus que l'influence de l'oxigène, et la profondeur à laquelle la graine est enterrée, ressortir des tableaux précédens.

Parmi les circonstances antécédentes à la germination, le degré de leur dessiccation et la durée du temps écoulé depuis leur cueillette paraissent avoir une influence ; les graines les plus sèches paraissent en général exiger plus de temps pour pomper l'eau nécessaire à leur germination. C'est sur cette observation qu'est fondée la pratique d'immerger dans l'eau certaines graines avant de les semer, comme on le fait dans les Indes pour le poivrier noir, en Europe pour les céréales, etc. (1). Je ne dois cependant pas omettre de dire que les Russes ont, dit-on, l'usage de sécher au four les graines du blé et du lin avant de les semer ; mais on ignore les circonstances qui les décident à cette opération (2), et le détail de ses résultats. L'âge des graines d'une même espèce participe des effets de la siccité et des autres particularités de la graine, et il est vraisemblable que son effet général est de retarder la germination. Ainsi, les cultivateurs assurent que les graines d'amandier, qui germent en cinq ou six mois quand on les sème immédiatement, exigent un an lorsqu'on les a gardées jusqu'au printemps. On en dit autant de la plupart des graines à très-longues germinations, les rosiers, etc. On a remarqué qu'en particulier les graines de balsamine et de giroflée de l'année (3) germent plus

---

(1) Une partie de l'utilité du chaulage se rapporte à cette cause.

(2) Serait-ce que ces graines, étant peut-être moins complétement mûres, ont besoin de cette opération pour en chasser l'eau ?

(3) Bull. des sc. agr., XI, p. 372.

vite que les graines anciennes. Mon fils a vu , en comparant les graines des mêmes espèces venant de pays lointains ou cueillies dans le jardin , que celles-ci germaient toujours un peu plus vite; mais cet effet peut tenir à la complication de plusieurs causes étrangères à la question , telles que la manière dont elles ont été récoltées ou conservées , etc.

Si maintenant on veut comparer les graines d'espèces différentes , on comprend , 1° qu'elles peuvent différer entre elles par toutes les mêmes causes qui agissent sur les graines de même espèce ; 2° qu'elles peuvent encore présenter des diversités d'après des causes inhérentes à leur structure ou à leur nature. Ainsi , en général :

1°. Les grosses graines sont plus lentes à germer que les petites , parce qu'elles ont besoin de plus d'eau , et que leur surface absorbante ne croît pas à proportion de leur masse.

2°. Les graines à spermoderme osseux ou pierreux , ou qui se sèment naturellement enfermées dans une enveloppe ligneuse, osseuse ou pierreuse, comme les noyaux, sont plus lentes à germer que les autres. On diminue cette lenteur en limant ou en entaillant le noyau des amandes ou le spermoderme de certaines graines , afin d'y laisser pénétrer l'eau plus facilement. M. Herbert m'a jadis assuré qu'il obtient ainsi , en douze heures , des germinations de graines de légumineuses ou de convolvulacées ; mais ce procédé ne doit pas s'appliquer aux graines dont la germination est trop longue , parce que le tissu ainsi entamé est sujet à pourrir.

3°. Les graines à tissu peu hygroscopique germent

plus lentement que celles à tissu très-hygroscopique, comme le cresson alénois, par exemple.

4°. Les graines qui, par leur degré d'excitabilité, ont besoin de peu de chaleur pour germer, se développent plus promptement que les autres.

5°. Il est des graines qui, par des circonstances spéciales de leur nature, doivent être semées immédiatement après leur cueillette : ainsi, les graines à spermoderme charnu, telles que celles du magnolia, s'altèrent facilement quand on veut les conserver; et parmi les graines huileuses, il en est qui s'altèrent avec une telle rapidité, qu'on doit les semer immédiatement après leur maturité : telles sont celles du caféyer, du giroflier, etc.; mais il ne faut pas conclure de là généralement, comme l'a fait M. Pollini (1), que les graines huileuses sont plus lentes à germer que les graines farineuses; car la rapidité de la germination des crucifères suffirait pour renverser cette loi.

6°. Enfin, il est certaines particularités qui, si elles ont été bien observées, échapperaient à toute espèce de prévision : ainsi (2), Rozier assure (mais je le rapporte sans l'affirmer) avoir expérimenté que des deux grains renfermés dans les glumes de l'*avena fatua*, l'un germe la première année, et l'autre la seconde.

L'énumération, peut-être encore incomplète, des causes qui influent sur la longueur de la germination, suffit sans doute pour prouver combien ce phénomène est complexe.

____

(1) *Elem. di botanica*, 1, p. 80.
(2) Dict. d'agricult., article Espèce, vers la fin.

Avant d'abandonner ce qui est relatif à l'action des agens extérieurs sur la germination, je dois dire quelques mots des graines qui germent dans certaines situations extraordinaires. Ainsi, plusieurs ont une telle facilité à se développer, qu'elles le font par le seul effet de l'humidité qui les entoure pendant qu'elles sont encore dans le péricarpe, et que celui-ci tient à la plante-mère : ainsi, les graines de cuscute, d'avicennia, etc., et parmi les cryptogames, celles des darea, etc., germent dans le péricarpe avant sa séparation de la plante. On voit souvent les grains de céréales, dans les années pluvieuses, germer dans leurs glumes, lorsque les épis sont couchés sur la terre humide. Il n'est pas très-rare de rencontrer des fruits de cucurbitacées qui renferment des graines germées. Les *Actes des Curieux de la nature* ont en particulier conservé une observation de ce genre sur le *cucurbita melopepo*, et M. Lefébure dit qu'un exemple de cet accident est conservé à Strasbourg, dans le cabinet d'Hermann. M. Wydler a vu aux Antilles des graines à cotylédons développés dans des fruits encore clos de *carica papaya*. M. Lefébure a fait germer des graines dans le tissu d'une pomme de terre.

Des faits plus singuliers sont les germinations qui ont lieu dans des cavités d'animaux vivans. On a vu plusieurs fois, dit M. Lefébure, « des haricots, des pois, » sortir germés de l'estomac et du tube intestinal. Un » certain Kesler rapporte qu'une graine qui était restée » long-temps dans le conduit auditif d'une personne, y » avait poussé des racines. On lit dans un journal rédigé » par Vandermonde, qu'un enfant avait une tumeur à

» la narine droite , de laquelle on avait retiré un pois qui
» avait douze radicules. » Ces graines avaient trouvé
dans ces cavités tout ce qui est nécessaire à la germination , savoir : de l'air , de l'humidité , une température
convenable et un point d'appui.

Ces exemples de germinations sur des matières animales rappellent les faits connus de développement de
champignons sur les appareils des plaies et des fractures,
et même sur certains tissus animaux. Quoique plusieurs
de ces faits soient incontestables , on y a souvent mélangé des erreurs. Ainsi on a souvent parlé des clavaires qui naissent sur les insectes , et en particulier sur
les abeilles. Or , M. Wydler m'a montré que ces prétendues clavaires qui naissent sur le front des insectes ,
ne sont autre chose que les masses polliniques et pédi-
culées des orchidées qui s'attachent par leur base sur la
tête des abeilles lorsqu'elles vont butiner sur les fleurs :
on sait que ces masses polliniques tombent et s'attachent
d'elles-mêmes sur diverses parties de la fleur , et même
sur les feuilles des orchis. Il est très-naturel qu'elles en
fassent quelquefois autant sur les abeilles , et la vue des
échantillons recueillis par M. Wydler, ne m'a laissé
aucun doute à cet égard, sans que je veuille d'après cela
nier la possibilité que dans d'autres cas il ne puisse se
développer des végétaux sur des animaux vivans. On a
vu des champignons naître sur des plaies d'homme et
d'animaux. Le *sphæ. ia entomorhiza* a été trouvé par
Dickson sur des guêpes ; une espèce de sphæria analogue à l'*entomorhiza* , a été observée à la Guadeloupe
sur des guêpes vivantes. L'*isaria sphingum* , a été trouvé
par Schweinitz sur des sphinx : un mucor , qui m'a

paru être le *mucor imperceptibilis* de Nees, croît sur les poissons vivans, etc. Mayer (*Meckels archiv.*, I, 310) a trouvé chez un *corvus glandarius*, peu d'heures après sa mort, sur ses poumons, dont la surface était stéatomateuse, et qui présentait cà et là des nodosités crayeuses, un corps filiforme et surmonté d'une tête; et en dedans de la trachée-artère, un corps semblable, sans pédicule et de nature granuleuse, et qui ressemblait à un mucor. Jæger (*ib.* II, p. 354) a observé une moisissure verte sur un cygne, dans les sacs aériens devenus cartilagineux et remplis d'une matière fibreuse stétomateuse. M. Carus nous a donné quelques détails sur le développement de moisissure dans des animaux vivans. (Voy. *les Act. nat. Cur. Bonnens.*) Mais ces végétations extraordinaires doivent être étudiées avec plus de circonspection qu'on ne l'a fait jusqu'ici.

§. 3. Développement de la graine, et du rôle de chacune de ces parties.

Nous venons d'examiner l'action des élémens extérieurs sur la germination; supposons maintenant ces divers agens réunis dans des proportions convenables, et voyons le rôle des diverses parties de la graine pour opérer son développement.

Une graine placée dans des circonstances favorables commence par absorber de l'eau. Bœhmer a le premier cherché à découvrir sa route. Il a fait germer des graines les unes avec l'ombilic nu, les autres avec l'ombilic couvert, et il a reconnu que la germination se fait lors même que l'ombilic est couvert, pourvu que le reste de la graine soit à nu. Poncelet a cherché à déterminer par quel point de la graine se fait cette absorption dans le froment. Il a recouvert des grains avec de la cire molle (1) : les uns étaient recouverts en totalité, sauf l'ombilic; les autres avaient l'ombilic couvert et le reste à nu. Ayant mis germer ces grains ainsi préparés, il a vu que tous ceux où l'ombilic était couvert ne germaient pas, tandis que la germination s'opérait comme à l'ordinaire dans ceux à ombilic découvert. Il en a conclu que l'eau pénètre dans les graines par l'ombilic. J'ai répété cette expérience sur le froment, le seigle, le maïs et l'avoine, et j'ai eu les mêmes résultats que Poncelet; mais l'ayant en même temps essayé sur des graines de haricots et de fèves, j'ai eu le résultat inverse et semblable à celui de Bœhmer : les graines à ombilic couvert ont germé, et celles où la surface entière était couverte, sauf l'ombilic, n'ont pas germé (2). M. Lefébure a eu le même résultat sur le lathyrus. Il est donc évident, d'après ces faits, que l'organe de l'absorption n'est pas le même dans tous les végétaux; que dans les graminées l'eau pénètre par la cicatricule, et dans les légumineuses par la surface entière, sauf la cicatricule.

Je n'ai pas poussé plus loin ces expériences, qui mériteraient d'être reprises. Les grains des graminées sont composés d'une graine revêtue d'un péricarpe adhérent :

---

(1) La cire molle est un mélange de cire et de térébenthine; on détermine à volonté la ténacité de ce mélange au point où on la désire pour chaque expérience; plus on met de térébenthine, plus la cire devient molle.

(2) La Flore française (vol. 1).

serait-ce cette circonstance qui forcerait l'eau à passer par la cicatricule ? ou bien y a-t-il réellement une marche différente dans les dicotylédones et les monocotylédones ? Des expériences analogues faites sur les graines les plus grosses de diverses familles résoudraient promptement la question.

J'ai cherché à me faire une idée de la marche de l'eau dans la graine, et j'ai opéré pour cela sur des graines de féves et de haricots, que leur grosseur rend plus faciles à étudier. Mes résultats ne s'appliquent donc avec certitude qu'à la famille des légumineuses; mais j'ai peu de doute qu'ils sont vrais au moins de toutes les dicotylédones.

Lorsqu'on met des féves germer dans de l'eau colorée, et qu'on les ouvre successivement, on voit d'abord l'eau pénétrer par la surface lisse du spermoderme, et colorer le mésosperme. On remarque alors dans celui-ci des espèces de veines plus colorées que le reste du tissu; ces veines s'anastomosent et vont toutes se réunir sous la cicatricule dans un tissu cellulaire spongieux; aucune partie colorante ne traverse directement l'endoplèvre; la radicule est enfoncée par sa pointe dans une petite cavité du tissu cellulaire, qui est sous la cicatricule; cette radicule pompe l'eau colorée. On peut en suivre la trace le long de la radicule, puis on la voit entrer dans les cotylédons, où de petits rayons rouges et ramifiés montrent sa route : alors la substance des cotylédons change de nature, et, de farineuse qu'elle était, devient émulsive; les cotylédons se gonflent et forcent bientôt l'enveloppe à se rompre. A cette époque, la radicule commence à s'alonger et sort par la fissure du spermoderme.

Le rôle de cette enveloppe est donc d'absorber l'humidité, et de la transmettre à la radicule; mais, quoique ce soit là son rôle habituel, on peut dire que ce n'est pas l'emploi essentiel du spermoderme. En effet, on peut enlever cette enveloppe, et, pourvu qu'on le fasse sans léser la radicule, et qu'on place la pointe de celle-ci sous l'eau en en préservant les cotylédons, on peut voir l'embryon d'un haricot, par exemple, germer sans grande difficulté. L'utilité du spermoderme est donc essentiellement de protéger la graine contre les élémens extérieurs, surtout contre l'humidité, et secondairement de transmettre celle-ci à la radicule en quantité convenable. La surface lisse du spermoderme est à cet effet douée de deux facultés en apparence contradictoires. Tant que la vitalité de l'embryon n'est pas excitée, le spermoderme résiste à l'action de l'eau, et dès qu'elle est excitée, le spermoderme absorbe l'eau par sa surface, qui est alors douée d'une faculté hygroscopique très-prononcée. Je l'avais d'abord (1) considérée comme analogue aux spongioles radicales; mais en réfléchissant dès-lors à la nature ordinairement sèche de ce tissu (2), à la faculté qu'il a de s'imbiber d'eau quand l'embryon est avorté, et à la possibilité de le supprimer, je suis maintenant porté à croire qu'il agit essentiellement et peut-être uniquement par la propriété hygroscopique du tissu. Ce tissu joue ainsi le rôle d'une éponge de laquelle la radicule, par une action

----

(1) Théor. élém., éd. 2, p. 547.

(2) Il n'y a que les graines à spermoderme charnu (*semina baccata*) où il en soit autrement.

vitale, tire sa nourriture au moyen de la spongiole primitive qui la termine.

La rupture du spermoderme par le gonflement de l'amande paraît en général s'exécuter d'une manière indéterminée; mais la place de cette rupture a le plus souvent lieu, d'après M. Lefébure, près du point qui correspond à l'extrémité de la radicule. Les noyaux des pêchers et des fruits analogues semblent faire exception en ce qu'ils s'ouvrent en deux valves; mais il faut remarquer que ce ne sont pas des graines; ce sont de véritables péricarpes, dépouillés de leur partie charnue; et, comme les gousses, avec lesquelles ils ont de grands rapports d'organisation, ils s'ouvrent par la déhiscence tardive de leur suture.

Les cotylédons charnus, comme ceux du haricot, renferment un dépôt de nourriture préparé pour nourrir la radicule. L'eau qui pénètre dans leur tissu la délaye, et elle redescend sous la forme de suc nourricier dans la tige et la racine. J'ai semé (1) un certain nombre de haricots aussi égaux que j'ai pu les choisir. Ils pesaient en moyenne 4 grains 2/16 avant la germination; sur ce poids, les cotylédons seuls en pesaient 42/47. Ils ont, pendant leur germination, absorbé assez d'eau pour atteindre le poids de 8 grains; et après leur chute, leur squelette ne pesait plus que 0,75 grains; donc, si l'on néglige l'acide carbonique qu'ils ont formé avec l'oxigène de l'air, ils ont fourni à la plante 7,25 grains de nourriture, dont 5,45 de leur propre substance, et 3,80 d'eau absorbée.

---

(1) Mém. sur les légumineuses, II, p. 67.

Les cotylédons foliacés renferment au contraire très-peu de nourriture préparée ; mais comme ils sont doués de stomates, ils l'élaborent au moment même de leur développement.

On peut retrancher une partie des cotylédons sans que la plante meure ; on réussit très-bien à faire germer des haricots, en leur enlevant un cotylédon, pourvu qu'on mastique la coupe pour la protéger contre l'humidité. L'embryon peut même germer sans cotylédons ; mais alors la plante reste toujours petite et comme une miniature d'elle-même. Bonnet a fait cette expérience sur un chêne qui, ayant germé sans cotylédons, a vécu plusieurs années faible et remarquablement petit. L'effet serait probablement moins sensible sur les graines à cotylédons foliacés.

Si nous passons maintenant en revue les autres parties de la graine, nous verrons que l'arille et la caroncule ne paraissent avoir aucune action dans la germination, car lorsqu'on les enlève, les graines ne germent pas moins bien. Peut-être, d'après M. Rœper, leur action s'exerce-t-elle quand la graine est très-jeune et la caroncule proportionnellement plus grande. Au reste, quelle qu'elle soit, cette action doit être légère, car on trouve dans le même genre des espèces à graines caronculées et non caronculées.

L'albumen paraît suppléer les cotylédons charnus dans un grand nombre de cas : on ne le trouve en effet que dans les graines à cotylédons foliacés, et il présente un tissu cellulaire rempli de matières farineuses, ou huileuses, ou mucilagineuses, comme les cotylédons charnus. Par quelle route l'humidité arrive-t-elle à l'albumen ?

Comment la matière émulsive de l'albumen parvient-elle
à l'embryon, avec lequel l'albumen n'a pas de connexion
organique? Ce sont des points de l'histoire de la germination qui n'ont pas été éclairés par l'expérience. Il
serait curieux de faire germer un embryon dépouillé de
son albumen, et de voir si l'on aurait ainsi une plante
naine, comme avec les embryons débarrassés de leurs
cotylédons charnus.

Le rôle nourricier de l'albumen et des cotylédons charnus explique très-bien, et confirme la loi pratique admise
dès long-temps par les agriculteurs, et récemment confirmée par M. Albert (1), que, dans chaque espèce de
plante, on doit choisir pour les semis les graines les plus
grosses et les mieux nourries, parce qu'on obtient ainsi des
plantes plus fortes et plus robustes.

Les cotylédons épais et les albumens contiennent en
général des matières abondamment chargées de carbone :
l'oxigène de l'air les en dépouille en partie et les fait par
conséquent repasser par une série de phénomènes inverse
de celle de la maturation. Ainsi les cotylédons des pois et
l'albumen de l'orge présentent pendant leur germination
une matière sucrée, comme ils l'offraient avant leur maturité. Aussi Senebier, comme je l'ai déjà dit, et plus tard
M. Tréviranus, ont-ils remarqué que si l'on fait germer
une graine de pois un peu avant sa maturité absolue, elle
germe plus vite qu'à l'ordinaire : on lui évite en effet le
temps de mûrir totalement, et celui de revenir en arrière
par la germination. Duhamel avait aussi vu ce fait sur des
graines de frêne ; mais M. Lefébure n'a pu faire germer les

____

(1) Bull. sc. agric., XIII, p. 9.

graines de rave avant leur maturité. On voit par-là que
M. Keith ne s'est pas exprimé avec précision lorsqu'il a
posé la maturité de la graine pour première condition générale et nécessaire à la germination : elle l'est seulement
pour la conservation de la graine pendant un certain
temps et pour certaines espèces.

Nous venons de voir que le spermoderme, les cotylédons, et très-probablement l'albumen, peuvent être enlevés sans que la germination soit devenue impossible;
la radicule et la plumule réunies constituent à elles seules
un embryon, sinon vigoureux, du moins viable. Cherchons à déterminer de plus près le point réellement vital
de l'embryon.

M. Lefébure, en opérant sur des graines de rave, et
M. Vastel sur celle de courge, ont fait à cet égard des
expériences curieuses. Celles de M. Vastel ont été véri-
fiées et variées par MM. Thouin, Desfontaines et Labillardière (1). Ils ont choisi des graines de courge qui sont
favorables à ce genre de recherches à cause de leur grosseur et de leur vitalité. On a coupé la radicule d'une graine
dès qu'elle a commencé à pousser, et on a continué à la
couper dès qu'elle s'alongeait : le reste des phénomènes
de la germination a continué comme à l'ordinaire. On a
alors coupé sur d'autres graines la plumule dès qu'elle se
développait : le reste des phénomènes de la germination
n'a pas paru sensiblement altéré. Sans doute il y a un
terme à la possibilité de ces mutilations, et on parvient
ainsi à tuer une plante; mais la germination proprement

____

(1) Bull. soc. philomat., n. 66, p. 158.

dite , c'est-à-dire le réveil de l'embryon , s'opère malgré
ces retranchemens. Où donc est la vie? Nous sommes
ainsi amenés à l'idée de plusieurs physiologistes , qui considèrent le collet comme le point vital de l'embryon.
M. de Lamarck, en particulier, lui donnait le nom de
nœud vital: mais il ne faut pas , ce me semble, accorder
une importance exagérée à ce collet, partie mystérieuse
de l'organisation , qui est plutôt la juxtaposition de deux
organes, qu'il n'est un organe proprement dit. La vie est
partout dans un végétal; mais il ne peut la soutenir long-
temps que lorsqu'il a une racine et une tige; dès que
l'un de ces organes manque , l'organe restant tend à reproduire ce qui lui manque : on peut bien dire qu'il forme
alors un collet; mais il est, ce me semble , plus exact de
rapporter le fait à ce qu'il a d'essentiel , et de dire que la
racine produit une tige et la tige une racine. Au reste ,
dans les expériences de Vastel , on ne peut pas dire qu'on
coupe toute la racine ou toute la tige; on ne fait qu'en
retrancher une partie , et la portion restante continue à
végéter.

J'ai dans tout cet article parlé de la plumule et de la
radicule, comme de deux organes distincts, quoique je
n'ignore pas que quelques naturalistes distingués , tels
que MM. Knight (1) et Du Petit-Thouars, croient que
la radicule n'existe pas. Il y a quelques années , Gærtner
et Richard avaient posé en principe que le collet était
le point de la naissance des cotylédons , et que tout ce
qui était au-dessous des cotylédons était la radicule.

----

(1) *Trans. philos.*, 1809. p. 1.

J'ai (1) le premier, je crois, fait remarquer que le collet
et l'origine des cotylédons sont deux points fort distincts ; que le collet est toujours situé plus bas, mais à
une distance variable des cotylédons. Bientôt on est allé
à l'autre extrême de l'ancienne erreur ; et comme l'existence de la radicule était incompatible avec la théorie de
Du Petit-Thouars, il a avancé qu'elle n'existait pas. S'il
avait borné cette opinion aux embryons endorhizes,
j'aurais pu la comprendre ; mais elle me paraît insoute-
nable pour les embryons exorhizes, où le corps, que nous
nommons radicule, s'alonge évidemment pour former la
racine. On appelle en général racine un corps qui offre
certains caractères physiologiques prononcés, savoir, de
s'alonger par l'extrémité, de se diriger vers le centre de
la terre, et de ne pas verdir à la lumière. Or, je le demande, l'extrémité de l'embryon ne présente-t-elle pas
ces trois caractères ? Que l'extrémité radiculaire en dessous du vrai collet soit longue ou courte, peu importe à
la question : il suffit de reconnaître que cette extrémité a
tous les caractères qui, dans un âge plus avancé, appartiennent à la racine.

Les deux organes dont le collet indique la séparation
sont, comme on sait, très-remarquables par la diversité
de leur position. Quelle que soit la position que le hasard
a donnée à la graine, la radicule descend toujours et la
plumule monte toujours. Comme cette faculté n'est pas
bornée à l'époque de la germination, et qu'elle est constante dans ces organes pendant la durée entière du végétal, j'en renvoie l'examen au chap. V du livre suivant.

---

(1) Mém. sur les légumineuses. II, p. 65.

M. Théod. de Saussure a vu que les phénomènes de la germination peuvent, dans plusieurs plantes, être interrompus. Nous parlerons de ces curieuses observations au liv. IV, chap. XIII, parce qu'elles appartiennent à une classe de faits plus généraux.

CHAPITRE VII.

De la Multiplication par division.

Nous avons étudié la reproduction sexuelle des végétaux ; nous avons vu par quelle série de phénomènes certains germes placés dans une position spéciale peuvent, au moyen de la fécondation, prendre une vie qui leur est propre, et se développer, entièrement séparés de la plante qui leur a donné naissance. Mais il est des cas où certaines portions de végétaux peuvent produire les parties qui leur manquent pour former un végétal complet. Ce phénomène se présente tantôt avec des formes analogues à celles de la reproduction sexuelle, tantôt avec des formes très-différentes de cette fonction. Le règne animal offre de même deux méthodes de reproduction, l'une sexuelle, l'autre par division ; mais ce double mode n'y existe simultanément que dans un petit nombre d'êtres, tandis qu'il est très-fréquent et presque universel dans le règne végétal. Nous avons donc un intérêt spécial à l'y étudier. Examinons d'abord les faits sans théorie ; nous verrons ensuite ce qu'il est prudent d'en conclure.

Les faits se présentent sous deux catégories : tantôt nous voyons se développer des organes ascendans qui plus tard favorisent le développement des racines ; tantôt nous voyons naître des racines qui plus tard favorisent

le développement des organes ascendans. Ces deux phénomènes, souvent confondus, méritent d'être d'abord
étudiés séparément.

ARTICLE PREMIER.

*De la multiplication des végétaux par le développement
des organes ascendans.*

Le développement des organes ascendans a lieu, en
général, dans le cas où leur germe se trouve entouré ou
enveloppé par un dépôt de nourriture assez abondant
pour y puiser l'aliment qui doit le développer, et par une
quantité d'eau suffisante pour le délayer. Ce dépôt est
formé par la plante-mère aux dépens de ses sucs descendans, et son origine est déterminée par des circonstances
d'organisation plus ou moins faciles à apprécier. Ce sont,
pour ainsi dire, des bourgeons munis d'une quantité de
nourriture assez considérable pour pouvoir vivre et se
développer à ses dépens jusqu'au moment où ils auront
poussé des racines. On peut donner collectivement à ces
bourgeons le nom de tubercules, quoique, dans le langage botanique, on ait désigné leurs diverses formes par
des noms différens.

Un phénomène commun à tous les tubercules est celui-ci : c'est que, tandis que dans la graine la partie descendante ou la radicule pousse la première, au contraire, dans le tubercule, c'est la partie ascendante
correspondante à la plumule qui se développe d'abord,
et la racine pousse un peu après. Cette différence capitale, et qui n'a pas, ce me semble, été suffisamment ob-

servée, pourra, dans plusieurs cas ambigus, servir à distinguer les tubercules des véritables graines.

Avant d'entrer dans aucune discussion, prenons l'exemple des tubercules les mieux connus de chaque classe pour étudier leur végétation. La pomme de terre mérite sans doute le premier rang. Chacun sait que cette singulière espèce de solanum est douée de la faculté de produire des tubercules le long de ses tiges (1), quelquefois dans la partie exposée à l'air, plus souvent dans leur partie souterraine. Dans le premier cas, les tubercules naissent à l'aisselle des feuilles ; ils prennent une couleur verdâtre, et reçoivent peu d'accroissement. Dans le second, qui est beaucoup plus fréquent, les tubercules sont décolorés, mieux nourris, et leur place oaganique est moins facile à constater, parce que les feuilles manquent le long des branches souterraines qui les portent ; mais dans quelques variétés, telles que celle dite ananas, on voit d'une manière très-claire que les germes sont placés à l'aisselle de petits renflemens qui représentent, soit les coussinets, soit les bases des feuilles. Dans l'un et l'autre cas, ces tubercules, qui tiennent au rameau par un filet mince, s'en détachent à la fin de l'année, ou par le moindre choc accidentel, ou par la mort naturelle de la tige qui les porte, ou par la volonté de l'homme. Le tubercule isolé contient un ou plusieurs germes ou bourgeons axillaires, qu'on appelle yeux, en-

(1) Il a été bien prouvé en 1813, par M. Dunal, dans son Histoire des solanums, que les tubercules de la pomme de terre naissent sur les tiges et non sur les racines. Dès-lors M. Turpin a récemment confirmé ce résultat.

veloppés par une masse de tissu cellulaire , contenant un dépôt de mucilage et de fécule. Si ce tubercule se trouve placé dans un lieu sec et de température modérément chaude , il peut rester plusieurs mois dans cet état sans végétation sensible , quoiqu'il s'y passe une élaboration lente des sucs qui y sont renfermés, comme le démontrent les changemens de saveur et les modifications chimiques qu'on y observe. Au bout d'un temps variable , les germes ou les bourgeons commencent à pousser. Cet effet peut être déterminé , soit parce que le tubercule est placé dans un lieu humide , soit surtout parce que le germe est exposé à une température assez élevée pour exciter sa vitalité, comme la chaleur du printemps excite celle des bourgeons des arbres. Le bourgeon , dès qu'il se développe , attire à lui l'eau du tubercule chargée de matières nutritives. Au moyen de cet aliment , sa tige et ses feuilles commencent à se développer, et dès que leur action est commencée , la descente du suc nourricier détermine la formation des racines. Voilà une nouvelle plante complète.

Des tubercules semblables à celui dont je viens de décrire l'histoire peuvent se développer dans divers végétaux et dans diverses places du végétal. Ainsi les racines de la *saxifraga granulata* portent de petits tubercules, qui ne diffèrent de ceux de la pomme de terre que parce que le bourgeon y est plus développé , et le dépôt de nourriture moins considérable. On retrouve des corps analogues dans l'*euphorbia dulcis*, le *dentaria bulbifera* , l'*adoxa moschatellina*, etc. Les cayeux des plantes bulbeuses sont de même des bourgeons, où le dépôt nutritif est formé dans la base même des feuilles qui le composent, au lieu d'être formé autour d'elles ; tous les organes appelés bulbilles semblent n'être autre chose que des cayeux ou bourgeons (1), insolites par leur forme ou leur position. Ainsi, les bulbilles de l'*ixia bulbifera* ne diffèrent des cayeux ordinaires que parce qu'ils sont situés à l'aisselle des feuilles dans la partie de la tige située hors de terre, au lieu de l'être dans la partie souterraine. Les feuilles du *malaxis paludosa* (2) portent à leurs extrémités de petits amas de bulbilles blancs ouverts, et qui se développent même quelquefois en petites feuilles. Les bulbilles de plusieurs aulx naissent à l'aisselle des bractées, et leur développement étouffe et remplace souvent celui des fleurs. On avait même cru que dans quelques amaryllidées, les bulbilles peuvent se développer dans les carpelles et remplacer les graines ; mais M. Ach. Richard (3) paraît avoir prouvé que ces prétendus bulbilles sont de véritables graines qui ont pris un développement insolite. Cet exemple ne reste pas moins un de ceux où l'on peut le mieux concevoir la difficulté de distinguer les tubercules et les graines, sans recourir à un examen approfondi. C'est encore à cette classe de bulbilles qu'on peut rapporter ceux qui naissent sur les frondes des fougères, comme dans l'*asplenium bulbiferum*, le *woodwardia radicans*, etc. On trouve aussi des organes analogues (4)

---

(1) Schrader, *Gœtting. Anzeig*, n° 62 ; Bull. sc. nat., nov. 1830, p. 225.

(2) Voyez Smith, Flor. brit., vol. 5, et Henslow, Ann. sc. nat. 19, p. 103.

(3) Ann. des sc. nat., 2. p. 12.

(4) Schrader. *loc. cit.*

dans le *marchantia polymorpha*, le *mnium annotinum*, etc.,
et même dans plusieurs arums et plusieurs dioscorea.

Jusqu'ici j'ai parlé des cas où les tubercules se détachent naturellement ou artificiellement de la plante;
mais on peut concevoir qu'il doit exister des tubercules
susceptibles de se développer sans se séparer de la plante
qui les a produits. C'est un fait qui arrive accidentellement à tous ceux que nous avons cités, et on pourrait
dire que tout bourgeon qui se développe sur un arbre
ou une herbe vivace, est un œil de tubercule qui se développe sans se séparer de la tige qui lui a donné naissance. Mais quelques cas spéciaux méritent une mention
particulière.

Le bryophyllum, cette plante curieuse dont l'étude ne
peut être assez recommandée aux physiologistes et aux
botanistes, le bryophyllum, dis-je, présente, comme
on sait, des feuilles un peu charnues et crénelées : à l'aisselle de chaque crénelure, il se forme un petit tubercule;
quand la feuille est âgée, ce tubercule est un peu plus
gros, et alors il arrive souvent que lorsqu'il repose sur
de la terre humide, ou lorsqu'il est dans l'air chaud et
fort humide, il se développe à la façon des tubercules,
c'est-à-dire qu'il pousse d'abord une petite plumule,
puis une racine. Ce phénomène a lieu indifféremment,
que la feuille tienne ou ne tienne pas à la plante. Voilà
donc un exemple de tubercule développé dans le tissu
même des feuilles.

On sait que les bourgeons ordinaires des plantes naissent tantôt à des places fixes et déterminées : ce sont les
bourgeons ordinaires; et tantôt à des places accidentelles : ce sont les bourgeons adventifs. Le développe-

ment de ces derniers tient toujours à ce que le cours de la sève ascendante est gêné ; d'où résulte que si elle se trouve abonder sur un point où se rencontre assez de nourriture préalablement élaborée, elle y développe les germes latens qui peuvent y exister. Ainsi, que l'on coupe la tête d'un arbre, la sève ascendante fait développer les bourgeons latens. Les feuilles sont susceptibles de présenter des faits analogues. Tous les jardiniers savent que si dans la terre modérément humide, on place obliquement une feuille de *rochea falcata*, on voit au bout de quelque temps de petits bourgeons se développer à sa face supérieure ; si on les détache et qu'on place leur base sur de la terre humide, ils y poussent des racines et reproduisent la plante ; si on les laisse en place, ils forment une plante très-rameuse et déformée. M. Cassini (1) a vu des feuilles de *cardamine pratensis* porter sur leur face supérieure de petits tubercules susceptibles de se développer en bourgeons. Voilà de véritables bourgeons adventifs de feuilles. La base de la feuille a absorbé de l'eau ; celle-ci entrant dans un organe clos et soumis à une grande humidité ou doué de peu d'évaporation, y a développé les bourgeons latens, comme elle le fait dans le tronc d'un arbre coupé. Plusieurs plantes grasses produisent le même phénomène ; mais il ne faut pas confondre ce qui se passe dans le tissu parenchymateux, avec ce qui a lieu le long de certains pétioles, qui, mis en terre, poussent des racines et sont de véritables boutures. Ce sont donc

----

(1) Bull. philom., 1816, p. 71 ; Journ. phys., 82, p. 408 ; Opusc. phytol., 2, p. 340.

les deux phénomènes inverses l'un de l'autre : l'un se passe à la face supérieure de la feuille , et l'autre à la face inférieure du pétiole.

Je n'ai cité jusqu'ici que des exemples tirés des dicotylédones. Les feuilles des monocotylédones sont susceptibles des mêmes phénomènes : ainsi , si l'on place dans l'air humide les écailles des bulbes des lis , on voit fréquemment se développer de petits bourgeons à leur surface supérieure. Hedwig (1) et Rafn (2) ont vu les feuilles de l'*eucomis regia* , pressées dans un herbier , produire des bulbilles sur toute leur surface. M. Turpin (3) a vu le même fait sur des feuilles caulinaires d'ornithogale : des bourgeons adventifs s'y sont développés. Il pense que chaque bourgeon est produit par le développement d'une cellule. Mais si je n'ai aucune objection directe contre cette opinion, je ne vois non plus aucune preuve directe en sa faveur; elle est à mes yeux, pour le moment, une simple hypothèse à vérifier par de nouvelles observations.

Dans tous les cas que je viens de citer, la feuille a joué le rôle de tubercule relativement aux bourgeons qui se sont développés , c'est-à dire , qu'elle leur a fourni les deux genres de nourriture nécessaire au développement, savoir , l'aliment préparé d'avance, et la sève ascendante qui s'en empare et le porte au germe naissant. Aussi voyons-nous que les feuilles les plus charnues sont celles où le phénomène se présente le plus facilement.

---

(1) *Samml. s. abhandl.* , 11 , p. 128 , pl. 1 , fig. 1.
(2) Cité par Senebier, Phys. vég. 4 . p. 364.
(3) Ann. de la soc. d'horticult. de Paris . janv. 1829 : Ann. sc. natur. 23 , p. 5.

ARTICLE II.

De la multiplication des plantes par le développement des organes descendans.

Nous venons de voir comment, au moyen de nourriture préalablement disposée, des bourgeons, c'est-à-dire des organes de végétation ascendante, peuvent, quoique séparés de la plante-mère, se développer, pousser des racines, et former ainsi sans fécondation un individu complet. Il nous reste à examiner le cas inverse, c'est-à-dire, celui où les racines se développent les premières, servent à nourrir une végétation ascendante, et arrivent ainsi, par une route inverse, à former un individu complet.

Toutes les fois qu'une portion quelconque de tige se trouve contenir un dépôt de suc nourricier, et est en même temps exposée à l'humidité, elle tend à pousser des racines, car celles-ci sont toujours développées par le suc descendant. Cet effet a lieu naturellement et sans préparatif dans certaines tiges, telles que les plantes grasses, les rhizophora, certains figuiers, etc.; mais il se trouve facilité toutes les fois qu'une cause quelconque tend à arrêter la marche descendante du suc nourricier, et par conséquent à en former un dépôt, ou, comme on a coutume de le dire, un bourrelet : dès que ce bourrelet est déterminé, il pousse des racines, s'il est entouré de terre ou de mousse humide. Ainsi, dans le cours naturel des choses, toutes les plantes qui sont couchées sur la terre humide, et dont l'écorce est charnue, tendent à pousser des racines, et à devenir rampantes ; toutes celles dont la tige est noueuse ou articulée, c'est-à-dire, où il y a naturellement des obstacles à la descente du suc nourricier, poussent naturellement des racines. Le moindre accident ou la moindre expérience a suffi pour démontrer que, lorsqu'une fois les racines sont développées, la partie qui en est munie peut être séparée du reste de la plante, et qu'étant composée des deux parties qui constituent un individu (une tige et une racine), elle peut suffire à sa propre existence. L'art a imité ce procédé naturel, et c'est ce qui forme les marcottes.

Pour marcotter un arbre, on a donc soin d'y former un dépôt de suc descendant, et de placer ce dépôt dans les circonstances favorables au développement des racines.

La formation du dépôt s'obtient par une foule de procédés divers : 1° on profite des nœuds formés dans certains végétaux, comme dans la vigne, l'œillet, le chiendent, etc. 2° On fait une section annulaire à l'écorce, ce qui détermine un bourrelet du côté supérieur. 3° Lorsqu'on craint qu'une section annulaire nuise à l'arbre, on se contente d'une entaille au côté inférieur de la branche, ce qui détermine un demi-bourrelet ; on augmente peu à peu cette entaille, jusqu'à ce qu'on ose la rendre totale. 4° Il est des cas où l'on se contente de courber ou de tordre la branche, parce qu'alors le suc est retenu dans la courbure pendant un temps suffisant pour produire des racines : c'est ce qu'on nomme les marcottes par *couchage* ou par *torsion*. Dans tous ces cas, on sépare la jeune branche de la plante-mère lorsqu'elle est munie de racines ; mais, pour éviter tout accident dans les plantes délicates, on fait cette opération graduellement : c'est ce qu'on appelle *sevrer la marcotte*.

Le bourrelet qui se développe doit, avons-nous dit, être placé dans des circonstances favorables à la végétation des racines, c'est-à-dire, dans de la mousse ou de la terre humide. Le degré de cette humidité varie selon la nature de la plante : l'obscurité paraît en général favorable aux racines, peut-être seulement par un effet indirect, en ce qu'elle se lie d'ordinaire avec les moyens de conserver l'humidité ; la chaleur, l'humidité et l'obscurité paraissent être les conditions dont la réunion est la plus favorable au développement des racines.

Je dois laisser aux traités spéciaux de culture l'indication détaillée des procédés divers par lesquels on parvient à multiplier de marcottes presque tous (et on peut dire en théorie tous) les végétaux, en appliquant à chacun d'eux les précautions que réclament sa nature physique ou sa rareté dans nos jardins, qui nous engage à redoubler de précautions. Ce que j'ai dit suffit, ce me semble, pour faire comprendre la physiologie de la marcotte.

Il est des végétaux dans lesquels le développement des racines s'opère également bien, lors même que la branche est déjà détachée de l'arbre : c'est ce qui constitue la *bouture*. Cette faculté qu'ont certaines branches détachées de leur tige à pousser des racines, peut tenir à deux causes : ou bien à ce que le développement des racines y est très-prompt, eu égard à la texture de l'écorce et du bois, et que, par conséquent, il peut s'opérer avant que la branche soit desséchée ; ou bien à ce que la branche ou le tronçon détaché de sa mère est assez inaltérable à l'humidité pour pouvoir y résister, quoique le développement des racines y soit lent. La combinaison de ces deux causes détermine toutes les inégalités qu'on observe entre les végétaux, relativement à leur faculté de se multiplier par boutures. En général, les bois à tissus tendres, tels que le saule, appartiennent à la première classe, et ceux à tissu serré, tels que les pins, font partie de la seconde. Il est probable que tous les arbres peuvent, avec du temps et des précautions, se multiplier de boutures; mais dès que l'opération est fort difficile, on y renonce dans la pratique, et on a coutume alors de dire que telle espèce ne se multiplie pas de boutures; ce qui veut dire seulement, dans le plus grand nombre des cas, qu'il vaut mieux la multiplier de marcotte, de tubercule ou de graine. Ainsi, pour ne citer qu'un exemple trivial, le pommier passe pour un arbre qui ne se multiplie pas de bouture; et on a récemment obtenu par hasard une bouture de pommier dans le jardin de Kilkenny, et on assure même qu'il existe dans le Brecknockshire des variétés de pommiers qui se propagent de bouture (1).

S'il est suffisamment évident que toutes les tiges peuvent produire des racines, il l'est moins que les organes appendiculaires ou foliacés soient doués de la même faculté. M. Du Petit-Thouars (2) nous apprend que c'est Mandirola qui, dans son *Manuale di giardinieri*, publié en 1652, annonça le premier qu'une feuille d'oranger mise en terre y pousse des racines; fait qui fut

____

(1) *Monthly magaz.*, 1825; Fér., Bull. sc. agr. . 9, p. 150.
(2) Réponse aux objections, p. 79.

confirmé, en 1716, par Munchhausen, et en 1781, par Mustel (1) : dès-lors il est devenu populaire parmi les jardiniers. L'opération ne peut réussir que sur des feuilles assez coriaces pour conserver long-temps leur vitalité, quoique détachées de leur tige et fichées en terre par le pétiole. Telles sont celles de l'oranger, de l'aucuba, du *ficus elastica*, etc. Dans cette opération, les racines poussent toujours par la face inférieure le long du pétiole, ou très-rarement le long de la nervure principale. Nous avons dit, au contraire, que, lorsqu'il s'agit de jets ascendans produits par le parenchyme, ils naissent à la face supérieure. Ces résultats ont lieu même quand la feuille est retournée.

Un fait qui paraît analogue à ceux que je viens d'indiquer, est fourni par certaines feuilles de fougères, qui s'enracinent par l'extrémité de leur nervure moyenne, comme les tiges des ronces ou les stolons du fraisier.

Les tiges peuvent, selon les circonstances où on les place, donner naissance à des bourgeons de branches et à des racines ; mais ce ne sont point les mêmes germes qui se développent dans ces deux cas. Ainsi le bourgeon d'une branche naît à l'aisselle même de la feuille, et le bourgeon de la racine aux deux côtés de l'aisselle. Je n'insiste pas davantage sur cette différence, l'ayant déjà traitée dans l'*Organographie*. On doit conclure de ce fait, considéré sous le rapport physiologique, que, quelle que soit l'importance des élémens extérieurs, ce ne sont pas eux seuls qui déterminent la naissance des organes ascendans ou descendans, mais qu'il y a une

____

(1) Traité de la végét., 1, p. 92.

prédisposition dans certains points du tissu à devenir organes ascendans ou descendans. On désigne, pour s'entendre, ces points prédisposés sous le nom de *germes*;
mais on est obligé de convenir que leur nature propre
nous est encore inconnue.

Le nombre des germes qui peuvent se développer sur
un végétal donné mis dans des circonstances favorables,
est véritablement indéfini : ainsi, depuis un temps immémorial, nous divisons et nous sous-divisons sans cesse les
individus de vigne, de canne à sucre, etc., que nous
cultivons ; nous reproduisons sans cesse de nouveaux
pieds de pommes de terre avec les tubercules développés
par les précédentes ; nous greffons sans cesse les bourgeons de nos arbres fruitiers sur d'autres sujets ; et à
l'exception de quelques cas très-ambigus, sur lesquels je
reviendrai, nous n'avons pas le moindre indice que cette
faculté de produire de nouveaux germes tende à s'é-
teindre. Les plantes annuelles elles-mêmes peuvent,
quoique avec plus de difficulté, produire aussi des jets
nouveaux : ainsi chaque tige d'une graminée est le développement d'un bourgeon radical. Or, Davy (1) a vu
jusqu'à cent vingt tiges sortir d'un grain de blé, et les
Pères de la doctrine chrétienne ont compté, en 1660, à
Paris, deux cent quarante-neuf tiges sortant d'un même
grain d'orge. L'exemple le plus remarquable à cet égard
est celui fourni par Miller de Cambridge (2) : il sema du
froment le 2 juin 1766 ; il divisa une plante, le 8 août,
en dix-huit parties ; puis en octobre, en soixante-sept ;

(1) Chim. agr., 1, p. 281.
(2) Trans. philos. 58, p. 203.

au printemps suivant , en cinq cents ; et il récolta 21,109 épis, qui produisirent 576,840 grains provenus d'un seul. Si les plantes , même annuelles , peuvent être divisées à ce point, il est aisé de voir qu'il n'y a aucune exagération à admettre, en général, une production in-définie de germes dans tous les végétaux. Nous revien-drons sur ce sujet en parlant de la durée des plantes, liv. IV , chap. XII.

CHAPITRE VIII.

Comparaison de la Reproduction par graine ou par division.

Si nous cherchons à comparer les deux modes de reproduction que nous venons d'examiner , savoir , d'un côté, la fructification ou la formation des graines; de l'autre, la division ou la formation des tubercules, des boutures et autres objets analogues , nous trouverons qu'avec un résultat en apparence semblable ces modes de reproduction sont en réalité très-différens.

La graine , ou, pour parler plus exactement , l'embryon est un végétal déjà complet, qui offre à la fois coexistantes toutes les parties fondamentales , racine, tige et feuilles. Les tubercules ou boutures sont des portions de végétal qui ont ou les parties ascendantes ou les parties descendantes , et qui sont placées convenablement pour développer celles qui leur manquent.

L'embryon est réellement un être distinct de la plante qui lui a donné naissance; le tubercule ou la bouture est un fragment du végétal qui l'a porté , fragment placé de manière à pouvoir se suffire à lui-même. L'embryon est toujours enfermé dans une enveloppe close; le tubercule ou la bouture n'ont pas de véritable tégument complet. La graine , étant un être entier, est munie de tous les organes nécessaires à sa première existence; le tubercule ou la bouture se forment graduellement ceux dont ils ont besoin.

La graine, étant un être distinct, peut ne ressembler à la plante qui l'a produite que par les traits généraux qui appartiennent à l'espèce ; le tubercule ou la bouture, étant des fragmens divisés d'un végétal , représentent et reproduisent toutes les particularités propres à l'individu dont ils ont été séparés, c'est-à-dire, qu'ils conservent toutes les moindres variétés.

Sous d'autres rapports, on peut dire que la formation des graines est une fonction organique , tandis que la formation des boutures ou des tubercules est une conséquence particulière de l'influence des corps extérieurs sur les lois de la nutrition et de l'accroissement des végétaux. La première, étant une fonction, est inhérente à l'espèce, et à peu près libre ou indépendante de l'action de l'homme ; la seconde, étant subordonnée à l'action des corps extérieurs , est susceptible d'être modifiée par l'homme, en ce qu'il peut disposer de ces circonstances. La graine, étant formée par une fonction naturelle , se présente avec des formes régulières et à peu près inaltérables. Le tubercule ou la bouture , étant soumis à l'action des corps extérieurs et à la volonté de l'homme, peuvent se présenter sous des formes extrêmement variées.

Ainsi, quand les plantes produisent des graines , elles produisent réellement de nouveaux individus physiologiquement distincts d'elles-mêmes ; quand elles se divisent ou sont divisées en tubercules ou en boutures, il n'y a pas réellement production de nouveaux êtres , mais séparation des anciens. Ces individus séparés jouent abso lument le rôle d'êtres nouveaux, et le sont en pratique, mais non en théorie. Quand on considère les graves différences qui distinguent ces deux modes de reproduction, on a peine à concevoir que l'un de ces modes puisse influer sur l'autre, et c'est cependant ce dont on a des exemples qui semblent assez frappans. Partons, pour nous faire une idée claire de ce phénomène, de l'un des cas qui semblent le plus évidens.

Il est un genre de plantes très-singulier à tous égards, et dont la multiplication mérite d'être étudiée; je veux parler des lemna ou lentilles d'eau. On connaît ces petits disques verts et charnus qui couvrent la surface des eaux tranquilles, et dont chacun est une plante phanérogame tout entière. Si l'on isole l'un d'entre eux dans une soucoupe, on ne tarde pas à voir ce disque pousser latéralement un tubercule qui s'agrandit dans le sens horizontal, pousse une racine par en bas, et forme ainsi une seconde plante semblable à la première, mais collée avec elle. Ce double disque continue à végéter de la même manière, et il se forme un troisième disque. Dès que la végétation de celui-ci est un peu avancée, celui des deux premiers qui n'a pas donné naissance au troisième, se détache naturellement, et forme une plante à part. C'est ainsi que sans fécondation nouvelle, sans formation de graines, ces disques finissent par couvrir tout un étang par leur simple division. Ce qui rend ce phénomène plus curieux encore, c'est, 1° que ces plantes sont susceptibles de fleurir et de fructifier; et 2° que les tubercules se développent latéralement, et autant que nos sens peuvent en juger, à la place même où les fruits se seraient développés. Doit-on conclure de là que les germes développés sous forme de tubercules sont les mêmes que ceux qui se seraient développés sous forme de graines ? On serait tenté de le soupçonner. Ce soupçon semble confirmé parce que les tubercules foliacés des feuilles du bryophyllum y sont placés précisément de la même manière que ovules le sont dans les feuilles carpellaires. Les partisans de cette opinion apportent encore en sa faveur une preuve qui serait plus importante, parce qu'elle est plus générale : c'est, disent-ils, que la faculté de produire des graines est, dans beaucoup de cas, en sens inverse de la facilité de produire des boutures ou des tubercules. Cette assertion, ainsi exprimée, me paraît trop vague, et mérite quelque discussion.

Il est vrai que, dans la culture, on néglige fréquemment de recueillir les graines des végétaux qui poussent très-facilement de boutures, de cayeux ou de tubercules ; mais je ne vois pas qu'il soit exact de dire que ces végétaux portent moins de graines ou des graines moins fertiles que les autres : les graines des saules sont nombreuses et germent assez bien dans les prés où elles tombent ; les graines de la pomme de terre germent sans difficulté quand on les sème ; celles des aulx, des lis, des tulipes et autres plantes bulbeuses, germent tout aussi facilement que celles d'aucune autre plante ; les graines des cactées et de la plupart des plantes grasses germent très-bien quand on prend la peine de les recueillir et de les semer ; enfin les graines de la vigne, le végétal le plus anciennement multiplié par division, germent très-bien sur les tas de marc qu'on voit exposés à la pluie après les vendanges.

L'opinion qui refuse la faculté de produire des graines

aux plantes faciles à diviser, n'est donc pas toujours fondée sur des faits ; mais elle tient à quelque mélange d'erreurs et de vérités utiles à démêler. 1° Comme ces graines
sont moins utiles et moins recherchées que celles des
autres plantes, on les a négligées, et on a cru qu'elles
manquaient. 2° Au contraire, dans plusieurs plantes cultivées, nous avons choisi et multiplié avec soin les variétés qui donnent peu de graines, parce que le fruit, profitant de la nourriture destinée aux graines, y devient
plus gros ou plus succulent : ainsi nous avons obtenu des
variétés de vigne, d'ananas, d'arbres à pain, qui ne
portent plus de graines. 3° Enfin, on peut croire par analogie que, lorsque la nourriture se porte en abondance
sur les graines, il se forme peu de tubercules, et quand
elle se porte abondamment sur les tubercules, il se forme
peu de graines : ainsi, **M.** Knight a vu que, si l'on empêche une pomme de terre de porter des tubercules,
elle donne plus de fleurs qu'à l'ordinaire ; d'où il est
vraisemblable que, si une variété de pommes de terre
fleurit peu, elle produit plus de tubercules. Ce fait m'a
été attesté par plusieurs cultivateurs ; mais je ne connais
pas d'expériences précises à cet égard.

Je pense donc que le phénomène fréquent, mais non
universel, de l'espèce d'équilibre qui existe entre la multiplication par fécondation ou par division, ne tient qu'à
cette seule cause que les germes, quels qu'ils soient, doivent être nourris des mêmes alimens élaborés par le végétal, et que, lorsque ceux-ci sont portés naturellement
ou accidentellement en trop grande quantité sur un organe, ils se trouvent manquer pour un autre ; qu'ainsi,
quand tout le suc nourricier sert à nourrir des graines

il n'en reste plus pour développer des tubercules; quand tout ce même suc se jette sur les tubercules, il n'en reste plus pour nourrir des graines; mais, s'il est très-abondant ou partagé assez également, les deux développemens peuvent avoir lieu ensemble.

Cette explication, fort simple et conforme à toutes les lois connues, tend à prouver qu'on ne peut rien conclure de ces faits en faveur de l'opinion de l'identité des germes fécondés et non fécondés. Cette opinion séduisante, vers laquelle je penche, comme on le fait pour toute hypothèse qui tend à simplifier, mais dont on doit se défier tant qu'elle manque de preuves suffisantes, se trouve donc réduite à l'appui de quelques analogies, et à deux ou trois faits qui peut-être ont eux-mêmes besoin d'examen; elle mérite d'attirer l'attention des observateurs exacts, et sa vérification, si elle a lieu, sera l'un des pas les plus importans de l'organographie et de la physiologie des plantes.

Ce qui conduira à la faire adopter, c'est que des considérations de pure organographie nous ont déjà porté à admettre comme des faits reconnus, 1° que le spermoderme d'une graine est la représentation de la feuille, à l'aisselle de laquelle le bourgeon se développe; et en effet, MM. Du Petit-Thouars, Rœper, etc., ont vu le spermoderme de diverses graines transformé en feuille, et l'on voit dans le robinia et le platane, par exemple, la base de la feuille envelopper le bourgeon axillaire. 2° La fleur tout entière est la représentation d'un rameau resserré sur lui-même, et dont les feuilles sont transformées en pièces florales verticillées. 3° La feuille à l'aisselle de laquelle la fleur a pris naissance, représente celle à l'aisselle de laquelle le rameau ordinaire s'est développé.

Lors même qu'on regarderait comme démontrée l'identité de l'embryon et du bourgeon, faudrait-il en conclure que les fibres ligneuses représentent les racines ? Je ne le pense pas, et j'en ai déjà ailleurs exposé les motifs. (Voy. *Organogr.*, vol. 1, p. 201, et *Physiol.* liv. 2, ch. 6.) Mais si je devais hasarder une opinion sur cette théorie ultérieure, je chercherais plutôt à comparer le bourgeon au gui soudé sur le corps ligneux d'un arbre : la croissance de la radicule du gui est arrêtée par la soudure qu'il contracte avec le bois ancien, comme le serait le développement de la base du bourgeon soudé à l'ancien bois.

CHAPITRE IX.

De l'Espèce et de ses modifications.

———

ARTICLE PREMIER.

De l'espèce en général.

L'ÉTUDE de l'espèce et de ses modifications est, pour ainsi dire, la base de toute la théorie des classifications (1), et se représentera à notre examen plus détaillé dans la taxologie ; mais elle fait aussi, sous divers rapports, partie de la physiologie. La conservation de l'espèce est le but de toute la fonction de la reproduction ; ses modifications sont des conséquences de l'action des corps extérieurs, ou des altérations dans celle des organes fécondateurs ; à ce double titre, nous devons l'examiner ici sous des points de vue généraux.

Nous réunissons sous le nom d'*espèce* tous les individus qui se ressemblent assez entre eux pour que nous puissions croire qu'ils ont pu sortir originairement d'un seul être ou d'un seul couple. Cette idée fondamentale est évidemment fondée sur une hypothèse, au moins quant à ses applications ; mais elle est cependant la seule qui donne une idée réelle de ce que les naturalistes entendent

———

(1) Voyez *Théorie élém.*, édit. 2, p. 195-215.

par espèces. Le degré de ressemblance qui nous autorise à réunir les individus sous cette dénomination, est très-variable d'une famille à l'autre, et il arrive souvent que deux individus qui appartiennent réellement à la même espèce, diffèrent plus entre eux en apparence que des espèces distinctes : ainsi, l'épagneul et le chien danois sont, à l'extérieur, plus différens entre eux que le chien et le loup. Et les variétés de nos arbres fruitiers offrent plus de différences apparentes que bien des espèces.

Le véritable critère consiste donc dans la reproduction sexuelle qui nous apprend, d'un côté, les caractères qui se conservent dans plusieurs générations, et qu'on doit considérer comme propres à l'espèce ; de l'autre, les changemens qui peuvent arriver à des individus qu'on sait cependant provenir de la même souche. Ces faits étant observés sur un certain nombre d'espèces de chaque famille, on les étend aux autres, et on arrive ainsi à se faire une idée tolérablement juste de l'emploi de ce terme.

Si nous examinons les individus provenant des graines recueillies sur la même plante, nous reconnaissons sans peine qu'ils ne sont pas tous rigoureusement semblables. Ceux qui sont nés dans le meilleur terrain sont plus grands que ceux qui ont crû dans un sol maigre. Ceux qui croissent à l'ombre, plus pâles, plus alongés, moins velus, moins sapides, moins odorans, que ceux qui naissent exposés au soleil, etc. Ces différences ne paraissent pas altérer l'espèce d'une manière permanente. Les individus qui, élevés à l'ombre ou à l'humidité, ont pris une certaine apparence, peuvent perdre ces caractères lorsqu'on les transporte dans une situation contraire ; je les

ai distinguées collectivement sous le nom de *variations* (1).

Il est vrai de dire que lorsque certains individus d'une
espèce ont été long-temps exposés à de certaines circonstances très-prononcées, on risque de les voir périr si on
les place trop subitement dans des circonstances contraires. Lorsque ce changement est fait avec circonspection, on parvient ordinairement à ramener tôt ou tard la
plante à son état primitif.

Ces influences des circonstances extérieures, qui feront l'objet du livre V, s'exercent à des degrés divers sur
les différens organes du végétal, et altèrent en général
les organes de la nutrition plus que ceux de la reproduction. L'art du botaniste est de choisir les caractères de
chaque espèce parmi ceux que l'expérience ou l'analogie
lui ont montré être les moins altérables; et en particulier
on préfère les caractères déduits des organes de la reproduction, précisément parce que les circonstances extérieures les altèrent moins.

Toutes ces variations paraissent susceptibles de se détruire par des causes opposées à celles qui les ont produites. Ainsi, la culture dans divers terrains, dans diverses
expositions, est à la longue le critère qui sert à reconnaître si certaines différences observées entre des plantes
analogues, sont des différences spécifiques ou de simples
variations.

Il est une seconde classe de modifications beaucoup
plus délicates à étudier que les précédentes, savoir,
celles qui sont produites par la fécondation elle-même.

____

(1) Théorie élém., 1813, p. 168.

Ces modifications ont ceci de remarquable, dans les
végétaux comme dans les animaux, que, comme leur
origine tient à l'origine même de l'être, elles ne peuvent
pas se détruire dans l'individu une fois qu'elles y existent : c'est à cette classe de faits que se rapportent les
hybrides, les variétés proprement dites, et les monstruosités dont je parlerai en détail dans les articles suivans.
Je me bornerai à rappeler ici que, sous le nom de *variétés* proprement dites, je désigne les altérations du type
de l'espèce qui se conservent sous toutes les circonstances
dans la multiplication du végétal par simple division.
Il est enfin une troisième classe de modifications qu'il
importe de distinguer avec soin : sous le nom de *races,*
dans le règne végétal comme dans le règne animal,
nous désignons les modifications qui, développées dans
l'individu, se conservent à un degré plus ou moins prononcé dans sa descendance.

Les races peuvent-elles provenir indifféremment des
variations produites par les causes extérieures, ou des
changemens déterminés par la fécondation, ou, en
d'autres termes, toute modification produite dans un
être organisé par une cause quelconque, peut-elle acquérir, dans certains cas, un degré d'intensité suffisant
pour se transmettre par la génération, et produire ainsi
un être ou une série d'êtres remarquables par quelques
particularités plus ou moins permanentes ?

Cette question importante est difficile à résoudre dans
sa généralité, parce que l'origine première des races
nous est le plus souvent inconnue. La négative n'est
pas douteuse relativement aux variétés quelconques produites par la fécondation dans le règne animal : ainsi,

les métis s'y conservent tant qu'on ne les mélange pas avec d'autres races ou espèces , et il semble , au contraire , que les changemens produits dans les animaux par les causes extérieures sont peu ou point susceptibles de se transmettre par la génération ; mais dans le règne végétal la question est plus difficile : l'existence même des races y est controversée. En voici cependant quelques exemples qui semblent avérés.

Nous ignorons pourquoi la digitale pourpre porte quelquefois des fleurs blanches , ou pourquoi le coquelicot a quelquefois des fleurs panachées de blanc ; mais nous savons que lorsqu'une fois cet accident s'est développé , il se conserve très-fréquemment par la graine : ainsi , par exemple , sur une centaine de graines recueillies sur une jacinthe blanche , on n'en trouve que deux ou trois qui donnent des individus à fleurs bleues, et le reste a les fleurs blanches.

Nous ne concevons point les causes pour lesquelles certaines fleurs de linaire prennent la forme extraordinaire qu'on a désignée sous le nom de *peloria* ; mais nous savons , au moins d'après le témoignage de Willdenow, que, lorsque l'on sème des graines prises sur ces fleurs , les individus qui en résultent ont presque toujours des fleurs à l'état de peloria.

Nous ignorons le plus souvent ce qui détermine les fleurs à devenir doubles ; mais nous savons que si nous récoltons des graines sur un individu à fleurs semi-doubles , les pieds qui en résultent ont plus de tendance à produire des fleurs doubles , que si on les eût prises sur des individus à fleurs simples.

Nous savons encore moins peut-être pourquoi certains

légumes qui croissent dans des localités déterminées , ont
une qualité qui leur donne du prix ; mais nous savons que
les graines récoltées dans ces localités privilégiées conservent leur qualité pendant une ou deux générations, et
dégénèrent ensuite.

Enfin , si les fécondations croisées produisent dans
certains cas des plantes fertiles , celles-ci constitueraient
bien de véritables races végétales ; mais il est difficile
d'en citer des exemples qui soient à l'abri de toute espèce de doute.

Les deux premières classes de modifications, savoir ,
les variations et les variétés, ne se propageant pas par la
graine , ne peuvent produire aucune confusion dans la
notion générale d'espèces ; mais les races pourraient y
apporter de vrais sujets de doutes ; ces doutes sont li-
mités : 1° parce que , dans plusieurs des cas que j'ai cités tout à l'heure, le retour à l'espèce primitive s'établit
ou par la succession de quelques générations , ou par le
mélange d'individus altérés et primitifs provenant des
mêmes graines; 2° parce qu'il paraît que les êtres qui s'é-
cartent trop du type primitif des espèces sont , en général , doués d'une sorte de stérilité , comme on le voit
dans les deux règnes sur la plupart des êtres provenant
du croisement d'espèces bien distinctes. Je suis bien
loin d'affirmer que , dans certains cas particuliers , on
ne rencontre pas des plantes dont il est impossible de
dire si elles sont des races ou des espèces ; mais ce que
j'affirme, c'est, 1° que ces cas sont fort rares , et presque tous relatifs à des plantes cultivées que l'on a placées
à dessein dans toutes les circonstances propres à causer
de l'erreur; 2° que ces exemples partiels et souvent con-

tradictoires n'altèrent en rien l'idée de l'espèce. En effet, si l'on venait à démontrer que tous les arbres confondus aujourd'hui sous le nom de poirier domestique proviennent de diverses espèces qui ont produit des métis entre elles, et dont les différences se sont ainsi masquées, cette observation nous forcerait seulement à rétrécir, dans ce cas particulier, l'idée d'espèce, mais non à la changer dans son essence. Si, au contraire, on venait démontrer que toutes les renoncules à fruit strié ne sont que des modifications d'une même espèce, nous ne ferions qu'élargir son caractère, sans changer l'idée générale.

La permanence des espèces repose sur deux faits, dont les preuves acquièrent tous les jours plus de force, savoir :

1°. Les circonstances extérieures ne déterminent pas dans les êtres organisés, et dans les végétaux en particulier, des différences assez permanentes pour qu'elles résistent à l'action des circonstances contraires, ou que tout au moins elles puissent se propager par la génération d'une manière régulière.

2°. Les fécondations croisées ne peuvent s'exercer qu'entre des êtres extrêmement analogues; d'où résulte qu'elles peuvent former des êtres intermédiaires entre les êtres primitifs, et par conséquent diminuer le nombre apparent des espèces, mais qu'elles ne peuvent créer des formes tout-à-fait nouvelles.

Ces deux lois sont évidentes dans tous les êtres bien connus ; et lorsqu'on veut y trouver des exceptions, on est obligé de les chercher dans les cryptogames, c'est-à-dire, dans les végétaux dont nous ne connaissons pas assez la reproduction pour y avoir aucune idée nette de l'espèce, et pour y faire aucune des expériences nécessaires à sa vérification. Mais dans quelle science , d'après quelle logique chercherait-on la vérité dans les cas impossibles à constater, et négligerait-on ceux où le contrôle peut s'établir ?

La permanence des espèces est confirmée par les témoignages historiques, autant que nous pouvons les apprécier. Je ne parlerai pas seulement des descriptions que les plus anciens auteurs ont laissées des animaux et des plantes ; car ces descriptions sont ordinairement si vagues , que nous pouvons mieux nous servir de la loi de la permanence des espèces pour les y reconnaître , que nous ne pouvons déduire la loi elle-même de ces descriptions. On trouve quelque probabilité de plus dans les anciennes représentations des êtres naturels , qui en général ressemblent à ceux qui existent aujourd'hui. Ainsi M. Mahudel, en 1716, reconnut dans les monumens égyptiens le musa, le nélumbo , la colocase et le persea; et M. Bonastre assure (1) avoir reconnu , tant en nature que d'après les dessins, plus de 80 plantes dans les restes de l'ancienne Égypte. Mais , ce qui est plus important , nous trouvons dans certains pays , tels que celui même que je viens de citer, les objets conservés en nature, et parfaitement semblables aux nôtres. Ainsi, l'un des botanistes qui est le plus connu pour l'exactitude de ses descriptions, M. Kunth (2), a reconnu une vingtaine de

____

(1) Journ. pharm., 1830, p. 643.

(2) Rech. sur les plantes trouvées dans les tombeaux égyptiens, par M. Passalacqua; Ann. sc. nat., vol. VIII (1826), p. 418.

nos plantes actuelles parmi les fragmens de végétaux trouvés dans les momies de la Haute-Egypte. J'ai moi-même
reconnu, sans la moindre incertitude, les feuilles de l'o-
livier dans une couronne de momie, et les graines du
triticum turgidum dans les caisses de celles des momies
qui passent pour les plus anciennes. Les zoologistes n'hé-
sitent pas non plus à reconnaître dans les momies l'ibis,
le chat ou l'homme, et même diverses races d'hommes encore existantes. Une expérience de trois mille
ans est un fait de quelque importance pour corroborer
les raisonnemens qui résultent des faits actuels, et pour
contrebalancer les doutes vagues de ceux qui nient la
permanence des espèces.

Pourrait-on infirmer ce résultat en montrant qu'il existe
dans les animaux et dans les plantes fossiles des espèces
différentes des nôtres? Je ne le pense pas. La conclusion
naturelle de ces faits, c'est qu'il a existé avant les derniers
cataclysmes du globe un certain nombre d'espèces qui
n'existent plus; mais quelle complication d'hypothèses
gratuites ne faut-il pas admettre, pour en conclure que
les êtres actuels sont des modifications de ceux qui ont été
détruits? On conçoit sans peine qu'une grande révolution
terrestre a pu détruire les êtres alors existans, à peu près
comme une inondation locale détruit les animaux et les
plantes d'une vallée. Mais pour que ces êtres se fussent
transformés en d'autres, il faudrait supposer, contre les
faits géologiques, que ces révolutions ont été très-lentes,
et contre les faits organiques, que les espèces peuvent se
modifier en espèces, genres ou classes différentes.

Serait-ce enfin une raison pour admettre que les
espèces sont le produit des causes extérieures, que de

dire que sans cette opinion on ne peut concevoir leur origine? Mais connaissons-nous l'origine de quoi que ce soit? Y a-t-il un moyen quelconque d'expliquer l'origine de la matière, l'origine du mouvement? Eh bien! l'essence de l'organisation et de la vie sont dans cette même classe de faits dont nous étudions les conséquences sans en connaître l'origine. L'alchimiste raisonnait-il avec justesse, lorsque, frappé de ce qu'on ne peut deviner pourquoi les corps bruts ont, par leur propre nature, des propriétés différentes les unes des autres, et que dans quelques cas ils se mélangent ou se nuancent entre eux, il venait dire que la matière était une, et que tous les corps pouvaient se changer les uns dans les autres ? Le naturaliste qui fait ce raisonnement sur les êtres organisés a-t-il plus de logique ? Sans doute la création ou l'éternité de germes primitifs sont incompréhensibles ; mais la création ou l'éternité de la matière ne le sont-elles pas également ?

Puis donc que toute origine nous échappe, il faut s'en tenir aux faits actuels. Puisque parmi les faits il en est de très-obscurs et d'autres plus clairs et mieux connus, il faut se borner aux conséquences tirées de ceux-ci, jusqu'à ce que les autres soient éclaircis. Or, ces conséquences sont, à mes yeux, que les espèces sont permanentes dans leur essence, quoique susceptibles de légères modifications ; que celles de ces modifications qui tiennent à l'action des causes extérieures, se détruisent par les causes contraires, et ne se transmettent pas par la génération ; que celles qui tiennent à la fécondation ne peuvent faire naître que des êtres intermédiaires entre ceux qui existaient, et non créer des formes véritablement nouvelles, et qu'encore leur action est bornée aux êtres déjà très-analogues.

ARTICLE II.

Des plantes hybrides.

On désigne sous le nom de plantes *hybrides* celles dont la graine provient d'une plante qui, au lieu d'être fécondée par son propre pollen, l'a été par la poussière d'une autre espèce. Les hybrides sont dans les végétaux ce que les mulets sont dans les animaux.

Camerarius (1), qui le premier (1694) a conçu le sexe des plantes avec quelque clarté, a le premier aussi conjecturé, d'après l'analogie du règne animal, qu'il pourrait se faire des fécondations croisées dans les végétaux. Linné (2), dans sa dissertation sur le *peloria* (1744), assura qu'on savait par expérience que les tulipes panachées provenaient de graines produites par des fleurs qui avaient été fécondées par quelque variété de couleur différente, et que le chou blanc mélangé avec le chou rouge donnait des graines qui souvent produisaient des choux rouges. J. G. Gmelin (1745) écrivit à Linné qu'ayant apporté de Sibérie deux espèces de delphinium, il en avait maintenant cinq à six dans le jardin de Pétersbourg, dont il pouvait établir les différences.

---

(1) *Epistola de sexu plantarum*, 1694.

(2) *Diss. de Peloria*, 1744 et *in Amœn. acad. ed. Schreb.*, 1, p. 55.

Linné (1) reprit le sujet des plantes hybrides en 1751.
Guidé sans doute par les faits vagues déduits de la culture des fleuristes et par l'analogie du règne animal , il
y admit l'hybridité comme un fait démontré; mais si les
principes qu'il a établis se sont trouvés en partie vrais ,
les exemples qu'il en a donnés, alors au nombre de 17 ,
et sur lesquels il semblait les avoir établis , se sont trouvés
tous faux. Exemple remarquable dans l'histoire des
sciences, de la supériorité que peut avoir quelquefois la
seule analogie sur l'observation , dès que celle-ci n'est
pas très-rigoureuse. En généralisant beaucoup trop les
faits observés vaguement sur les variétés ou espèces très-
voisines des jardins, Linné avait fini par croire que les
plantes de familles différentes pouvaient se féconder
l'une l'autre , oubliant que dans le règne animal il n'en
est point ainsi. Dès qu'il trouvait une plante qui ressemblait à deux autres , il était tenté de la croire hybride , et
si par malheur elle avait cru dans leur voisinage , il n'en
doutait plus, et lui donnait souvent même le nom spécifique d'hybride : c'est ainsi qu'il a admis que le *delphinium hydridum* provient du *delphinium elatum* et de l'*aconitum napellus* , que le *saponaria hybrida* provient du
saponaria officinalis fécondé par une gentiane , etc. , etc.
Il est résulté de là que dans le langage de la botanique,
le nom spécifique d'hybride n'a guère d'autre sens que
celui d'intermédiaire.

Plus tard , Linné eut occasion de voir deux véritables
hybrides nées dans le jardin d'Upsal : l'une provenant des

---

(1) *Diss. de plantis hybridis* , 1751 , et *in Amœn. acad. ed.
Schreb.* , 3 , p 28.

verbascum tlapsus ot *lychnitis* (1), l'autre du *trapogogon
pratense* fécondé par le *porrifolium* (2).

Kohlreuter (3) chercha le premier (1761) à mettre
quelque précision dans l'étude des hybrides, et pour cela
il essaya d'en fabriquer artificiellement en transportant
le pollen d'une plante sur le stigmate d'une autre. Ses
essais eurent un succès remarquable, et ont servi de démonstration définitive à la théorie du sexe des plantes. Il
obtint des hybrides bien caractérisées par des fécondations croisées entre les espèces des genres nicotiana, digitalis, hibiscus, etc. ; il démontra ainsi ce qui jusqu'alors
n'avait été que soupçonné. D'après des observations variées, et dont tous les expérimentateurs subséquens ont
admiré l'exactitude, il établit des lois qui se sont depuis
confirmées sur presque tous les points.

De nos jours seulement, M. Henschel (4), suivant les
théories de M. Schelver, a élevé des objections contre
l'hybridité, et a cherché à l'assimiler à une simple monstruosité. Ses principaux argumens sont l'inconstance des
formes des végétaux hybrides, et leur fertilité comparée
avec la régularité et la stérilité des mulets animaux.
M. Tréviranus (5) a répondu à ces objections par des

----

(1) *Amœn. acad.*, vol. 6. p. 293.

(2) *Ibid.*, vol. 10, p. 126.

(3) *Vorlaüfige Nachricht von einigen das Geschlecht der
Pflanzen*, etc., Leipzig, 1761 ; *Fortsetzung*, I, 1763, II, 1764,
III, 1766. Voyez encore un grand nombre de Mémoires de
Kohlreuter, dans ceux de l'académie de Pétersbourg de 1775
à 1788.

(4) *Von der sexualitat der Pflanzen.* Breslau, 1820.

(5) *Die Lehre von geschlechteder Pflanzen, etc.* Brem., 1822.

analogies mieux appréciées et par quelques expériences :
dès-lors MM. C. F. Gærtner (1), Knight (2), Sageret (3),
ont institué des séries curieuses d'observations sur des
hybrides artificielles, et M. Schiede (4) a recueilli et a
apprécié avec soin tout ce qui avait été fait sur les hybrides naturelles.

Dès les expériences de Kohlreuter, l'hybridité a été généralement regardée comme un fait démontré : divers
observateurs ont cité des exemples d'hybrides qui se sont
offerts à eux. Les cultivateurs se sont même emparés de
ce moyen pour obtenir des races nouvelles, et dans cer--
tains genres, tels que les pélargonium, on a tellement
employé cette méthode, que chaque année on en obtient dans les jardins de nouveaux, produits par la combinaison des espèces primitives. Enfin, les variétés de
fleurs et de fruits ont été reconnues pour des produits
hybrides de variétés antécédentes ou d'espèces très-voisines ; on a régularisé leur création artificielle, et mieux
apprécié l'origine de celles qu'on possédait déjà.

Après cet exposé rapide de l'histoire de la science,
nous aborderons l'exposition même du phénomène, d'a-
bord d'après les hybrides artificielles, puis d'après celles
qui se forment d'elles-mêmes entre des espèces différentes,

---

(1) *Nachrichtüber versuche die Befruchtung einiger Ge-
wæchse betreffend*, 8, trad. dans Ann. des sc. nat. , v. 10(1827),
p. 113.

(2) Voy. divers mém. parmi ceux de la soc. d'horticult. et
de la soc. roy. de Londres.

(3) Considérations sur la production des hybrides, Ann.
des sc. nat. , v. 8 (1826, , p. 294.

(4) *De Plantis hybridis spontè natis*, Cassel, 1825.

et en rejetant à l'article suivant ce qui a lieu entre des variétés de la même espèce.

La condition qui paraît la plus nécessaire à l'hybridité est un degré très-intime d'affinité entre les espèces destinées à se féconder. Cette loi est conforme à ce qu'on observe dans le règne animal. Il est remarquable que Linné, qui semble avoir été conduit par l'analogie des deux règnes à écrire sa dissertation sur les végétaux hybrides, ait complétement négligé ce point de rapports. Il admettait en effet que l'hybridité était possible entre des espèces de familles différentes : ainsi, il a admis le *veronica spuria*, comme produit du *veronica maritima*, fécondé par le *verbena officinalis*; le *saponaria hybrida*, produit du *saponaria officinalis*, fécondé par une gentiane; l'*aquilegia canadensis*, produit de l'*aquilegia vulgaris*, fécondé par le *fumaria sempervivens*; l'*actea* à fruit blanc, produit par l'*actea* à fruit noir, et le *rhus toxicodendron*; le *villarsia nymphoides*, produit du *menynthes trifoliata*, fécondé par le *nuphar lutea*, etc. Il avait conçu cette opinion d'après de simples apparences et sans aucune fécondation observée : la seule de ces hypothèses, pour laquelle il eut une présomption un peu directe, était le *veronica spuria*, qu'il avait trouvé dans une plate-bande de jardin, provenu entre les deux plantes qu'il regardait comme ses parens; mais cette preuve isolée est bien légère, car on sait combien il arrive souvent dans les jardins de petits mélanges de graines qui peuvent induire en erreur. M. Henschel a dès-lors annoncé la formation d'hybrides du *polemonium cœruleum*, fécondé par le *tropæolum majus*, du *spinacia oleracea*, par le *pinus strobus*, etc.; mais il n'a donné aucun détail ni sur son procédé, ni sur les formes de ces produits extraordinaires qui me paraissent encore moins admissibles que le jumar du règne animal, qu'on disait provenu de la vache fécondée par le cheval, tandis qu'il est simplement dû à la jument fécondée par l'âne.

Au contraire, toutes les fécondations artificielles tentées jusqu'ici entre des plantes de familles différentes et bien constatées ont unanimement échoué. Ce fait, confirmé par l'analogie avec le règne animal et par celle des greffes végétales, nous paraît une vérité incontestable. Non-seulement les plantes de familles différentes ne peuvent pas se féconder, mais il est très-rare que la fécondation croisée s'exécute entre genres différens de la même famille, et tout au moins il paraît qu'il faut que ces genres soient très-voisins. Linné a admis un grand nombre de fécondations entre genres de même famille, mais sans aucune preuve que des ressemblances vagues. Les premières expériences desquelles on pût déduire la possibilité de pareils mélanges sont celles de Kohlreuter sur les malvacées, encore même sont-elles peu nombreuses; c'est ici qu'il faut rapporter l'hybride décrite par Tréviranus (*verm. schrift*, 4, p. 127), comme produit par le *campanula divergens* et le *phyteuma betonicæfolia*; celles obtenues par M. C. J. Gærtner (1), du *convolvulus sepium*, fécondé par l'*ipomæa purpurea*, des *datura lævis* et *metel*, fécondés par des jusquiames et des tabacs; du *glaucium luteum*, fé-

---

(1) Les expériences de M. Gærtner sont, sous ce rapport, un peu ambiguës, vu qu'il n'a pas encore, à ma connaissance, publié les résultats de la germination des graines obtenues par une fécondation croisée.

condé par des pavots, etc., etc.; celles obtenues par M. Sageret d'un chou fécondé par un raifort, etc.; celles obtenues par Wiegman du *vicia faba* fécondé par l'*ervum lens*, et du *pisum arvense* par le *vicia sativa*; celle enfin de M. Knight de l'amandier fécondé par le pêcher, etc. Il faut surtout observer ici que les genres sont des groupes qui, quoique naturels dans certains cas, ont des limites que le botaniste fixe dans d'autres d'après des opinions arbitraires et variables. On peut bien espérer que les genres d'une même famille pourront être un jour fondés sur des différences de même valeur; mais cette uniformité n'est pas encore obtenue, et il est presque impossible à espérer entre les genres de familles différentes : ainsi, on doit s'attendre que lors même que l'hybridité serait déterminée dans tous les cas par un degré fixe d'affinité, ce degré pourrait bien n'être pas d'accord avec notre classification générique.

Enfin, entre les espèces de même genre, l'hybridité est beaucoup plus facile et plus fréquente; mais il y a encore des cas où elle ne peut avoir lieu. Il résulte des expériences de Kohlreuter sur les hibiscus, de M. Sageret sur les cucurbitacées, que, tandis que la plupart des espèces peuvent se féconder l'une l'autre, il en est quelques-unes qui résistent à ce croisement : les diversités dans les époques de fleuraison, et le mode de développement d'espèces analogues par leurs formes, peuvent rendre en partie raison de ces différences. M. Ad. Brongniart pense que la diversité de la forme et de la grosseur des granules polliniques pourrait être la cause de ces exceptions à la loi générale. Il est certains genres entre les espèces desquels l'hybridité paraît remarquablement facile : tels sont les tabacs, les digitales, les hibiscus, les pelargonium, etc.; tandis que d'autres, qui nous semblent tout aussi facilement organisés pour ce résultat, n'en ont pas encore offert d'exemples.

En comparant les plantes sous un autre rapport, on pourrait croire que l'hybridité devrait être beaucoup plus facile dans les plantes dioïques que dans celles à fleurs hermaphrodites; car, dans les premières, les femelles, étant souvent plus éloignées des mâles, doivent plus facilement recevoir un pollen étranger. Mais M. Lecoq fait remarquer que le résultat des faits observés semble contraire à cette prévision : on a très-peu d'hybrides de plantes dioïques, et presque toutes celles qu'on connaît sont des plantes hermaphrodites. On dirait que les premières, plus exposées à une fécondation adultérine, sont protégées par une organisation plus fixe, et qui n'admet que le pollen de leur propre espèce. Peut-être cependant la rareté proportionnelle des plantes dioïques produit-elle quelque illusion dans notre esprit.

L'un des faits relatifs à la fécondation que les expériences de Kohlreuter ont le mieux démontré, c'est la très-petite quantité de pollen nécessaire à la fécondation. De là résulte l'une des difficultés de l'hybridité. Il paraît certain que, dès que le stigmate d'une plante a reçu l'action de son propre pollen, ce stigmate n'est plus susceptible d'être fécondé par une autre espèce : de là le soin des expérimentateurs d'enlever toutes les étamines de la plante à féconder, et de le faire dès le bouton, surtout dans les plantes où la fécondation naturelle s'opère avant l'épanouissement de la corolle. Les jardiniers (1)

____

(1) Fries-Morel, Ann. soc. hortic. de Paris, 1828, p. 112.

2.   45

recommandent même , dans la castration des fleurs d'œillets destinées à être fécondées par d'autres , de faire cette opération de grand matin, parce qu'alors le pollen un peu humide ne tombe pas si facilement sur les stigmates.

Ces circonstances rendent l'hybridité naturelle beaucoup plus rare qu'on ne le pense ; car il faut le concours d'une cause qui altère ou dénature les étamines d'une plante avec la proximité d'une espèce analogue en fleur au même moment. M. Gærtner confirme ce résultat : « Les fécondations hybrides , dit-il , doivent s'o-» pérer rarement dans la nature libre ; car l'influence du » pollen propre est tellement prépondérante sur celle même » d'une grande masse de pollen étranger , qu'une quantité » microscopique du pollen propre anéantit l'action de » l'autre. »

La projection du pollen étranger dans les expériences doit se faire sur le stigmate à l'époque où celui-ci est imbibé de la liqueur qui paraît destinée à faciliter l'adhérence et l'ouverture du pollen , et peut-être le transport des granules, tout comme la fécondation des femelles animales doit avoir lieu quand elles sont en rut. On ne peut donc espérer de fécondation croisée que des plantes qui fleurissent à la même époque. Cette difficulté est moins grande pour les hybrides artificielles , vu que la culture des jardins modifie souvent les fleuraisons ; mais cette circonstance diminue les chances d'hybridité parmi les plantes sauvages.

Une autre circonstance contribue encore au même résultat : dans les jardins , les espèces analogues de tous les pays du monde peuvent se trouver artificiellement rapprochées; mais, dans la nature, l'hybridité ne peut avoir lieu qu'entre des plantes de même pays. Comment concevrait-on, en suivant les exemples de Linné, que l'ancolie du Canada provînt, dans l'état naturel, d'une plante d'Europe (*aquilegia vulgaris*), fécondée par une d'Amérique (*fumaria sempervirens*).

Enfin, pour que dans la nature le pollen d'une espèce puisse féconder le stigmate d'une autre, il faut que les organes sexuels des deux espèces ne soient pas recouverts de tégumens particuliers qui les empêchent d'être en rapport, ou tout au moins ne pourraient le permettre que dans les cas extrémement rares où ces tégumens seraient accidentellement détruits.

Ces divers motifs expliquent et le petit nombre et le choix des plantes hybrides qui ont été observées jusqu'ici à l'état de nature. En voici la liste principalement d'après MM. Schiede (1) et Lasch (2) :

1re CLASSE. *Dicotylédones.*

RANUNCULUS. On connaît trois hybrides de ce genre, savoir : le *R. lacerus*, trouvé par Vialle dans les Alpes du Piémont, par Chaix dans celles du Dauphiné, peut-être par Ricou dans la vallée de Bagnes, et que Villars a vu se produire naturellement au jardin de Grenoble. Elle est le résultat du *R. pyrenœus*, fécondé par le *R. aconitifolius* (3) On connaît

---

(1) *De Plantis hybridis spontè natis*, in-8°, Cassel, 1825.

(2) *Linnœa*, 1829, p. 405.

(3) Voy. Hall., Hist. n., 1180; Vill. Dauph., 3, p. 733; Bell., Mém. ac. Tur., 1793; DC. Syst., 1, p. 242; Schiede, *pl. hybr.*, p. 66.

deux autres hybrides de renoncule : l'une paraît formée par le
R. lingua , et quelque espèce à feuilles découpées ; elle a été
observée à Pavie par Nocca et Balbis ; l'autre est le *R. fri-
gidus* de Schrank , qui paraît le produit de quelque espèce à
fleur blanche et à feuille entière, fécondé par une à fleur jaune
et à feuilles découpées , mais dont l'origine est inconnue.

ANÉMONE. L'*A. intermedia* (Linnæa , 1828, p. 160) paraît
être une hybride des *A. patens et vernalis* , d'après M. Lasch.

Le même cite deux HYPERICUM hybrides : l'un produit par les
H. tetrapterum et quadrangulum ; l'autre par les *H. perforatum*
et *quadrangulum.*

Les SCLERANTHUS *annuus* et *perennis* produisent aussi une
hybride intermédiaire, d'après M. Lasch ; mais on sait que la
distinction même de ces deux espèces est douteuse.

DROSERA. M. Zuccarini a découvert en Bavière une hybride
qu'il croit le produit du *D. anglica* , fécondé par le *D. rotundi-
folia* (1).

POTENTILLA. Le *P. hybrida* de Wallroth , trouvé en Allemagne , lui paraît un produit du *P. alba* , fécondé par le *P. fra-
gariastrum* (2). M. Lasch en cite une autre formée par le
P. subacaulis , fécondé par l'*opaca.*

GEUM. Le *G. intermedium* d'Erhart, trouvé en Hanovre , à
Berlin , etc. , paraît une hybride du *G. rivale* , fécondé par
l'*urbanum* (3).

MEDICAGO. Le *M. versicolor*, que M. Seringe a classé une fois
sous les variétés du *M. sativa* (var. ?), et une fois sous celle de
M. falcata (var. γ) , me paraît , ainsi qu'à M. Wallroth (4), une
hybride de ces deux espèces. Ce qui paraît confirmer ce soupçon ,
c'est sa stérilité habituelle. Un agriculteur nonagénaire des environs de Genève , M. de La Rive, en a quelques pieds dans une

---

(1) Voy. Schied , *pl. hyb.*, p. 69.
(2) Voy. Walh. , *Sched. critic*, p. 220.
(3 Voy. Schlecht. , *Flor. Berol.*, p. 285; Schiede, l. c., p. 72.
(4) *Sched. critic.*, p. 398.

prairie qu'il y connaît depuis son enfance, et qu'il n'a jamais vu porter graines.

GALIUM. La plante classée par Schultes sous la var. β du *G. verum* est, selon Wallroth et Schiede, une hybride du *G. mollugo*, fécondé par le *G. verum* (1).

CENTAUREA. On a observé à l'état sauvage deux hybrides de ce genre : l'une, trouvée par Allioni dans un coteau près Turin, où elle se voit encore chaque année, est le produit du *C. paniculata*, fécondé par le *solsticialis* (2); l'autre, découverte par M. Schiede en Carniole, est le produit du *C. scabiosa*, fécondé par le *C. collina* (3).

CIRSIUM. Ce genre est celui où on a jusqu'à présent trouvé le plus de plantes qu'on peut croire hybrides : telles sont, 1° le *C. rigens* de Wallroth, hybride du *C. oleraceum*, fécondé, dit-on, par le *C. acaule*; 2° le *C. rigens* de Reichenbach, qu'on dit le produit du *C. oleraceum*, fécondé par le *C. tuberosum*; 3° le *C. hybridum* de Koch, qui est certainement le produit du *C. oleraceum*, fécondé par le *C. palustre*; 4° le *C. palustri-rivulare*, décrit par Schiede comme hybride du *C. rivulare*, fécondé par le *C. palustre*; 5° le *C. palustri-tuberosum* décrit par Schiede, provenant du *C. tuberosum*, fécondé par le *C. palustre*; 6° le *C. oleraceo-rivulare* de Schiede, ayant le *C. rivulare* pour mère, et l'*oleraceum* pour père; 7° le *C. acaulituberosum*, provenant du *C. tuberosum*, fécondé par l'*acaule*; 8° le *C. glabro-monspessulanum*, décrit par M. Gay (4), et provenant de graines du *C. glabrum*, récoltées dans les Pyrénées, et qu'il croit fécondées par le *C. monspessulanum*, quoiqu'il n'en ait point vu dans les environs.

STACHYS. On croit que le *S. ambigua* est le produit du *S. sylvatica*, fécondé par le *palustris*.

---

(1) Voy. Wallr., *Sched. add.*, 1, p. 503; Schied, fl. c., p. 54.
(2) Voy. All., *fl. ped.*, n., 593, *C. hybrida*.
(3) Schied., l. c., p. 52.
(4) Bull. sc. nat., 7, p. 209.

Rhinanthus. Wallroth croit avoir trouvé une hybride du *R. minor*, fécondé par le *R. major*.

Digitalis (1). J'avais soupçonné autrefois que les *D. purpu-rascens*, *hybrida* . *fucata* et *intermedia*, sont des hybrides des espèces à fleur jaune, fécondées par le *D. purpurea*. Ce soupçon a été converti en certitude par MM. De Salvert et A. de Saint-Hilaire (2).

Verbascum. Il est probable qu'il y a un grand nombre d'hybrides dans ce genre ; voici celles dont l'origine paraît suffisamment prouvée : 1° le *V. collinum*, ayant le *V. nigrum* pour mère, et le *V. thapsus* pour père (3) ; 2° le *V. thapsiformi-nigrum* (4), découvert par Meyer, et produit du *V. nigrum*, fécondé par le *V. thapsiforme* ; 3° le *V. thapsiformi-lychnitis*(5), produit du *V. lychnitis*, fécondé par le *thapsiforme;* 4° le *V. hybridum* de Brotero (6), produit du *V. pulverulentum* et du *sinuatum ;* 5° un *verbascum* observé par Koch, et qu'il croit hybride du *V. lychnitis* et du *V. thapsus*.

Gentiana. Villars (7), et plus tard MM. Dumas et Guillemin (8), ont fait connaître plusieurs hybrides provenant des grandes espèces de gentianes : telles sont, 1° le *G. hybrida* de la Flore française, qui provient du *G. purpurea*, fécondé par le *G. lutea ;* 2° le *G. pannonica*, qui provient peut-être du *G. punctata* et du *purpurea ;* 3° le *G. burseri*, peut-être hybride du *G. lutea*, et de quelque espèce voisine ; 4° MM. Guillemin et Dumas croient encore avoir observé une hybride produite par les *G. campestris* et *amarella*.

---

(1) Voy. Fl. fr. suppl., n. 2664.

(2) V. Journ. de bot., et Mém. soc. hist. nat. Paris, 1, p. 373.

(3) Schrad., *Verb.*, 35, t. 5, f. 1 ; Wallr., *Ann. bot.*, 29 ; Schiede, l. c., p. 32.

(4) Schiede, l. c., p. 36.

(5) Schiede, l. c., p. 38.

(6) *Flor. lusit.*, 1, p. 210.

(7) Mém. sur les pl. hybr.; Rœm., coll., p. 186.

(8) Mém. sur les gent. hybr.

Mentha. M. Lasch cite, sous le nom *d'arvensi-hirsuta*, une plante qu'il regarde comme hybride des *M. arvensis* et *hirsuta*.

Polygonum. Ce genre paraît, d'après les observations de M. Alex. Braun (1) être susceptible de produire des hybrides naturelles : ainsi, selon lui, 1° le *P. persicaria*, fécondé par le *minus*, forme une hybride (*P. minori-persicaria*, Br.) ; 2° le même *P. persicaria*, fécondé par le *dubium*, en produit une autre (*P. dubio-persicaria*).

Quercus. Bechstein (2) assure que les chênes à glands pédiculés et à glands sessiles forment des hybrides entre eux.

Salix. M. Koch atteste, dans son excellente Dissertation sur les saules d'Europe, qu'il se forme spontanément plusieurs hybrides entre les espèces primitives.

2e Classe. *Monocotylédones.*

M. Schiede n'a cité aucune hybride appartenant à cette classe ; mais je pense que l'exemple suivant est aussi bien prouvé que les précédens.

Narcissus. Il se forme naturellement des hybrides entre les *N. poeticus* et *biflorus*, et même je présume qu'il s'en forme avec quelques autres espèces voisines, mais leurs formes n'ont pas encore été bien constatées.

Il résulte de cette enumération que, quoique l'attention des naturalistes soit éveillée depuis près d'un siècle sur les hybrides, et que leur tendance ait paru être plutôt de les exagérer que de les réduire, on ne peut citer encore qu'une quarantaine d'exemples prouvés d'hybridité naturelle, et tous entre espèces de même genre, et même presque tous entre espèces de la même section du genre. Nous pouvons par ce fait apprécier l'hypothèse trop hardie de Linné, qui présumait que le nombre des

-----

(1) *In Flora oder bot. Zeit*, 1824, p. 355.
(2) Forst. bot., éd. 4, p. 326.

espèces était allé en augmentant d'une manière très-marquée depuis l'origine des êtres organisés, qui avait même soupçonné que le croisement des familles avait créé les genres, et que celui des genres avait créé les espèces. Ces hypothèses tombent devant l'observation des faits, et la permanence des lois naturelles semble établie aussi bien pour les êtres organisés que pour les corps bruts. Les plantes de familles différentes ne se fécondent point entre elles; celles des genres de la même famille ou de sections du même genre se fécondent très-rarement. Voyons jusqu'à quel point celles d'espèces analogues peuvent modifier les lois générales.

Il me paraît résulter des faits connus que les hybrides sont, en général, d'autant plus fécondes, qu'elles proviennent de parens plus semblables, et d'autant plus stériles, qu'elles proviennent d'êtres plus différens. Ainsi toutes les hybrides provenant de variétés ou races de la même espèce paraissent fertiles, et parmi celles qui proviennent d'espèces différentes, il en est quelques-unes de fertiles et d'autres stériles; il faut même ajouter que les espèces stériles sont les plus nombreuses parmi celles dont l'origine est la mieux connue; les hybrides naturelles qui sont reconnues pour stériles, c'est-à-dire, dont l'ovaire ne renferme point d'embryon à la maturité, sont les suivantes :

Les renoncules hybrides citées plus haut, comme je m'en suis assuré plusieurs fois;

Le *medicago versicolor*, ainsi que je l'ai exposé plus haut;

Les *verbascum*, et surtout le *V. thapso-nigrum*, paraissent stériles;

Les digitales hybrides des *D. purpurea* et *lutea*, d'après MM. A. St.-Hilaire et Rœper;

Les polygonum hybrides le sont, dit-on, certainement.

On dit, d'autre part, que les centaurées hybrides sont fertiles; mais j'ai toujours observé le contraire dans les jardins. Dans toutes les autres hybrides naturelles, l'observation n'a pas été faite, que je sache, avec assez de soin pour oser en rien conclure.

Quant aux hybrides artificielles, on en trouve de stériles et de fertiles. Parmi ces dernières, les pelargonium et les passiflores paraissent les plus remarquables. Il semble que quelques-unes de ces espèces hybrides peuvent produire elles mêmes, soit avec des espèces primitives, soit avec d'autres hybrides, et former ainsi des hybrides de second ordre. M. Lindley admet bien que les hybrides peuvent être fertiles; mais il croit que cette fertilité ne passe pas la troisième génération (1). Il serait curieux d'observer si les hybrides stériles sont dépourvues de granules dans leur pollen, comme les mulets stériles des animaux sont privés d'animalcules.

Ajoutons à ces observations qu'entre la fertilité et la stérilité absolues il y a probablement beaucoup de degrés. La rareté des hybrides observées dans la nature, la difficulté de les conserver dans les jardins, me font penser que, même chez les hybrides fertiles, la fécondation est plus difficile, soit par diminution dans le nombre des granules, soit par avortement des germes, soit par état monstrueux des organes. Ces opinions se confirment par tous les détails sur les hybridités artificielles. Il en ré-

____

(1) *Trans. soc. hortic. Lond.*, 5, p. 337.

sulte que les espèces intermédiaires , et qu'on peut dire accidentelles , tendent sans cesse à périr par la difficulté de leur reproduction ; ce qui explique assez bien leur rareté , et accorde la permanence observée dans les espèces primitives avec l'existence réelle , mais souvent exagérée, des hybrides ou espèces temporaires , qui rentreraient ainsi dans la classe des monstruosités.

MM. Gærtner, Knight et Wiegman (1) ont remarqué que plusieurs des hybrides tendent à revenir à la longue au type maternel , et jamais au type paternel.

M. Wiegman admet que dans quelques genres , tels que les nicotianes et les avoines , on peut , par des séries successives de fécondation , ramener les hybrides , soit au type paternel, soit au type maternel , comme cela a lieu pour les métis des races humaines.

La fécondation hybride est , en général , moins complète et moins parfaite que la fécondation naturelle. M. Gærtner en cite plusieurs preuves : 1° parmi les fécondations croisées tentées avec le plus de soin , on voit presque toujours qu'elles ne réussissent que sur un certain nombre de fleurs; ainsi, sur 19 fleurs de *nicotiana langsdorfii* fécondées par le *N. marylandica*, et sur 14 fécondées par le *N. paniculata*, il n'en a réussi que 5 ; sur 9 de la même espèce fécondées par le *N. quadrivalvis*, il n'en a réussi qu'une; dans quelques cas cependant , toutes sont venues à bien.

2°. Le nombre des graines fécondées dans chaque fruit paraît moindre dans les fécondations croisées que,

____

(1) Sur la production des hybrides (en allemand), Mémoire couronné par l'académie de Berlin , 1828.

dans celles qui sont naturelles, bien que celles-ci ne soient pas exemptes d'avortement. Ainsi, d'après M. Gært-ner, les fruits de *datura lævis* et *D. metel* contiennent d'ordinaire de 580 à 650 graines parfaites sans traces de graines avortées. Un fruit hybride de *D. lævis* fécondé par le *D. metel* n'en contenait que 284, et un de *D. lævis* fécondé par le *nicotiana rustica* n'en contenait que 108 de parfaites; mais il faut ajouter que celui du *D. metel* fé-condé par le *D. lævis* en contenait 640; ce qui avait fait penser à Kohlreuter que ces deux plantes étaient de sim-ples variétés. La capsule du *nicotiana macrophylla* con-tient 2,416 graines parfaites; celle de cette espèce, fé-condée par le *N. quadrivalvis*, n'en contenait que 658. Le fruit du *papaver somniferum* contient 2,130 semences; il ne s'en est trouvé que 6 dans ce fruit fécondé par le *glaucium luteum*. M. Fries-Morel remarque que plus la quantité de pollen employé est grande, plus le nombre des graines fécondes est considérable.

3°. La chute des corolles est, en général, déterminée par l'achèvement complet de la fécondation, et s'exé-cute d'une manière d'autant plus prompte et plus déci-dée, que la fécondation a été plus complète. Or, M. Gært-ner a remarqué que, dans la plupart des cas d'hybridité artificielle qu'il a pratiqués, la corolle tombe plus tard qu'à l'ordinaire; elle tombe même rarement dans un état d'intégrité : elle pâlit, devient matte, se fane, et est re-jetée par partie. Ainsi celle des lychnis, qui tombe le se-cond jour après la fécondation naturelle, dure jusqu'au quatrième ou cinquième dans la fécondation croisée; celle des *datura*, qui tombe au second jour à l'ordinaire, en dure trois ou quatre dans les cas d'hybridité; celle des nicotianes , qui dure trois ou quatre jours dans le cours naturel des choses , se prolonge jusqu'à cinq et sept dans les expériences de croisement. Mais , après cette première époque , on n'observe aucune différence appréciable entre la maturation des fruits provenant d'une fécondation croisée et celle des fruits naturels. On se sert pratiquement (1) de ce caractère pour reconnaître si la fécondation hybride des œillets par d'autres variétés s'est opérée : quand elle a lieu, la fleur se fane en vingt-quatre ou trente-six heures; quand elle manque , elle dure jusqu'à dix et douze jours, et on a le temps de répéter l'expérience. Dans le premier cas , le pollen jeté sur le stigmate y adhère fortement , sans doute parce que le boyau s'est inséré dans le tissu stigmatique; dans le second , il s'en détache facilement.

Les plantes hybrides, quelle que soit leur origine, présentent un état plus ou moins intermédiaire entre les deux qui leur ont donné naissance ; fait analogue à ce qu'on observe dans le règne animal. Lorsqu'on cherche à démêler quelle peut être dans ces sortes de métis l'influence des sexes, on est tenté de croire comme loi générale ce que M. Herbert a admis pour les amaryllidées hybrides , savoir, que les plantes provenues de fécondations croisées ressemblent à leur mère par le feuillage et la tige ou les organes de la végétation , et à leur père par la fleur ou les organes de la reproduction. C'est ce qu'on observe assez bien , par exemple , dans le *centaurea hybrida* d'Allioni , dans l'hybride du *galium mollugo* fé-

------

(1) Fries-Morel , Ann. soc. hortic. , 1828 , p. 112.

condé par le *G. verum.* J'ai fait connaître (1) un exemple très-remarquable de cette disposition ; c'est l'amaryllis provenue dans les serres de lord Carnarvon de l'*amaryllis vittata*, fécondée par l'*A. reginæ*, et que j'ai nommée *A. carnarvonia.* Elle ressemble complétement à sa mère par l'herbe, et à son père par la fleur ; mais je dois avouer que parmi les autres hybrides qui ont été décrites ou que j'ai eu occasion de voir, il est difficile de trouver des ressemblances aussi claires.

M. Fries-Morel assure que dans les œillets les hybrides ressemblent à leur mère par la forme, et à leur père par la couleur. Mais ce que M. Sageret a très-judicieusement observé, c'est que les hybrides sont moins remarquables par l'état intermédiaire de chacun de leurs organes, que parce qu'elles ont certains organes plus ou moins semblables au père et d'autres à la mère : ainsi, une hybride de chou et de raifort portait certaines siliques en forme de chou, et d'autres en forme de raifort. Deux hybrides provenant du *cucumis chate*, fécondé par le melon cantaloup brodé, avaient, la première, les graines blanches, la peau lisse et sans côtes comme sa mère, la saveur du péricarpe douce comme son père, et seulement la couleur de la chair intermédiaire entre le jaune et le blanc. La deuxième avait les graines blanches et la saveur du péricarpe acide comme sa mère, la chair jaune, la peau du fruit brodée et les côtes prononcées comme son père. M. Knight ayant fécondé un amandier avec du pollen de pêcher, a obtenu un arbre qui a porté des fruits charnus, mais dont les uns s'ouvraient au sommet comme les

---

(1) DC., jard. de Genève, p. 30, pl. 8.

brous des amandes, et les autres restaient clos comme des pêches.

Ces derniers exemples nous conduisent à une autre observation plus générale faite sur les hybrides : c'est qu'elles sont loin d'avoir la fixité de caractères des espèces proprement dites : ainsi les digitales, les gentianes, etc., que nous avons signalées comme hybrides, ressemblent plus ou moins à leurs deux parens, et on peut fréquemment trouver tous les degrés intermédiaires. Cette diversité des hybrides s'étend, selon M. Sageret, jusqu'à faire que parmi celles qui proviennent de la même fécondation, il en est de stériles et de fertiles. Ce fait paraît évidemment lié à l'intensité diverse d'action des deux sexes dans l'acte de la fécondation; il tendrait peut-être à expliquer le peu de permanence des hybrides naturelles. Les mulets animaux paraissent doués d'une plus grande fixité dans leur forme.

On a souvent remarqué que les mulets des animaux sont plus robustes que leurs deux parens, et la même observation a été faite sur les hybrides des végétaux. M. Sageret cite en particulier une nicotiane produite par le *N. tabacum*, fécondée par le *N. undulata*, qui repoussait de racine partout dans son jardin. Cette qualité des hybrides et des mulets pourrait bien, dans l'un et l'autre cas, être liée avec leur stérilité.

MM. Knight et Sageret ont constaté que les graines d'un même fruit peuvent recevoir des fécondations différentes. M. Salisbury m'a jadis affirmé verbalement avoir obtenu le même résultat dans un métrosidéros. M. Sageret semble même admettre que deux pollens différens pourraient agir sur le même ovule. Ce soupçon est résulté pour lui de certaines ressemblances vagues observées entre le melon commun, le melon serpent et le chaté, fécondés les uns par les autres ; mais il ne les détaille pas, et lui-même présente cette opinion avec beaucoup de doute.

Il résulte de tout ce qui précède que les hybrides provenant d'espèces différentes ne sont ni des espèces proprement dites, ni de simples variétés, ni de vraies monstruosités. Il convient de faire en botanique comme on a fait en zoologie, c'est-à-dire, de les considérer comme des êtres à part, de leur donner un nom, d'en décrire l'histoire, et de ne les insérer que comme hors de rang dans la série régulière des végétaux.

Quelques naturalistes ont proposé de les désigner par un nom composé du nom spécifique de leur mère, accompagné de celui de leur père : ainsi, *Gentiana luteopurpurea* désigne l'hybride formée par le *G. lutea*, fécondée par le *G. purpurea*. Malgré la commodité apparente de cette nomenclature, je répugne à l'admettre par les motifs suivans : 1° Elle oblige à changer sans nécessité un grand nombre de noms déjà connus ; 2° elle est inapplicable aux hybrides dont on ne connaît que la mère, à ceux qui proviennent déjà d'une hybride, à ceux qui sont nés d'espèces appartenant à deux genres différens ; 3° elle produit souvent des mots très-barbares, et dont le sens peut se confondre avec des termes déjà admis dans un autre sens ; 4° elle est inapplicable aux variétés dues à l'hybridité, qui, comme nous le verrons tout à l'heure, sont très-nombreuses. L'emploi de ces noms est même embarrassé, sous ce rapport que quelques botanistes ont composé les noms en sens inverse, c'est-à-dire ont mis en première ligne le nom du père, et en seconde celui de la mère. Les mêmes objections atteignent cette méthode, et la confusion que ce double système met dans la nomenclature doit contribuer encore à faire exclure l'un et l'autre comme méthode générale.

ARTICLE III.

Des Variétés.

Je désigne sous le nom de *variétés* proprement dites toutes les modifications générales des végétaux qui sont assez intenses pour se conserver dans la reproduction par division, c'est-à-dire par tubercules, marcottes, boutures où greffes : ainsi elles diffèrent des variations, en ce que celles-ci ne durent qu'autant que les végétaux sont soumis à des circonstances extérieures données. On les distingue avec plus de peine des races et des monstruosités. Les premières se conservent par les graines; mais il y a probablement une foule de cas où, dans la pratique, on confond les races et les variétés. Les secondes sont des phénomènes plus rares, plus accidentels et plus locaux. Une variété atteint tous les organes de même nom d'une plante ; une monstruosité n'en atteint souvent que quelques-uns : une variété une fois déterminée ne se détruit que par la mort de l'individu; une monstruosité paraît une année, et disparaît quelquefois une autre année.

On peut concevoir deux causes de variétés, savoir, les circonstances extérieures auxquelles les cultivateurs sont toujours tentés de tout attribuer, et la fécondation, sur laquelle M. Gallesio (1) a porté d'une manière plus spé-

____

(1) Traité du citrus, 1 vol. in-8°, Paris; *Teoria della ripro-duzione vegetabile di G. Gallesio. Pisa*, 1816.

ciale l'attention des physiologistes. La première classe
me paraît plus que douteuse. Je sais que les milieux dans
lesquels les plantes végètent influent beaucoup sur elles ;
mais c'est pour y produire des variations, c'est-à-dire,
des modifications qui peuvent se détruire dans les milieux contraires ; mais je ne connais aucun fait qui prouve
que l'action des causes extérieures se prolonge tellement
après elle , qu'elle dure encore quand la plante cesse d'y
être soumise , ou tout au moins quand elle est soumise ,
pendant un temps suffisant, à des causes contraires :
ainsi , les plantes nées dans un sol ingrat restent petites ;
elles en grandissent d'autant plus dans un autre terrain.
Les plantes velues deviennent presque glabres dans les
lieux obscurs ou humides ; elles reprennent leurs poils
dans les lieux secs ou éclairés, etc. M. Pollini, en cherchant
à combattre la théorie de M. Gallesio (1) a cité plusieurs
exemples de changemens produits par la richesse du terrain dans certaines plantes ; mais ces changemens sont
pour la plupart de simples accroissemens de dimensions
générales, et ne constituent pas de vraies variétés ; et, de
plus , il a négligé de faire à leur égard les expériences
comparatives avec les mêmes graines placées dans d'autres terrains. Je suis loin de nier que des plantes placées
dans un sol très-riche ne puissent présenter certains changemens : elles perdent souvent leurs épines, comme je
l'ai vu au bout de deux ans sur un néflier ; elles prennent
des dimensions plus grandes ; leurs bractées ou leur calice grandissent plus qu'à l'ordinaire ; quelquefois certains

---

(1) *Sulla teoria della riproduzione vegetabile* , 8, *Milano*,
1818.

bourgeons latens, qui dans les sols stériles n'auraient pu trouver assez de nourriture pour se développer, y prennent un accroissement insolite; enfin, certains fruits qui dans un terrain, ou surtout un climat donné, ne pourront parvenir à leur maturité absolue, et n'y porteront point de graines, pourront, dans une meilleure position, mûrir leur chair et leurs graines. Mais ces différences et autres analogues ne constituent point de véritables variétés : le même pied qui les a présentées peut offrir le phénomène opposé, si on le met dans une situation convenable. Au contraire, les variétés proprement dites restent identiques dans toutes les positions : ainsi, un poirier beurré ou un cep de muscat produiront toujours du beurré ou du muscat. Si je les place dans un trop mauvais terrain, ils pourront produire des fruits plus rares ou plus petits; si je les mets dans un terrain trop humide, leurs fruits pourront être plus gros et plus aqueux; si je les mets dans un climat trop froid, ils pourront ne pas nouer ou ne pas mûrir, mais ils ne changeront point de nature, et les greffes ou marcottes qu'on en tirera pourront, dans une meilleure situation, reprendre leurs qualités primitives. Ainsi, l'opinion des cultivateurs sur l'influence qu'ils attribuent aux causes extérieures dans l'origine des variétés, tient uniquement à ce qu'ils n'ont pas suffisamment distingué celles-ci des variations.

Les variétés proprement dites paraissent évidemment déterminées par des phénomènes analogues à l'hybridité. Déjà les premiers physiologistes qui se sont occupés de la fécondation ont reconnu que les panachures diverses des tulipes et fleurs analogues tenaient à des féconda-

tions croisées : ainsi, pour choisir entre une foule d exemples analogues, Mustel (1) ayant isolé une renoncule à
fleurs blanches, obtint de ses graines des renoncules
aussi à fleurs blanches, tandis qu'un pied semblable
laissé au milieu des plates-bandes, donna des individus
de couleurs variées. Dès-lors cette doctrine est devenue
tellement populaire parmi les cultivateurs, d'abord de la
Hollande, de la Belgique et de l'Angleterre, puis de
l'Allemagne et de la France, qu'elle s'y est transformée
en pratique régulière. On y féconde artificiellement les
plantes de même genre et de même espèce les unes par
les autres, et l'on obtient ainsi des hybrides, des variétés et des monstruosités, parmi lesquelles on choisit (2),
pour les conserver, celles qui présentent quelque mérite,
et on abandonne les autres. Avant même qu'on opérât
soi-même ces fécondations croisées, on avait reconnu
qu'elles s'exécutent par le rapprochement des plantes
analogues dans les jardins, et en recueillant leurs graines, on obtenait d'une manière plus vague des résultats
semblables aux précédens. Cette doctrine populaire,
déjà indiquée par Duhamel, Mustel et plusieurs autres,
a été exposée pour la première fois d'une manière mé-
thodique par M. Gallesio, d'abord dans son *Traité du
Citrus*, publié en 1811, puis dans sa *Teoria della ripro-*

---

(1) Traité de la végétation, 1, p. 291.

(2) Pour gagner du temps dans cette opération, qui est fort
longue lorsqu'il s'agit des arbres fruitiers, M. Van-Mons est dans
l'usage de greffer de bonne heure les poiriers sur les coignas-
siers, et les pommiers sur paradis, de sorte qu'au bout de trois
ou quatre ans il sait si la variété mérite d'être conservée.

46.

biduzione vegetale, en 1816, qui n'est qu'une traduction des premiers chapitres du *Traité du Citrus*. Je l'exposerai ici, soit d'après cet auteur, soit d'après les observations que la culture des jardins a présentées.

C'est un premier fait qui paraît hors de doute, que toutes les variétés de jardins ou espèces jardinières sont originairement provenues de graines. Ce fait est de toute évidence pour les fleurs et légumes que nous reproduisons habituellement de semences, tels que les choux, les haricots, les tulipes, etc. ; il est un peu plus difficile à prouver quant aux végétaux ligneux, que nous ne reproduisons que de boutures, de marcottes ou de greffes. On y est conduit cependant en observant, 1° que nous n'obtenons jamais de variétés nouvelles des plantes qui ne produisent point de graines chez nous : ainsi, le saule-pleureur ou le peuplier d'Italie, l'aukuba, le gincko (1) dont nous ne possédons qu'un sexe, n'ont point formé de variétés. Le *chrysanthemum indicum*, qui est toujours double dans nos jardins, n'y forme point de variétés ; nous les avons tirées toutes faites de la Chine, où il fructifie quelquefois. La canne à sucre, qui ne porte pas de graines en Amérique, n'y forme plus de variétés ; l'hortensia, qui ne fructifie pas dans nos jardins, n'y offre point de variétés, car la couleur bleue qu'elle prend accidentellement est une simple variation. 2° Tous les jardiniers savent aujourd'hui, aussi bien pour les arbres que pour

____

(1) Nous possédons depuis peu les deux sexes du gincko (voy. Bibl. univ., VII, p. 130), et du saule-pleureur (voyez Spenner, fl. frib., 3, p. 1061), mais ils n'ont pas encore produit de graines.

les herbes, qu'on n'en n'obtient de nouvelles variétés que par des graines : ainsi, ils sèment dans ce but des pepins de poiriers, de pommiers, d'orangers, avec autant de confiance que des graines de tulipes, de renoncules ou d'œillets.

Un second fait assez remarquable, c'est que les graines donnent en général d'autant moins de variétés, qu'elles appartiennent à des genres qui ont peu ou point d'espèces rapprochées les unes des autres : ainsi la tubéreuse, qui est seule dans son genre, n'a point de vraies variétés. Le seigle, s'il en offre de réelles, en a prodigieusement moins que le froment; le kohlreutera, qu'on multiplie de graines, n'en a jamais produit; tandis qu'au contraire les variétés obtenues de graines sont très-nombreuses dans les genres nombreux en espèces, tels que les rosiers, les pelargonium, etc.

Ces faits conduisent naturellement à penser que si les graines qui, dans l'état de nature, conservent si religieusement les caractères de l'espèce, servent, dans l'état de culture, à produire des variétés, cela doit tenir à l'hybridité, et on doit peut-être en distinguer plusieurs degrés.

Il est vraisemblable, comme nous l'avons vu, que des espèces très-voisines par leurs formes, A et B, peuvent produire des hybrides fertiles. On conçoit que deux espèces en forment ainsi une troisième et peut-être une quatrième (A fécondé par B et B par A); que ces trois ou quatre, se fécondant les unes les autres, en forment six ou huit, et ainsi à l'infini. Dans ce cas, la distance qui séparait les espèces primitives A et B, distance qui devait être faible, se trouve entièrement comblée par les productions intermédiaires. Ainsi, nous ne pouvons plus aujour-

d'hui reconnaître les types originaux de nos pommiers et
de nos poiriers, tant le nombre des variétés s'y est accru
et tant leur origine est ancienne; tandis que nous savons
encore distinguer les types des pelargonium (1) ou des
amaryllis (2), parce que leurs adultères sont récens et
ont la plupart été enregistrés avec soin.

L'hypothèse que je viens d'indiquer, et d'après laquelle
on supposerait que partout où nous voyons un grand
nombre de variétés, il y a eu primitivement plusieurs
espèces, cette hypothèse, dis-je, est la seule qui paraisse
appuyée sur des faits et des analogies directes; mais on
peut encore soupçonner deux autres causes bien moins
avérées.

Serait-il possible, en premier lieu, que des variations
déterminées par des circonstances extérieures pussent,
par leur croisement, déterminer l'origine de variétés
permanentes? Je ne puis prouver ni la fausseté ni la
vérité de cette opinion : il paraît peu vraisemblable que
des variations qui ne sont pas permanentes dans l'individu pussent produire des variétés permanentes. Les
faits tirés des ressemblances des enfans aux parens dans
le règne animal, sembleraient donner quelque poids à
cette opinion; mais ces ressemblances sont elles-mêmes
des points de physiologie fort obscurs, et il est douteux
qu'elles tiennent aux circonstances extérieures auxquelles

(1) Consultez en particulier sur ce genre la Monographie des
géraniacées, où M. Sweet a pris soin d'indiquer l'origine des
variétés hybrides, 5 vol. in-8°.

(2) Voyez les observations de M. Herbert, soit dans le *Bota-
nical register*, soit dans son Essai sur les plantes bulbeuses.

les parens ont été soumis. Je conçois que dans les deux règnes un parent très-vigoureux pourra donner naissance à des êtres mieux constitués; mais une différence de ce genre ne constitue pas l'origine d'une variété; je crois donc qu'avant d'admettre l'influence de cette cause, il faudrait quelque expérience positive et nous en sommes entièrement privés.

Pourrait-on croire, en second lieu, que les petites diffé-rences qui se font remarquer dans les parties diverses des plantes à l'état naturel, fussent susceptibles de se per-pétuer et de se généraliser par la génération? Ainsi, par exemple, on trouve fréquemment dans la nature des pé-tales tachés; les étamines sont d'origine analogue aux pétales : il peut y avoir dans les globules du pollen des différences analogues à celles que nous voyons dans le tissu des pétales; de sorte qu'un ovaire fécondé par son propre pollen ou par le pollen de fleurs voisines de la même espèce, de la même variété que lui, pourrait rece-voir des influences diverses : celui qui serait fécondé par un globule de pollen blanc pourrait produire une plante à fleur blanche, tandis que son voisin, fécondé par un globule de pollen rouge, produirait une fleur rouge; et ce que je dis ici des couleurs pourrait s'appliquer à toutes les autres modifications. Dans cette hypothèse, les moin-dres différences observées entre les parties d'une même plante pourraient devenir des causes de variétés perma-nentes.

Ainsi, on concevrait assez bien et la grande variabilité de certains caractères considérés dans l'espèce, et leur permanence dans certains cas et dans certaines variétés. Les botanistes ont en général, et avec raison, rejeté les cou-

leurs des fleurs comme caractères spécifiques , et cependant, dans plusieurs cas , de simples variétés nées sous
nos yeux conservent leur couleur : ainsi, les *lychnis chalce-
donica* à fleur blanche , ou la digitale pourpre à fleur
blanche , se conservent de graine. Je suis loin d'affirmer
que la cause dont je parle ici soit démontrée; mais on
peut comprendre son action; on peut l'étayer sur quelques faits vagues; on ne peut pas en démontrer la fausseté , et on a besoin , dans l'étude des variétés, de remonter à quelque cause plus détaillée que la simple
hybridité d'espèces voisines. Peut-être des expériences
directes pourront-elles la vérifier.

L'idée que j'ai primitivement énoncée de considérer
les variétés comme des hybrides, soit d'espèces voisines,
soit d'hybrides de deuxième, de troisième ordre, déja préalablement formées , cette idée me paraît aujourd'hui
presque démontrée. Plus on étudie les arbres fruitiers ,
plus on voit qu'on peut y distinguer des types primitifs
et des types secondaires, tertiaires, etc. M. Gallesio a
bien distingué dans le genre des citrus (ou des agrumes,
en adoptant le terme commode et philosophique des Ita-
liens), il a , dis-je , distingué quatre espèces primitives :
le limonier, le cédrat, le bigaradier et l'oranger; il a
rendu très-vraisemblable que les poncires sont des hybrides de limonier et de cédrat; que les bizarreries sont
des hybrides de cédrat et de bigaradier; que les bigara-
diers à fruit doux ou à écorce douce doivent cette influence au croisement avec l'oranger; que les limes ou
bergamotes sont des produits du citronnier et de l'oranger, etc. , etc. Un travail analogue ne pourrait-il pas faire
distinguer des types analogues dans d'autres cas? Ainsi,

on reconnaît assez bien quatre types ou espèces primitives dans le cerisier, savoir : le merisier, le griottier, le guignier et le bigarreautier. On reconnaît aussi quatre races bien distinctes et qui se conservent de graines dans le pêcher, savoir, la pêche, la pavie, le brugnon et la pêche violette. On voit que ces arbres ont de la tendance à l'hybridité par l'exemple de l'amande-pêche, et peut-être des croisemens de ces diverses races pourraient-ils reproduire nos variétés. On ne voit pas si clairement les types primitifs des poiriers, des pommiers, des pruniers, des vignes, etc., mais on les a peu étudiés sous ce rapport. Je ne saurais trop engager les amateurs d'horticulture à diriger leurs recherches sous ce point de vue. Le travail de M. Gallesio est un exemple à suivre et à perfectionner. Il faut d'abord classer les variétés avec soin, et j'ai tenté, dans un mémoire sur les choux (1), que la société d'horticulture de Londres a daigné récompenser de sa médaille ; j'ai cherché, dis-je, à faire comprendre par un exemple la marche à suivre. Une fois les groupes formés, il faudra essayer de les féconder les uns par les autres, et on arrivera ainsi ou à refaire nos anciennes variétés, ce qui résoudrait la question, ou à en former de nouvelles, ce qui ajouterait à nos richesses.

L'une des conséquences de cette théorie est la possibilité d'accroître presque indéfiniment les variétés cultivées ou cultivables. Nous voyons déjà que nous en possédons bien plus que nos ancêtres ; tous les jours il

____

(1) *Transact. hortic. society London*, vol. 5, p. 1 (1824), et en français, dans les Ann. de l'agr. française, vol. XIX, 2ᵉ série.

s'en crée de nouvelles dans les jardins ou par le hasard, qui porte les pollens sur les pieds voisins , ou par l'art des expérimentateurs : telles sont la poire Chaptal, etc. C'est ce qu'on appelle en style de jardinier les *espèces gagnées.* Tous les jours on trouve dans les vergers des villages certaines espèces qui s'y étaient formées et qu'on avait négligé d'observer : ainsi, la poire sylvange a été trouvée dans un village près de Metz , et j'ai moi-même trouvé dans les villages de Bretagne un grand nombre de pommes à cidre qui , cultivées dans la pépinière du Luxembourg, se sont trouvées différer de celles qu'on connaissait. Dans tous ces cas , on détruit les variétés de qualité inférieure , et on conserve par la bouture , la marcotte , et surtout par la greffe , les variétés qui présentent quelque avantage. Aujourd'hui que les sociétés d'horticulture se sont subitement multipliées dans l'Europe , il serait digne d'elles d'offrir successivement des prix pour faire démêler l'histoire de chaque genre d'arbres à fruits ou de fleurs d'ornement. Je m'estimerais heureux si l'appel que je leur adresse ici était favorablement écouté ; car je pense qu'aucun travail ne pourrait présenter des résultats plus utiles , soit pour la théorie , soit pour la pratique.

On peut concevoir que chacune de nos variétés a dû son origine à un croisement particulier qui a pu se présenter fort rarement, peut-être une seule fois. Dans ce cas , la variété a été multipliée par division , et tous les pieds qu'on en a obtenus ne sont réellement que des fractions d'un même individu : c'est pourquoi ils sont si rigoureusement semblables entre eux. Ainsi les poiriers beurrés blancs de nos jardins se multiplient par degrés de temps immémorial , et sont plus semblables entre eux

que les individus d'une même espèce sauvage. Cette identité d'origine dans tous les pieds d'une même variété a
fait croire à quelques physiologistes que ces variétés ou
ces individus fractionnés pouvaient mourir de vieillesse :
ainsi on a remarqué, il y a quelques années, en Angleterre, une mortalité extraordinaire dans la variété de
pommes qu'on y appelle *gold-pepin*, et M. Knight a soupçonné que cette mortalité était la fin naturelle de l'individu ; mais il me paraît difficile, sur un fait aussi isolé,
d'admettre une opinion contraire à l'ensemble de tous
les autres. Je suis plus porté à croire que quelque intempérie atmosphérique a fait périr les gold-pepins d'Angleterre, comme on y a vu périr, en 1816, tous les pla-
tanes ; comme on a vu, en 1788 environ, périr en France
tous les gaillarda des jardins. La permanence de la durée des variétés, tant que l'homme veut bien les soigner,
me paraît résulter de la conservation de plusieurs d'entre
elles depuis les temps les plus anciens parmi ceux où on
a pris la peine de les décrire avec soin. Mais il est hors
de doute que graduellement il doit par négligence en
disparaître quelques-unes, comme il en doit naître d'autres par l'effet du hasard ou par celui de l'industrie.

Je reviendrai sur ce sujet, en parlant de la durée des
végétaux, liv. IV, chap. XI.

ARTICLE IV.

Des Monstruosités.

De même que, dans l'article précédent, nous avons
dû distinguer avec soin les variations et les variétés, de

même ici nous devons éviter de confondre les *déformations* et les *monstruosités*. Les déformations , comme les
variations , sont le produit des circonstances extérieures , et les monstruosités tiennent au principe même
de la reproduction. Ainsi , une branche se déjette de
côté pour gagner la lumière; elle change de forme , et
peut prendre , dans certains cas, une apparence si singulière , qu'on pourra, dans un sens vague , dire qu'elle est
monstrueuse , tandis qu'elle n'est que déformée. Deux
branches , très-rapprochées par le hasard ou la volonté
de l'homme , pourront se souder; elles pourront prendre
une apparence monstrueuse , mais ne constituent qu'une
déformation : dès qu'elles seront libérées , elles repren-
dront leur nature propre ; des piqûres ou morsures d'a-
nimaux , des influences de végétaux parasites, des chutes
ou pressions accidentelles , et en un mot toutes les causes
externes dont nous étudierons l'action au livre V de cet
ouvrage, pourront produire de même des changemens de
forme qui sont de nature à cesser avec leur cause , et
n'altèrent point le végétal. Mais il y a quelque chose de
plus mystérieux dans la monstruosité congéniale ou monstruosité proprement dite.

Celle-ci ne semble différer de la variété proprement
dite que par son irrégularité ou son inconstance : ainsi,
la peloria se place parmi les monstruosités, parce qu'il
arrive souvent que quelques fleurs seulement d'une
grappe prennent cette forme, et les autres gardent leur
forme ordinaire, comme on le voit dans les peloria de
linaires, de digitales, de violettes, etc. Les feuilles en
forme de capuchon du tilleul et de plusieurs autres arbres
sont de simples monstruosités; car les feuilles des mêmes

branches ou de branches voisines sont différentes. La limite entre ces deux classes de faits est souvent délicate, et peut-être un peu arbitraire ; j'en citerai quelques exemples.

On a coutume de classer les fleurs doubles parmi les monstruosités, et probablement avec raison. En effet, 1° il arrive qu'on trouve tous les degrés entre la fleur simple, la fleur semi-double, la fleur double et la fleur pleine, tandis que les vraies variétés sont plus fixes. 2° Les pieds à fleurs doubles prennent quelquefois des fleurs simples, et réciproquement ; on dit que ce fait a principalement lieu, soit dans la première jeunesse, soit dans un âge très-avancé. 3° Il n'est pas rare de trouver des arbres dont une branche a les fleurs doubles, quand toutes les autres (1) les ont simples, ou l'inverse, circonstance qui ne se rencontre jamais dans les vraies variétés. 4° Des plantes solitaires dans leur genre, et sur lesquelles aucun soupçon d'hybridité ne peut avoir lieu, produisent quelquefois les pieds à fleurs doubles ; par exemple, la tubéreuse. Ainsi il paraît que ce phénomène, bien que lié à l'origine par graine, n'est pas complétement semblable à la formation de la variété. M. Gallesio a obtenu des pieds à fleurs doubles, semi-doubles et simples des graines provenant de fleurs de renoncules simples fécondées par des variétés de couleurs différentes. Les fleurs semi-doubles, fécondées avec le pollen d'autres fleurs semi-doubles, ont donné des pieds à fleurs

---

(1) Je l'ai vu en particulier dans le marronier d'Inde, comme je l'ai décrit dans le Jard. de Genève, in-4°. 1829, p. 31.

doubles, couronnées dans le milieu par une houppe de feuilles vertes.

Je sais que les cultivateurs attribuent souvent la duplicature des fleurs à d'autres causes qui me paraissent encore ambiguës. Ainsi M. Salisbury m'a assuré qu'en plaçant des plantes à fleurs simples dans un très-bon terrain , et en leur faisant des ligatures vers le collet, on en obtient des graines qui donnent des fleurs doubles. Ainsi M. Lechner a, dit-on , opéré sur des giroflées la castration des fleurs avant leur développement, et en a obtenu des graines qui ont produit des fleurs doubles. Ce dernier procédé pourrait bien rentrer dans les exemples cités plus haut d'hybridité produisant la duplicature.

Les panachures des feuilles sont un genre de monstruosité très-bizarre ; elles paraissent souvent liées à la reproduction par graines, et même à l'hybridité. Ainsi M. Knight (1), ayant fécondé un chasselas blanc et un frontignan blanc avec la vigne d'Alep, a obtenu des graines qui ont produit des pieds à feuilles panachées ; mais souvent aussi on les voit se développer dans une branche unique d'un arbre, comme si elles tenaient à quelque altération du bourgeon. Dans ce cas, les greffes tirées de cette branche conservent d'ordinaire l'accident , quoique susceptibles de le laisser perdre par des causes extérieures. Il est donc difficile de dire si ce sont de vraies monstruosités , ou si ces faits ne rentrent point dans ce que nous dirons plus tard de l'atavisme.

Dans quelle classe placerons-nous ces accidens singuliers de certains végétaux qui naissent et meurent avec

____

(1) Trans. soc. linn. de Lond. , vol. IX , p. 268.

eux , mais qui semblent des monstruosités en ce qu'ils les frappent souvent de stérilité. Ainsi les graines de robinia faux-acacia ont produit de temps en temps dans les pépinières des individus à rameaux tortueux, ou à feuilles crépues , ou à rameaux agglomérés en parasol , qui tous se conservent par la greffe (1) , mais ne portent jamais de graines. Quelques-uns de ces accidens sont très-tenaces : tel est l'acacia parasol ; d'autres le sont moins : ainsi l'acacia à feuilles crépues prend souvent des feuilles planes. Le cierge monstrueux pourrait entrer dans une catégorie analogue. M. Gallesio a obtenu une fois un oranger à feuilles coquillées et à fruit presque stérile des graines de l'oranger à peau raboteuse. Il a eu des choux à feuilles frisées et panachées de graines récoltées sur des choux-fleurs et des brocolis mélangés ensemble.

Certains fruits composés de carpelles intimement soudés présentent des singularités bizarres : ainsi , certains orangers ont des quartiers rouges , entremêlés avec des jaunes ; certains raisins ont des zones longitudinales rouges et blanches. J'ai vu une pomme cueillie sur un pommier de reinette blanche , qui était rigoureusement mi-partie de reinette blanche et de reinette grise. Les pieds sujets à ces changemens portent souvent entremêlés avec ceux-ci des fruits qui sont tout entiers de l'une ou de l'autre couleur. Ces accidens sont trop fugaces pour former des variétés : ainsi , toutes les parties des plantes peuvent présenter des aberrations à leur forme naturelle , susceptibles de se conserver par division , trop

---

(1) Le faux-acacia tortu a fleuri à Lausanne chez M. Barraud , mais n'a pas porté de graines.

irrégulières pour pouvoir être considérées comme des variétés, et trop indépendantes des élémens extérieurs pour pouvoir être classées parmi les variations. Elles forment la classe des monstruosités. M. Gallesio pense qu'elles sont dues à une action irrégulière de la fécondation, à la prédominance ou à l'action forcée de l'un des sexes sur l'autre, soit dans la même espèce, soit entre des espèces différentes. Je reconnais avec lui que leur origine doit être dans la fécondation, mais je n'ose aller plus loin. Nous connaissons trop mal ces fruits singuliers, et peut-être en réunissons-nous sous un nom commun qui sont trop hétérogènes, pour que je puisse croire encore à aucune explication détaillée du phénomène. M. Sageret (1) soupçonne que la même graine peut recevoir des fécondations différentes, et il explique par cette hypothèse certains cas dans lesquels des branches d'une même plante sont différentes les unes des autres, comme il l'a vu lui-même pour un melon de la Chine, dont une branche portait des fruits analogues au melon maraîcher. Je dirai ici, comme dans le cas précédent, que ce fait tient probablement à la fécondation, mais qu'il serait hasardeux d'en affirmer la cause immédiate.

Parmi les faits que nous classons sous le nom de monstruosités, il en est qui sont certainement des déviations des formes naturelles : telles sont, par exemple, les branches tortillées, les feuilles crépues, les étamines changées en pétales, etc. ; mais il en est quelques-unes qui semblent être des retours à la symétrie naturelle de l'espèce, laquelle, dans le cours ordinaire des choses, est

____

(1) Ann. de la soc. d'hortic. de Paris, mars 1828, p. 153-167.

masquée par quelque anomalie : telles sont les fleurs de légumineuses ou de drupacées, qui prennent accidentellement plusieurs carpelles, c'est-à-dire, qui reviennent à leur état normal. Cette classe de faits, très-importante pour l'organographie et la classification, n'a qu'un intérêt secondaire dans la physiologie.

ARTICLE V.

De l'atavisme, du tempérament, et de quelques autres circonstances liées à la génération.

Les faits que nous venons de passer en revue sont bien obscurs; mais ils le sont bien moins que ceux dont nous devons dire ici quelques mots.

MM. Duchesne et Sageret désignent sous le nom d'*atavisme* ce singulier phénomène que présentent certains individus du règne animal de ressembler non-seulement à l'un ou l'autre de leurs parens par certains organes, mais encore à leurs aïeux, même quand les degrés intermédiaires ne montrent pas la ressemblance. Ainsi, dans l'espèce humaine, il n'est pas rare de voir des enfans ressembler à l'un de leurs grands-pères ou grand'-mères, ou même à l'un de leurs bisaïeux ou bisaïeules, même dans le cas où leurs propres parens ne leur ressemblent pas. On trouve même quelquefois des familles nombreuses où les frères et sœurs ressemblent, les uns à certains ascendans, les autres à d'autres. Le même fait s'est présenté dans ceux des animaux dont on a eu intérêt à suivre la filiation. Existe-t-il aussi dans le règne végétal ? L'analogie doit le faire penser. Elle est si évidente dans tout ce qui tient à la génération, qu'il serait extraordinaire qu'elle fût ici en défaut. M. Sageret n'hésite point à l'admettre comme un fait, et il est en effet difficile de concevoir certains changemens qui apparaissent parmi les graines récoltées sur les mêmes pieds, et dont une hybridité directe ne rend pas raison. Ce sujet mériterait des expériences directes et régulières.

Si les enfans ressemblent à leurs parens par des formes extérieures bien évidentes, n'est-il pas vraisemblable qu'ils doivent aussi leur ressembler par des formes intérieures, et en particulier par la nature de leur tissu? De là on peut déduire dans le règne animal les faits nombreux et bien connus sur l'hérédité des tempéramens, des maladies et de certaines dispositions spéciales. Cette hérédité est, comme celle des formes extérieures, de temps en temps interrompue, et peut se reproduire à une deuxième ou troisième génération. Tout cela est probablement vrai des végétaux comme des animaux. Les plantes présentent évidemment des dispositions héréditaires qui se manifestent dans certains cas. Ainsi, on obtient des races précoces ou tardives (1), en choisissant les graines des pieds de chaque espèce remarquablement précoces ou tardifs; on obtient des races susceptibles de pousser ou de fleurir plusieurs fois, comme on le voit dans l'esparcette à deux coupes; on obtient des races qui résistent plus facilement à l'action du froid ou du

____

(1) M. Knight cite (*Trans. hortic. soc. Lond.*, p. 30) plusieurs variétés précoces qu'il a obtenues par le procédé des fécondations croisées, combiné avec quelques procédés de culture, comme, par exemple, de placer les arbres contre les espaliers, pour les en écarter ensuite.

chaud, etc. Ces dispositions, lorsqu'elles sont très-prononcées, ou qu'elles ont été bien étudiées, forment des races connues des agriculteurs; lorsqu'elles le sont moins, elles se présentent à nous comme des tempéramens individuels, des idiosyncrasies, dont la nature échappe d'autant plus facilement lorsqu'il s'agit des végétaux, que, d'un côté, nous étudions moins leur descendance, et de l'autre, nous sommes tentés d'attribuer toujours plus d'influence aux causes extérieures qu'elles ne paraissent en avoir.

M. Lelieur admet aussi des maladies héréditaires dans les arbres fruitiers; mais, si je puis juger de son opinion par l'extrait que sir Joseph Banks a donné de son ouvrage (1), il semble confondre ici l'hérédité par graines et la multiplication par bourgeons. On cite aussi parmi les maladies héréditaires l'espèce de frisure du feuillage des pommes de terre, que les Anglais nomment *curl*. M. Dickson (2) a cru qu'elle tient à un état de maturité trop avancé des tubercules qu'on sème. M. Knight (3) assure que, dans un même tubercule, la partie ferme et farineuse donne des plantes attaquées du *curl*, et la partie plus aqueuse des plantes saines. Au reste, je cite ce fait en passant; mais j'observe qu'une reproduction par tubercule n'est pas une vraie hérédité. Les limites entre ces faits et ceux classés communément sous les noms de monstruosités et de variétés, sont peut-être impossibles à bien fixer. Il suffit d'établir

---

(1) *Trans. hortic. Lond. soc.* . app., p. 27.
(2) *Trans. hortic. caledon. soc.*, 1810.
(3) *Trans. hortic. Lond. soc.* . vol. 2, p. 641.

qu'une foule de différences plus ou moins constantes
qu'on observe entre les individus végétaux se rapportent, comme dans les animaux, aux phénomènes de
la génération.

ARTICLE VI.

De l'action immédiate de l'hybridité sur les péricarpes.

Jusqu'ici nous avons examiné l'influence des fécondations croisées sur l'être qui résulte de ce croisement;
mais il faut encore examiner si l'ovaire qui reçoit immédiatement cette fécondation anomale n'en pourrait point
recevoir aussi quelque influence. Les jardiniers adoptent
cette opinion lorsqu'ils affirment que les melons élevés
dans le voisinage des courges portent, par l'effet même
de la fécondation hybride de leurs stigmates, des fruits
dont la chair a une saveur analogue à la courge. Je n'ai
pas l'expérience personnelle de ce fait, mais il est admis
par tous les cultivateurs. Il faudrait vérifier si les melons
à saveur de courge ne proviennent pas plutôt de graines
qui auraient été récoltées sur des melons fécondés par
des courges.

Vassali-Eandi (1) semble confirmer l'opinion des cultivateurs, lorsqu'il observe que des ovaires de pommier,
fécondés avec du pollen de poirier, ont donné des fruits
qui, par leur couleur plus verte, l'aspect de leur peau, et
leur odeur, rappelaient un peu la poire, même à ceux,

---

(1) *Sulla fecondazione artificiale delle piante in Calendario
Georgico di Torino*, 1802.

dit-il , qui ignoraient l'expérience faite sur eux ; mais ces fruits , abattus par la grêle , ne parvinrent pas à maturité.

M. Mauz (1) dit avoir obtenu des fruits différens, pour la forme et les couleurs, sur un poirier dont un grand nombre de fleurs avaient subi l'opération de la castration, dans la vue de les faire féconder par le pollen de plusieurs poiriers voisins.

La manière dont on raconte la fécondation du pommier monstrueux de Saint-Valéry pourrait faire penser que les diverses fécondations qu'on y pratique donnent des fruits différens en grosseur, en saveur et en couleur, et qui, dit-on, se rapportent aux arbres d'où on a tiré le pollen.

M. Gallesio atteste (Citrus , p. 41) qu'il a fécondé des fleurs d'orangers avec du pollen de plusieurs fleurs d'autres orangers , et qu'il en a eu plusieurs fois des fruits dont le péricarpe avait une forme irrégulière , telle que celle des fruits connus sous les noms de *digitati corniculati* , *fœtiferi.* Ces fruits ne portaient point de pepins , ou n'en avaient que de chétifs. Il a de même fécondé des fleurs d'orangers avec du pollen de limonier, et en a obtenu un fruit dont l'écorce était coupée de la tête à la queue par un liseré jaune et relevé, ayant les caractères du limonier.

Ces faits sembleraient prouver une action directe du pollen sur le péricarpe de l'ovaire fécondé. Je conserve cependant beaucoup de doute à cet égard. En effet, les fruits digités constituent une monstruosité qui se conserve

____

(1) Feuille d'écon. rur. du Wurtemb. , VI. p. 145, citée par M. Gærtner.

de greffe. Or, comment cela pourrait-il être, si leur origine tenait à la fécondation anomale d'une fleur? celle-ci serait métamorphosée sans que le reste de l'arbre pût être modifié. Ce sujet me paraît donc être de ceux qui méritent de nouvelles observations, et sur lesquels il convient de suspendre tout jugement. Il faut en effet remarquer que tandis que tous les cas d'hybridité végétale trouvent leur analogue dans les phénomènes de la fécondation des animaux; celui-ci n'y a point de représentans : on n'a jamais remarqué qu'une jument pleine d'un âne, ou une ânesse pleine d'un cheval présentât dans sa grossesse quelque phénomène particulier. M. Sageret rejette cette opinion d'une manière absolue, et la regarde comme une absurdité. M. Gærtner assure avoir donné l'attention la plus scrupuleuse à cet objet et n'avoir trouvé aucun changement, ni dans la figure, ni dans la couleur, ni dans aucune autre propriété extérieure des fruits et des semences de la plante-mère. Il est donc vraisemblable que les cas cités ci-dessus rentrent plutôt dans des exemples de monstruosités intermittentes ou d'atavisme, qu'ils ne sont des preuves d'un changement immédiat produit par la fécondation.

ARTICLE VII.

De la différence des individus dans les espèces dioïques.

Dans tous les articles précédens, j'ai étudié les différences plus ou moins accidentelles qu'on observe entre les individus d'une même espèce et qui peuvent entraîner des doutes sur la vraie limite des espèces; il nous reste à dire quelques mots d'un changement important dans les individus , mais qui , loin d'altérer l'idée de l'espèce , semble liée avec elle d'une manière assez intime : je veux parler de la diversité des sexes des plantes dioïques.

On prouve facilement , d'après les lois de l'organographie , que tous les verticilles dont une fleur se compose peuvent être considérés comme formés de feuilles diversement métamorphosées ; mais on ignore complétement pourquoi , en général , le premier verticille se forme de sépales , le deuxième de pétales , le troisième d'étamines, le quatrième de carpelles. On sait bien que tous ces organes ont la faculté de se changer en feuilles , ou de se transformer les uns dans les autres ; mais on ignore tout autant la cause de la stabilité que celle des changemens ; par conséquent on ignore entièrement pourquoi, dans certains cas , l'un des organes sexuels manque d'une manière tantôt accidentelle , tantôt permanente, dans certaines fleurs d'un individu (ce qui constitue les plantes monoïques), ou dans toutes les fleurs de certains individus d'une espèce (ce qui détermine les plantes dioïques). Ces dernières offrent deux classes d'individus très-différens par leurs sexes , mais d'ailleurs appartenant à la même espèce , et ne formant pas même des variétés. Ce phénomène, quelque commun qu'il soit dans le règne animal , n'y a point encore laissé deviner sa cause immédiate , pas même sa cause éloignée ; on est à cet égard dans la même incertitude dans la physiologie végétale. Il faut cependant observer ici que le phénomène paraît différent dans les deux règnes. Chez les animaux , les organes d'un individu paraissent susceptibles de se développer en l'un ou l'autre sexe , selon la nourriture ou le mode de gestation que reçoit le fœtus, comme on le voit dans la formation des reines d'abeille par des œufs d'ouvrières plus abondamment nourries qu'à l'ordinaire, où le changement de sexe a lieu, mais non l'hermaphroditisme; les plantes au contraire sont essentiellement hermaphrodites, et paraissent devenir unisexuelles par l'avortement de l'un des sexes.

M. Giroud de Buzareingue a tenté quelques essais sur le chanvre pour rechercher la loi de ces phénomènes (1); il a vu que des graines de chanvre, grosses ou petites, récoltées sur un terrain fertile ou stérile, ont donné en général la même quantité des deux sexes : cependant il a, dans une expérience, obtenu plus de femelles d'une graine récoltée dans un terrain très-fertile, que d'une autre provenant d'un terrain stérile; il a aussi observé que les graines produites par la partie inférieure des épis du chanvre, donnent plus d'individus mâles que celles de la partie supérieure des mêmes épis, dans la proportion de 444 à 1250. Il serait intéressant de varier ces recherches et sur le chanvre et sur les autres plantes dioïques : les documens actuels sont trop bornés pour oser en déduire quelque conclusion.

ARTICLE VIII.

Conclusion.

En récapitulant les faits présentés dans ce chapitre, nous pouvons en déduire les généralités suivantes.

---

(1) Bull. sc. nat., 21. p. 258.

L'espèce se compose de toutes les plantes qu'on peut supposer dérivées d'une seule plante ou d'un seul couple d'êtres semblables.

Ses caractères sont permanens entre des limites déterminées, et se conservent par la graine.

Ils sont variables entre ces limites :

1°. Par l'action des causes extérieures qui produit des variations ou des déformations, lesquelles ne se conservent pas par la graine, ni même par la multiplication due à la division, et peuvent être détruites par les circonstances contraires.

2°. Les individus d'une espèce peuvent être altérés par la fécondation de diverses manières, savoir :

A. Les graines provenant d'un ovaire fécondé par le pollen d'une autre espèce analogue, produisent des plantes hybrides intermédiaires entre leurs deux parens, et d'autant plus souvent stériles, que ceux-ci sont plus différens.

B. Les graines provenant d'un ovaire fécondé, ou par une espèce extrêmement analogue, ou par une variété ou hybride préexistante, produisent de nouvelles variétés susceptibles de se conserver par la division, ou même des races susceptibles de se reproduire plus ou moins long-temps par graines.

C. Les graines provenant d'une fécondation forcée ou irrégulière entre espèces et variétés semblables ou dissemblables, paraissent produire les monstruosités qui sont susceptibles de se reproduire comme les variétés, mais avec moins de constance, et moins de régularité.

D. Les individus provenus de graine peuvent ressembler à leurs parens immédiats, et peut-être à leurs aïeux, par des circonstances internes ou de tempérament, aussi bien que par les formes extérieures.

E. Rien ne peut encore expliquer complétement pourquoi les sexes varient, soit dans les individus d'une espèce, soit dans les fleurs d'un même individu.

CHAPITRE X.

De la Reproduction des Cryptogames.

————

J'ai déjà, dans l'*Organographie* (vol. 2, p. 119), présenté le tableau des moyens reproducteurs des cryptogames considérés quant à leur forme; et pour me faire comprendre j'ai été forcé d'exposer aussi la fonction de ces organes. La plus grande partie de ce que je devrais exposer ici se trouve donc anticipée : je pourrais bien sans doute ajouter à ce tableau, soit quelques particularités purement descriptives qui ont été observées depuis la publication de l'*Organographie*, ou qui avaient été omises dans cet ouvrage, soit des considérations de théorie générale sur les rapports de ces êtres entre eux; mais la première de ces séries de faits appartient à l'organographie, la seconde à la taxologie, et ce qui est relatif à la physiologie des organes de la reproduction des cryptogames se réduit, dans l'état actuel de la science, à des données encore vagues, incertaines, ou la plupart déjà indiquées dans l'*Organographie.*

Les cryptogames de Linné (1737), ou les végétaux néméens de Fries (1830), se divisent, dans presque tous les ouvrages systématiques récens, en trois groupes qui, selon qu'on attribue plus d'importance, d'un côté à l'existence ou absence des vaisseaux, de l'autre à l'existence ou absence probable des sexes, sont réunis diversement en deux classes par les divers classificateurs, mais se suivent chez tous à peu près dans le même ordre : ces groupes sont les filicoïdes, les muscoïdes et les aphylles.

Si on les sépare d'après la structure anatomique de leur tige, on les range en deux classes : 1°. les cryptogames vasculaires, que j'ai indiqués en 1805 dans la *Flore française*, et qui dès-lors ont été admis sous ce nom par Bartling, et sous celui de *filicoïdes* par Lindley; 2° les cellulaires, qui comprennent les muscoïdes et les aphylles comme sous-classes.

Si on les envisage sous le rapport des organes reproducteurs, on les sépare en deux divisions : 1° les cryptogames qui ont des organes sexuels plus ou moins appréciables, et qui correspondent aux acotylédones foliacées de Marquis (1820), aux hétéronoméens de Fries (1825), aux crypto-cotylédones d'Agardh (1824), etc. 2° Les cryptogames sans sexe apparent, qui correspondent aux cellulaires aphylles de la *Flore française* (1805) et de Lindley (1830), aux attelinées de Link (1809), aux acotylédones aphylles de Marquis (1820), aux homonéméens de Fries (1825), et de Bartling (1830), et aux acotylédonées d'Agardh (1830).

L'une et l'autre de ces dispositions a en sa faveur des argumens qu'il serait hors de propos d'examiner ici en détail; mais il est évident que la dernière doit être suivie sous le rapport physiologique de la reproduction.

Les cryptogames, munis d'organes analogues ou identiques avec les organes sexuels, se rapprochent des végétaux vasculaires. soit parce qu'une partie d'entre eux a de véritables vaisseaux, soit parce que tous ont des

organes distincts, racine, tige et feuilles, soit parce
qu'ils ont assez clairement les deux modes de reproduction visibles dans les phanérogames. Tous ces végétaux,
en effet (ou au moins un certain nombre dans chaque
famille assez grand pour admettre que la famille entière
participe à cette nature), offrent des sortes de gemmes,
bourgeons, bulbilles ou tubercules, susceptibles de les
reproduire sans aucune fécondation et d'une manière
analogue à ce que nous avons décrit au chap. vii. Tous
aussi offrent à une certaine époque de leur vie un appareil compliqué, souvent mal connu dans ses formes, mais
qu'on est autorisé à considérer comme analogue à l'appareil fructificateur, puisqu'il en résulte des corps nouveaux qui ont, comme les graines, la faculté de reproduire l'espèce. Dans le plus grand nombre des cas, on a
cru y reconnaître un organe fécondateur, qui semble
différer de celui des phanérogames en ceci, que la fovilla ou matière fécondante n'y paraît pas renfermée dans
des coques spéciales analogues aux globules polliniques,
mais qu'elle s'échappe d'enveloppes générales, qu'on
peut considérer comme analogues à l'anthère. Cet organe
même n'est pas connu dans tous les groupes de cette
classe; mais on est conduit par l'analogie à en admettre
l'existence d'une manière générale.

Les corps reproducteurs, qu'on nomme *spores* ou *gon-
gyles*, pour ne pas les assimiler complétement aux véritables graines, reproduisent évidemment l'espèce d'où ils
tirent leur origine; et dans plusieurs groupes (les équi-
sétacées, les fougères, les lycopodiacées, les marsiléa-
cées, les mousses), on est parvenu à les faire germer
sous les yeux de l'observateur. On ne peut pas affirmer

si le nouvel être qui en dérive sort d'une enveloppe spéciale, et quelques faits encore ambigus pourraient en faire douter. A l'époque du premier développement, ou, si l'on veut, de la germination de ces spores, on voit se développer une appendice de nature foliacée, que les uns ont considérée comme un vrai cotylédon, et que d'autres ont nommée *proembryon*. Cet organe ne me paraît pas différer des vrais cotylédons tant qu'on considère ceux-ci comme les premiers organes nourriciers de la plante; mais dans celles des cryptogames qui ont des vaisseaux lorsqu'ils sont adultes, cet organe offre ceci de remarquable, qu'il est de nature purement cellulaire, et n'offre ni vaisseaux ni stomates. Les cotylédons des vasculaires endogènes pourraient bien s'éloigner moins de sa structure qu'on ne le croit communément. Cet organe, toujours latéral, toujours borné à l'époque de la germination, toujours évidemment utile à la nutrition de la jeune plante, me semble assez analogue dans les endogènes phanérogames et dans les cryptogames sexuels pour pouvoir y garder le même nom. Mais tout au moins, si l'on veut lui donner un nom spécial, faudra-t-il avouer qu'il a sensiblement les fonctions des cotylédons.

Quant aux cryptogames cellulaires et aphylles (les lichens, les champignons et les algues), on n'y a rien découvert qui y annonce un véritable appareil sexuel; mais on est cependant obligé de reconnaître, 1° que, si la matière fécondatrice se trouve dans les enveloppes mêmes où les germes se développent, ceux-ci peuvent être réellement fécondés sans que nous en ayons connaissance; 2° que, dans un grand nombre de végétaux de cette classe, nous pourrons distinguer deux modes de multiplication, l'un analogue à la reproduction par bouture ou tubercule, l'autre analogue à la reproduction sexuelle : ainsi, dans les lichens, nous voyons des efflorescences et des développemens accidentels qui rappellent la première classe de ces phénomènes, tandis que nous avons tout lieu de croire que les corpuscules formés dans les disques des scutelles, et préparés par une organisation compliquée, sont des spores. Dans les champignons, nous voyons de même des portions de leurs filamens radiciformes reproduire de nouveaux individus à la manière des boutures, tandis que les corpuscules, placés avec une sorte de régularité sur l'hyménium, sont très-analogues à des spores. Dans les algues, nous voyons plus clairement des portions tronçonnées reproduire des corps nouveaux analogues à des branches ou à des tiges, à la manière des boutures, et nous voyons germer à la manière des graines ou des spores les corps qui sont méthodiquement placés dans des appareils temporaires, comme le sont tous les appareils sexuels des végétaux. Ainsi, quoique la fécondation, dans le sens strict du mot, soit encore un problème dans ces végétaux, leur double mode de reproduction les rapproche des végétaux vasculaires.

Dans les plantes cellulaires, nous voyons les corps reproducteurs composés assez visiblement d'une simple cellule ; et ainsi l'hypothèse de ceux qui veulent que, dans les vasculaires, l'origine de l'embryon et celle du bourgeon soient une cellule, paraît s'y présenter avec un haut degré de probabilité ; mais il est évident aussi que, si on y comprend sans peine ce mode de formation de l'embryon et du bourgeon, qui est d'accord avec la

structure des cellulaires adultes , cet exemple est plutôt
une objection contre ceux qui veulent que l'embryon ou
le bourgeon des vasculaires soit formé de la même manière , qu'elle n'est un argument en leur faveur.

Les cellulaires sont les végétaux dans lesquels les partisans de la génération spontanée et ceux de la variabilité
des types spécifiques ont cru trouver des argumens dé-
cisifs à l'appui de leurs opinions.

La génération spontanée ne compte aujourd'hui qu'un
bien petit nombre de partisans. Si on reconnaît que l'ancien adage , *omne virum ex ovo* , est peut-être hasardé
dans son universalité , on ne peut guère nier que tout
être organisé provient par reproduction sexuelle ou par
simple division d'un être semblable à lui. Les cas souvent
allégués de cryptogames qui se développent sans qu'on
ait pu voir le germe provenant d'un être semblable auquel ils doivent l'existence , ces exemples, dis-je , s'expliquent assez bien par la petitesse extrême et le nombre
prodigieux de ces corpuscules reproducteurs. Ainsi ,
M. Fries en a compté au-delà de dix millions dans un seul
individu de *reticularia maxima* (1), et les grandes espèces
de lycoperdons en contiennent peut-être bien davantage.
Ces corpuscules , lancés au loin par l'élasticité de leurs
coques, ou libérés par la dissolution de leurs enveloppes , sont dispersés dans l'air ou par les vents ou seulement par les mouvemens que les simples irrégularités
de température impriment à l'air ambiant; car c'est ainsi
que je conçois ce qu'on dit de l'action du soleil pour la
dispersion des spores ou germes des cryptogames. Ces

____

(1) *Syst. orbis vegetabilis* 1 , p. 41.

corpuscules, flottant dans l'air ou nageant dans les eaux en nombre incalculable, se déposent çà et là, et végètent lorsqu'ils rencontrent des stations favorables à leur existence.

Ces germes ou spores imperceptibles peuvent, à raison de leur petitesse même, être entraînés par l'air ou par l'eau dans le tissu des êtres organisés, ou rester latens dans l'eau, et se développer lorsqu'un concours de circonstances favorables vient à se présenter.

En suivant l'histoire de ces végétaux, on comprend assez bien, d'après ces données, comment les cryptogames qui vivent dans l'air sont beaucoup moins cantonnés que les phanérogames ou les cryptogames terrestres ou aquatiques ; comment ces spores s'accrochent plus facilement sur les surfaces horizontales que sur les verticales, sur les surfaces raboteuses ou inégales plutôt que sur les surfaces lisses et polies, sur les corps solides que sur les corps pulvérulens, par les temps humides que par les temps complétement secs, etc., circonstances toutes très - appréciables dans l'histoire géographique des lichens, des algues et de plusieurs champignons. On conçoit de plus comment ces germes peuvent se développer, toutes les fois que des matières animales ou végétales, du terreau, ou même de l'eau ou de l'air, se trouvent placés dans des circonstances favorables relativement à la température, à la clarté, et en général aux agens qui influent sur la végétation.

Cette théorie sur la diffusion et l'origine des végétaux cellulaires a été attaquée sous divers rapports, savoir, en théorie, et par l'expérience. Les attaques théoriques sont toutes fondées sur le désir d'assimiler les êtres orga

nisés aux corps bruts, tandis que les opinions contraires
ont pour but de rattacher l'histoire des êtres organisés
obscurs à ceux dont l'histoire est claire. Il me semble
que quiconque aura comparé sans prévention ces deux
modes de raisonnement, trouvera le second plus logique
que le premier. Plus on observe, plus on voit les limites
des deux règnes organiques s'évanouir ; mais aussi plus
on les voit se séparer nettement des corps inorganiques
par leur forme, leur nature et leurs propriétés. L'expérience est difficile en pareille matière ; aussi ceux qui en
ont tenté ont été facilement induits en erreur sur leurs
résultats : ainsi M. Fray (1) a publié une série d'expériences desquelles il paraît conclure à la formation spontanée des animalcules et des cryptogames ; mais en réalité, tous les faits qui y sont cités s'expliquent également
bien dans les deux hypothèses. En effet, les essais en ont
été faits ou à l'air libre, ou avec de l'eau ordinaire, ou
avec des matières organiques, ou avec du terreau : or,
tous ces corps peuvent contenir des germes provenant de
plantes ou d'animaux préexistans. Spallanzani et Senebier, qui ont fait un grand nombre d'observations, le
premier sur le développement des animalcules, le second
sur celui de la matière verte de Priestley (sorte d'algue
qui se développe dans l'eau), ont vu assez uniformément
que ces corps organisés naissent dans les eaux, lorsque
celles-ci en ont pu contenir les germes ou les recevoir de
l'air ; mais que lorsqu'on emploie de l'eau fraîchement

---

(1) Nouvelles expériences extraites d'un manuscrit qui a pour
titre : *Essai sur l'origine des substances organisées et inorga-
nisées*, Berlin, 1807.

distillée et renfermée dans un vase hermétiquement clos,
il ne s'y développe pas de matières organiques.

La principale objection que l'on fait contre la théorie
de la diffusion des germes ou spores des cryptogames,
c'est la variété extraordinaire des êtres qu'on voit se développer sur les divers corps ou les différens menstrues
qu'on a observés. Comment concevoir qu'un nombre aussi
grand de germes divers soit flottant dans l'air ou dans
l'eau? Mais cette objection, qui n'en est une que pour
l'imagination, perd beaucoup de sa force si l'on réfléchit
à la variabilité des caractères des végétaux cellulaires
aphylles. Ces plantes n'étant composées que de cellules
agglomérées, ont beaucoup moins de fixité dans leurs
formes générales que toutes les autres. Chez elles la cellule est le véritable individu; et pour bien comprendre
la structure propre à chaque espèce, il faudrait pouvoir
décrire la cellule avec assez de soin pour en reconnaître
la structure propre. Cette connaissance nous manque
dans un grand nombre de cas, et nous y suppléons alors
soit en examinant le mode d'agrégation des cellules entre
elles, leur consistance ou leurs autres propriétés physiques, caractères beaucoup plus sujets à erreur que la
forme proprement dite.

Nous avons déjà des exemples remarquables des variations extraordinaires que les cellulaires peuvent présenter :
ainsi M. G.-T.-W. Meyer (1) a prouvé que de simples variations de certains lichens ont été prises par l'universalité
des botanistes, non-seulement pour des espèces distinctes, mais qu'elles ont été placées dans des genres; et

____

(1) *Nebenstunden*, Gœttingen. 1 vol. in-8°. 1825.

quelquefois, comme les collema, dans des classes différentes. M. Fries (1) a montré qu'une foule de formes de champignons observées dans des lieux trop obscurs ou trop humides, ne constituaient point de véritables espèces, et rentraient, comme simples variations, dans des espèces plus généralement répandues. Les algues observées par MM. Agardh (2), Bory (3), etc., ont présenté de même des variations si extraordinaires dans leurs apparences, que quelques-unes semblent, à certains âges, participer de l'animalité.

Déduirai-je, avec quelques savans, de ces considérations, la conséquence qu'il n'y a point d'espèces dans ces êtres ambigus? ou admettrai-je avec d'autres que leur existence est purement déterminée par la nature des matières sur lesquelles ils se développent? Non, sans doute; mais j'en conclus que plus nous examinons des êtres placés plus bas dans l'échelle organique, moins nous pouvons saisir leurs vrais caractères, parce que ceux-ci résident dans la cellule; que plus la texture des êtres est simple, moins aussi la force vitale a d'action variée, et plus les élémens extérieurs ont d'influence sur les germes qu'ils développent; qu'au milieu des variations nombreuses déterminées par ces influences, nous connaissons très-mal les vraies limites des espèces, et qu'il pourrait

(1) *Systema mycologicum*, 3 vol. in-8°, Lund., 1821, 1822 et 1829.

(2) *Systema algarum*, 1 vol. in-8°, Lund., 1824; *Aphorismi*, et divers mémoires.

(5) **Essai sur les animaux microscopiques**, in-8°, Paris, 1826: Règne psychodiaire dans le Diction. classique: Essai sur les Oscillaires, *idem*, 1827, etc.

bien se faire qu'un grand nombre de formes très-diverses fussent en réalité des modifications des mêmes germes. Supposons pour un moment que la vigne, la rose ou le poirier soient des êtres microscopiques, que leurs mille variétés aient été observées par cent personnes différentes, avec des microscopes de forces inégales, à divers degrés d'âge et de développement : croyez-vous qu'on n'en aurait pas fait autant d'espèces que nous le faisons pour les algues ou les champignons microscopiques? Je ne dis point ceci pour jeter du blâme sur ces travaux pénibles et méritoires : on ne peut pas faire autre chose que de décrire et de comparer les formes qui se présentent à nos yeux; peu à peu on apprendra à les grouper d'après leur véritable nature; mais il est impossible aujourd'hui, dans un grand nombre de cas, d'assigner la limite de ces espèces; et il est possible, peut-être probable, qu'un nombre d'espèces originelles de plantes cellulaires, beaucoup moins grand que nous ne le pensons, mais exagéré à nos yeux par les variations dont chacune d'elles peut être affectée, suffise pour expliquer tous ces développemens de végétations observées sur tant de matières différentes.

Peut-être encore doit-on tenir compte de ce qu'il doit arriver souvent que des spores ou germes prennent, dans des circonstances données, un certain degré de développement, puis sont arrêtés dans leur expansion par des circonstances contraires : nous prenons ces premiers âges pour des êtres distincts, à peu près comme si nous voyions au microscope un marron en germination, et que nous ne sussions pas le distinguer d'un marronier en fleurs. Ainsi, il est probable que plusieurs des lepra, des byssus, des matières vertes qui flottent dans l'eau ou sur l'eau, ne sont que les jeunes rudimens de lichens, de champignons, d'algues diverses, que nous connaissons à leur état parfait sous d'autres dénominations : ainsi les végétations en apparence différentes qui se développent sur les infusions chimiques, sur les diverses matières organiques, pourraient bien être en réalité beaucoup moins différentes entre elles que nous ne le croyons; et plus cette proposition prendra d'étendue par les exemples qu'on y pourra rapporter, moins il sera nécessaire d'admettre un nombre considérable de germes différens pour expliquer la diffusion des cryptogames; plus aussi cette théorie, qui seule a l'avantage de se rattacher à ce qui est connu dans les grands végétaux et les grands animaux, deviendra plausible et acceptable.

LIVRE IV.

DES PHÉNOMÈNES GÉNÉRAUX DE VÉGÉTATION COMMUNS AUX DEUX CLASSES DE FONCTIONS.

Je réunis dans ce quatrième livre divers phénomènes qui n'ont entre eux aucune connexion nécessaire, si ce n'est de pouvoir s'appliquer ou se mêler aux deux grandes fonctions des végétaux : ainsi, par exemple, la coloration des parties est bien une conséquence des lois de la nutrition, mais elle s'applique également aux organes de la reproduction. J'aurais donc pu la citer comme conséquence en parlant de la nutrition, sauf à me répéter sans utilité à l'occasion de la reproduction. Ce que je dis à l'égard de la coloration, je pourrais le dire de la direction, du mouvement, de la température, de la soudure, de la durée, etc., des parties. J'ai donc cru gagner à la fois de la concision et de la clarté en rejetant ces faits accessoires dans un livre séparé.

Parmi les phénomènes que je rapporte ici, il s'en trouve de deux ordres : les uns sont des phénomènes plus ou moins généraux qui se présentent habituellement dans l'ordre naturel de la végétation, et sur lesquels l'homme n'a que peu ou point d'action : tels sont la coloration, la température, la direction, etc., des plantes.

Les autres sont des faits qui se rencontrent rarement

et accidentellement dans le cours naturel des choses , mais que l'homme a imités et généralisés au point de les rendre si fréquens , qu'il ne serait pas permis d'en négliger l'histoire : telles sont les greffes , la transplantation.

Je n'ai pas cru devoir séparer complétement ces deux séries de faits, parce que , dans la réalité, ils sont de même ordre, et que la circonstance, que l'homme a généralisé les uns et non les autres, change bien leurs applications , mais non leur nature. Si l'on venait à tirer un grand parti des théories connues sur la direction des branches, leur rôle physiologique ne serait pas changé. Je prie donc le lecteur de ne pas s'étonner s'il trouve mélangées dans ce livre des actions purement physiologiques, et des opérations qu'on a l'habitude de rapporter à l'industrie humaine.

CHAPITRE PREMIER.

Des Avortemens.

---

§ 1. En général.

De tout temps les observateurs des plantes se sont aperçus que certains organes qui, par analogie, leur paraissaient faire partie du plan symétrique d'un végétal, ne se développaient pas dans certaines circonstances ; mais on avait considéré ces accidens comme rares et spéciaux. Je crois être le premier qui ait prouvé, dans ma *Théorie élémentaire* (publiée en 1813) , que ces phénomènes, connus avant moi sous le nom d'avortement , étaient beaucoup plus fréquens , beaucoup plus généraux qu'on ne l'avait cru , et que leur étude était une des bases fondamentales de l'histoire des organes et de leur symétrie. Dès-lors je me suis fréquemment attaché à montrer la variété de ces avortemens , et leurs résultats pour la connaissance réelle des organes. Tous ceux des botanistes qui ont tenté de s'élever à quelques idées générales de classification , et même à quelque rigueur dans les simples descriptions , ont senti l'importance de ces considérations qui forment aujourd'hui l'une des bases de la science. Des considérations analogues ont, depuis la publication de ma théorie, été aussi intro-

duites dans la zoologie, et M. Geoffroy Saint-Hilaire (1)
désigne sous le nom *d'arrêts de développemens* des faits
fort semblables à ceux que les botanistes connaissent sous
celui d'*avortement.* Je n'ai point à examiner ici les faits
d'avortement dans leurs rapports avec la structure des
organes, ni avec les lois de la classification ; mais je dois
indiquer succinctement les causes physiologiques qui
rendent ces phénomènes si fréquens dans les végétaux.
Ces causes peuvent se classer sous deux chefs généraux :
1° la gêne ou la compression exercée sur certains organes
voisins ; et 2° l'activité vitale que certains organes prennent dans des cas déterminés aux dépens de leurs voisins.

Je ne parle ici que des avortemens constans ou à peu
près constans dans certaines espèces, et qui ne sont pas
déterminés par des causes extérieures : ainsi, qu'un coup
de vent brise une grappe, qu'un animal broute une fleur,
qu'un insecte ronge ses étamines ou son pistil, qu'un
coup de soleil ou un coup de froid tue les organes sexuels,
qu'un champignon parasite en détruise le pollen, etc., il
en pourra bien résulter accidentellement que cette grappe
ou cette fleur ne porteront point de graines : c'est bien un
avortement ; mais il est évidemment accidentel, et rentre
dans les cas nombreux de maladies, dont nous aurons
à parler dans le livre suivant : la cause en est étrangère
au végétal. Mais si la cause de l'avortement se trouve inhérente au végétal lui-même, elle devra se représenter
toujours dans des circonstances données ou des périodes
données de son existence : c'est ce qui constitue les

______

(1) Ann. des sc. nat., vol. 22, p. 70.

avortemens *constans* ou *prédisposés*, les seuls dont je croie utile de m'occuper ici, et encore le ferai-je très-succinctement, pour éviter la répétition de ce que j'ai dit ailleurs (1).

§. 2. Avortemens déterminés par la gêne ou la compression des organes voisins.

Personne ne peut s'étonner si, lorsque le tronc d'un arbre se trouve gêné dans son développement par l'angle d'un rocher, ce côté du tronc cesse de croître, et reste petit, rabougri, et comme avorté. Pourquoi s'en étonnerait-on, lorsque la compression est déterminée par une portion même du végétal qu'on observe? Si on est resté long-temps avant de reconnaître la réalité de ce fait, c'est uniquement par suite de certaines idées de perfection idéale qu'on s'est plu à attribuer aux ouvrages de la nature, jugés d'après nos vues étroites et bornées. Ainsi, on entend dire tous les jours que la culture doit se réduire à imiter la vie naturelle des plantes, qu'on suppose parfaite. Je ne nie point que l'observation de la végétation habituelle ne soit un moyen de savoir ce qui convient aux plantes; mais l'art fait ici, dans une multitude

____

(1) Théorie élémentaire, 1813, et éd. 2, 1819. Dès-lors, ces avortemens ont été l'objet de fréquentes discussions parmi les botanistes; et, si je ne me trompe, ils sont aujourd'hui presque universellement admis. C'est sans doute par oubli que M. Dutrochet, qui a rappelé en 1831 l'attention de l'Académie des sciences sur ce phénomène, a négligé de dire que c'était dans la Théorie élémentaire qu'on trouve les premières notions à ce sujet.

de cas, mieux que la nature : sur cent graines d'ormeau, à peine, dans le cours ordinaire des choses, se développe-t-il quatre ou cinq ormeaux, à peine en manque-t-il quatre ou cinq dans la culture des pépinières. La perfection de la nature se compose d'une multitude de faits qui réagissent les uns sur les autres, et desquels il résulte un certain équilibre habituel. Ce qui est vrai en grand des êtres comparés entre eux, est également vrai de leurs parties comparées entre elles.

La compression ou la gêne des parties d'un végétal peut s'exercer des plus dures sur les plus molles, des plus durables sur les plus fugaces, des plus grosses sur les plus petites, ou des plus anciennes sur les plus nouvelles. Tous ces cas sont déterminés par la juxta-position; et, selon que celle-ci est plus ou moins nécessaire, l'accident est aussi plus ou moins constant. Des exemples feront comprendre plus clairement mon idée. La disposition des fleurs, ou l'inflorescence, est une partie essentielle de la symétrie des plantes, et tient à leur essence la plus intime; mais elle agit elle-même comme cause sur la structure de chaque fleur. Ainsi, que les fleurs soient réunies en têtes serrées, comme dans les composées ou les dipsacées, et entourées de bractées nombreuses rapprochées ou collées ensemble, toutes ces fleurs réagiront les unes sur les autres comme autant d'obstacles, et une partie de leurs organes, gênée par cette compression, ne pourra pas se développer. Tantôt le limbe du calice sera (selon le degré de gêne et selon sa propre nature) réduit à une membrane fine et scarieuse, ou à des poils scarieux, ou à des dents peu apparentes, ou enfin il sera complétement oblitéré. Une partie des organes sexuels ne pourra prendre le développement suffisant pour être fertile ; et si l'ovaire , dans son plan primitif, contenait plusieurs loges et plusieurs graines , une seule d'entre elles aura pu prendre quelque développement , les autres étant gênées par cette compression générale long-temps avant leur apparition en forme d'ovules.

Ainsi , pour citer un cas de compression inégale , supposez des fleurs qui naissent fortement appliquées contre un axe, n'est-ce pas dans cette partie comprimée et gênée que vous devez vous attendre à voir disparaître certains organes, en ce sens que, gênés par un corps plus solide qu'eux, ils n'ont pu se développer? Aussi voyez-vous que dans toutes les plantes didynames, c'est-à-dire qui, étant composées de cinq sépales et de cinq pétales soudés entre eux, n'ont que quatre étamines fertiles, celle qui manque ou qui est réduite à un simple rudiment, est toujours celle qui est originairement située du côté de l'axe : sur les quatre qui prospèrent, on trouve encore que les deux plus voisines de l'axe sont habituellement les plus petites et quelquefois stériles ou complétement avortées. Il est difficile de ne pas admettre que ces avortemens sont dus à la compression de l'axe sur les fleurs serrées contre lui.

Les gênes ou compressions qui s'exercent à la fois tout à l'entour d'une fleur pourront donc déterminer l'avortement de l'un des verticilles dont cette fleur se compose, et celle-ci restera encore régulière. La compression latérale agira plus ou moins vivement sur l'un des côtés de cette fleur, et fera avorter plus ou moins complétement une partie de chacun des verticilles dont la fleur se compose, et celle-ci deviendra irrégulière. Mais, puisque ces causes tiennent à la disposition même des parties , elles ne pourraient cesser d'agir que si cette disposition elle-même était modifiée à l'époque où elle commence à agir : or , à cette enfance de leurs organes et à ce moment de leur premier développement , nous n'en avons que peu ou point de connaissance , et évidemment nous n'avons aucune action raisonnée sur eux ; nous ne pouvons donc qu'enregistrer les aberrations que la nature nous présente elle-même , et c'est par ces faits (que nous appelons *monstruosités*) que nous sommes remontés à l'idée générale de la symétrie primitive ou de l'ordre propre aux êtres organisés. Si , comme on l'assure, on peut voir les rudimens des régimes de palmiers nichés dans le tronc long-temps avant leur apparition à l'extérieur, on peut concevoir que ces organes, préexistans depuis si long-temps , peuvent, pendant cette période latente , éprouver des compressions inaperçues qui déterminent les avortemens de certains organes. L'étude de cette classe de faits serait d'une haute importance pour l'étude philosophique de la botanique , et pourrait éclaircir la théorie des avortemens et des soudures. Rejeter cette classe d'idées parce que certains esprits ardens ou irréfléchis l'ont étendue outre mesure , ce serait priver la science de l'une des sources où elle peut puiser le plus d'inspirations importantes ; aussi ceux-mêmes qui semblent les plus opposés à ces théories, y sont conduits de force dans une multitude de cas spéciaux ; mais souvent il leur arrive que n'ayant pas voulu réfléchir à ces lois générales, ils en font de fausses applications.

§. 3. Avortemens déterminés par l'action vitale prépondérante
des organes voisins.

Un arbre, une plante herbacée, se composent d'un grand
nombre d'organes vivans implantés sur un tronc auquel
arrive une certaine quantité de sève non encore élaborée :
chacun de ces organes tend à absorber pour son propre
compte une partie de cette sève; il l'attire à lui par son
action vitale. Dans cet état de choses, ceux qui, plus favorisés par leur position, jouissent mieux des bienfaits de
la lumière ou de la chaleur, deviennent plus actifs, et
attirent à eux une partie plus considérable de la sève
emmagasinée dans le tronc; ils en privent ainsi leurs voisins et prospèrent à leurs dépens, à ce point que les moins
favorisés restent faibles ou même périssent affamés : ce
sont là des cas d'avortemens accidentels. Ceux de ces
organes actifs qui, par leur position dans la plante même,
se trouvent plus avantageusement placés quant à la direction naturelle des sucs, peuvent de même prendre plus
d'accroissement, et déterminer sur d'autres des avortemens prédisposés. Ces deux classes de faits réunis ou séparés se présentent fréquemment dans la nature. J'en
donnerai quelques exemples.

Chaque feuille d'une branche porte à son aisselle, dès
sa naissance, le rudiment d'un bourgeon. Tant que la
feuille est jeune et a toute l'activité vitale dont elle est
susceptible, elle attire la sève à elle, et le bourgeon ne
prend presque aucun accroissement. Lorsque la feuille
commence à perdre de son activité, ce qui arrive dans
plusieurs au mois d'août, elle aspire la sève avec moins

de force, et alors le bourgeon commence à manifester sa présence en prenant un développement sensible. Il est si vrai que c'est là la cause qui arrêtait son accroissement, que si, au mois de mai ou de juin, on enlève les feuilles des arbres, tous les bourgeons latens à leurs aisselles se développent immédiatement : c'est ce qu'on voit dans les mûriers effeuillés pour les vers à soie ; c'est ce qu'on voit aussi, lorsqu'à la suite d'une grêle qui a abattu toutes les feuilles des vergers, il survient un temps chaud et humide : les bourgeons, soit à feuilles, soit à fleurs, se développent en peu de temps. Ainsi, l'action de la feuille arrête pendant quelque temps, dans le cours ordinaire, l'action des bourgeons, et plusieurs de ceux-ci (ordinairement les inférieurs de chaque branche) ne peuvent se développer et avortent sans produire de rameau.

Parmi les bourgeons supérieurs qui prennent toujours plus d'accroissement, soit parce qu'ils reposent sur un bois plus herbacé, soit parce que la sève ascendante tend toujours à se porter vers les sommets des branches, parmi les bourgeons supérieurs, dis-je, il se passe des phénomènes analogues : tantôt le bourgeon terminal devient prépondérant, attire la sève, et affame ses voisins qui avortent : c'est ce qui arrive dans la plupart des conifères. Tantôt les bourgeons les plus voisins, opposés si les feuilles le sont, ou solitaires si les feuilles sont alternes, prennent un accroissement plus rapide, et alors le bourgeon terminal avorte et tombe, et la branche continue, ou en se bifurquant par le développement de deux bourgeons opposés, ou en restant simple par l'alongement du bourgeon latéral. Les boutons de fleurs peuvent être considérés comme des sortes de bourgeons situés à l'aisselle des feuilles florales : leur action vitale est généralement très-active, de sorte qu'ils attirent les sucs avec force, et les feuilles florales restent petites, souvent réduites à de simples rudimens; quelquefois même elles manquent complétement, comme dans les crucifères.

Les ovules, dès qu'ils ont reçu la fécondation, deviennent des organes actifs qui tendent à pomper la sève et à la détourner des organes qui les entourent : de là l'épuisement des corolles et des étamines qui se flétrissent et qui meurent ; de là résulte encore que les premiers ovules fécondés tendent à empêcher le développement, ou à étouffer ceux qui sont fécondés les derniers : ce qui tend à expliquer en partie les cas fréquens où le nombre des graines d'un fruit est fort inférieur à celui des ovules de l'ovaire.

Ainsi la vie d'un arbre se compose de l'action simultanée de tous ces organes qui, chacun de leur côté, appellent la sève : sa prospérité dépend de l'espèce d'équilibre qui s'établit. Une partie notable de l'art de la taille consiste à maintenir ou à rétablir cet équilibre, ou, en d'autres termes, à empêcher que des organes trop actifs ne deviennent prépondérans et ne fassent avorter leurs voisins. Que trop de branches naissent voisines, les plus faibles seront affamées par les plus vigoureuses; que trop de fruits naissent à côté l'un de l'autre, les plus actifs dans leur végétation prospèrent, et les autres périssent. Ce sont là des avortemens accidentels que l'homme peut prévoir, et, selon ses vues, il peut ou les prévenir ou les déterminer à volonté. Je ne crois pas devoir insister sur ces faits triviaux. Il me suffit d'avoir indiqué les deux causes principales qui font que tous les organes dont l'existence est déterminée dans le plan symétrique d'un être, ne se développent pas ou avortent en tout ou en partie.

CHAPITRE II.

Des Dégénérescences ou Métamorphoses.

J'AI désigné (1) sous le nom de *dégénérescences*, et M. de Gœthe sous celui de *métamorphoses* (2), certaines modifications de dimension, de circonstance, de forme, de couleur, etc., dont les organes des plantes sont susceptibles, et j'ai montré, soit dans la *Théorie élémentaire*, soit dans l'*Organographie*, combien ces modifications sont importantes à étudier pour arriver à la connaissance réelle de l'organisation. Je dois en dire ici encore quelques mots dans leurs rapports avec la physiologie.

Les modifications de grandeur rentrent à plusieurs égards dans ce que j'ai dit tout à l'heure des avortemens. Lorsque les causes qui tendent en général à faire avorter un organe agissent à un moindre degré d'intensité, elles produisent seulement une réduction dans ses dimensions : par exemple, dans plusieurs personées, l'étamine située du côté de la tige n'avorte pas en entier, mais est simplement réduite à un filet ou même à

---

(1) Théor. élém., édit. 2, p. 105.
(2) Essai sur la métamorphose des plantes. 1 vol. in-8°. Stuttgard, 1831.

un moignon. L'accroissement des dimensions est souvent concomitant avec l'avortement total ou partiel, en ce sens que, lorsque sur un système d'organes certaines parties prennent peu d'accroissement et consomment peu de nourriture, les parties voisines qui conservent leur vitalité tout entière absorbent d'autant plus d'aliment et se développent davantage : ainsi les pétales supérieurs des érythrina, par exemple, grandissent d'autant plus que les inférieurs avortent en tout ou partie. Ainsi, les lobes calicinaux des rosiers se développent quelquefois au point de devenir de véritables feuilles, lorsque les carpelles situés dans le tube du calice viennent à avorter. On voit dans ces exemples que l'avortement total ou partiel de certains organes détermine un accroissement insolite dans les organes voisins. L'inverse a lieu quelquefois, et quand une cause accidentelle fait beaucoup développer un organe, il arrive souvent que les parties voisines privées de nourriture restent plus petites qu'à l'ordinaire.

Les modifications de consistance sont plus variées que les précédentes, et souvent il est plus difficile d'en démêler la cause.

Des parties qui devraient être naturellement foliacées comme des sépales ou des bractées, prennent souvent un état scarieux lorsque dès leur jeunesse elles sont constamment soumises à une forte compression : c'est ce qui produit l'état sec et membraneux des limbes calicinaux et des bractéoles chez les composées et les dipsacées, et ce qui les convertit en aigrettes ou en paillettes du réceptacle. L'extrême opposé est le cas où les parties foliacées deviennent charnues : cet état est habituel dans les feuilles

grasses ou les péricarpes charnus qui ont peu ou point
de stomates. On a dans certaines plantes quelques exem
ples d'une pareille tendance déterminée par des causes
extérieures : ainsi, plusieurs espèces prennent des feuilles
bien plus charnues qu'à l'ordinaire lorsqu'elles croissent
dans les terrains saumâtres du bord de la mer : tels sont
le *lotus corniculatus*, le *plantago major*, etc. On remarque
aussi que la plupart des plantes propres à ce genre de
terrain ont la consistance charnue; par exemple , les
salicornia , les *salsola* , etc. On observe aussi que certains
péricarpes qui semblent destinés par leur structure à
être secs et déhiscens, deviennent charnus et indéhiscens :
tels sont , par exemple , ceux du *cucubalus baccifer*, de
l'*androsemum officinale*, etc. L'inverse a lieu plus rarement. Certains péricarpes charnus deviennent secs : ainsi
M. de Schlectendal a dernièrement décrit une monstruosité de vigne portant des capsules au lieu de baies (1).
M. Knight, par des fécondations croisées , est parvenu à
rendre des amandes charnues et des pêches fibreuses. Je
ne connais encore aucune explication de ces transformations.

Les dégénérescences épineuses offrent ceci de singulier, que les faits y sont très-évidens et les causes encore
un peu obscures. Que les branches de certains arbres
croissant dans de mauvais terrains se changent en épines,
c'est ce qu'on ne peut révoquer en doute , puisqu'on les
voit se développer en branches ordinaires dès qu'on les
place dans un meilleur terrain. On conçoit bien que si
le plus grand nombre des bourgeons situés aux aisselles

---

(1) *Linnæa*, 1830, p. 495.

des feuilles d'un arbre , ou d'un arbuste qui est situé dans un lieu stérile, vient à prendre un premier développement, il n'y aura pas une quantité de sève suffisante pour les nourrir toutes ; celles qui seront les mieux placées, et ce sont d'ordinaire les supérieures ou celles qui naissent de la partie la plus herbacée de la tige , peuvent seules se développer en véritables branches ; les autres cessent plus ou moins vite de prendre leur accroissement et demeurent plus courtes. Mais pourquoi sont-elles en même temps plus dures ? D'où vient la nourriture qui endurcit leur corps ligneux , tandis que dans les autres cas celui-ci paraît s'endurcir par la nourriture que les feuilles élaborent ? Cette portion de l'explication du fait ne me paraît pas encore suffisamment éclaircie ; il est digne de remarque que les végétaux épineux sont généralement des plus rameux : ce qui se lie, comme on vient de le voir, à l'aitiologie des épines.

Les causes par lesquelles des corps naturellement cylindriques comme des branches tendent à devenir planes (comme on le voit dans les tiges accidentellement ou naturellement *fasciées*), sont au nombre de celles qui nous échappent, au moins quant à la généralité des phénomènes. Il est évident que, dans plusieurs cas , ce fait est dû à la soudure de plusieurs petites branches partielles disposées sur le même plan (1). Mais pourquoi naît-il un si grand nombre de branches sur un point donné ? Pourquoi sont-elles disposées autrement qu'à l'or-

----

(1) J'ai sous les yeux un amorpha et un sureau , l'un et l'autre fasciés évidemment par des soudures de rameaux naissans sur le même plan.

dinaire ? Comment ce phénomène est-il de nature à se conserver par la greffe, la bouture et la marcotte ? Toutes ces questions sont encore sans réponse, et de plus l'idée première de cette explication ne semble pas applicable à toutes les tiges fasciées.

Parmi les dégénérescences ou métamorphoses végétales, l'une des plus remarquables est celle par laquelle des parties primitivement foliacées deviennent plus ou moins complétement pétaloïdes, ou l'inverse, c'est-à-dire celle où des parties habituellement pétaloïdes deviennent accidentellement foliacées. Dans cette série de changemens, nous connaissons bien les faits et très-peu les causes efficientes. Je reviendrai (chap. VIII) sur une partie de ce sujet en m'occupant de la coloration; mais je dois signaler ici cette grande classe de métamorphoses comme l'une de celles où notre ignorance des causes physiologiques est la plus complète. Elle réunit en effet tous les phénomènes les plus singuliers. Si la corolle et l'étamine sont des feuilles transformées, comme on le voit très-évidemment dans quelques cas, et comme l'analogie force à l'admettre dans les autres, il y a, 1° changement de couleur, ce que l'exemple des bractées colorées rend facile à admettre; 2° changement de consistance, ce dont nous avons cité plusieurs autres exemples peu contestables. Mais il y a de plus changement de forme générale, et surtout changement fréquent de disposition de nervures et de forme de cellules. En effet, plusieurs pétales ou n'ont point de nervures, ou les ont distribuées autrement que les feuilles, comme, par exemple, ceux des composées : les cellules d'un grand nombre de pétales, au lieu de former des aréoles hexagonales, comme dans les feuilles, présentent des formes sinueuses et bizarres dans lesquelles il est difficile de reconnaître la cellule originelle. De toutes ces modifications résulte enfin un changement complet de fonctions, comme on le voit aussi dans d'autres cas de dégénérescences, par exemple, dans les vrilles. Tant de changemens réunis sur les mêmes organes peuvent sans doute étonner notre imagination et arrêter tout désir d'en chercher l'explication ; mais les cas où l'on voit accidentellement ces organes transformés en véritables feuilles doivent nous faire admettre le fait, tout incompréhensible qu'il est dans l'état de nos connaissances.

L'un des exemples les plus frappans que l'on en puisse citer est offert par les rosiers dans les printemps humides. Il arrive dans certaines variétés que l'axe de la fleur s'alonge, l'ovaire avorte, et tous les organes appendiculaires qui auraient formé (si l'axe fût resté court) des sépales, des pétales, des étamines et des carpelles, se transforment en organes planes, espacés le long de l'axe alongé, et qui offrent tous les degrés de forme, de grandeur et de couleur intermédiaires entre l'état de feuille et celui de pétale. On en trouve en particulier qui sont mi-partie de vert et de rose, comme si un fragment était resté feuille et le reste changé en pétale, ou l'inverse. Des transformations analogues se voient souvent dans les tulipes dites perroquet, dans la julienne à fleurs vertes, et dans une foule d'autres plantes cultivées dans les jardins des fleuristes.

Les graines qui, comme nous l'avons vu, sont fort sujettes aux avortemens, le sont peu aux dégénérescences. Il en est quelques-unes qui offrent ce fait sous une forme singulière et complétement inexpliquée : telles sont les graines de plusieurs crinum et de plusieurs amaryllis, qui grossissent beaucoup , et prennent une consistance charnue de laquelle résulte une telle ressemblance avec les bulbilles, que plusieurs savans les regardent comme de vrais bulbilles. M. Ach. Richard (1) a récemment insisté sur l'organisation de ces corps , qui lui paraît démontrer que ce sont de véritables graines. Dans l'une et l'autre hypothèses , la cause de cette transformation est inconnue ; on ne sait pas même quelles sont les circonstances qui la déterminent ou la favorisent.

----

(1) Ann. sc. nat. , 2 , p. 12.

CHAPITRE III.

Des Soudures en général.

J'AI déjà exposé dans l'*Organographie* (1) , mais je dois rappeler ici , sous le point de vue physiologique, que toutes les parties des plantes sont susceptibles de se souder les unes avec les autres. Cette soudure s'opère évidemment par le tissu cellulaire ; aussi est-elle possible dans toutes les classes de végétaux. Ainsi , parmi les cellulaires, on voit fréquemment des agarics ou des bolets de même espèce soudés ensemble par leurs chapeaux ou par leurs pédoncules. M. Eaton (2) a même observé que les parties du *boletus igniarius*, totalement séparées de la plante vivante , peuvent même au bout de deux jours se souder avec elle et s'y conglutiner , comme le font les bords d'une plaie. C'est probablement à cette même faculté que tient la facilité avec laquelle un jeune champignon peut entourer un brin d'herbe ou une petite branche dans sa végétation , et se réunir au-delà de l'obstacle par les deux bords que celui-ci avait séparés. La même cohésion paraît se rencontrer aussi dans des algues et des lichens. On trouve aussi des feuilles de mousses ou d'hépatiques soudées ensemble. Les soudures sont plus rares

---

(1) Voy. Organog., vol. 2 ; et Théorie élém., éd. 2, pag. 447 et 512.

(2) Bull. sc. nat., 5 , p. 86 ; 6 , p. 67.

parmi les monocotylédons; il y en a cependant des exemples dans les limbes des feuilles des fougères , dans les portions du périgone des liliacées ou des graminées , etc. Les tiges des végétaux endogènes se soudent difficilement ensemble , parce que la surface externe est fibreuse et fort peu cellulaire ; cependant on en a des exemples , et j'ai en particulier donné la figure de deux hampes de jacinthe soudées ensemble. Quant aux dicotylédones ou exogènes , les soudures y sont si fréquentes dans tous les organes , qu'il ne vaut pas la peine de les mentionner. Pour n'en citer que quelques exemples , M. Knight a vu une feuille de vigne greffée ou soudée avec un pédoncule , une vrille ou une jeune pousse , continuer sa végétation. Il en est de même d'une jeune vrille sur une tige, un pédoncule ou un pétiole , et d'un pédoncule sur un pétiole , un pédoncule ou une jeune pousse (1).

Ces soudures, opérées par la juxta-position du tissu cellulaire , ne sont, en général, possibles que dans la jeunesse de ce tissu, ou tout au moins elles sont d'autant plus faciles, que le tissu est plus jeune. Aussi, dans la plupart des plantes, il s'en exécute plusieurs dans les organes en germe et à l'époque où ils ne sont pas complétement développés. C'est de cette circonstance qu'il est résulté qu'on a long-temps méconnu le phénomène des soudures naturelles entre un grand nombre d'organes d'un même individu; mais les exemples de soudures accidentelles de feuilles , de pédoncules, de fruits , etc. , en ont démontré la réalité. Ces soudures peuvent-elles s'exercer entre des organes déjà développés ? Ce fait pa-

____

(1) Mirbel. Phys. vég., t. p. 135.

rait avoir lieu dans les champignons charnus , où le tissu cellulaire est très-abondant, et conserve long-temps sa mollesse. Le seul exemple qui à ma connaissance , et si l'on fait exception des greffes proprement dites , en ait été cité dans les végétaux vasculaires , est celui des folioles de gleditsia, qui , selon M. Macaire (1) , sont susceptibles de se souder ensemble pour former des limbes entiers ou presque entiers ; mais je dois avouer, sans nier l'observation , que je n'ai pas été assez heureux pour pouvoir la vérifier.

Une autre circonstance nécessaire pour que les soudures puissent s'exécuter , c'est un certain degré d'analogie entre la nature des tissus : ainsi ces soudures s'exécutent facilement entre des portions de la même plante , et sont rares entre des espèces différentes. Dans un même individu , elles sont plus fréquentes entre des organes similaires que dans des organes dissemblables : ainsi les feuilles entre elles , les pétales entre eux , se soudent facilement ; parmi les organes différens, ceux qui ont une grande analogie de tissu se soudent plus facilement ; par exemple , les filets des étamines avec les pétales, etc.

Quant au mécanisme même de l'opération , il nous est réellement inconnu. Nous voyons que le tissu cellulaire est formé de petites vésicules plus ou moins libres , plus ou moins soudées ensemble ; mais nous ignorons complétement comment cette soudure s'opère : est-ce une exsudation des sucs renfermés dans les cellules qui leur sert de ciment ? Est-ce une modification de la sève qui , serpentant dans les méats intercellulaires , tend à

---

(1) Biblioth. univ., vol. 17 , p. 142.

coller les cellules? La paroi propre de ces cellules est-elle d'une consistance si molle, que la moindre pression suf- fise pour l'identifier avec sa voisine ? Toutes ces hypo- thèses sont également plausibles ; mais je ne connais aucun fait propre à résoudre ces questions et à donner la préférence à l'une d'elles.

L'histoire des soudures, et en particulier la possibilité de les exécuter dans toutes les directions, est une des preuves les plus évidentes du passage de la sève par les méats intercellulaires, et non pas seulement par les vais- seaux. Une cime d'arbre, séparée de son tronc et sou- tenue par sa soudure à deux arbres voisins, peut conti- nuer à vivre, quoiqu'il n'y ait aucuns vaisseaux en com- munication. De même un organe quelconque peut être nourri par celui avec lequel il est soudé. Ainsi M. Rœper a vu deux pommes soudées, dont une avait eu son pédi- celle rompu et était évidemment nourrie par l'autre. On peut encore conclure de ces faits que la soudure s'exécute réellement par les mêmes parties qui servent au passage de la sève ascendante, loi importante pour la théorie de la greffe.

CHAPITRE IV.

De la Greffe.

---

§ 1. En général.

J'AI désigné en général sous le nom de soudure l'acte
par lequel une partie cellulaire quelconque d'un végétal
s'unit avec une partie voisine, de manière à ne former
plus qu'un seul corps qui vit en commun. Presque tous
les organes de tous les végétaux sont plus ou moins susceptibles de présenter ce phénomène, qui paraît résider
essentiellement dans l'union du tissu cellulaire. On donne
en particulier le nom de greffe à l'un des cas particuliers
du phénomène universel des soudures, savoir, à celui
où les libers, et surtout les aubiers de deux végétaux, se
collent ensemble, de manière à ce que l'un d'eux, qu'on
appelle la *greffe*, puisse recevoir la sève de l'autre qu'on
appelle le *sujet*, et vivre ainsi comme transplanté sur un
autre végétal.

Ce phénomène, qui s'opère naturellement dans quelques cas, a attiré l'attention des cultivateurs dès les temps
les plus reculés : on assure que les Phéniciens en ont les
premiers tiré parti. Les Romains en ont beaucoup parlé,
et ont signalé une vingtaine de procédés divers de greffer
les arbres les uns sur les autres; mais ils ont mêlé dans
leurs récits des faits qui n'appartiennent pas à l'histoire de

la greffe, et ont beaucoup exagéré les merveilles de cette opération déjà si merveilleuse par elle-même. Nous allons, en profitant des travaux des modernes et surtout de ceux de Thouin (1) et de Tschudy (2), tâcher d'exposer les faits relatifs à la greffe avec autant d'ordre et d'exactitude que l'intérêt de la matière le comporte.

§. 2. Des conditions accessoires à la greffe.

On a coutume de dire, dans tous les traités sur la greffe qui sont venus à ma connaissance, que la condition essentielle pour que la greffe puisse s'opérer, c'est la coïncidence des libers; mais je crains qu'on n'ait pris ici le signe pour la cause, et qu'on n'ait mal expliqué le fait pratique. Je pense que la première condition essentielle de la greffe est la coïncidence de la couche extérieure de l'aubier du sujet ou de son cambium avec celle de la greffe, ou la rencontre d'une extrémité de rayon

----

(1) Monographie des greffes, 1 vol. in-4° formé de plusieurs mémoires insérés successivement dans les Annales du Muséum d'hist. nat. de Paris. Voyez encore un extrait de ce travail, que l'auteur lui-même en a fait à l'article *Greffe*, du Dictionnaire d'agricult., édit. de 1822, et qui forme aussi une brochure in-8°.

(2) Essai sur la greffe de l'herbe des plantes et des arbres, 1 vol. in-8, mars 1819. J'ai aussi profité de plusieurs notes et mémoires que M. de Tschudy (fils de l'auteur du Traité sur les arbres résineux) m'avait fait l'amitié de m'adresser, dans l'année qui a précédé sa mort : frappé par une première attaque d'apoplexie, il mettait par écrit tous les souvenirs de sa vie, *afin*, disait-il, *de profiter de cette soirée que Dieu m'accorde*.

médullaire avec la base d'un bourgeon, et que la coïncidence des libers est un phénomène ordinairement nécessaire mais subséquent.

Qu'on examine en effet ce qui se passe dans le développement de la greffe d'un bourgeon : on place le bourgeon avec le disque d'écorce qui le porte sur un espace analogue où l'aubier du sujet est mis à nu; on l'y applique fortement au moyen de ligatures, et le plus souvent on coupe la partie de la branche située au-dessus de la greffe. Le bourgeon se développe d'abord aux dépens de la petite quantité de nourriture et d'humidité qu'il contient; sa base aspire l'eau qui lui est fournie par le corps ligneux; cette eau, introduite dans le bourgeon, le développe; il forme alors son propre suc et vit ainsi alimenté par la sève qui traverse le corps ligneux du sujet; son suc descendant le met alors en rapport avec l'écorce de l'arbre qui le porte. La preuve que c'est le suc ascendant du sujet qui nourrit la greffe, se tire des faits suivans : 1° La greffe réussit mieux quand on coupe la branche au-dessus du bourgeon inséré, ou tout au moins quand on fait une ligature au-dessus de l'insertion (1), et ce devrait être le contraire si c'était le suc descendant qui dût la nourrir. 2° Dans les greffes par scions on place une branche au sommet d'une autre, et elle ne peut évidemment rien recevoir que par la sève ascendante. 3° On fait passer avec facilité les injections colorées du corps ligneux du sujet à celui de la greffe. 4° De Tschudy a fait remarquer qu'on ne réussit jamais mieux à opérer la greffe que lorsqu'on place le bourgeon à la place même où était l'ancien

____

(1) Knight, *Trans. hortic. soc. Lond.*, 1, p. 194.

bourgeon du sujet : dans ce cas, le rayon médullaire qui s'y dirigeait avait pris plus d'accroissement, et les sucs ascendans s'y portaient naturellement, de sorte que le nouveau bourgeon profite plus promptement de l'appareil destiné à l'ancien. C'est donc par l'union des aubiers que le phénomène commence, et par celui des libers qu'il paraît se terminer mais on a de cette dernière union des preuves bien moins directes que de la première.

Tant qu'on avait cru que l'union des libers était le fait essentiel de la greffe, on avait proclamé que ce phénomène est propre aux exogènes; il est vrai, en effet, qu'il est très-facile dans cette classe, et qu'il est encore douteux qu'on puisse l'exécuter dans les endogènes; cependant je ne l'y crois pas impossible, pourvu qu'on essaie de souder les troncs par le centre qui représente l'aubier. Des essais faits dans ce sens, à ma prière, par MM. Bauman sur des dracœna et des yucca, sembleraient presque confirmer un peu cette opinion (1).

Quelle que soit l'idée qu'on adopte sur l'organe qui sert à la soudure, on doit reconnaître que tous les tissus ne peuvent pas se souder les uns avec les autres; il faut qu'il y ait analogie anatomique et physiologique.

L'analogie anatomique réside essentiellement dans la structure des cellules et des vaisseaux; mais cette struc-

---

(1) Ces habiles cultivateurs ont porté des greffes de *dracœna ferrea* sur le *dracœna terminalis*. Elles s'y sont maintenues une année environ dans leurs divers essais; mais à la seconde année, elles se sont desséchées, et ont péri sans cause connue, à moins qu'on ne doive l'attribuer à l'état souffrant des plantes de serre pendant l'hiver.

ture est si difficile à observer, les nuances des végétaux sont si délicates, que nous ne savons pas en juger immédiatement; mais l'expérience a montré que les plantes qui appartiennent à la même famille naturelle, et qui ont par conséquent une organisation analogue, sont les seules que nous ayons réussi à greffer les unes sur les autres. Toutes les plantes d'une même famille ne peuvent pas se greffer ensemble, parce qu'il n'y a pas toujours analogie physiologique; mais on n'a jamais réussi hors d'une même famille. Tout ce que les anciens ont écrit (1) sur les greffes hétérogènes ne s'est donc point vérifié, quoique les procédés de greffes se soient perfectionnés et multipliés; tout ce que quelques modernes ont affirmé dans ce sens paraît également faux. Ainsi, les prétendues greffes du rosier sur le houx pour obtenir des roses vertes, citées par Bomare; celle du jasmin sur l'oranger, par laquelle les jardiniers charlatans prétendent former les jasmins odorans; celle de l'oranger sur le grenadier à laquelle ils disent devoir l'orange rouge; celle du laurier-cerise sur le houx commun qui a été présenté à l'Institut de France (2); enfin, toutes les greffes hétérogènes

---

(1) Virgile consacre cette erreur dans les Géorg., chap. 2 :

Et steriles platani malos gessére valentes
Castaneæ fagos, ornusque incanuit albo
Flore Pyri, glandemque Sues fregére sub ulmis.

(2) Un cultivateur lut à l'Institut, le 15 juillet 1806, et fit immédiatement imprimer un mémoire dans lequel, après avoir entassé sur ouï-dire plusieurs faits équivoques, il affirmait avoir un laurier-cerise écussonné sur le houx commun par les frères Boulogne, de Clamart près Paris. Cet arbuste, examiné par

mentionnées par Palladius dans son poème (1), ou par Caylus dans son opuscule sur le rapprochement des végétaux (2), n'ont jamais pu être répétées par des observateurs exacts, et tout tend à prouver que ce sont des erreurs. Ces erreurs tiennent à des causes très-diverses qu'il est peut-être utile d'indiquer ici en peu de mots, quoique quelques-unes soient très-grossières.

1° Lorsqu'on ne voit que les résultats, et non les opérations, on est facilement entraîné à croire que certaines modifications des végétaux peuvent être dues à des greffes hétérogènes ; c'est ainsi que l'odeur du *jasminum odoratissimum*, approchant de celle de la fleur d'orange, a accrédité le conte des charlatans.

2°. On voit dans certains jardins des arbres qui ont cru naturellement, ou qui ont été plantés dans des saules creux ; et lorsque l'arbre intérieur a rempli toute sa cavité, les personnes inattentives ou amies du merveilleux

---

M. Desfontaines, se trouva être l'*ilex balearica* greffé sur l'*ilex aquifolium*. Le cultivateur fut obligé d'en convenir dans une lettre à l'Institut de France ; mais comme je ne pense pas qu'il ait démenti son mémoire imprimé dans la Bibliothèque physico-économique, je crois qu'il est utile de relever ici cette erreur.

(1) *De re rustica*. Basil., 1535.

(2) Histoire du rapprochement des végétaux, par M. de Caylus, in-12, Paris, 1806. Sous le nom de *rapprochement*, cet auteur paraît désigner une sorte de greffe par approche, analogue ou identique avec celle que Thouin nomme *greffe Denainvilliers*, ou *G. Fougerous*. Il prétend avoir réussi à greffer ainsi la vigne avec le pêcher et le noyer, le gleditsia et le marronier avec le noyer, etc. Mais ce livre contient tant d'erreurs évidentes sur une foule de points, que j'ai lieu de croire qu'il ne mérite aucune confiance.

prennent leur juxtaposition pour une véritable greffe, tandis qu'il n'en est rien, puisque l'arbre intérieur a son écorce, et n'est point soudé avec son étui.

3°. La même chose a lieu lorsqu'un noyau de cerise, par exemple, germe dans la cavité d'un autre arbre : il peut y végéter long-temps; sa racine peut, au moyen de la carie, pénétrer jusqu'au sol; mais il n'y a point de greffe ni de soudure. J'ai vu ainsi à Chalonnes, près d'Angers, un cerisier couronner un vieux chêne, et paraître de loin greffé sur lui; mais l'erreur s'évanouissait dès qu'on examinait l'origine de la prétendue greffe. On dit de même qu'en semant des œillets sur de vieux troncs de chicorée, on a des œillets bleus. On peut bien en effet espérer de voir germer des œillets sur un vieux tronc de chicorée comme dans tout autre terrain; mais, sans avoir fait l'expérience, je suis bien convaincu que la fleur ne sera pas bleue. Ces sortes de semis hétéroclites ne sont point encore des greffes, et quand ce serait une greffe, la couleur de la fleur ne serait pas changée.

4°. Les anciens citent la greffe de la vigne sur le noyer, qu'on obtient, disent-ils, en perforant en travers le tronc d'un noyer, et en introduisant un jet de vigne dans le trou, de manière à ce que sa sommité sorte par l'extrémité opposée à celle où on l'a introduite. La branche de vigne végète ainsi quelque temps tenant au corps par sa base; peu à peu on l'entaille près du point où elle entre dans le noyer, et enfin on la sépare en entier de la tige. Dans ce cas, la branche de vigne continue, dit-on, à végéter. Je n'ai point répété l'expérience, et ne puis affirmer si réellement la branche ainsi séparée peut végéter; mais ce qui est certain, c'est que si elle végète , ce n'est point une greffe , mais une marcotte : la vigne aura rencontré ou déterminé quelque cavité dans le noyer ; elle y aura poussé des racines, et vivra quelque temps dans le terreau formé par la carie du bois. Thouin conserve ce fait parmi les greffes sous le nom de *greffe Virgile ;* mais il me paraît qu'on doit l'en exclure.

5°. Enfin , on peut établir des jets de plantes grasses dans le tissu d'un opuntia ou de toute autre plante très-charnue : ils peuvent y vivre , en aspirant l'eau de végétation, et même pousser des racines : c'est ce qu'on a nommé la *greffe Noisette ;* mais c'est une véritable bouture , et non une greffe ; il n'y a point soudure , mais simple juxtaposition hétéroclite.

Il serait peut-être facile de multiplier les citations d'erreurs analogues ; elles tendent toutes au même résultat, savoir, de prouver que , dans tous nos procédés opératoires , il n'y a de vraies greffes qu'entre des arbres de la même famille. Mais la nature nous présente ici quelques exceptions à cette loi dans l'histoire des plantes parasites : ainsi le gui, que j'ai déjà cité si souvent comme exception à toutes les lois , se représente encore ici. La manière dont sa base est implantée sur l'aubier de l'arbre qui le porte paraît bien une véritable greffe , et cependant le gui se trouve sur une foule d'arbres de familles différentes de la sienne : tels sont les pommiers, poiriers , sorbiers, amandiers, alisiers , de la famille des rosacées ; le robinia, de celles des légumineuses ; les ormeaux, les chênes , les peupliers , les saules , parmi les amentacées ; le sapin et le mélèse parmi les conifères ; le noyer dans les juglandées ; le frêne dans les oléinées, etc. La plupart des loranthacées présentent, à un degré plus ou moins prononcé, la faculté de vivre sur des arbres divers; quelques-unes cependant semblent avoir besoin de supports spéciaux : ainsi, le loranthus d'Europe ne vit que sur les chênes; les autres plantes parasites présentent des phénomènes analogues (*voyez* liv. V, chap. 14); mais leur mode d'adhérence n'est pas, aussi clairement que dans les loranthacées, analogue à de véritables greffes.

Le gui, et probablement toutes les loranthacées, forment un genre de greffe tout spécial. En effet, d'après ce que j'ai observé sur notre gui d'Europe, ce végétal singulier se soude par son bois sur le bois de l'arbre qui lui sert de support, mais ne me paraît point greffé par l'écorce. Prenez une branche de pommier chargée de gui, et coupez-la en long sous la base du gui avec un couteau ou un rasoir très-tranchant, vous distinguerez très-bien à la vue, et mieux encore à la loupe, le bois du gui et celui du pommier, tous deux vivans et intimement soudés; et j'ai démontré par expérience que les injections colorées passent sans peine de l'un à l'autre; mais la partie d'écorce du pommier, quoique juxta-posée contre celle du gui, ne paraît pas soudée avec lui. En effet, 1° elle offre extérieurement une petite solution de continuité; 2° toute la partie de l'écorce qui touche au gui, et surtout celle qui est au-dessous de lui, est évidemment morte, comme on peut s'en assurer, parce que son enveloppe cellulaire n'est pas verte : cette nécrose de l'écorce se fait sentir près d'un pouce au-dessous du gui. Ce mode spécial d'adhérence explique plusieurs faits. Le gui peut vivre sur presque tous

les arbres, parce qu'il ne tire que de la sève aqueuse
non élaborée, et que son propre suc nourricier ne descend pas dans l'écorce : dans la greffe ordinaire, le suc
nourricier doit descendre dans l'écorce qui est soudée
avec lui, et par conséquent il est nécessaire qu'il se
trouve en analogie de nature avec cette écorce. Ainsi,
le besoin qu'ont les végétaux ordinaires d'une analogie
de nature dans la greffe tient à la descente du suc
nourricier, et le gui, qui pompe de l'eau et ne rend rien,
peut croître sur toutes les dicotylédones dont la sève ascendante est aqueuse. Je présume, d'après ce fait, que
si l'on fait une section circulaire à l'écorce d'une branche
de pommier terminée par une houppe de gui, il ne se
formera point de bourrelet au côté supérieur.

Il reste donc, ce me semble, prouvé par tout ce qui
précède que, si l'on fait exception des greffes naturelles
des parasites, l'homme n'est parvenu à greffer entre eux,
et n'a observé greffés naturellement ensemble que des végétaux de la même famille naturelle. L'une de celles où l'on
obtient les greffes en apparence les plus inattendues, et
qui tend par conséquent le mieux à prouver l'importance
de ce critère, c'est la famille des oléinées. On sait qu'on
réussit à greffer le lilas sur le frêne, le chionanthus sur
le frêne et le lilas. Je suis parvenu de même, malgré l'extrême diversité de leur végétation, à établir le lilas sur
le phyllirea, et l'olivier sur le frêne, et, selon M. Noisette, l'olivier reprend aussi sur le troëne. Ces greffes
ne durent pas long-temps, à cause de leurs diversités
physiologiques; mais leur reprise atteste suffisamment
l'analogie anatomique. Je suis même parvenu, malgré
l'extrême diversité d'aspect, à greffer le *bignonia radicans* sur le catalpa. Ainsi ces exemples, outre tous ceux

déduits des greffes populaires, démontrent l'analogie réelle des plantes d'une même famille; cette analogie est encore plus grande entre les plantes de même genre, et à plus forte raison les individus de la même espèce ou les branches d'un même arbre.

Mais il ne suffit pas que les végétaux soient de la même famille, il faut qu'il n'y ait pas entre eux trop de diversité dans la végétation, ou il faut, en d'autres termes, qu'il y ait analogie physiologique.

Ce genre d'analogie est surtout important en ce qui tient aux époques de la végétation. Il est clair qu'une greffe a beau être analogue à un sujet, elle ne pourra réussir si le sujet n'est pas en sève en même temps qu'elle, c'est-à-dire, si les deux arbres ne sont pas ensemble à l'époque où il y a du cambium en quantité sensible entre le bois et l'écorce. C'est là une condition essentielle, car c'est ce tissu cellulaire, jeune, imbibé d'une grande quantité de sève, qui paraît seul doué de la faculté de se souder : ainsi, quand la greffe du rosier sur le houx ne serait pas impossible sous le rapport anatomique, elle le serait sous le rapport physiologique, puisque ces deux arbustes ne sont pas en sève en même temps. Lorsque les différences d'époques sont légères, on y supplée soit en choisissant les variétés ou les individus plus précoces ou plus tardifs, soit en conservant quelques jours les branches destinées à la greffe dans de la mousse humide, etc.; mais au-delà d'une certaine limite, la greffe est impossible. Les arbres toujours verts ont, sous ce rapport, de la peine à se greffer avec ceux qui perdent leurs feuilles; et lorsqu'on y réussit, comme je l'ai cité tout à l'heure, pour le lilas sur le phyllirié ou l'olivier sur le frêne, il est rare que ces accouplemens durent long-temps. L'un

de ceux que j'ai vu le mieux réussir est le néflier du Japon
sur l'épine blanche ou le néflier commun.

L'analogie de grandeur est aussi de quelque importance. Si l'on greffe un arbre destiné à grandir beaucoup
sur un sujet destiné à peu grandir, comme, par exemple,
le frêne sur le lilas, le pavia jaune sur le pavia rouge, etc.,
on y réussit pendant quelques années; mais ensuite le
sujet périt épuisé ou écrasé par le parasite vorace qu'on
lui a donné; si on fait le contraire, et que la plus petite
espèce soit greffée sur la plus grosse, comme, par
exemple, le lilas sur le frêne, elle reçoit trop de sève,
grandit trop vite, et périt au bout de quelques années.

L'analogie de consistance mérite aussi d'être notée :
les bois trop mous ne peuvent pas s'associer à ceux qui
sont trop durs, les plantes herbacées avec celles qui
sont trop ligneuses. Cependant on est parvenu dans ces
derniers temps à greffer la pivoine ligneuse sur les tubercules des pivoines herbacées : mais cette exception
est plus apparente que réelle, puisque le moutan si fas-
tueusement appelé *pivoine en arbre*, est en réalité peu
ligneux, et qu'encore on ne fait l'opération qu'avec ses
jets les plus jeunes.

L'analogie de la nature des sucs pourrait bien influer
sur le phénomène; mais je ne connais pas de faits assez
clairs pour le bien démontrer. Je remarquerai seulement
ici qu'on n'est encore parvenu, à ma connaissance, à
greffer, ni entre elles, ni avec d'autres, aucune plante
à sucs laiteux. Est-ce qu'on ne l'a pas essayé, ou que la
chose est impossible? C'est ce que des expériences directes peuvent seules démontrer. Ce qui me ferait pencher à croire que les sucs laiteux sont un obstacle à la

greffe , c'est , 1° qu'au milieu du genre des érables dont les espèces se greffent facilement ensemble, le seul érable platanoïde, qui a le suc laiteux , ne peut se greffer avec les autres ; 2° qu'au milieu de la diversité des stations du gui , il ne croît sur aucun arbre à suc laiteux.

Les arbres à sucs résineux paraissent offrir moins d'obstacles à leurs greffes réciproques. Ces faits semblent concourir à prouver deux des assertions que j'ai présentées , savoir , 1° que les sucs résineux sont des sécrétions proprement dites, contenues dans des vases clos , tandis que les sucs laiteux sont le plus souvent mêlés avec la sève ascendante ; 2° que c'est la sève ascendante qui nourrit les greffes.

A toutes les conditions requises pour la bonne réussite de la greffe , M. Knight paraît tenté d'ajouter la nécessité de prendre les greffes sur de jeunes sujets. Il dit avoir greffé sur des sauvageons peu avancés en âge des branches vigoureuses, mais prises sur de vieux arbres, et qu'elles ont , au bout de deux ou trois ans, montré des signes de décadence ; il explique par-là la disparition, en Angleterre, de certaines variétés de fruits tels que les pommiers dits *golden-pippin*, *calville rouge* et *moil* (1). J'avoue que, malgré ma confiance aux travaux de M. Knight, je ne saurais adopter cette opinion : tous les jours nous voyons prendre avec succès des greffes sur de très-vieux arbres, et conserver ainsi des variétés ; je suis porté à croire que si certaines greffes de ce genre n'ont pas réussi, cela tient à des causes extérieures inaperçues, ou peut-être à ce que les arbres d'où on les a

____

(1) Davy, Chim. agr., I . p. 503.

tirées étaient attaqués de quelque maladie générale,
agissant déjà sur le bourgeon, mais non inhérente à
l'âge. Je présume de plus que si certaines variétés ont
disparu en Angleterre, c'est le simple effet de l'intempérie d'un climat peu favorable aux arbres fruitiers en
général.

§. 5. Des diverses sortes de greffes.

Le nombre des méthodes ou procédés par lesquels il
est possible de greffer ensemble des arbres ou arbustes,
est très-considérable. Thouin en compte et en décrit
plus de cent; mais si cette énumération peut être de
quelque intérêt sous le rapport pratique, nous devons
nous borner, sous le point de vue physiologique, aux
grandes divisions établies avec beaucoup de sagacité par
l'observateur que je viens de citer. Nous distinguerons
donc d'après lui la greffe par approche, la greffe par
scions ligneux, la greffe par bourgeons, et la greffe des
parties herbacées.

A. *Greffe par approche.*

La greffe par approche a lieu lorsqu'on réunit deux
branches ou deux arbres ensemble, en les laissant tenir
à leurs propres racines, et en ayant soin d'enlever à
chacune d'elles un disque d'écorce au point de contact ;
bientôt les aubiers et les libers se soudent par le développement du cambium, et on peut couper l'une des
branches au-dessous de la jonction, en laissant à celle
qui reste intacte le soin de la nourrir.

Cette opération est la seule sorte de greffe qui s'exécute naturellement. Lorsque deux branches d'un même arbre ou d'arbres voisins et analogues sont accidentellement rapprochées dans les haies, les buissons ou les forêts, leur écorce s'use réciproquement au point de contact par le frottement que détermine l'agitation des branches ; et si, lorsque cette usure a mis les aubiers à nu, il arrive un peu de repos au moment où les arbres sont en sève, il en résulte une soudure intime : c'est ce qu'on voit souvent dans les charmilles. On n'a fait qu'accélérer ce procédé naturel en enlevant un disque d'écorce, ou même on l'imite entièrement lorsqu'on lie ensemble les branches croisées des arbustes pour les entre-greffer, comme on le fait souvent pour retenir les haies de faux-acacia ou de gleditsia.

La greffe par approche est fréquemment employée dans les jardins botaniques pour les objets rares et précieux, parce qu'elle n'offre aucun danger de perdre les individus qu'on cherche à multiplier. C'est ainsi qu'on propage les espèces rares de magnolia sur le *M. grandiflora*, ou les espèces rares de *passiflora* sur le *P. cærulea*.

Cette greffe peut s'exécuter sur tous les organes des plantes, les tiges, les branches, les racines, les feuilles, les fleurs ou les fruits.

Thouin rapporte à cette classe la greffe du gui sur son support ; mais elle présente cependant des caractères qui lui sont particuliers, en ce que c'est une sorte de racine qui se soude sur une branche par son extrémité, et qu'elle traverse l'écorce sans qu'on sache bien encore le mécanisme de cette opération.

Parmi les applications curieuses de la greffe par approche, on peut citer les deux suivantes : 1° elle donne le moyen de changer à volonté la cime d'un arbre et de lui en substituer une autre ; 2° on s'en est encore servi pour donner plusieurs racines et plusieurs troncs à une même cime : pour cela on fixe deux ou quatre jeunes arbres obliquement contre un cinquième situé entre eux ; on les greffe avec lui, en ayant soin de les protéger contre le vent : quand la greffe a pris, on coupe la cime des quatre arbres latéraux, et celui du milieu se trouvant avoir cinq racines, pousse, dit-on, en bois et en feuilles avec une vigueur singulière. M. de Caylus prétend que par ce procédé ou quelque autre très-analogue, on parvient à changer la couleur des bois, la saveur des fruits, etc. ; mais il est, je crois, le seul qui ait vu ces merveilles, et j'ai lieu de croire qu'il s'est fait des illusions extraordinaires à ce sujet.

B. *Greffe par scions ligneux.*

La greffe par scions ligneux consiste à adapter au premier printemps ou en automne la sommité d'une jeune branche d'arbre munie de bourgeons et dépourvue de feuilles, sur la sommité tronquée du sujet, de manière que les aubiers et les libers correspondent exactement. Ainsi, tandis que dans la greffe par approche la soudure s'opère dans le sens latéral, elle s'opère ici en partie dans le sens vertical.

Ce genre de greffe s'exécute, comme disent les jardiniers, *à sève montante*, c'est-à-dire à cette époque du printemps où la sève s'élève vers les bourgeons, mais où

il ne redescend rien encore le long de l'écorce et de
l'aubier ; on remarque même que pour en assurer la reprise il convient que le sujet soit plus en sève que le
scion qu'il doit recevoir. Ces circonstances connues de
tous les cultivateurs sont contraires aux idées généralement admises sur l'essence de la greffe , et conformes à
celles que nous avons présentées à l'article 1er.

Les précautions mécaniques nécessaires pour la réussite de la greffe par scions ligneux , sont d'insérer la
jeune branche sur le sujet, de manière à ce que leur
contact soit le plus intime possible , et que tout mouvement soit empêché. Pour cela on entaille de toutes sortes
de manières le scion , et on fait dans le sujet des coupes
correspondantes , de manière que les parties saillantes
de l'un soient exactement reçues dans les cavités de
l'autre. Plus on multiplie ces entailles , plus on se donne
de chances de solidité et de contact; mais aussi on risque
davantage de ne pas les exécuter avec précision , et par
conséquent de manquer l'opération. Le procédé de ce
genre le plus simple est celui qu'on nomme *greffe en
fente*. Il consiste à couper un scion en biseau , et à l'insérer dans une fente du sujet , de manière que les libers,
et par conséquent les couches extérieures de l'aubier
correspondent exactement. Lorsqu'au lieu d'un scion on
en insère plusieurs sur la circonférence d'une branche
tronquée, on donne alors à la méthode le nom de greffe
en *couronne ou en tête*. Dans le premier cas , le scion est
choisi parmi les pousses de l'année précédente ; dans le
second, parmi celles de l'avant-dernière année. La première s'adapte aux jeunes sujets ; la seconde aux troncs
vieux et durs.

On peut encore obtenir des greffes par scions, en les
insérant latéralement et sans couper la tête du sujet;
mais la sève tend à se porter vers la sommité, et ce genre
de greffe manque très-souvent.

On peut enfin l'opérer par racines ou sur racines; mais
ce procédé est peu usuel.

C. *Greffe par bourgeons.*

La troisième classe des greffes est celle qui porte le
nom de *greffe par bourgeons*. Elle consiste à prendre un
morceau d'écorce chargé d'un ou de plusieurs bourgeons,
à l'adapter sur le sujet exactement à la place d'un morceau correspondant d'écorce enlevée. On lie le tout pour
opérer le contact et éviter le mouvement. Au bout d'un
certain temps, la base du bourgeon de la greffe se colle
sur l'aubier, reçoit la sève ascendante, et se développe.
Le scion qui en résulte élabore la sève, et le suc descendant revient sur les aubiers. On appelle, en général,
greffes en écusson celles où le disque d'écorce ne porte
qu'un bourgeon, et *greffes en flûte*, celles où le lambeau
d'écorce est presque annulaire et porte plusieurs bourgeons. Dans l'un et l'autre cas, on doit choisir des
écorces jeunes portant des bourgeons bien développés.
On a remarqué que l'opération reprend plus facilement
lorsqu'on adapte le bourgeon de l'écusson exactement à
la place où était le bourgeon du sujet. Elle réussit cependant ailleurs, vu qu'il y a partout des extrémités de
rayons médullaires susceptibles de se développer. On
peut même opérer en plaçant un disque d'écorce qui ne
porte pas de bourgeons visibles, parce que les bourgeons

latens qui peuvent exister tendent alors à se développer : mais cette opération est lente; elle est très-casuelle et peu usitée en pratique , quoique curieuse en théorie.

Il est des arbres où l'expérience a, dit-on , appris que la greffe par bourgeons réussit mieux en plaçant le bourgeon dirigé en bas , au lieu de le mettre dans sa situation naturelle. Ce procédé s'applique souvent à l'olivier et aux arbres qui ont beaucoup de gomme. Je ne connais pas de preuves directes de la supériorité de ce procédé , et sa théorie me paraît douteuse.

On distingue deux époques pour les greffes à écusson : on peut opérer au premier printemps, et alors la sève qui s'élève développe immédiatement le bourgeon ; c'est ce qu'on appelle *écusson à œil poussant* ; ou bien opérer à l'automne , et alors le bourgeon se soude graduellement pendant la lente végétation de l'hiver , et ne pousse qu'au printemps : c'est ce qu'on nomme *écusson à œil dormant*. Cette distinction d'époque s'applique aussi à la greffe en flûte.

La greffe en écusson peut s'opérer sans couper la sommité du sujet , et en se contentant de faire une ligature au-dessus de la greffe pour forcer une partie de la lymphe ascendante à entrer dans le bourgeon. Elle fournit ainsi le moyen de greffer latéralement sur un même sujet un certain nombre de bourgeons. On se sert de ce procédé pour placer sur un même pied des espèces ou variétés différentes. C'est ainsi qu'on obtient dans les jardins des pieds de rosier ou de poirier portant un grand nombre de variétés diverses de roses ou de poires. On remarque cependant que celles de ces variétés qui sont ou plus robustes ou mieux placées, tirent à elles toute la sève , épuisent leurs voisines , et finissent par rester seules. J'ai vu une application utile de ce procédé au jardin d'agriculture de Strasbourg en 1810. On y avait reçu à l'improviste des greffes d'un grand nombre de variétés de poires , et l'on n'avait pas de sujets préparés pour les recevoir; on les plaça toutes sur les branches d'un vieux poirier , et l'année suivante on transporta sur de jeunes pieds distincts les bourgeons développés par les scions greffés sur le vieux arbre. Un amateur distingué d'horticulture, M. Agricola, a de même établi à Gœllnitz sur un vieux poirier trois cent trente variétés de pommes toutes étiquetées , et il trouve que cette collection de variétés sur un même arbre donne , d'un côté, plus de facilité pour comparer les variétés entre elles , puisqu'elles sont rigoureusement dans le même sol, et de l'autre, plus de chance d'avoir des hybrides à cause de leur rapprochement.

La greffe en flûte exige , en général, l'amputation de la tête du sujet, et s'emploie pour les arbres et les localités où l'on peut craindre que les vents n'enlèvent les scions greffés avant qu'ils aient atteint leur parfaite soudure.

Dans toutes les sortes de greffes en écusson , il est inutile et même dangereux de laisser du vieux bois au-dessous du bourgeon. Ce vieux bois ne se soude pas , surtout s'il est épais , avec le nouveau. La soudure s'exécute mieux lorsque le cambium de la greffe , et surtout du sujet , est en contact immédiat.

Dans les trois classes de greffes que je viens de décrire, on doit lier ensemble la greffe et le sujet avec des liens assez mous pour les maintenir sans les blesser. On emploie ordinairement dans ce but des fils de laine dans celles où l'on a entamé et mis à nu le corps ligneux ; il faut de plus le protéger contre l'humidité extérieure. On se sert dans ce but de tous les emplâtres dont nous parlerons au liv. V, chapitre *des Blessures*, mais plus particulièrement d'un mélange d'une livre de brai, demi-livre de poix et un quart de livre de cire jaune.

Si l'on examine d'une manière générale les trois opérations que nous venons de décrire, on sera frappé de la justesse des comparaisons que Thouin établit entre elles et les procédés ordinaires de multiplication. La greffe par approche est analogue aux marcottes, en ce qu'on n'abandonne la branche à elle-même que lorsqu'elle est déjà soudée avec le sujet. La greffe par scions est analogue aux boutures : on coupe la branche, et on la place dans une position favorable pour qu'elle puisse, en se soudant au sujet, se procurer les racines qui lui manquent. La greffe par bourgeons est analogue à la semaison des graines : on sépare un germe de la plante qui l'a produit, et on le place de manière à ce qu'il puisse se procurer à lui-même sa nourriture et son développement.

Les trois classes de greffes que nous avons indiquées dans cet article sont applicables à tous les végétaux exogènes ligneux. L'expérience a appris que certains procédés réussissent plus sûrement que d'autres pour certaines espèces : de là l'usage de l'employer exclusivement, et l'opinion populaire que, par exemple, les acacias ne réussissent que par la greffe en scion, ou les rosiers par celle à écusson. La réalité est qu'on exprime seulement la préférence à donner à tel mode pour telle plante.

D. *Greffe des parties herbacées.*

Dans les trois classes précédentes de greffes, qui jusqu'à nos jours ont été les seules connues et pratiquées, et surtout dans les deux dernières, on a soin de prendre. pour greffer, des bourgeons non encore épanouis, et d'éviter de faire l'opération quand la végétation foliacée est en pleine activité. M. de Tschudy a pensé, au contraire, que plus la végétation était active, plus la reprise devait être prompte, et il a très-bien remarqué que plus le tissu cellulaire mis en contact est jeune, plus il a de chance pour se souder. Il observe encore avec raison que la cicatrisation des plaies végétales est un phénomène analogue à la greffe, et trouve en ce fait une preuve de plus que celle-ci ne s'opère que par la génération du jeune tissu cellulaire. D'après ces principes, il s'est particulièrement attaché à placer de jeunes pousses ou des bourgeons dans les positions les plus favorables pour que la végétation soit peu interrompue dans les points où se forme du tissu cellulaire, et où le cours naturel des choses appelait déjà la sève. Si son ouvrage n'a pas eu jusqu'ici la réputation et l'influence que ses succès pratiques paraissaient annoncer, cela tient sans doute à l'étrangeté et souvent à l'obscurité du style qu'il avait adopté. J'avoue que moi-même, quoique éclairé pendant plusieurs années par une correspondance active et amicale avec cet excellent homme, quoique j'aie vu une grande partie de ses résultats, j'ai souvent encore conservé du doute sur le sens réel de ses assertions, qu'il exprimait souvent sous une forme figurée et en détournant les mots de leur sens ordinaire. C'est ainsi qu'il emploie le mot *herbe* comme synonyme de tissu cellulaire, et que pour lui l'*herbe blanche centrale*, c'est la moelle ; l'*herbe blanche rayonnante*, c'est le rayon médullaire ; l'*herbe verte* ou l'*herbe verte cylindrique à petites mailles*, c'est l'enveloppe cellulaire ; l'*herbe cylindrique* ou *herbe blanche cylindrique à grandes mailles*, c'est le liber ; l'*herbe blanche descendante*, c'est le cambium, et l'*herbe continue* paraît être l'aubier (1) ; et puisque je parle de l'embarras que ces termes ont entraîné, qu'il me soit permis de dire en passant que le tissu cellulaire porte en anglais le nom assez bizarre de *silver-grain*. Tous les traducteurs des ouvrages physiologiques de Davy, Knight, etc., ont traduit ce mot par *grain d'argent*, qui n'a aucun sens en français, et qui a rendu inintelligibles plusieurs passages de leurs livres.

M. de Tschudy divise les arbres en trois classes, qu'il désigne sous les noms de *unitiges, omnitiges* et *multitiges*.

Sous le nom d'unitiges, il désigne ceux qui, comme les pins, les sapins et les mélèzes, ont une tendance à croître verticalement en s'alongeant par leur bourgeon terminal, et dont les branches latérales fort étalées n'ont qu'une existence comme tributaire, et ne tendent pas naturellement à la verticalité.

Les omnitiges sont, dans le langage de M. de Tschudy, ceux, comme la vigne et les végétaux sarmenteux, où

----

(1) On pourra consulter avec intérêt, et surtout sous le rapport pratique, trois articles très-bien faits sur la *grêle herbacée*, insérés dans les Annales de l'Institut horticole de Fromont, vol. 5, p. 30 ; et Ann. soc. d'hortic. de Paris, vol. 4, p. 59

tous les bourgeons ont une égale tendance à s'élever, et où la force vitale est également répartie.

Tous les autres arbres sont multitiges, en ce qu'ils ont plusieurs bourgeons susceptibles de s'élever, ou plusieurs centres de vitalité.

M. de Tschudy opère sa greffe de parties herbacées en choisissant par exemple un jet de noyer bien vigoureux ; il fait, sans retrancher la sommité, une incision oblique entre les deux boutons de l'aisselle de la cinquième feuille ; il prolonge cette incision un pouce ou un pouce et demi au-dessous de l'aisselle ; il taille en coin une tige verte de noyer d'Amérique d'un calibre à peu près égal, et greffe un scion formé d'une section de tige herbacée, d'un pétiole et d'un chicot terminal. Le bourgeon de la greffe sera placé précisément à la place où était celui du sujet ; on serre le tout avec le fil de laine ; au bout d'une vingtaine de jours, la feuille du scion greffé meurt, mais le bourgeon se développe : on doit, vers le dixième jour, supprimer les feuilles inférieures à celles qu'on a greffées, afin que la sève soit appelée plus vivement dans celle où l'on a intérêt à l'obtenir.

Quant aux unitiges, tels que les mélèzes, on est obligé de greffer un jet herbacé, pris à peu près aux deux tiers de son accroissement sur la sommité d'une tige ; il faut laisser les feuilles voisines du sujet, afin d'appeler la sève ascendante jusqu'au moment où la cicatrisation a lieu, et on greffe en opposition au bouton supérieur conservé. Ce procédé s'applique avec succès à la plupart des conifères ; on les greffe au mois de juillet, en laissant les feuilles, soit du sujet, soit de la greffe, et en moins de quinze jours on voit celle-ci reprendre.

Dans les arbres à feuilles opposées, on coupe la jeune pousse trois lignes au-dessous de la paire de feuilles qui précède le dernier entre-nœud; on fend la tige, on y glisse un scion de l'année taillé en coin, et on fait arriver les pétioles de sa paire inférieure de feuilles à une hauteur égale à ceux du sujet, mais disposés comme les rayons d'une roue.

Les plantes annuelles, d'après cette méthode, se greffent avec une grande facilité : ainsi, M. de Tschudy a réussi à greffer le choufleur sur brocoli et chou cavalier, le melon sur le concombre, la tomate sur pomme de terre (1) : les fruits ont conservé leur saveur ordinaire. On suit dans ces greffes le même procédé indiqué pour le noyer; mais leur reprise est plus prompte, et on obtient ainsi en peu de semaines la substitution d'un fruit à un autre : dès-lors on a appliqué cette méthode à une foule de végétaux, et plusieurs jardiniers lui donnent la préférence sur tout autre.

On a obtenu dans ces derniers temps des greffes très-curieuses, en ce que ce sont des rameaux de tiges greffés sur des racines tubéreuses : ainsi, MM. Nasn, Soulange-Bodin, Walner et Bauman, ont réussi à greffer des branches encore herbacées de *pœonia moutan* sur les tubercules des pivoines en herbe, et des jets de dahlia sur les tubercules de ces mêmes plantes.

C'est à cette classe de faits qu'on doit rapporter les greffes connues plus anciennement sous le nom de greffes en *ramilles*; on donne ce nom aux cas où l'on prend au

---

(1) Cette greffe a été répétée avec succès, en 1828, par M. Fourquet, à Fromont. (Ann. de Fromont, 1829, p. 59.)

plein de la première sève de l'année des scions chargés de leurs feuilles , souvent même de leurs fleurs ou de leurs fruits , et on les insère au sommet des tiges de grosseur semblable : cette greffe n'est guère applicable qu'aux végétaux à feuilles coriaces et toujours vertes , tels que l'oranger. On s'en sert en particulier pour greffer des branches fleuries ou chargées de fruits sur de petits orangers de semence , et obtenir ainsi des pieds nains portant fruit.

§. 4. Des modifications déterminées par la greffe.

Il est vrai de dire en général que la greffe ne change point les espèces , pas même les variétés auxquelles on l'applique , et que la branche ou le bourgeon greffé sur un sujet étranger conserve sa propre nature. Mais il faut cependant avouer que cette transplantation d'un bourgeon sur un autre tronc détermine de temps en temps quelques modifications dans le jet greffé : il est bon de les passer en revue pour en connaître les limites.

La plus remarquable de ces modifications est celle qui tient à la grandeur : l'expérience a appris qu'au milieu d'une foule de cas où la grandeur n'est point altérée par la greffe , il est certains sujets qui tendent , par leur nature , à modifier la grandeur de la greffe qu'on place sur eux. Ainsi, le pommier ordinaire , greffé sur paradis (1), forme les arbres nains; greffez sur doucin les arbres dits

-----

(1) Les variétés ou espèces de pommiers que les jardiniers nomment *paradis* ou *doucin*, sont des problèmes pour les botanistes. On ne les connaît point à l'état sauvage, et on les mul-

mi-nains, et sur franc les arbres de haute taille. Au contraire, le sorbier des oiseleurs devient, dit-on, plus vite grand quand on le greffe sur l'aubépine, qui est cependant plus petite que lui.

Le changement du port des arbres est aussi quelquefois très-prononcé. Ainsi le ragouminier (*prunus canadensis*), qui, dans son état naturel, est un arbuste rampant, devient un arbre droit quand il est greffé sur notre prunier. Il en est à peu près de même du *cytisus sessilifolius*, greffé sur le laburnum, et du *cerasus chamæcerasus* sur le cerisier : ce dernier forme, quand il est greffé à haute tige, une espèce de tête arrondie, très-différente de l'aspect ordinaire de l'arbuste sauvage. Le lilas, greffé sur frêne, prend le port d'un arbre, et le *caragana pygmæa* présente le même changement quand on l'ente sur le caragana arborescent. Mais le changement de port le plus frappant est celui du *bignonia radicans*, greffé en couronne sur le catalpa ; il y forme une tête arrondie à rameaux pendans, et ses branches ne portent qu'un très-petit nombre de crampons.

On a encore remarqué que les arbres greffés deviennent tantôt plus, tantôt moins robustes que les autres : ainsi, le néflier du Japon, greffé sur aubépine, et le pistachier sur le térébinthe, deviennent plus robustes et supportent mieux nos climats que les mêmes arbres non greffés, ou, comme disent les jardiniers, *francs de pied*. Au contraire,

---

tiplic dans les pépinières sans connaître leur origine. On les reconnaît à ce que le paradis a des racines charnues et un peu cassantes, tandis que celles du doucin se tordent et se maillent quand on veut les rompre.

le lilas greffé sur phylliræa devient plus délicat, et je l'ai vu, par suite de sa faiblesse, geler à Montpellier par une température de — 5°, qui n'avait atteint ni les lilas, ni les phylliræa francs de pied. M. Knight (1) a observé que les arbres qui craignent le froid ne gagnent rien à être greffés sur des arbres plus robustes.

La faculté de fleurir et de porter des fruits est quelquefois un peu modifiée par la greffe : ainsi, on remarque que le sorbier greffé sur aubépine, le pommier sur sauvageon, donnent plus de fruits. On observe dans les serres que les passiflores greffées fleurissent plus jeunes et plus abon-damment que celles qui ne le sont pas. Au contraire, on sait que le *robinia hispida* greffé donne très-peu de fruits. Les uns disent que cette espèce de stérilité tient à la greffe ; mais, comme nous n'avons presque point de terme de comparaison, vu que nous ne cultivons pas cette espèce franche de pied, je suis plus porté à croire que cela tient au climat.

La grosseur des fruits paraît en général un peu aug-mentée par la greffe ; c'est au moins ce que l'on peut pré-sumer de la comparaison des poiriers et des pommiers greffés avec les individus non greffés. On dit aussi que les graines des arbres greffés sont moins nourries et plus rares que dans les autres ; mais je doute qu'il y ait eu à cet égard des observations un peu précises.

On a cru observer, dans quelques cas rares, de légers changemens de saveur dans les fruits. Ainsi, on assure que la prune reine-claude a une saveur un peu différente selon l'arbre sur lequel elle croît. On en dit autant de

---

(1) *Trans. soc. hortic. Lond.*, 2, p. 199.

quelques variétés de cerisier. Thouin assure (*Dict. d'agr.*, édit. de 1822, art. *Greffe*) que, lorsque deux espèces sont greffées sur le même sujet, celle dont le fruit prédomine enlève la saveur à l'autre ; ce qu'il a vu sur un abricotier de Nancy et une reine-claude greffés sur prunier, mais ce qu'il avoue avoir besoin d'être vérifié. On assure que le marronier d'Inde, greffé sur lui-même, donne des marrons doux ; mais je ne l'ai point vu, et j'ai trop entendu de contes populaires sur les effets de la greffe, pour ne pas me défier des assertions qu'on n'a pas fréquemment l'occasion de vérifier.

La durée moyenne des arbres est fortement modifiée dans certains cas : ainsi, les pommiers greffés sur paradis durent rarement plus de 10 ou 12 ans, tandis qu'au contraire le pavia dure plus qu'à l'ordinaire quand on le greffe sur marronier.

Enfin, la greffe semble, au moins dans quelques cas, influer sur l'époque du développement du printemps, et par suite sur la feuillaison et la fleuraison de certains arbres. C'est d'après cette observation que les Dauphinois greffent le noyer sur lui-même, afin, disent-ils, de le rendre moins précoce, et de lui donner ainsi plus de chance d'éviter les gelées du printemps. D'un autre côté, MM. Knight (1) et de Tschudy assurent (2), au contraire, formellement et à plusieurs reprises, que la greffe rend les végétaux plus précoces. Ce dernier observateur cite en particulier un fait assez concluant sous ce rapport : il avait semé des graines de hêtre pourpre prises

----

(1) *Trans. soc. hortic. Lond.*, 2, p. 199.
(2) Correspondance particulière, 1818.

au même arbre, et avait obtenu du semis partie de hêtre
ordinaire, partie de hêtre pourpre; il greffa les pieds de
couleur pourpre sur ceux de couleur verte, et planta une
palissade composée de ces divers pieds. Les individus
greffés étaient toujours plus précoces que les hêtres
pourpres francs de pied. Ce résultat est le plus conforme
à la théorie; car la greffe, en arrêtant la sève descendante, doit avoir quelque analogie dans son action avec
l'incision annulaire de l'écorce.

Jusqu'ici je n'ai cité que des influences du sujet sur la
greffe; mais la greffe modifie-t-elle le sujet? Je n'en connais aucun exemple prouvé, quoique j'aie quelquefois
entendu affirmer ce genre d'action. C'est un point de
fait qui mériterait d'être étudié sans prévention, et qui
aurait de l'importance pour la théorie. Ce qu'on peut au
moins affirmer, c'est que le bois situé au-dessous de la
ente est entièrement conforme au bois du sujet, et que
toutes les pousses qui naissent au-dessous de ce point
sont des pousses du sujet. Ce fait est trop connu des cultivateurs pour être révoqué en doute dans sa généralité;
mais cette loi semble contrariée par un fait cité par Hales,
et ensuite par Blair, Bradley, Laurence, Du Petit-
Thouars et Moretti, mais sans qu'aucun de ces derniers
paraisse l'avoir vérifié, savoir : que lorsque l'on greffe un
jasmin à feuilles panachées sur un jasmin ordinaire, les
branches qui naissent du sujet au-dessous de la ente portent des feuilles panachées. Cette expérience mérite d'être
répétée avec soin, soit pour reconnaître la vérité du fait,
soit pour savoir s'il ne tiendrait point simplement à ce
que des panachures pouvant se développer spontanément,
il a pu s'en développer sur le pied où on avait greffé un

rameau panaché sans qu'il y eût liaison entre ces deux faits, soit enfin pour vérifier par des exemples analogues l'hypothèse de M. Moretti (1), que la panachure, étant une maladie, peut se propager sur un arbre en toutes directions.

§. 5. Des résultats généraux de la greffe.

La greffe est certainement l'un des résultats les plus étonnans de la végétation, et l'on ne doit pas être surpris si, dès les temps les plus anciens jusqu'à nos jours, elle a été célébrée par les poètes comme une sorte de prodige. Le physiologiste se joint ici à l'étonnement du public. Un bourgeon ou un scion se développe sur un arbre qui n'a avec lui que des analogies, et non une identité de structure; il porte ses propres feuilles, ses fleurs, ses fruits, ses graines, sans influence marquée du sujet; son bois grossit en longueur, en diamètre, et conserve sa nature. Au-dessous du point où l'union s'est opérée, le sujet continue à vivre à sa manière; son bois, son écorce restent semblables à ce qu'ils étaient; s'il pousse des branches, ce sont les mêmes que dans un sujet non greffé. Ces faits prouvent au plus haut degré l'individualité des bourgeons; mais comment les concilier avec d'autres faits qui semblent non moins avérés, savoir, l'action des parties supérieures et foliacées d'un arbre sur l'accroissement et la nutrition des parties inférieures ? Et ici je dirai volontiers avec le poète (2) :

____

(1) *De nonnullis physiol. botan.*, *Ticini*, 1831.
(2) Delille, les Trois règnes, chap. VI.

« Mais comment de la greffe expliquer le mystère?
» Comment l'arbre, adoptant une plante étrangère,
» Peut-il, fertilisé par ces heureux liens,
» Former des fleurs, des fruits, qui ne sont pas les siens? »

Voici comment le phénomène se présente à mon esprit.

Les feuilles, les bourgeons de la branche greffée se soudent par le jeune aubier naissant, et, une fois soudés, déterminent l'ascension de la sève au travers du sujet; elles élaborent un suc qui paraît évidemment redescendre dans l'écorce et l'aubier : ce suc paraît être assez homogène dans les végétaux de même famille pour qu'il puisse le long de sa route être absorbé par les cellules près desquelles il passe, et chaque cellule l'élabore selon sa nature : les cellules de l'aubier du prunier en font de la lignine colorée de prunier; celles de l'aubier de l'amandier en font de la lignine colorée d'amandier. Si le suc descendant n'a qu'une analogie incomplète avec les besoins du sujet, celui-ci prospère peu, quoique la soudure ait eu lieu; si l'analogie des aubiers est nulle, la soudure primitive ne s'opère pas; le scion greffé ne peut aspirer de sève, et l'opération manque. J'ai déjà indiqué plus haut que, dans la greffe du gui, il n'y a analogie que dans les aubiers, et non dans l'écorce : d'où résulte que le gui peut bien se souder par l'aubier, et aspirer la sève de son support, mais que le suc descendant formé par le gui ne redescend pas nourrir l'arbre qui le porte : d'où résulte l'amaigrissement des branches chargées de gui, et peut-être la possibilité qu'offre ce parasite de vivre sur les arbres de toutes les familles , possibilité que j'attribue à l'identité de la sève ascendante dans la plupart des arbres.

Telle est la théorie par laquelle je me rends compte de tous les faits connus sur la greffe , et par laquelle je crois les lier avec la théorie générale de la nutrition. Il me serait facile de prouver que toutes les autres opinions énoncées sur ce sujet difficile ne rendent pas raison des faits. Insiste-t-on sur la soudure des libers comme base unique et essentielle de la greffe? on ne peut se rendre raison du passage des sucs ascendans. Soutient-on la descente des fibres ligneuses? on ne peut expliquer sans de vraies subtilités , ni l'action des feuilles dans la nutrition , ni le changement de ces fibres au point de la ente. Néglige-t-on l'action sécrétoire individuelle que j'attribue aux cellules de tous les organes? la nutrition tout entière devient à mes yeux un problème insoluble.

Si après avoir considéré la greffe dans ses rapports avec les lois de la végétation, nous l'envisageons dans ses relations avec les besoins de l'homme, nous verrons que c'est sous un point de vue purement pratique qu'on a coutume de la classer parmi les moyens de multiplication des végétaux. La greffe ne crée rien; elle ne fait que transporter, transplanter sur un tronc qui nous est plus commode , un bourgeon ou un scion qui se serait développé sur son propre tronc. Ce bourgeon , dans son lieu natal, eût peut-être été inutile , vu la grande quantité de bourgeons semblables dont il est entouré; peut-être eût-il nui à leur développement, ou eût il été étouffé par eux : nous l'avons par la greffe isolé et placé dans une situation favorable. On peut dire que la greffe opère dans l'économie végétale le même effet que le commerce dans l'économie sociale : le commerce ne crée rien ; mais il transporte les objets créés par la nature ou par l'homme d'un lieu où ils sont peu ou point utiles à un autre où ils ont plus d'utilité. Autant en fait la greffe de bourgeons provenant ou de la reproduction naturelle (les graines), ou de la reproduction artificielle (les marcottes et les boutures). L'utilité de la greffe est donc immense pour l'homme, puisque c'est elle qui nous a donné le moyen le plus facile, et quelquefois le seul possible, d'augmenter le nombre des végétaux de chaque espèce ou variété utile, et de conserver ainsi toutes les modifications obtenues par l'hybridité.

Cette opération offre une application intéressante à la théorie des classifications botaniques : c'est, dans certains cas ambigus', de nous indiquer les affinités réelles de quelques végétaux : ainsi, l'hortensia était placé par les uns auprès des viburnum, par les autres auprès des hydrangea. Je proposai dès 1811 à M. de Tschudy de résoudre la question par la greffe ; il n'eut que des résultats négatifs avec ces deux genres en se servant des anciennes méthodes ; mais en employant son procédé de greffer les parties herbacées de l'hortensia en pleine sève, il est parvenu à le enter sur l'hydrangea, et a ainsi constaté l'affinité présumée alors et aujourd'hui reconnue de ces deux genres.

Sans parler ici en détail des applications triviales de l'art de la greffe, j'en mentionnerai une indiquée en particulier par M. Perrotti (1), et qui me semble avoir été trop négligée par les pépiniéristes : c'est de transformer

____

(1) *Fisiol. delle piante*, p. 141.

artificiellement les arbres dioïques en arbres monoïques,
ou , en d'autres termes, de greffer des branches mâles
sur les arbres femelles, ou l'inverse, pour féconder leurs
fruits sans avoir besoin d'un second individu. Ainsi M. Hubert, colon de l'île Bourbon, a greffé des muscadiers femelles sur tous les pieds dont le sexe lui était inconnu ,
pour se procurer plus de chances d'obtenir des fruits.
Ainsi M. Jacquin a greffé sur de vieux gincko mâles des
branches de gincko femelles que je lui avais envoyées (1),
et obtiendra probablement le premier des fruits féconds
de ce bel arbre. On pourrait par ce procédé n'avoir dans
les jardins du midi de l'Europe que des pistachiers femelles qui porteraient quelques branches mâles.

M. Knight (2) s'est encore servi de la greffe comme
moyen de multiplier les chances d'hybridité , et d'accroître le nombre des variétés d'arbres fruitiers ; il a
greffé des bourgeons de variétés diverses de cerisiers sur
le même arbre, et en semant les noyaux soumis à ces fécondations diverses , il a obtenu des races nouvelles.

____

(1) Biblioth. univers., 7, p. 150.
(2) *Trans. soc. hort. Lond.* , 5 , p. 292.

CHAPITRE V.

De la Direction des Plantes ou des parties des Plantes.

Parmi les nombreux phénomènes que la végétation présente, il en est peu qui aient à plus juste titre excité l'attention que celui de la direction régulière qu'affectent les plantes, ou certaines de leurs parties : c'est un des problèmes qui ont paru les plus difficiles à expliquer, et pour lequel on a le plus fréquemment recouru à des hypothèses gratuites ou à ces termes vagues et demi-métaphoriques que l'on prend quelquefois pour des explications. La direction des plantes est surtout remarquable, quant à leur tendance à la perpendicularité et à leur habitude de se diriger vers la lumière. Nous examinerons d'abord ces deux objets, et nous passerons en suite en revue quelques phénomènes partiels moins importans, vu qu'ils sont moins généraux.

§. 1. Tendance à la perpendicularité.

Les racines tendent à descendre, et les tiges à monter avec plus ou moins d'intensité. Cette double faculté est ce qui caractérise le plus clairement ces deux organes. Elle se manifeste dès la naissance de la plante, et se conserve pendant la durée entière de la vie. Dans quelque direction que l'on place une graine , sa racine, en sortant de son enveloppe , se dirige vers la terre , et sa tige vers le ciel. Retournez la jeune plante, chacun des deux organes se retourne et reprend la direction qui lui est propre ; tentez deux , trois, quatre fois de changer cette direction , la plante la reprend à chaque fois , et périt plutôt que de croître autrement que sa nature le comporte. La même ténacité se remarque dans sa vie entière : vous avez beau soulever des racines ou courber des tiges vers le sol , elles reprennent en général leur direction déterminée dès qu'elles deviennent libres.

Il s'est trouvé des naturalistes , tels que Percival, Johnson , etc. , qui , désespérant de trouver la cause de ce phénomène, l'ont assimilée à l'instinct des animaux ; ou d'autres , tels que M. Lefébure, qui l'ont reléguée parmi les faits inexpliqués dus à l'action directe de la force vitale.

Dodart (1), qui l'un des premiers a très-bien exposé les faits, en cherchait la cause dans l'hypothèse que les fibres de la radicule se contractent à l'humidité , et celles de la plumule à la sécheresse , oubliant que lui-même avait observé que le même fait avait lieu à l'air libre comme en terre , et à l'ombre comme au soleil. De Lahire se contentait (2) d'admettre que le suc descendant étant le plus pesant poussait la racine au bas , et que la partie de ce suc se réduisant en vapeur poussait les tiges

---

(1) Mém. acad. des sciences , 1700.
(2) Mém. acad. des sciences , Paris, 1708.

en haut. D'autres, plus scrutateurs, ont tenté de découvrir par l'expérience la cause de ce fait extraordinaire que nous venons d'indiquer. L'époque de la germination a paru la plus favorable pour cette recherche, soit parce que le double phénomène y est prompt et très-prononcé, soit parce qu'il s'opère sur une plante que ses dimensions rendent facile à manier.

On s'est d'abord demandé si peut-être les racines ne tendent point vers la terre parce qu'elles y trouvent de l'humidité. Mais si, comme je l'ai expérimenté dès 1798, et comme M. Johnson l'a aussi exposé (1), l'on met un haricot, par exemple, germer dans un tube rempli par en haut de terre humide, et par en bas de terre sèche, la radicule ne change pas de direction ; mais il arrive seulement que comme elle a peu de nourriture dans la terre sèche, elle se tortille dans le haut du terrain sec, qui participe un peu à l'humidité supérieure. La plumule monte comme à l'ordinaire dans la terre humide.

Quelques-uns avaient pensé que la radicule fuit la lumière, et que la plumule la cherche : les graines qui germent dans des vases transparens, et dont les parties se dirigent comme à l'ordinaire, prouvent déjà le vide de cette opinion ; je m'en suis assuré plus directement, en faisant germer des graines à la surface de l'eau contenue dans un tube transparent par en bas, et opaque par en haut : les racines se sont dirigées dans la partie transparente, et les plumules dans la partie obscure. Nous verrons plus tard que cette cause, nulle pour la masse des végétaux, a de la réalité dans la famille des loranthancées

______

(1) *Edimb. philos. journ.*, 1818, p. 312.

seulement. Continuons à nous occuper d'abord de la question générale avant de penser aux exceptions.

J. Hunter, guidé par je ne sais quelle opinion théorique, eut l'idée de faire germer des graines au centre d'un baril qui était en mouvement rotatoire continuel. Les racines et les plumules se dirigèrent dans le sens de l'axe de rotation. Lorsque cet axe est très-légèrement incliné, par exemple, un degré et demi, M. Dutrochet a vu les radicules se diriger du côté le plus bas, et les plumules du côté qui tend à monter d'une si petite quantité (1). Cette expérience encore informe a probablement donné lieu à celle par laquelle M. Knight a si heureusement éclairci le problème dont nous nous occupons.

Cet habile physiologiste (2) a fait construire une roue située verticalement, et dont la circonférence présentait des auges ouvertes en dehors et en dedans, et susceptibles de recevoir de la mousse maintenue fixe par des fils transversaux ; il a placé des graines dans ces auges, et a soumis sa roue à une chute d'eau qui avait la double utilité de faire décrire à la roue cent cinquante révolutions par minute, et d'arroser continuellement les graines contenues dans la mousse. Pour servir de comparaison, une seconde roue semblable, et animée de la même vitesse, était située dans une position horizontale. Le résultat de l'expérience fut, 1° que dans la roue ho-

----

(1) Recherch., p. 146.

(2) *Philosoph. trans.*, 1806. avec une planche représentant l'appareil. Voyez aussi Davy, Chim. agr. trad., fig. 1, pl. 1, fig. 1, 2.

rizontale, toutes les graines poussèrent leurs racines en
bas, et leurs plumules en haut, néanmoins avec une déclinaison de dix degrés des radicules vers la terre, et des
plumules vers le ciel : cette déclinaison devint de quarante-cinq degrés, quand la vitesse de rotation était réduite à quatre-vingts révolutions par minute. 2° Dans la
roue verticale, toutes les radicules se dirigèrent vers la
circonférence, et les plumules vers le centre de la
roue (1). L'expérience répétée par M. Dutrochet a
offert les mêmes résultats généraux. Voyons comment
M. Knight a déduit de là une explication convenable de
la direction des racines et des tiges.

En quoi les graines situées dans les roues différaient-
elles des graines ordinaires ? C'est que dans la roue verticale, les graines étaient entièrement soustraites à l'action de la pesanteur, et que dans la roue horizontale
elle ne l'étaient pas, mais étaient à la fois soumises à
cette force et à la force centrifuge, et d'autant plus
que le mouvement était plus rapide. Dans le premier
cas, il n'y avait pour ainsi dire pour elles ni haut ni bas.
Cent cinquante fois par minute elles changeaient de position relativement à l'horizon ; elles étaient donc réellement soustraites à l'action de la pesanteur ou de la gravitation. Au lieu d'être soumises à cette force continue,
elles l'étaient à la force centrifuge seule ; les racines qui,

____

(1) Un habile physiologiste ayant probablement mal com-
pris le sens du texte anglais, dit que les radicules se dirigèrent
en dedans et les plumules en dehors de la roue, et attaque dès-
lors la théorie de M. Knight par un argument qui n'a aucune
force. (Élémens de physiol. végét., 1, p. 85; *Moniteur*, 1811.
n° 28.)

dans le cours ordinaire des choses, suivent la direction de la pesanteur, ont suivi celle de la force centrifuge : les tiges qui, dans le cours ordinaire, se dirigent en sens contraire de la pesanteur, se sont dirigées dans l'expérience contrairement à la force centrifuge. Si celle-ci a, par la disposition de l'appareil, remplacé la pesanteur et opéré les mêmes résultats, on peut en conclure que c'est la gravitation qui, dans l'ordre naturel, est la cause de la direction des tiges et des racines.

Mais comment une même force, agissant sans cesse dans la même direction, peut-elle forcer les racines à descendre, et les tiges à monter ? L'explication de ce fait réside dans les lois de l'accroissement des deux organes, telles que nous les avons exposées dans l'*Organographie*. 1° Les racines ne s'alongent que par leur extrémité : la pointe naissante de chaque racine est donc dans un état de mollesse qu'on peut comparer à une demi-fluidité. L'action continue de la gravitation doit donc la forcer sans cesse à descendre ; l'énergie avec laquelle chaque racine tendra à se diriger vers le centre de la terre, sera proportionnée au degré de mollesse de ses extrémités naissantes. 2° Les tiges croissent pendant un temps donné par toute la longueur de leur pousse. Or, voyons ce qui arrive dans une branche d'une obliquité quelconque : dans ce cas, il est évident que sur la masse des sucs lymphatiques et nourriciers qui marchent le long des méats intercellulaires, une partie est entraînée par l'action de la pesanteur vers le côté inférieur de la branche, et que par conséquent ce côté reçoit plus de nourriture que le côté supérieur. La preuve de cette assertion, c'est que le côté inférieur d'une branche oblique est toujours plus épais que le côté supérieur, ou, en d'autres termes, le canal médullaire d'une branche oblique est un peu plus voisin du côté supérieur, parce que les couches inférieures ont cru davantage. Cette disproportion entre l'accroissement des couches supérieures et inférieures est d'autant plus prononcée, que la branche est plus près d'être horizontale, parce que l'action de la pesanteur sur les sucs nourriciers est d'autant plus considérable. Mais si le côté inférieur d'une branche oblique est mieux nourri que le supérieur, l'effet ne doit pas être seulement de faire grossir les couches, mais aussi de faire alonger les fibres; car ces deux effets marchent toujours de concert, tant qu'une pousse nouvelle est susceptible d'alongement; le côté inférieur de la branche tendra donc à s'alonger plus que le supérieur : si on pouvait les faire croître à part, chacun d'eux s'alongerait selon sa nutrition, mais ils ne peuvent être séparés; les fibres du côté le plus mal nourri restent plus courtes que les autres, et elles doivent les tirer de leur côté vers la partie la plus flexible, c'est-à-dire vers la sommité : ainsi la branche doit toujours se redresser vers le haut, et cela avec d'autant plus d'énergie, qu'elle est plus près de la situation horizontale.

On conçoit sans peine que si la tige ou la branche est obligée de se redresser, quelle que soit son obliquité, on ne doit trouver que des branches droites ou tendant à le devenir. Les exceptions à cette loi sont la plupart plus apparentes que réelles. Un certain nombre de plantes ont la tige si faible, que quoique ses extrémités tendent à se redresser, la base s'affaisse par son propre poids : c'est ce qui arrive à des degrés divers aux plantes couchées ou ascendantes : cet affaissement est d'autant plus marqué, que la tige est plus molle ou qu'elle s'est alongée plus rapidement. Dans tout ceci il ne faut examiner que ce qui se passe pendant la première année : c'est alors que la branche s'alonge, et lorsqu'elle vient ensuite à s'endurcir, elle conserve en général la position qu'elle avait acquise pendant son développement. Les branches des arbres suivent les mêmes lois ; elles tendent d'abord à s'élever pendant qu'elles s'alongent, puis elles s'abaissent ensuite vers la ligne horizontale par deux causes : 1° les branches nouvelles qui se forment au-dessus d'elles les abritent de la lumière, et les inférieures se déjettent de côté pour en avoir leur part ; 2° le poids qu'elles acquièrent lorsqu'elles deviennent très-longues, agissant toujours à l'extrémité d'un levier plus long, les entraîne un peu vers la situation horizontale.

Dans un petit nombre d'arbres les branches se déjettent plus bas que la ligne horizontale : c'est ce qui caractérise les arbres dits *pleureurs* ; mais il faut remarquer que dans le langage ordinaire on confond ici deux phénomènes. Le saule-pleureur, par exemple, doit la tendance de ses jeunes branches vers le sol à ce qu'elles s'élancent beaucoup la premiè-e année en restant très-flexibles, de sorte que leur propre poids les entraîne vers le sol. Cette explication n'est point admissible pour le frêne-pleureur, dont les branches se dirigent vers le sol avec une rigidité remarquable. Je ne connais aucune explication de la direction contre nature de ces variétés à rameaux rigides et pendans du frêne ou du hêtre-pleureur. On assure qu'on peut obtenir des arbres pleureurs en greffant de jeunes arbres avec des rameaux de faisceaux serrés et formés de scions qui se développent quelquefois sur de vieux pieds. M. Anderson (1), dit-on, a obtenu ainsi des variétés à rameaux pleureurs de bouleau, d'orme et d'aubépine.

Si l'explication de la perpendicularité des tiges donnée par M. Knight est vraie, il doit s'ensuivre que si une racine ou une tige se trouvait accidentellement croître dans une direction renversée et rigoureusement verticale, elles ne devraient pas se redresser : c'est ce qu'a vu M. G. Lavi sur une racine germante de sapin qu'il avait placée dans une situation verticale ascendante (il ne dit pas par quelle précaution il s'était assuré de la verticalité). La racine ne s'est point recourbée ; mais, au bout de quelque temps, elle a cessé de s'alonger ; sa pointe est devenue comme cornée, et le collet donna naissance à une nouvelle racine, comme cela arrive quand on coupe la radicule primitive.

Quant à la tige, il m'a semblé qu'on ne pourrait pas obtenir la verticalité stricte avec des plantes qui croîtraient à l'air et qui auraient quelque rigidité, parce qu'on ne peut être rigoureusement sûr de leur direction, et que la moindre obliquité déterminerait leur redressement ; mais je l'ai obtenue dans l'expérience suivante : J'ai placé un ognon de jacinthe, la pointe renversée, sur un bocal tubuleux plein d'eau, et les racines recouvertes d'une éponge humide : la hampe a poussé et fleuri dans l'eau ; elle était dans une situation verticale, la sommité dirigée en bas, et cette direction verticale était rigoureuse, parce que, vu la mollesse que l'eau donnait au

____

(1) Ann. de Fromont, 5, p. 64.

tissu, la hampe tombait par son propre poids. On a donc ici un exemple de l'interversion complète de la direction propre aux tiges; mais cette exception même confirme la loi de M. Knight.

L'expérience fondamentale de ce physiologiste a été répétée par M. Dutrochet (1) avec une roue mise en mouvement par un mécanisme d'horlogerie; ce qui l'obligeait à des précautions spéciales pour entretenir la fraîcheur des graines : il a obtenu tous les mêmes résultats; mais, ne donnant aucune attention à l'explication de M. Knight, et préoccupé d'idées de polarité, il n'a vu dans tout ce phénomène qu'un cas particulier de l'espèce d'action nerveuse qu'il admet dans les végétaux. Comme il ne combat pas la théorie de M. Knight, je n'ai point à la défendre; et comme il expose sa propre idée sans la prouver, je n'ai point à la combattre.

M. Poiteau (2) a répété, ou tout au moins admet comme vraie l'expérience de M. Knight; mais il en propose une explication mécanique qui me paraît complétement inadmissible. Partant du fait connu que lorsqu'on lance avec force un projectile alongé, et dont les deux bouts sont de pesanteur inégale, c'est toujours le plus pesant qui se dirige en avant, il admet que la radicule est toujours plus pesante que la plumule, et suppose que c'est à cause de cette pesanteur relative qu'elle s'est dirigée en dehors de la roue dans l'expérience de M. Knight. Mais si, dans le cas cité par M. Poiteau, la radicule s'est trouvée plus pesante

---

(1) Recherch, p. 158.

(2) Nouvelle explication des directions que prennent la racine et la tige, etc., dans les Ann. d'hortic., in-8°, Paris.

que la plumule, n'est-il pas évident qu'il n'en est pas
toujours ainsi, et qu'en particulier la radicule suit la
même direction lors même qu'on retranche la plumule?
Dans l'acte même de la germination, il y a une période
où la radicule sort très-petite et déliée, et où les cotylédons, la plumule et leur enveloppe réunis en un seul
corps, sont évidemment plus pesans que la radicule, et
cependant celle-ci conserve sa direction : d'ailleurs,
quand il serait vrai que la radicule fût plus pesante en
général que la plumule, je ne crois pas que les lois de la
mécanique pussent permettre de comparer cet effet lent
et modéré de la descente de la racine avec l'impulsion
des projectiles.

L'objection la plus grave qu'on pourrait opposer à la
théorie de M. Knight est un fait fort singulier qui a été
récemment observé par M. Pinot (1), savoir, que si l'on
place une graine de *lathyrus odoratus* germant au-dessus
d'une cuvette de mercure et fixée par un appareil facile
à comprendre, la radicule de cette graine se dirige verticalement vers le sol et s'enfonce dans le mercure,
quoique celui-ci soit d'une pesanteur spécifique bien supérieure à la sienne. Ce fait semblerait conduire à l'idée
d'un effet vital qui influerait directement sur la tendance
de la radicule à descendre. D'un autre côté, M. Dutrochet
assure (2) que la radicule, dans cette expérience, ne
s'enfonce pas au-delà de ce qu'exige le poids du corps
flottant. Il paraît, d'après ces termes, que ce savant laissait la graine flottante, et non fixée au-dessus du mer-

---

(1) Journ. pharm., 1829, p. 490; *Flora*, 1829, p. 687.
(2) Journ. de pharm., 1830, p. 28.

cure, et par conséquent son expérience n'est pas entièrement comparable avec celle de M. Pinot. Ces expériences ont été répétées et variées par M. Mulder (1); il a vu que des radicules plus molles, telles que celles du sarrazin, ne s'enfoncent pas dans le mercure, mais rampent à sa surface; ce qui me paraît prouver, non comme il le conclut, qu'il y a une force intérieure qui pousse la radicule, mais au contraire que la racine des fèves et des pois descend dans le métal par un simple effet de sa rigidité, et que les racines molles ne peuvent y pénétrer, résultat parfaitement conforme à la théorie de Knight.

M. Johnson (2) attaque enfin l'opinion de Knight par des expériences desquelles il croit pouvoir conclure que la force qui dirige les radicules en bas est plus grande que celle de la pesanteur; mais les détails que je connais sur cette expérience ne suffisent pas pour fixer mon opinion.

De la perpendicularité des tiges il résulte que si l'on fait abstraction des tiges rampantes ou très-rameuses, il ne peut pas naître un plus grand nombre de tiges sur un terrain inégal ou incliné que sur un sol plane. Nous examinerons ce fait plus en détail au livre V, en nous occupant de l'influence du sol sur la végétation.

Parmi les végétaux vasculaires, il en est un très-petit nombre qui échappent autrement qu'en apparence et par suite de leur mollesse à cette tendance à s'élever verticalement, qui est l'apanage des tiges. Ceux qui sont dans ce cas appartiennent tous à cette classe des parasites

---

(1) Ann. sc. nat., Bull., déc. 1830, p. 129.

(2) *Edimb phil. journ.*, 1828, p. 312; Bull. sc. nat. 18
p. 372.

que nous avons déjà citées comme exceptions aux lois de
la nutrition. Les diverses espèces de cuscutes paraissent
indifférentes à toutes directions : mais la cuscute en particulier présente ceci de singulier que, dans sa jeunesse,
elle tire sa nourriture de la terre par une racine et s'élève
verticalement; quand elle est âgée, sa racine s'oblitère,
elle se nourrit par ses suçoirs, et elle se dirige indiflé-
remment dans toutes les directions. La cause de cette
exception à la loi générale est inconnue, et pourrait bien
tenir en tout ou partie à la faiblesse de cette tige grêle
et filiforme. Le gui, et probablement toutes les loranthacées, offrent une exception plus remarquable; ces
arbustes parasites croissent indifféremment dans toutes
les directions, et, à l'époque de leur germination, leur
radicule, au lieu d'obéir à l'action de la pesanteur, semble
mue par la crainte de la lumière. On savait depuis long-
temps que, dans quelque position qu'on plaçât une graine
de gui sur un arbre, sa radicule se recourbait toujours
de manière à ce que son extrémité vînt toucher l'écorce
et s'y enfoncer. M. Dutrochet a prouvé, par une expérience simple et élégante, que la radicule du gui se dirige
toujours vers le côté le plus obscur qui, dans le cours
ordinaire de sa végétation, est le tronc de l'arbre; il a
placé des graines de gui, revêtues de leur gluten visqueux, sur les vitres d'une croisée d'appartement, soit
du côté intérieur, soit en dehors; elles y germent sans
difficulté; mais leur radicule ne se dirige point en bas.
Dans les graines situées sur la face intérieure de la vitre,
les radicules se dirigent horizontalement vers l'appartement; dans celles situées en dehors, les radicules se
recourbent contre le verre, comme si elles voulaient le

traverser pour se diriger dans la chambre. Si les expériences citées par M. Dutrochet avaient besoin de confirmation , je dirais que j'ai été témoin de ces faits singuliers , et qui échappent , comme la végétation entière du gui , à toutes les lois connues.

Parmi les végétaux cellulaires , on en trouve qui , comme les vasculaires , tendent avec plus ou moins d'énergie à se diriger vers le zénith , et d'autres qui semblent indifférens à toutes directions. A la première classe appartiennent la plupart des mousses qui croissent sur le terrain , les pédoncules des hépatiques , les tiges arborescentes des lichens , les champignons à pédoncules alongés ; à la seconde, les mousses croissant sur les arbres ou les rochers , les feuillages des hépatiques , les lichens crustacés ou foliacés , les hypoxylons , les champignons arrondis et les algues. Les plantes ou parties de plantes cellulaires douées de la faculté de s'élever verticalement sont, en général , formées de cellules alongées , et il n'est peut-être pas impossible que la même cause qui agit sur la direction des vasculaires agisse encore sur celles-ci. Quant aux cellulaires qui croissent dans toutes les directions, elles sont formées de cellules arrondies , et aspirent l'eau par toute leur superficie. Chaque cellule semble y vivre pour elle , et par conséquent on n'y remarque pas de direction déterminée , phénomène qui est nécessairement lié avec un ensemble où les diverses parties se combinent mutuellement.

§. 2. Tendance des tiges et des branches vers la lumière.

Tout le monde a remarqué que les branches des plantes

élevées dans les serres ou dans les appartemens se dirigent vers les croisées, que les rameaux des arbres des
forêts tendent vers les clairières, que les plantes qui
croissent à côté des murs tendent à s'en écarter, et qu'en
général les végétaux semblent, comme par un instinct
spécial, se diriger vers la lumière. Les anciens naturalistes et la plupart des agriculteurs ont attribué cet effet
à ce que les plantes cherchent l'air libre. M. Tessier a
démontré la fausseté de cette opinion par une expérience
simple et ingénieuse : il a placé des plantes vivantes dans
une cave qui avait deux sortes d'ouvertures : d'un côté,
des soupiraux formés par des vitrages donnaient passage
à la lumière, et non à l'air; de l'autre, des soupiraux
ouverts dans un hangar vaste et obscur, qui donnaient
passage à l'air, et non à la lumière. Si les plantes eussent
cherché l'air, elles se seraient dirigées vers ces dernières
ouvertures; mais elles se sont, au contraire, toutes tournées du côté des soupiraux clos et éclairés. Il est donc
bien certain que, quand les plantes se dirigent vers les
croisées des maisons ou les clairières des forêts, c'est la
lumière et non l'air qu'elles vont chercher.

La cause de ce phénomène a paru long-temps un problème absolument insoluble. Gleditsch (1), qui l'a confondu avec la perpendicularité, est loin d'avoir éclairé la
question par ses expériences avec l'appareil qu'il nom-
mait *dendromètre*. Je crois avoir démontré (*Mém. soc.
d'Arcueil*, 1809, vol. 2, p. 104) que cette direction est la
conséquence immédiate des lois les plus connues de la végétation.

____

(1) Mém. de l'Acad. de Berlin, 1765.

Quelle est, en effet, la position d'une branche jeune et verte inégalement éclairée? Du côté le plus exposé à la clarté, elle décompose plus d'acide carbonique, fixe plus de carbone dans son tissu, et par conséquent doit se solidifier plus promptement. Au contraire, du côté le moins éclairé, elle décompose moins de gaz acide, fixe moins de carbone, et se solidifie moins vite. Cet effet principal est encore corroboré parce que l'exhalaison aqueuse s'exécute beaucoup plus du côté éclairé, et il se dépose du côté de la lumière plus de matières terreuses qui concourent à solidifier plus vite le tronc. Par conséquent, sous ce double rapport, les fibres doivent s'alonger davantage du côté le moins éclairé, et s'alonger moins du côté le plus éclairé. Or, comme les deux côtés d'une branche sont inséparables, la sommité de la branche doit se courber du côté qui s'alonge le moins, c'est à-dire du côté de la lumière, et sa courbure doit être d'autant plus intense que l'inégalité des deux côtés sera plus grande. On peut reconnaître la vérité de cette explication sous deux rapports : 1° elle est confirmée par toutes les lois connues de l'étiolement, et en particulier chacun sait que dans les espaliers, et autres végétaux adossés contre un corps opaque, le côté éclairé de chaque branche est plus coloré, et le côté opposé plus pâle. 2° Elle se confirme encore par la nature des végétaux susceptibles de se diriger vers la lumière. Ainsi, cette direction n'existe point dans les végétaux qui ne sont pas verts, tels que les champignons, les cuscutes, les orobanches ; et parmi ceux où elle est sensible, elle ne l'est que dans les jeunes branches encore susceptibles d'étiolement, et cesse de l'être dans les branches âgées. La théorie aussi bien que l'observation démontre donc clairement que la direction des branches vers la lumière est un cas particulier des phénomènes de l'étiolement.

C'est à cette cause qu'on doit rapporter, outre les faits généraux cités en tête de cet article, 1° la déclinaison des branches inférieures des arbres, qui est d'autant plus grande que celles qui sont au-dessus d'elles sont plus touffues et plus étalées ; 2° les courbures extraordinaires que prennent certaines branches des forêts pour atteindre la clarté. Ces courbures servent si utilement à l'homme dans certaines parties de l'art des constructions, que Thouin a proposé de les faire naître artificiellement par l'emploi habilement ménagé de la lumière solaire.

Je ne connais, parmi les végétaux de couleur verte, qu'un petit nombre d'exceptions à la tendance vers la lumière dont je viens de parler ; tels sont :

1°. Le gui dont j'ai déjà fait mention si souvent, et dont les parties vertes paraissent croître indifféremment dans toutes les directions ;

2°. Les jeunes sommités, ou, comme disent les cultivateurs, les flèches des conifères, qui sont le plus souvent légèrement penchées du côté du nord, sans qu'aucune particularité de ces arbres puisse tendre à l'expliquer.

Bonnet avait signalé la direction spéciale des feuilles d'un jonc qui, disait-il, s'écartaient d'un mur et se dirigeaient vers la lumière. M. Raspail (1) croit, d'après la figure publiée par Bonnet, que ce jonc est une graminée qu'il nomme *cynodon phragmites*, et il affirme que les feuilles de presque toutes les graminées, au lieu de garder

---

(1) Bull. sc. nat., 10, p. 372.

leur position distique , tendent à se diriger vers le soleil. Cette tendance peut bien avoir lieu dans quelques cas particuliers; mais elle me paraît très-loin d'être la loi générale.

Je ne parle pas ici du parallélisme des branches inférieures de la cime de certains arbres avec l'horizon, parce que j'en ai exposé le mécanisme dans l'*Organographie*, vol. 1 , p. 159.

§. 3. De quelques courbures spéciales dues à l'inégalité d'accroissement.

La cause générale par laquelle j'ai expliqué les faits relatifs à la tendance à la perpendicularité et vers la lumière, savoir, l'inégalité de l'accroissement des deux côtés d'une tige, peut s'appliquer à quelques phénomènes spéciaux avec une telle simplicité, que , tout en trouvant l'avantage de les expliquer, on y rencontre encore la confirmation des théories relatives aux objets plus généraux.

Ainsi je dois noter ici ce qui se passe à l'époque de la germination de la macre (*trapa natans*) , que j'ai décrite et figurée dans l'*Organographie*, pl. 55. Cette plante a deux cotylédons très-inégaux : l'un à peine visible par sa petitesse, l'autre très-gros, rempli de matières farineuses ; la racine se courbe toujours fortement en se dirigeant du côté du petit cotylédon , et en poussant toutes ses radicelles sur le côté extérieur de la courbure, ou du côté du gros cotylédon. Ce fait s'expliquera de lui-même pour quiconque a saisi l'explication de la direction des tiges vers le zénith ou vers la lumière. Le côté de la racine qui correspond au petit cotylédon reçoit peu de nourriture et s'alonge peu ; celui qui correspond au gros cotylédon reçoit beaucoup de nourriture ; il s'alonge beaucoup. De cette inégalité de nourriture, résulte la courbure vers le côté le moins nourri ; le côté opposé donne naissance aux radicelles toujours développées par le suc descendant.

Cette même explication s'applique à un grand nombre de cas de courbures de branches ou de pédoncules, qui ont lieu par suite de l'avortement d'un organe latéral, par exemple, dans l'*anona uncinata*, etc. M. Rœper croit qu'on pourrait aussi rapporter à cette cause la direction latérale de plusieurs radicules dans l'embryon.

§. 4. De l'enroulement des vrilles.

Les vrilles sont des dégénérescences filiformes de divers organes, tels que le pétiole, la feuille, le pédoncule, etc. (1) ; on en trouve dans environ 500 plantes, qui se rangent sous 17 familles. M. Palm (2) en compte 169 espèces à tiges ligneuses, 83 herbes vivaces, et 117 annuelles. Les vrilles sont tantôt roulées en véritable hélice, comme les tiges volubles, tantôt en volute ou simplement courbées en crochet. Dans tous ces cas, elles servent plus ou moins directement à soutenir les plantes. Il importe peu, sous le rapport de leurs fonctions, de quel organe elles sont dérivées, et de quel point de la plante elles ont pris naissance. La direction de l'enrou-

---

(1) Voy. Organog., vol. 2, p. 186.

(2) *Uber das Winden der Pflanzen*, in-8°, *Tubingen*. 1827.

lement des vrilles n'est claire et facile à observer que dans les vrilles simples, et ne se voit que d'une manière confuse dans les vrilles rameuses.

Ces organes embrassent tous les corps qu'ils rencontrent, et lorsque ce sont des corps mous comme des feuilles, ils les serrent avec une force remarquable. Leur enroulement est plus rapide et plus actif de jour que de nuit, et en général dans les circonstances qui favorisent la végétation. La direction de l'enroulement spécial des vrilles est moins fixe que dans celui des tiges volubles, et M. Palm, dans l'écrit déjà cité, dit qu'on peut, au moins dans le premier âge du développement, le conduire à droite ou à gauche, selon qu'on présente le corps étranger en contact d'un ou d'autre côté. Les pétioles cirrhiformes du *clematlis cirrhosa* et de l'*adlumia* ne tendent guère à s'enrouler que du côté où ils trouvent un obstacle.

La structure anatomique des vrilles n'offre rien qui tende à expliquer leur enroulement, et ne diffère pas de celle des organes analogues non roulés. Tous les agens extérieurs, tels que la lumière, la chaleur, etc, qui favorisent la végétation, favorisent l'action des vrilles ; mais aucune expérience ne rend encore raison de sa cause déterminante. M. Knight pense qu'elle est due à l'action inégale de la lumière; mais le côté qui touche l'obstacle étant le plus obscur, devrait être le plus long, tandis que c'est ce côté qui se raccourcit.

Serait-il improbable, en suivant les principes émis dans les articles précédens, que la torsion de ceux des pétioles et des vrilles, qui n'a lieu que lorsqu'ils trouvent un obstacle sur un de leurs côtés, fût due à ce que

cet obstacle étranger nuit à la végétation du pétiole de
ce côté, permet par conséquent au côté opposé de s'a-
longer davantage, et détermine ainsi la courbure de ces
corps flexibles du côté où ils ont trouvé un obstacle ré-
sistant? Mais cette observation ne peut s'appliquer aux
vrilles très-nombreuses qui s'entortillent d'elles-mêmes
et sans rencontrer d'obstacles. Telle est en particulier
celle de la bryone, qui offre ceci de très-spécial, qu'elle
tourne en deux sens opposés à la base et au sommet, et
change de direction au milieu de sa longueur à un point
qui paraît un peu tuberculeux.

§. 5. De l'enroulement des tiges volubles (1).

On appelle en général plantes grimpantes toutes celles
qui s'accrochent ou se soutiennent sur les végétaux vivans par un procédé quelconque, soit par des crampons,
comme le lierre, soit par des vrilles, comme les passiflores, soit en étalant de longs rameaux sur lesquels elles
s'appuient, comme le solandra. Mais on réserve le nom
de plantes *volubiles* ou *volubles* à celles dont la tige ou
les principaux rameaux s'entortillent en hélice antour de
l'appui qui doit les supporter. Ce phénomène de la torsion spirale de la tige de certaines plantes, déjà observé
vaguement par tous les botanistes, a été spécialement
étudié dans ces derniers temps par M. Palm, en réponse à un programme de prix de l'Université de Tu-

---

(1) Je traduis *volubilis* par voluble, comme on a traduit *so-
lubilis* par soluble.

bingen (1), et je le suivrai principalement dans ses résultats, qui sont malheureusement la plupart négatifs.

Les plantes volubles connues sont au nombre d'environ 600, qui se rangent dans 54 familles différentes. M. Palm en compte 168 ligneuses, 122 herbacées vivaces, et 98 annuelles. Elles se trouvent comme dispersées dans un grand nombre de groupes, et ce phénomène n'est pas intimement lié avec les caractères essentiels des végétaux.

La torsion spirale des tiges est quelquefois visible dans l'embryon, comme, par exemple, dans la cuscute; mais cette torsion n'est point en rapport avec celle que doit avoir la tige développée. En effet, 1° certains embryons roulés en spirale donnent naissance à des tiges non volubles, par exemple, les salsola; 2° certains embryons non spiraux produisent des tiges spirales, par exemple, les haricots; 3° dans les embryons spiraux, qui, comme la cuscute, produisent des tiges volubles, la partie inférieure de la plante qui représente plus directement l'embryon, est droite et non tordue en spirale.

La tendance à l'enroulement commence, dans les plantes annuelles, le haricot, par exemple, dès le troisième ou quatrième entre-nœud après les cotylédons; elle est moins active dans ces premiers entre-nœuds, qui ne font guère qu'un tour de spire par jour, que dans les suivans qui en font jusqu'à six ou huit. L'enroulement est toujours aussi plus actif de jour que de nuit, à la clarté qu'à l'obscurité.

Il ne faut pas confondre l'enroulement des tiges qui les

---

(7) *Ueber das Winden der Pflanzen*, in-8°, *Tubingen*, 1827.

tord autour d'un appui, avec la torsion spirale que la plupart des tiges éprouvent souvent sur elles-mêmes, et de laquelle résulte la direction spirale de leurs angles ou de leurs feuilles : ces deux torsions peuvent se rencontrer dans les mêmes plantes, mais sont indépendantes l'une de l'autre.

Les tiges volubles s'enroulent autour de toutes sortes de soutiens, quelles que soient leur nature, leur odeur et leur couleur; elles se tortillent même en spirale sans appui; elles diffèrent un peu entre elles par la distance dont elles s'écartent de leur soutien : ainsi, le houblon et le chèvrefeuille s'en éloignent le matin de six à huit pouces, tandis que le convolvulus ou le haricot ne s'en éloigne que de deux ou trois. La sommité en est le plus loin à midi et s'en rapproche vers le soir.

Quand la plante voluble ne trouve aucun appui à sa portée, il vient un moment où elle tombe par son propre poids, s'appuie à terre, puis recommence à végéter, et risque ainsi de retrouver un appui. Elle tend toujours à monter en s'entortillant. La largeur de ses spires est généralement déterminée par le diamètre de l'appui qu'elle rencontre; mais si celui-ci est trop grand pour elle, la plante ne s'y enroule pas. Mustel (1) assure qu'ayant mis une perche au côté nord de l'*apios tuberosa*, celle-ci s'y enroula, et que l'en ayant détachée et mis la perche au midi, elle ne tarda pas à se retourner pour s'y enrouler; qu'ayant mis deux perches près d'elle, la plante se dirigea vers celle dont elle était plus voisine : mais cette expérience me paraît douteuse.

____

(1) Traité de la végétation, I, p. 131.

Les tiges volubles tournent toutes dans des directions déterminées : on se suppose, pour la fixer, au centre de la spire tourné du côté du midi, et on voit alors qu'elles montent les unes de droite à gauche [*sinistrorsum*, ce qu'on exprime par le signe)], les autres de gauche à droite [*dextrorsum* ( ]. A la première série appartiennent vingt genres, savoir : cocculus, menispermum, dolichos, nissolia, abrus, clitoria, cuscuta, convolvulus, ipomœa, calystegia, thunbergia, passiflora, periploca, asclepias, cynanchum, momordica, banisteria, tragia, ou, en d'autres termes, les ménispermées, légumineuses, convolvulacées, acanthacées, passiflorées, apocinées, cucurbitacées, malpighiacées et euphorbiacées volubles. A la seconde, ou aux plantes tournant à droite, appartiennent dix genres, savoir : calyptrion, lonicera, basella, tamus, polygonum, humulus, morinda, ugena, dioscorea et rajania, ou les violacées, caprifoliacées, chénopodées, polygonées, urticées, rubiacées, dioscorées, smilacées et fougères volubles. On peut remarquer sur cette liste, 1° que la première série est toute composée de dicotylédones, et que la seconde admet aussi des monocotylédones; 2° que les espèces des dicotylédones volubles à droite sont plus nombreuses dans leurs familles respectives, si on les compare aux espèces volubles à gauche. Quant au genre d'algues (chantransia), cité par Palm parmi les volubles à gauche, il l'est d'une manière trop obscure pour oser le compter.

Il est remarquable que toutes les espèces volubles du même genre, et probablement de la même famille, suivent la même direction. Si l'on veut les en faire dévier, elles reprennent sans cesse leur direction normale avec d'au-

tant plus de rapidité, que leur accroissement est plus
rapide. Ce retour à l'état normal a lieu dans toutes les
circonstances très-variées auxquelles M. Palm a soumis
les plantes volubles. Ces plantes sont en général au
nombre de celles qui croissent en longueur avec le plus
de rapidité; mais l'entortillement ne paraît exercer aucune influence manifeste à cet égard; il est seulement
retardé lorsqu'on les force momentanément à s'enrouler
dans une direction contraire à celle qui leur est naturelle.
Les plantes volubles cessent de s'alonger et de se tordre
autour de leur appui lorsqu'elles se mettent à fleurir.

La cause de l'entortillement des plantes volubles est un
problème non encore résolu. M. Palm a expérimenté que
l'électricité, le galvanisme, le magnétisme, appliqués soit
aux plantes, soit aux appuis, n'exercent aucune influence.
L'action de la lumière, de la chaleur et de l'humidité,
favorisent un peu l'enroulement; mais il paraît que c'est
seulement en tant que favorisant la marche générale de la
végétation; les secousses déterminées par le vent ou l'agitation paraissent aussi le favoriser un peu, mais sous un
point de vue qui semble entièrement mécanique. On ne voit
rien non plus dans la structure anatomique de ces tiges
roulées qui puisse servir à expliquer ce phénomène. Leur
tissu interne ressemble absolument à celui des espèces
non volubles des mêmes familles. Le roulement spiral
des trachées ne paraît avoir aucun rapport avec celui des
tiges, car on trouve dans la même plante des trachées
roulées les unes à droite, les autres à gauche : ainsi, ce
phénomène tient à quelque particularité de certaines
plantes, qui a jusqu'ici échappé aux observateurs.

Une fois l'enroulement commencé, on se rendrait tolérablement raison de sa continuation, en remarquant que le côté appliqué contre l'appui, gêné dans sa végétation, doit croître un peu plus lentement que le côté opposé, et que la tige voluble doit tendre ainsi à se courber ou à se tordre du côté de l'axe qui la porte, en même temps que la vivacité de sa végétation tend à l'alonger et à rendre l'effet de l'inégalité d'accroissement plus visible. Mais cette explication ne rend aucune raison du fait primordial, savoir, la direction déterminée à gauche ou à droite; et ceci est la partie tout-à-fait inexpliquée du problème.

Elle est d'autant plus extraordinaire, que la cause intrinsèque ne peut pas en être dans la plante elle-même. Celle-ci, en effet, n'a ni droite ni gauche, et le phénomène a lieu, quelle que soit la position de la graine ou de la plantule, au moment de la germination. Ceci nous ramène soit à l'idée de Wollaston, que ce fait serait déterminé par l'action solaire, et qu'il faut vérifier si, dans l'hémisphère austral, les plantes volubles tournent dans le même sens que dans le boréal. Mais cette explication me paraît moins vraisemblable aujourd'hui, s'il est certain, comme le dit M. Palm, que les tiges volubles de tout un genre ont la même torsion. Or, les espèces des mêmes genres qui vivent dans les deux hémisphères devraient avoir des torsions contraires. Le fait reste à vérifier sous ce rapport, que nous ignorons comment les voyageurs ont fait leur observation. En disant qu'ils se dirigent au midi, se sont-ils supposés tournés vers le pôle sud ou vers l'équateur? J'appelle donc de nouveau leur attention sur ce point, et leur demande une exposition détaillée du fait.

§. 6. De la nutation des tiges héliotropes.

L'influence de la marche diurne du soleil est surtout remarquable dans certaines plantes , où le pédoncule qui porte la fleur ou la tête des fleurs se courbe du côté du soleil , de manière à se pencher le matin à l'est , dans le milieu du jour au sud , vers le soir à l'ouest , et à suivre ainsi le mouvement apparent du soleil : c'est ce que l'on a nommé la *nutation* des plantes , ou , selon Plenk , leur *mouvement solséquial*. Ce fait est très-facile à voir dans l'*helianthus annuus*, que quelques-uns, par ce motif, nomment *tournesol* (1). Son explication paraît tenir à des causes analogues à celles que nous avons déjà signalées.

Le tissu du sommet de la tige doit tendre à se dessécher un peu du côté où il est frappé par le soleil, et par conséquent à se raccourcir légèrement, et à faire pencher la fleur ou la tête des fleurs du côté du soleil. Cet effet est facilité à des degrés divers dans divers végétaux : 1° parce que le côté opposé étant moins éclairé doit être un peu plus mou et un peu plus long que le côté sud; 2° plus la fleur et surtout la tête de fleurs est large et pesante , plus l'effet doit être sensible ; 3° plus la tige ou le pédoncule est herbacé et de couleur verte bien décidée , plus l'action inégale de la lumière et de la chaleur doit être grande. Ces circonstances sont réunies au plus haut degré dans l'hélianthus, et paraissent se re-

---

(1) Ce nom est aussi donné au *croton tinctorium*, qui ne se dirige point vers le soleil , mais pour indiquer que la couleur de son suc se modifie par l'action solaire

trouver à de moindres degrés dans les autres plantes héliotropes.

C'est peut-être à des combinaisons analogues qu'on doit rapporter une multitude de petits faits de courbures et de redressemens de pédoncules pendant et après la fleuraison. Le pédoncule des aloès, par exemple, se courbe au sommet du côté extérieur de la grappe, par l'effet de la clarté plus grande de ce côté et le poids même de la fleur; il se redresse ensuite, parce que le dos de la courbe, exposé à son tour à la clarté, tend à reprendre sa position, et parce qu'il s'endurcit plus que le côté opposé, qui tend à s'alonger.

L'inclinaison des épis des céréales me paraît tenir à cette cause générale, combinée cependant avec la direction habituelle du vent dominant dans chaque pays un peu avant la maturité. Dans un air parfaitement calme, l'épi serait probablement toujours penché au sud; mais, selon la prédominance de certains vents, il peut l'être à l'ouest ou à l'est. Il m'a paru qu'on ne le trouvait penché vers le nord que dans des cas rares et accidentels; quelques-uns assurent même qu'il ne s'y dirige jamais.

Parmi les phénomènes d'héliotropisme, l'un des plus remarquables est celui que présente, dit-on, l'*hoya carnosa* : on assure, et en particulier M. Micheli de Châteauvieux l'a rapporté à la Société d'histoire naturelle de Genève, que le pédoncule qui porte l'ombelle des fleurs d'hoya suit le soleil dans sa route diurne. L'extrême mobilité des tiges volubiles de l'hoya rend cette observation délicate et encore incertaine à mes yeux.

Les feuilles présentent, indépendamment de leur direction générale, qui fera le sujet du paragraphe suivant, un petit phénomène qui a du rapport avec celui dont nous venons de parler; plusieurs d'entre elles, lorsqu'elles sont exposées au soleil ardent, se courbent de manière à être concaves ou en gouttières du côté supérieur : cela paraît tenir simplement à la dessiccation produite par la chaleur sur la surface supérieure, qui se trouve ainsi contractée et raccourcie en comparaison de la face inférieure. Bonnet, qui a bien étudié ce phénomène dans ses recherches sur les feuilles, a produit cette même courbure par l'approche d'un corps très-chaud.

§. 7. De la direction des surfaces des feuilles.

Tout le monde sait que la surface supérieure des feuilles est toujours dirigée vers le ciel, et l'inférieure vers la terre. Bonnet (1), qui a le premier observé avec soin ce phénomène remarquable de vitalité, a vu que si l'on cherche à tordre le pétiole d'une feuille de manière à présenter sa surface inférieure au ciel, et la supérieure à la terre, elle tend d'elle-même à reprendre sa position naturelle : c'est ce que Bonnet désigne sous le nom de *retournement*, et Mustel sous celui de *revirement* des feuilles. Bonnet a opéré ce revirement jusqu'à quatorze fois sur les feuilles d'un même jet. La rapidité de ce retournement est variable dans diverses plantes : ainsi il l'a vu s'exécuter en deux heures dans une arroche, et en deux jours dans une vigne. Le revirement est plus

---

(1) Recherches sur les feuilles, 1 vol. in-4°, Mém. 2ᵉ et 5ᵉ.

prompt dans les herbes annuelles que dans les feuilles des arbres , dans les feuilles délicates que dans celles qui sont coriaces, dans les feuilles jeunes que dans les feuilles âgées, et en général dans les organes vigoureux et dans les situations favorables à la végétation , plutôt que dans les organes et les circonstances défavorables. Il est tellement nécessaire à la plante, que, si on l'empêche par des poids assez forts pour que la feuille ne puisse les soulever, sa surface inférieure s'altère et devient souvent noirâtre , et enfin la feuille meurt lorsqu'elle est ainsi forcée de garder une position contre nature.

Le revirement s'effectue essentiellement par les pétioles, et même, à ce qu'il paraît, de préférence vers leur base : on pourrait croire qu'il tient simplement à ce que les pétioles tordus tendent à se détordre à raison de leur élasticité; mais nous voyons la preuve du contraire en ceci, que dans les branches pendantes, comme celles du saule-pleureur, les pétioles se tordent d'eux-mêmes, afin de placer la surface supérieure de la feuille dirigée vers le haut, et l'inférieure vers le bas.

Des feuilles piquées par les insectes, coupées ou lacérées , se retournent à peu près comme les autres. Des feuilles détachées de la tige tendent, dit-on, à se retourner d'elles-mêmes tant qu'elles conservent de la vitalité. Bonnet l'a vu sur des feuilles de vigne et de haricot fichées sur un bâton dans un vase plein d'eau. Smith (1) assure que des feuilles de vigne détachées de leurs tiges, et soutenues par un fil très-fin, de manière que leur surface inférieure soit dirigée du côté de la lumière, se re-

____

(1) Introd. bot., p. 208; Keith, physiol., 2, p. 442.

tournent d'elles-mêmes pour reprendre leur position naturelle. Bonnet a vu des fragmens de feuilles se retourner.

Tels sont les faits extraordinaires que présente cet
organe éminemment vital. Bonnet s'est demandé si la
cause en était dans l'air ; il a enduit des feuilles d'huile
et de vernis, et elles se sont retournées tant que leur
santé n'a pas été altérée ; il en a plongé dans l'eau, et
elles se sont revirées comme à l'ordinaire. Il s'est demandé
si la cause était dans la température ; il a bien vu que le
phénomène est plus prompt par un temps chaud que par
un temps froid ; mais il l'a vu s'exécuter par de fortes
gelées, et il est probable que la chaleur n'agit ici que
par son action générale sur la santé du végétal. Il s'est
demandé enfin, avec un peu plus de probabilité, si la
cause en était dans l'action de la lumière ; mais le phénomène a lieu à l'obscurité totale. L'expérience de Smith
semblerait un peu favorable à l'opinion qui rapporte ces
faits à la lumière ; mais elle n'est pas citée avec assez de
détails pour en tirer une conclusion. M. Dutrochet a
placé des tiges feuillées de liserons à la circonférence
d'une roue mue par une rotation rapide, et il dit que
les feuilles, placées d'abord dans toutes sortes de directions, se sont, au bout de dix-huit heures, disposées de
manière à présenter leur surface supérieure au centre de
la rotation, et l'inférieure à la circonférence ; il conclut
de là que la position ordinaire des feuilles tient à ce
qu'elles offrent leur face supérieure à la lumière ; il aurait
pu tout aussi bien en conclure qu'elles l'offrent à la gravitation. Ainsi, quoique je sois disposé à admettre cette
conclusion par d'autres motifs, je ne vois pas qu'elle ré-

sulte de cette expérience, qui d'ailleurs est racontée de manière à laisser beaucoup de vague dans mon esprit. L'expérience qui pourrait être démonstrative serait de placer des feuilles dans leur position naturelle, de manière que la lumière frappât leur surface inférieure, et de voir si elles se retourneraient pour présenter la face supérieure à la lumière; ou bien, ce qui est la même chose, de placer une feuille retournée de manière que la lumière arrivant d'en bas frappât la face originairement supérieure, et l'obscurité la face opposée, et de voir si la feuille resterait revirée. Je recommande cette expérience à ceux qui voudront reprendre la solution de ce problème, qui, dans l'état actuel de la science, doit être considéré comme non résolu.

Il est un petit nombre de végétaux qui font exception à la loi générale que nous venons de mentionner : ainsi M. Ernest Meyer a remarqué qu'il est des graminées qui tordent d'elles-mêmes leurs feuilles, de manière que leur face inférieure devient la supérieure (1).

§. 8. De quelques directions spéciales.

La plupart des faits énumérés jusqu'ici ont pu se rapporter avec plus ou moins de facilité à l'action de causes matérielles connues, et qui agissent immédiatement sur le tissu des végétaux. Il nous reste à apprécier quelques faits ou douteux ou obscurs, desquels il semblerait résulter que les plantes peuvent à distance percevoir certaines impressions et se diriger vers certains corps.

---

(1) Je tiens ce fait de M. Roper.

C'est ainsi qu'on a dit quelquefois que les racines se dirigent vers le bon terrain, et on a donné pour preuve de cette sorte d'instinct végétal, que lorsqu'une plante se trouve entre deux veines de terre, ses racines s'alongent beaucoup plus du côté de la meilleure veine, et semblent aller la chercher, même, dit-on, au travers d'un mur. Je ne connais aucune observation précise à cet égard; tout ce que j'ai vu, et, je crois, tout ce qu'ont vu les observateurs qui ne recherchent pas le merveilleux, se réduit à ceci. Les racines croissent d'autant plus qu'elles trouvent plus de nourriture à absorber, parce qu'elles transmettent alors une sève plus riche aux branches qui leur correspondent, et en reçoivent par conséquent plus de sucs élaborés; elles s'alongent aussi davantage lorsqu'elles sont imbibées de plus d'humidité. Quand les racines d'un arbre rencontrent des veines de terre d'inégale valeur, il en résulte que celles qui sont dans un mauvais terrain s'y alongent peu ou point, tandis que celles qui rencontrent une meilleure veine y prospèrent et s'y alongent beaucoup. Si cette veine est étroite, les radicules latérales prennent peu d'accroissement, et la racine s'alonge seule en suivant le filon nutritif. Les petites radicules traversent souvent les fentes des murailles : si au-delà du mur la terre est mauvaise, elles ne prospèrent pas et restent inaperçues; si elles y trouvent une terre sèche, elles grossissent; souvent alors elles dérangent ou renversent la muraille, et révèlent ainsi leur existence aux observateurs les moins attentifs. Je ne crois donc pas qu'il y ait rien qui soit très-difficile à expliquer dans ces prétendues directions des racines; je ne pense pas non plus qu'il soit nécessaire de m'étendre pour réfuter les

opinions de Mustel (1) , qui croit que les racines qui traversent les orifices du fond des vases sont attirées par une
sorte d'attraction propre au terrain. Mais d'autres faits
plus remarquables, parce qu'ils semblent mieux prouvés ,
nous sont offerts par la cuscute.

On sait que cette singulière plante parasite sort de
terre sous la forme d'un fil droit , simple et sans feuilles ;
que si à cette époque elle ne rencontre autour d'elle aucun végétal vivant, elle meurt; que si elle en trouve ,
elle s'y entortille , pousse des suçoirs par lesquels elle tire
sa nourriture , et alors sa racine périt, et elle ne vit plus
qu'aux dépens de la plante sur laquelle elle s'est fixée.
Lorsqu'elle a remplacé sa racine par ses crampons, elle
s'élève de ceux-ci comme d'une base , pousse en droite
ligne , risque ainsi de rencontrer une autre plante à laquelle elle s'accroche de la même manière , et peut de
cette manière infester toute une prairie sans toucher à terre.
M. Palm (2) a remarqué que la cuscute ne s'entortille jamais autour des corps morts : il lui a offert une multitude
d'appuis morts ou bruts de nature diverse, et la cuscute
n'a point voulu s'y fixer; elle ne veut pas non plus se
fixer aux mousses. Lorsqu'on lui présente des branches
vivantes détachées de leur plante, elle s'y attache, y
pousse des suçoirs , mais s'altère et meurt lorsque ces
branches dépérissent. M. Palm ayant soupçonné que la
cuscute se dirige vers les plantes vivantes par suite de
leurs exhalaisons, imagina d'imiter cet effet par une disposition artificielle; il plaça de l'eau saturée d'acide car-

---

(1) Traité de la végét. , 2 , p. 12.
(2) Uber das Winden der Pflanzen , in-8°. Tubing. , 1827.

bonique dans des tiges de chanvre évidées, dépouillées de leur écorce, closes à l'un des bouts avec de la cire et attachées à une bouteille. Ces tuyaux furent mis au plein soleil à quelques lignes de distance d'une cuscute. L'eau dilatée et vaporisée s'échappa sous forme de rosée, et la cuscute s'approcha de la tige morte, mais humide, et y décrivit un ou deux tours; mais dès que l'exhalaison cessa, la cuscute se détacha d'elle-même de la tige de chanvre. Cette expérience, dit l'auteur, a été répétée plusieurs fois. Elle mériterait peut-être encore d'être répétée et variée. Il faudrait s'assurer si l'humidité n'est pas la cause immédiate du phénomène : peut-être la cuscute est-elle douée de la propriété hygrologique qu'on retrouve dans certaines capsules, de se courber du côté le plus humide. On comprendrait alors comment l'exhalaison aqueuse a commencé son inflexion, comment le contact l'a fait continuer et comment elle en a dévié lorsque l'appui s'est desséché. Ce fait très-remarquable, et peut-être applicable à d'autres tiges volubles, pourrait donc s'expliquer encore sans recourir à des idées obscures d'instinct végétal.

Je rapporterai encore à cette classe de faits quelques cas de torsion des pédoncules des fleurs. Ainsi, dans les phaca et quelques autres légumineuses, le pédicelle se tord pendant la maturation de la gousse, de manière que la suture supérieure, qui est la seule qui s'ouvre, devienne inférieure, et permette ainsi aux graines de sortir. Ainsi, M. Vaucher a observé que dans les cytises à grappes pendantes le pédicelle de chaque fleur se tord sur lui-même, de manière que l'étendard reprenne la position supérieure, et puisse continuer à jouer son rôle naturel d'organe protecteur pour le reste de la fleur. Ces faits ont beaucoup de rapport, dans leurs détails , avec le revirement des feuilles. Je ne connais encore aucune cause efficiente à laquelle ils puissent être rapportés.

Plusieurs plantes présentent encore des faits tout-à-fait inexplicables dans certaines inflexions qui leur sont propres. Ainsi, plusieurs solidago penchent la sommité de leur tige avant la fleuraison, sans que j'aie pu apercevoir quelque relation dans la direction de cette sommité avec quelque cause connue. Ainsi, l'*euphorbia oleæfolia* penche sa tête pendant l'hiver, et son redressement annonce , selon Draparnaud (1) , le retour du printemps. On voit de même la vigne vierge, dont la sommité herbacée est comme recourbée en crochet avec beaucoup de rigidité , et se redresse à mesure qu'elle se développe. Il semble qu'elle tend, en général , à se courber du côté où elle reçoit le plus de clarté , et que par conséquent ce fait doit rentrer dans ce que j'ai dit §. 2 de la courbure des branches ; mais cette direction de la vigne vierge est moins déterminée et beaucoup plus intense que dans les cas qu'on rapporte avec certitude à l'action de la lumière , et, sous ce rapport, je la laisse encore parmi les faits à cause indéterminée. On ignore encore, et on est tenté de rapporter à des causes vitales inconnues, plusieurs faits de détails, tels, par exemple, que l'inclinaison des boutons du coquelicot et de plusieurs autres plantes, et le redressement du fruit; le déroulement circinnal des feuilles de fougère , qui a lieu à l'obscurité comme au jour; le déroulement et l'enroulement spiral des pédoncules de cyclamen et de vallisneria , etc. , etc.

----

(1) Disc. sur la vie . p. 40.

CHAPITRE VI.

Du Mouvement des Plantes.

Quoique l'immobilité soit en général l'apanage des végétaux, et le caractère apparent qui les distingue le mieux des animaux, cette immobilité est loin d'être complète, et, sans parler des mouvemens de contraction dont les cellules et peut-être les vaisseaux des plantes sont doués d'une manière obscure, on trouve bien des exemples de mouvemens très-apparens exécutés par divers organes des plantes. J'ai déjà, dans d'autres parties de cet ouvrage, décrit les mouvemens qui constituent le phénomène connu sous le nom de *sommeil des fleurs* (liv. III, ch. II, §. 4), et ceux que les organes sexuels exécutent avant ou pendant la fécondation (liv. III, ch. III, §. 4). J'ai aussi décrit dans le chapitre précédent ceux des mouvemens qui se rapportent à la direction des parties des plantes (liv. IV, ch. V); mais il me reste encore à exposer des faits plus remarquables, et la plupart plus inexplicables, savoir : les mouvemens qui constituent le sommeil des feuilles, ceux qui sont excitables par le choc ou des causes analogues, ceux qui échappent à toute cause extérieure, et semblent autonomiques, etc. Je vais d'abord les passer en revue successivement, et je terminerai ce chapitre par l'indication de quelques faits singuliers de déplacement ou de soulèvement qui n'y ont qu'un rapport indirect, mais que je n'ai pu mieux placer ailleurs. Quelques-uns des faits relatés dans le chapitre précédent ont du rapport avec ceux que je dois énumérer ici, car il ne peut y avoir direction sans un peu de mouvement, ni mouvement sans direction : mais on conçoit que j'ai réservé pour le premier objet les cas où le mouvement est peu apparent, et pour le second, ceux au contraire où il joue le rôle principal.

ARTICLE PREMIER.

Du sommeil des feuilles.

Val. Cordus (1) observa, le premier (1581), le sommeil des feuilles dans le glycyrrhiza, et Garcias de Horto (1567) remarqua dans l'Inde que les folioles du tamarin se fermaient le soir sur leur pétiole commun, et se rouvraient le matin. Dès-lors on remarqua qu'une faculté analogue existait dans un grand nombre de plantes ; et Linné, dans son style toujours poétique, donne à ce phénomène le nom de *sommeil des feuilles* ; mais il faut remarquer que ce terme emprunté au règne animal ne représente pas les mêmes idées dans les deux règnes. Dans les animaux, il représente toujours un état de flaccidité des membres, de souplesse des articulations ; dans les végétaux, il indique bien un changement d'état ; mais la position nocturne est déterminée avec le même degré de rigidité et de constance que la position diurne : on

____

(1) Hist. pl., liv. 2, cap. 156.

romprait la feuille endormie plutôt que de la maintenir dans la position qui lui est propre pendant le jour. Linné, sans chercher beaucoup à s'enquérir de la cause de ce phénomène, étudia les formes diverses sous lesquelles ce sommeil se présente dans divers végétaux, et les classa sous quelques chefs généraux. En suivant à peu près ses traces, on peut reconnaître onze positions différentes (1) que diverses feuilles adoptent pendant la nuit, savoir :

1°. Parmi les feuilles qui se meuvent en totalité et qui sont presque toutes des feuilles simples, on compte ;

Celles qui dorment *face à face* (*folia conniventia*), c'est-à-dire qui, étant opposées, se relèvent de manière à s'appliquer l'une contre l'autre par leurs faces supérieures : telles sont les arroches ;

Celles qu'on dit *enveloppantes* (*includentia*), c'est-à-dire qui, étant alternes, se redressent et se courbent par les côtés, de manière à envelopper la tige et la fleur qui naît de leur aisselle : tels sont la plupart des sida ;

Les feuilles *en entonnoir* (*circumsepientia*), qui ne diffèrent des précédentes que parce que leur sommet est moins rapproché de la tige que leur base, ce qui leur donne un peu la forme d'un entonnoir : telle est la mauve du Pérou ;

Les feuilles dites *protectrices* (*munientia*) sont celles qui, au lieu de se redresser, se rabattent on se déjettent en bas pendant la nuit : telles sont celles de l'*impatiens noli tangere*, lesquelles, en se déjetant, recouvrent et protègent les fleurs qui naissent de l'aisselle située au dessous

---

(1) Flore franç., vol. 1, p. 200.

d'elles. Les feuilles composées du mimosa se déjettent en bas d'une manière plus prononcée encore pendant la nuit.

2°. Les folioles dont les feuilles composées sont formées prennent pendant la nuit des positions assez diverses , savoir :

Parmi les espèces à trois folioles, on distingue les folioles *en berceau* (*foliola involventia*), qui se redressent, mais en se courbant dans le sens longitudinal , de manière à ne se rapprocher que par la base et le sommet , et à former une espèce de cavité ou de cerceau , qui quelquefois protége les fleurs : telles sont les folioles du trèfle incarnat;

Les folioles *divergentes* (*divergentia*), qui se redressent à moitié, mais restent divergentes par leurs sommités : telles sont celles des mélilots;

Et enfin les folioles *pendantes* (*dependentia*), qui se déjettent sur le pétiole commun , de manière à s'adosser par leurs faces inférieures, et ne montrer au dehors que les faces supérieures : c'est ce qui arrive aux oxalis.

Parmi les espèces à feuilles ailées , on peut compter quatre modes de sommeil, savoir :

Les folioles *dressées* (*foliola conduplicantia*), qui se dressent verticalement de manière à devenir perpendiculaires sur le pétiole commun , et appliquées l'une contre l'autre par leurs faces supérieures : c'est ce qu'on voit dans les colutea;

Les folioles *rabattues* (*interventia*), qui se déjettent en bas pour s'appliquer par leurs faces inférieures, comme, par exemple, le font les cassia : c'est le cas opposé au précédent ;

Les folioles *imbriquées* (*imbricantia*) , qui se courbent le long du pétiole , en se dirigeant vers son sommet , de manière que les deux folioles extrêmes sont diri gées en avant et appliquées par leurs faces supérieures , et les autres appliquées sur le dos des folioles qui sont d'un rang plus près du sommet : telles sont celles des mimosées ;

Enfin , les folioles *rebroussées (retrorsa)* forment précisément le cas opposé au précédent : elles se retournent vers la base du pétiole, et se recourbent en sens inverse des folioles imbriquées : telles sont celles du *tephrosia caribœa* , observées par M. Desfontaines , et jusqu'ici seules dans cette classe.

Les feuilles composées peuvent présenter deux sortes de sommeil : 1° celui de la feuille considérée en masse ; 2° celui de ses folioles : ainsi, la feuille de la sensitive , considérée dans son ensemble , appartient à la division des protectrices , et ses folioles sont imbriquées. Ces exemples sont rares, et le plus souvent la feuille considérée en masse est peu ou point mobile , quand ses folioles le sont. On assure que les nègres du Sénégal donnent à une espèce d'acacia à feuilles mobiles un nom qui signifie *bonjour*, comme pour dire que , par leur abaissement , elles saluent celui qui les touche (1).

Le mouvement de la feuille en totalité est borné à un petit nombre de plantes , et est en général peu marqué , sauf quelques cas, tels que ceux que j'ai cités , où il est bien prononcé. Le mouvement des folioles est très-prononcé dans les familles des légumineuses et des oxali-

____

(1) Berthollon, Électr. des végét. , p. 267.

dées ; mais hors de ces familles, il y en a fort peu
d'exemples.

Les causes et les résultats des mouvemens des feuilles
sont bien difficiles à démêler. Bonnet, qui s'en est oc-
cupé avec soin dans ses recherches sur les feuilles, avait
imaginé que, des deux surfaces de la feuille, l'une était
susceptible de se raccourcir par la sécheresse, et l'autre
par l'humidité, et que c'était le changement de l'état
hygrométrique de l'air au coucher et au lever du soleil
qui déterminait ce phénomène : il avait même eu l'idée
de faire exécuter une feuille artificielle qui imitait un
peu les mouvemens de la feuille du robinia. Cette hypothèse semblerait tolérablement applicable au *portiera hy-
grometrica*, arbre de la famille des zygophyllées, qui,
dit-on, rapproche ses folioles dès que le ciel se dispose
à la pluie. Mais, appliquée au robinia et à la masse générale des feuilles dormantes, l'explication de Bonnet
ne peut soutenir l'examen. 1° Bien qu'on sache qu'il y
a en effet des surfaces végétales dont les unes sont dila-
tées, et les autres contractées par l'humidité, il serait
difficile d'admettre que dans les plantes aussi semblables
entre elles que le sont, par exemple, les diverses légumineuses, il y eût des disparates tels, que dans les unes
ce fût une des surfaces, et dans les autres la surface
opposée qui présentât une même propriété. 2° Le mécanisme imaginé par Bonnet ne rendrait nullement raison
de la diversité de la direction des folioles pendant le
sommeil. 3° Les mouvemens de sommeil et de réveil des
feuilles ont lieu dans tous les états hygrométriques de l'air :
ils ont lieu dans les serres, où le changement est presque
nul ; ils ont lieu sous l'eau ! 4° L'hypothèse de Bonnet

supposerait que le mouvement est déterminé par une contraction de la surface entière. Or, il est bien certain, au moins pour les pétioles des feuilles composées, que c'est à l'articulation seule que le phénomène s'exécute. Une foliole coupée en deux se ferme et s'ouvre comme à l'ordinaire, pourvu que l'articulation soit intacte. Cette articulation présente en grande abondance des séries de cellules placées bout à bout, qu'on désigne sous le nom de vaisseaux en chapelet, et cet organe semble être celui qui joue le rôle principal dans ces flexions des folioles sur le pétiole commun, et peut-être aussi des feuilles sur la tige.

Lorsqu'il a été ainsi prouvé que l'état hygrométrique de l'air n'était pas la cause déterminante du sommeil et du réveil des feuilles, on a dû se demander si l'air lui-même était la cause du fait; mais sa permanence dans des feuilles placées sous l'eau, et la grande homogénéité de l'atmosphère, ont démontré le contraire.

On a pu se demander encore si la température, qui change souvent assez vivement au lever et au coucher du soleil, n'influait point sur le fait. Mustel (1) paraît rapporter entièrement à la chaleur les mouvemens des folioles des feuilles dormantes; mais j'ai démontré le vide de cette opinion : 1° en observant que les feuilles de même espèce s'ouvrent et se ferment aux mêmes heures à l'air libre et dans les serres; et 2° en plaçant des végétaux à feuilles dormantes dans des lieux diversement échauffés, et en voyant que, si toutes les autres circonstances étaient semblables, et si les différences de tempé

---

(1) Traité sur la végét., I, p. 103.

rature n'étaient pas suffisantes pour nuire à la santé de la plante, il n'en résultait aucune différence dans les heures de son sommeil et de son réveil.

Ces considérations nous conduisent, par voie d'exclusion, à penser que la lumière doit être la cause la plus directe des mouvemens des feuilles. En effet, ces mouvemens s'exécutent avec régularité au coucher et au lever du soleil. Les feuilles n'ont point à cet égard les mêmes variétés que les fleurs : toutes se ferment le soir et s'ouvrent le matin à la même heure ; et comme cette heure coïncide avec le lever et le coucher du soleil, il est impossible de ne pas croire que ces deux phénomènes sont liés. Pour m'en assurer d'une manière plus directe (1), j'ai soumis les plantes dont les feuilles sont disposées à dormir, à l'action de la lumière artificielle de six lampes équivalant aux $5/6^{es}$ du jour pur sans soleil. Les résultats ont été variés; les plus généraux ont été les suivans :

1°. Lorsque j'ai exposé pendant plusieurs jours des sensitives à la clarté pendant la nuit, et à l'obscurité pendant le jour, j'ai vu dans les premiers temps ces sensitives ouvrir et fermer leurs feuilles sans règle fixe ; mais au bout de quelques jours elles se sont soumises à leur nouvelle position, et ont ouvert leurs feuilles le soir, qui était le moment où la clarté commençait pour elles, et les ont fermées le matin, qui était l'heure où leur nuit commençait.

2°. Lorsque j'ai exposé des sensitives à une lumière

____

(1) Voy. Mém. sur l'influence de la lumière artificielle sur les plantes, dans le premier vol. des Mémoires des savans étrangers de l'Institut.

continue, elles ont eu, comme dans l'état ordinaire des choses, des alternatives de sommeil et de réveil; mais chacune des périodes était un peu plus courte qu'à l'ordinaire. L'accélération a été sur divers pieds d'une heure et demie ou de deux heures par jour.

3°. Lorsqu'on expose des sensitives à l'obscurité continue, elles offrent bien aussi des alternatives de sommeil et de réveil, mais très-irrégulières.

J'ai obtenu des effets analogues, mais moins évidens, avec d'autres mimoses, et en général avec diverses plantes à feuilles dormantes; mais il en est quelques-unes sur lesquelles je n'ai pu avoir aucune action : ainsi, je n'ai pu modifier le sommeil de l'*oxalis incarnata* et de l'*oxalis stricta*, ni par l'obscurité, ni par la lumière, ni en les éclairant à des heures différentes de celles qui leur sont naturelles. Je pense qu'on peut conclure de ces faits que les mouvemens du sommeil et du réveil sont liés à une disposition de mouvement périodique inhérente au végétal, mais qui est essentiellement mise en activité par l'action stimulante de la lumière, laquelle agit avec une intensité différente sur différens végétaux, de telle sorte que la même dose de lumière produit des résultats divers sur diverses espèces.

Ce sommeil a-t-il un rapport direct avec les alternatives des fonctions respiratoires ou évaporatoires des parties foliacées pendant le jour et pendant la nuit? C'est ce qu'on ne saurait affirmer.

L'utilité qui peut résulter pour les végétaux de la position spéciale que leurs feuilles prennent pendant la nuit est encore problématique, au moins dans sa généralité : s'il s'agit des mouvemens des feuilles en totalité, ils paraissent évidemment servir à protéger les fleurs contre l'humidité de la nuit. Cet emploi paraît se retrouver dans quelques mouvemens de folioles : ainsi, celles en berceau servent, dans quelques cas, à abriter les fleurs : c'est ce qu'on voit, par exemple, dans le *trifolium ornithopodioïdes.* Mais, dans la grande majorité des plantes douées de ce prétendu sommeil, il est impossible de reconnaître la moindre liaison entre la position nocturne des feuilles et celle des fleurs. Je ne saurais pas davantage apercevoir de relation entre cette position des folioles et leurs fonctions, puisque les fonctions sont sensiblement uniformes, et les positions très-variées.

Le sommeil des feuilles n'a aucun rapport nécessaire avec celui des fleurs, et les deux phénomènes peuvent indifféremment se trouver réunis dans les mêmes espèces, ou séparés dans des plantes diverses. Entre une foule d'exemples, j'en citerai un observé par M. Berthelot sur un acacia voisin du *lutisiliqua*, et cultivé dans le jardin d'Orotava. Au coucher du soleil, dit cet observateur (1), ses folioles se ferment imbriquées comme dans les espèces analogues ; mais au même instant ses fleurs s'épanouissent, et les nombreuses étamines dont elles sont pourvues se relèvent en aigrettes d'autant plus visibles que le resserrement des feuilles est alors plus prononcé. Le matin, à mesure que leurs folioles reprennent leur situation diurne, les filets se détendent, retombent et donnent aux fleurs l'apparence d'un flocon de soie : ainsi, dans cette singulière plante, l'épanouissement des feuilles est diurne, tandis que celui des fleurs est nocturne.

---

(1) Note annuer., 1831.

ARTICLE II.

*Des mouvemens excitables par les chocs, les piqûres ou
quelques causes analogues.*

Les mouvemens du sommeil et du réveil des fleurs et
des feuilles peuvent être considérés comme une sorte de
fonction propre à certaines plantes ; mais il est des
mouvemens plus accidentels qui paraissent se rattacher
à la même propriété. Les chocs, les piqûres, et en général les excitations, soit mécaniques, soit chimiques,
déterminent dans plusieurs végétaux certains mouvemens
qu'on peut ranger sous deux classes : les uns ne sont autre
chose que la répétition des actes mêmes que la plante
aurait exécutés d'elle-même à l'heure de son sommeil ;
les autres sont des mouvemens déterminés par ces causes
accidentelles, et qui n'auraient point lieu sans leur action.

A la première de ces classes appartiennent les excita
tions, qui déterminent des mouvemens dans les feuilles
ou dans les organes sexuels ; à la seconde, ceux qu'on
remarque dans quelques poils, et aussi dans les feuilles
des dionæa, ou les fleurs de stylidium.

Les mouvemens les plus extraordinaires sont ceux
qu'on observe dans les feuilles de plusieurs mimosées,
du *smithia sensitiva*, et de plusieurs oxalidées : toutes ces
plantes ont des folioles distribuées d'un et d'autre côté
d'un pétiole, de manière à mériter le nom de feuilles
ailées ; mais tantôt ces pétioles sont les pétioles communs
de la feuille, comme dans le biophytum, ou des rameaux

pétiolaires articulés sur le pétiole commun, comme dans le genre mimosa, et dans quelques espèces des genres acacia et desmanthus, chez lesquelles le phénomène se représente, quoique plus faiblement. Dans toutes ces plantes (qu'on pourrait appeler collectivement *sensitives* (1)), un choc léger détermine plus ou moins rapidement la clôture des paires de folioles qui ont reçu l'impression ; un peu plus fort, il détermine la clôture de toutes les folioles du rameau ; plus fort encore, celle des rameaux voisins et l'abaissement des rameaux eux-mêmes ; à un degré plus intense, celui du pétiole commun ; et enfin, si la commotion s'étend jusqu'à la tige, partie ou totalité des feuilles de la plante peuvent présenter des phénomènes analogues. C'est toujours dans les articulations que réside la faculté contractile, soit qu'il s'agisse de la flexion du pétiole commun sur la tige, des branches pétiolaires sur le pétiole commun, ou des folioles sur leur support. Comme ces articulations présentent beaucoup de cellules ou vaisseaux en chapelet, on est autorisé à croire que cet organe en est le principal moteur. On assure (2) qu'au moment où ce mouvement s'opère, il y a changement de couleur et tendance à noircir dans l'articulation ; mais je n'ai jamais pu reconnaître ce fait.

La rapidité et l'intensité de ces faits est variable d'une espèce à l'autre : ainsi, parmi les espèces les plus répandues dans les jardins, le *mimosa pudica* exécute ces mou-

---

(1) L'espèce à laquelle on donne populairement ce nom est la *mimosa pudica* ; la vraie *mimosa sensitiva* a des mouvemens plus lents et plus obscurs.

(2) Burnet et Mayo, *in Edimb. journ. sc.*, 1829, p. 186.

mens avec rapidité et au moindre choc, tandis que le *mimosa sensitiva* et l'*acacia acanthocarpa* les exécutent plus lentement et ont besoin d'une plus forte secousse.

Ces mouvemens, présentent aussi un degré d'intensité différent dans la même espèce. En général, plus la plante est vigoureuse, plus elle est sensible aux commotions; plus la température est élevée, plus les mouvemens sont prompts. Ces mouvemens peuvent se répéter; mais la plante paraît se fatiguer, et si on les renouvelle plusieurs fois de suite, les mouvemens deviennent graduellement plus lents, et finissent par disparaître jusqu'à ce que par le repos la plante ait regagné une vigueur nouvelle.

Le résultat paraît tenir uniquement à l'intensité du choc, et il se détermine de même, quel que soit le corps qui serve à l'imprimer : ainsi, la main de l'homme, une baguette de bois, de verre, de cire ou de métal, froide ou chaude, sèche ou humide, etc., produisent les mêmes résultats. Ceux-ci ont lieu indifféremment à la lumière et à l'obscurité même totale, à l'air libre et dans l'eau, dans un air sec et humide, pourvu que la vigueur de la plante et la température de l'air restent les mêmes.

Les plantes éminemment sensitives présentent cette faculté dès leur premier âge; les cotylédons du *mimosa pudica* tendent à se rapprocher par leurs faces supérieures lorsqu'on les irrite ; les feuilles primordiales sont déjà excitables à la manière des feuilles ordinaires : celles-ci le sont pendant toute leur vie ; mais leur mobilité diminue lorsqu'elles commencent à jaunir à la maturité des fruits ou par quelque maladie.

Les sensitives peuvent, jusqu'à une certaine limite, s'accoutumer au mouvement. Ainsi, M. Desfontaines ayant mis un vase de sensitive dans une voiture, la vit fermer et abattre toutes ses feuilles dès que la voiture commença à rouler sur le pavé : peu à peu la sensitive releva ses feuilles et rouvrit ses folioles, quoique le mouvement de la voiture continuât. On arrêta alors celle-ci, et après quelque temps de repos on la remit en mouvement : alors la sensitive se referma comme la première fois, pour se rouvrir d'elle-même pendant la marche ; et on eut le même résultat chaque fois qu'on interrompit le mouvement.

Les excitations chimiques peuvent suppléer aux excitations mécaniques, mais avec un danger très-grand pour la plante. Je me suis jadis exercé à placer sur une feuille de sensitive une goutte d'eau avec assez de délicatesse pour n'y exciter aucun mouvement ; lorsque j'ai eu acquis cette habitude, j'ai substitué à l'eau une goutte d'acide nitrique : à l'instant, les folioles se sont fermées, les pétioles partiels et le pétiole commun se sont abaissés, et graduellement toutes les feuilles supérieures à la feuille touchée ont subi le même sort, sans que celles situées au-dessous aient participé au mouvement. Craignant que l'acide nitrique, en se volatilisant, ne fût cause du fait, j'ai répété l'expérience avec une goutte d'acide sulfurique, et j'ai eu les mêmes résultats. Ainsi, l'action irritante de l'acide se communique de la feuille à la tige, et suit dans celle-ci une direction ascendante ; la feuille et la partie supérieure de la tige périssent après cette opération. On peut ralentir les mouvemens de la sensitive et de la plupart des organes mobiles des plantes, en leur faisant absorber, soit des poisons narcotiques comme l'opium, soit d'autres genres de poisons irritans, comme nous le

verrons en détail en nous occupant des empoisonnemens
des végétaux, liv. V, chap. XII.

Lorsqu'on a voulu expliquer les faits dont je viens de
rendre compte, quelques amateurs des explications purement mécaniques, tels que Parent (1), Lamarck (2), etc.,
avaient imaginé qu'il y avait quelque gaz qui s'échappait
par la commotion, et que l'affaissement des cellules où
il était contenu déterminait la clôture des feuilles et
l'abaissement des pétioles; mais en répétant l'expérience
sous l'eau, on voit qu'il ne s'échappe aucun gaz des articulations qui sont les points où le phénomène s'exécute.
M. Dutrochet (3) rapporte ces faits à la turgescence
déterminée dans les cellules par l'endosmose; mais on
n'a aucune preuve que dans la contraction des parties les
cellules se vident des liquides qu'elles contiennent.

Il est difficile de ne pas voir dans cette série de faits la
preuve manifeste de la force vitale des végétaux, et toutes
les tentatives faites pour expliquer ces faits par d'autres
causes se sont trouvées immédiatement démenties. D'après
les motifs exposés dans le premier livre de cet ouvrage,
nous considérons ces phénomènes comme des cas d'excitabilité poussée au plus haut degré.

Parmi les mouvemens des organes sexuels que j'ai décrits liv. III, chap. III, §. 4, il en est qui ne sont,
comme dans les exemples précédens, que des répétitions
des mouvemens ordinaires : tels sont ceux que la pointe
d'une aiguille détermine lorsqu'on excite la base du filet

----

(1) Mém. acad. des sc. de Paris, 1709.
(2) Dict. encycl. méth. bot., article *Acacia*.
(3) Journ. de pharm., 1828, p. 522.

de l'étamine des berberis. Ces étamines se déjettent sur le pistil à la maturité; l'excitation de l'aiguille les force à exécuter ce mouvement plus rapidement et plus souvent qu'à l'ordinaire.

Il est d'autres fleurs, au contraire, chez lesquelles l'excitation mécanique détermine des mouvemens insolites, au moins par leur extraordinaire rapidité : c'est ce qui a lieu dans les stylidium dont j'ai décrit plus haut le singulier mécanisme.

Certaines feuilles sont excitables par le tact d'une manière remarquable : ainsi les lobes de la feuille du dionæa ont leur face supérieure lisse, mais bordée d'aiguillons longs, grêles et saillans. Lorsqu'on irrite cette surface, les lobes se contractent et se resserrent, et les aiguillons s'entre-croisent. La seule marche d'un insecte suffit pour déterminer ce phénomène; d'où résulte que l'insecte est pris comme dans une trappe par le resserrement des lobes, et ne peut s'en échapper que lorsque, par une parfaite immobilité, il leur permet de se rouvrir.

Les feuilles de drosera qui ont quelque analogie botanique avec le dionæa offrent aussi un mouvement excitable, mais moins évident : les poils dont ces feuilles sont revêtues se couchent sur la surface lorsqu'on les irrite.

Les causes de ces mouvemens sont sûrement analogues à celles qui déterminent les faits décrits en parlant des sensitives; mais leur action est moins variée et moins remarquable.

ARTICLE III.

Des mouvemens qu'on peut croire autonomiques.

Nous venons de passer en revue des mouvemens qui , bien que préparés par l'organisation , sont au moins déterminés par des causes extérieures ; mais il en est d'autres qui s'exercent comme d'eux-mêmes, et sans qu'aucune cause occasionelle les fasse naître. Le règne végétal ne présente , il est vrai , qu'un seul exemple bien évident de ce genre de mouvemens; c'est celui du *desmodium gyrans* (*hedysarum gyrans* de Linné fils , suppl. 334) , et de quelques espèces voisines , telles , par exemple , que le *D. vespertilionis* (1) qui , lorsque ses feuilles ont trois folioles , offre dans les deux latérales un mouvement analogue, mais beaucoup plus lent que celui du *D. gyrans.* Cette dernière plante (de la famille des légumineuses, et originaire de l'Inde orientale), est souvent cultivée dans les jardins botaniques, où elle a été étudiée avec soin. Ses feuilles sont composées de trois folioles, deux latérales très-petites, linéaires, oblongues, et une impaire écartée des deux autres, beaucoup plus grande qu'elles et de forme ovale-oblongue : les deux folioles latérales sont dans un mouvement presque continuel , et qui s'exécute par de petites saccades analogues à celles de l'aiguille des montres à secondes. L'une d'elles monte jusqu'à s'élever au-dessus du niveau du pétiole de cinquante degrés environ , et l'autre descend pendant le même

---

(1) Mirbel, Phys. vég., 1, p. 168.

temps d'une quantité correspondante : quand la première commence à descendre, la seconde se met à monter, et elles sont ainsi dans un mouvement d'oscillation continuelle. La foliole impaire se meut aussi en s'inclinant tantôt à droite, tantôt à gauche, par un mouvement qu'on pourrait comparer à une demi-pronation et à une demi-supination. Le mouvement de cette foliole terminale est continu, mais très-lent, si on le compare à celui des folioles latérales. Ce singulier mécanisme dure pendant toute la vie de la plante, de jour et de nuit, par la sécheresse et l'humidité, et ne paraît modifié que par la température de l'air et la santé générale de la plante : plus il fait chaud et humide à la fois, plus la plante est vigoureuse, plus le mouvement est vif, surtout dans les folioles latérales. On assure que dans l'Inde on a vu ces folioles exécuter jusqu'à soixante petites saccades par minute : il est rare que dans nos serres elles offrent un mouvement aussi rapide ; lorsque la plante est languissante, il se passe souvent quelques minutes entre les saccades des folioles latérales. Les détails de ce phénomène ont été bien étudiés par Aug. Broussonet (*Mém. acad. de Paris*, 1784, p. 616 ; *Journ. de phys.* 30, p. 364), et depuis par MM. Cels, Sylvestre et Hallé, qui les ont décrits et figurés dans une notice insérée dans le *Bulletin de la Société philomatique de frimaire an XI*, etc. Les causes en sont totalement inconnues.

Est-ce à cette classe de faits, ou à l'une des précédentes, qu'on doit rapporter le mouvement de l'appendice des feuilles des népenthes ? On sait que ces feuilles sont terminées par un godet, qui se remplit d'eau produite par la feuille même, et recouvert par une espèce de couvercle qui s'ouvre et se ferme : les uns disent selon l'état de l'atmosphère, les autres selon la quantité de liquide renfermé dans le godet.

ARTICLE IV.

De quelques mouvemens spéciaux de déplacement ou de soulèvement.

Aux faits que j'ai mentionnés jusqu'ici sur les mouvemens des végétaux, j'en joindrai quelques-uns qui n'ont peut-être avec eux que des rapports éloignés, mais qui doivent trouver place dans ce tableau des phénomènes de la vie végétale.

Il est quelques plantes qui semblent douées d'une sorte de mouvement locomotif : telles sont les plantes vraiment flottantes, telles que le *fucus natans*, les zygnèmes, le *riccia fluitans*, les lemna, le *stratiotes aloides*, l'aldrovanda et le *desmanthus natans*, etc.; mais on conçoit que leur mouvement est entièrement subordonné à celui de l'eau qui les soutient. Il en est d'autres qui semblent changer de place sans le faire réellement. Nos orchis d'Europe poussent chaque année latéralement un tubercule radical, et leur tige à fleurs s'élève chaque année environ à un demi-pouce de distance du point où elle croissait l'année précédente. On avait cru que cette tendance à s'écarter de son ancienne place allait toujours dans la même direction, et on imaginait que la plante marchait ainsi graduellement sous terre. On sait au-

jourd'hui , grâce aux observations de M. Morren (1) ,
que le tubercule nouveau naît chaque année du côté
opposé à celui où il était né l'année précédente , et que par
conséquent la plante reprend tous les deux ans la même
place. On pourrait citer avec plus de raison, comme
ayant une sorte de marche progressive , ces plantes à
rhizome horizontal, comme les nymphæa ou certaines
fougères qui poussent par le bout antérieur du rhizome ,
et dont l'autre extrémité tend à se tronquer ou à se détruire. Mais on comprend que ces prétendus mouvemens locomotifs ne peuvent être appelés de ce nom que
par une sorte d'exagération dans les termes.

Il est d'autres végétaux doués d'une faculté de soulèvement très-extraordinaire. On sait que plusieurs palmiers offrent à un certain âge cette disposition ; leur tige
est soulevée tout entière au-dessus du sol, et soutenue
dans cette position par leurs racines qui sont nombreuses , fermes , cylindriques , et leur forment comme
une espèce de piédestal. On peut voir des exemples de
ce fait dans le bel ouvrage de M. de Martius, sur les palmiers. Le piédestal formé par les racines est très-court
dans le *manicaria saccifera*, pl. 95 , et surtout dans le
maximiliana regia, pl. 91. Mais il atteint jusqu'à cinq et
huit pieds de hauteur dans l'*elais malanococca*, pl. 55 ,
et surtout l'*iriartea ventricosa* , pl. 35. M. Poiteau a vu
aussi dans la Guiane française un palmier dont il
donne la figure (*Ann. soc. d'hortic.* , vol. IV, p. 4 ,
fig. 16) , qui s'élevait assez haut au-dessus de la terre

<hr>

(1) *Bijdr. tot. de nat. wetersc.*, IV, n. 41; Bull. sc. nat.,
1830, août. p. 256.

pour qu'on pût passer debout, entre les racines, sous le tronc de l'arbre. Plusieurs autres voyageurs attestent le même fait, et on peut en juger dans les serres d'Europe, où se trouvent des palmiers, des pandanus, et en général des endogènes arborescentes. M. Poiteau assure que, dès leur jeunesse, certains palmiers commencent déjà à se soulever, et que les nouvelles racines qui continuent cet effet naissent toujours du côté intérieur du tronc : ce dernier fait lui paraît lié avec l'organisation des endogènes, où les parties les plus jeunes sont situées à l'intérieur; mais il oublie dans cette assertion que le fait n'est pas général : dans les aulx, les aroïdes, les amomées, les graminées, les fougères à rhizome horizontal, les nouvelles racines naissent souvent au-dessus des anciennes. On peut dire aussi avec plus de justesse, selon moi, que les nouvelles racines dans des endogènes comme dans les exogènes naissent là où la tige conserve encore de la fraîcheur, et où se trouve un dépôt de nourriture préparé à l'avance.

Si nous en venons à examiner la cause du soulèvement des palmiers, nous la trouvons, je crois, dans un mécanisme très-simple. Les végétaux endogènes sont tous endorhizes, c'est-à-dire, que leur racine n'est pas pivotante, mais que du bas de leur tige qui est plus ou moins tronquée, il sort des racines ordinairement simples, cylindriques, épaisses, qui se dirigent en terre dans une direction verticale ou très-peu divergente. Ces racines diffèrent d'une espèce à l'autre en consistance : les unes sont molles ou flasques, les autres dures ou ligneuses; lorsqu'elles sont molles, le poids de l'arbre les force à se contourner quand elles rencontrent un terrain qu'elles ne peuvent commodément percer ; lorsqu'elles sont raides, il s'établit une espèce de lutte selon le poids de l'arbre et l'imperméabilité du terrain ; quand le terrain est meuble ou que l'arbre est pesant, les racines s'enfoncent ou se courbent ; quand le terrain est ou compacte ou très-sec, et que l'arbre n'est pas trop pesant, alors les racines, ne pouvant percer le sol, réagissent sur l'arbre et le soulèvent. Ce qui vient à l'appui de cette opinion, c'est l'assertion de M. Poiteau lui-même, que les palmiers chez lesquels il a vu ce phénomène ont les racines remarquablement ligneuses. La position de ces végétaux, lorsqu'ils croissent en vase facilite cet effet, parce que le fond du vase offre un point d'arrêt à l'alongement des racines.

Si cette explication est vraie, elle est également applicable aux exogènes; et je trouve en effet, dans le Mémoire même de M. Poiteau, l'exemple d'un rhizophora qui est ainsi soulevé ou tout au moins soutenu sur ses racines adventives (*loc. cit.*, fig. 13). Ce fait doit être plus rare dans les exogènes : 1° parce que la plupart ont un pivot qui s'alonge et fixe la tige au sol; 2° parce que leurs racines se ramifient beaucoup, et n'agissent pas dans une seule direction. Je crois cependant que ce phénomène a lieu quelquefois même pour de gros arbres. Un passage de Pline (lib. XVI, cap. II.) semble difficile à expliquer autrement : *Hercyniæ sylvæ roborum vastitas intacta œvis et congenita mundo prope immortali forte miracula excedit. Constat attolli colles occursantium inter se radicum repercussu : aut ubi secuta tellus non sit, arcus ad ramos usque et ipsos inter se rixantes, curvari portarum patentium modo, ut turmas equitum transmittant.* Mais je ne voudrais pas insister sur le sens de termes que Pline n'a

peut-être pas pesés, ni arguer de son témoignage pour
un fait qu'il n'a pas pu voir. Ce qui m'engage à l'admettre,
sinon comme prouvé, au moins comme possible, c'est
que j'ai vu dans plusieurs fissures de rochers des exhaus-
semens d'arbustes que je ne pouvais expliquer autrement,
et que surtout j'ai vu, dans quelques plantations urbaines,
de gros ormeaux situés dans une position où rien ne pouvait
faire présumer que leur base ait été déchaussée, et dont
les racines sont sensiblement élevées au-dessus du sol.
Ces ormeaux étaient placés entre des murs de ville trop
épais pour que leurs racines aient pu ni les traverser ni
les renverser, et c'est au concours de ces circonstances
que je soupçonne qu'a été dû leur exhaussement. Je n'affirme rien à cet égard; mais je soumets ce soupçon à
l'examen des naturalistes, et j'appelle leur attention à ce
sujet.

CHAPITRE VII.

De la Température propre des Végétaux, et de quelques Phénomènes analogues.

§. 1. Température.

LORSQU'ON considère le règne végétal dans son ensemble, on est frappé de voir certaines plantes résister à des extrêmes de température tellement éloignés du cours ordinaire des choses, qu'elles sembleraient devoir en être tuées. Ainsi, j'ai cueilli à Balaruc des *aster tripolium*, dont les racines étaient baignées par de l'eau à 30° de Réaumur. Ramond a trouvé la verveine officinale à Bagnères, sur le bord d'un ruisseau dont l'eau était à 31°. Sonnerat a vu dans l'Inde le *vitex agnus-castus*, auprès d'une source à 62°; et Forster a trouvé le même arbuste au pied d'un volcan de l'île de Tanna, dont le terrain était à 80°. Adanson assure que diverses plantes végètent au Sénégal, et conservent leur verdure, quoique leurs racines soient plongées dans un sable qui acquiert en certains momens une chaleur de 61°. M. Desfontaines a trouvé plusieurs plantes vivant autour des eaux de Bone en Barbarie, dont la chaleur atteint 77°. Enfin, M. Thouin m'a attesté que dans l'incendie d'une serre, qui a eu lieu jadis au Jardin-des-Plantes de Paris, toutes les plantes périrent, sauf le *phormium tenax*, dont les feuilles furent brûlées, mais dont la souche résista sans périr à cette extrême chaleur. Je pourrais ajouter à ces exemples ceux des oscillatoires qui vivent à Plombières dans de l'eau à 51°; à Dax, à 49°; à Carlsbad, à 50°, etc. Mais ces êtres singuliers appartiennent vraisemblablement au règne animal; et quand on viendrait à prouver que ce sont de vrais végétaux, il faut avouer que leur mode de vivre et leur structure diffèrent tellement des végétaux ordinaires, qu'on ne peut déduire de leur histoire aucune donnée générale. Les exemples cités tout à l'heure suffisent pour montrer que les plantes peuvent quelquefois supporter des degrés extrêmes de chaleur.

Leur faculté de résistance contre le froid n'est pas moins remarquable : ainsi, j'ai trouvé des perce-neiges (1) en fleurs enveloppés d'une épaisse couche de glace sans paraître en souffrir. Le noisetier fleurit en février et mars, et supporte, selon L'Héritier, jusqu'à 6° de froid sans en être altéré. Senebier a vu des fleurs de féve supporter en automne un froid de 5° sans paraître en souffrir, et le tussilage d'hiver en supporte jusqu'à 8°. Si de ces organes délicats nous passons aux tiges, et surtout à celles qui perdent leurs feuilles, nous trouverons que le chêne peut supporter sans périr, dans le nord de l'Europe, jusqu'à 25°, et le bouleau jusqu'à 32° (d'autres disent 36°), et peut être le froid va-t-il plus loin encore. Les graines du blé supportent de même des degrés de froid extraordinaires sans en être altérées.

------

(1) Au mois de mars 1797, au Petit-Salève, près Genève, sous des roches verticales exposées au midi; la chaleur du soleil faisait fondre la neige, l'eau tombait sur les fleurs, et s'y gelait pendant la nuit.

De ces faits, dont il serait facile de multiplier les exemples, plusieurs naturalistes, entraînés d'ailleurs par l'analogie avec une partie du règne animal, ont conclu que les végétaux sont doués de la faculté d'élever ou d'abaisser leur température propre par l'effet même de leur végétation, et comme moyen de résister aux extrêmes de la température ambiante.

La connaissance des actions physiques et chimiques qui s'exécutent habituellement dans le végétal ne suffit point pour résoudre cette question : ainsi, nous pouvons bien dire que l'évaporation des deux tiers de l'eau absorbée et l'exhalaison du gaz oxigène au soleil doivent produire du froid, ou que la fixation du carbone et d'une partie de l'eau doivent dégager de la chaleur; mais il est impossible de reconnaître laquelle de ces quantités l'emporte sur l'autre, et il faut avant tout recourir à l'expérience et à l'observation pour l'appréciation des faits.

Buffon (1) a le premier observé que si l'on coupe des arbres en hiver, l'intérieur du tronc paraît chaud lorsqu'on le touche surtout vers le centre, et il dit s'être assuré que cette chaleur ne tient pas à l'action de la coignée sur le tronc. H. B. de Saussure (2) a remarqué que la neige fond plus promptement au pied des arbres vivans qu'au pied des arbres morts; d'où on peut présumer que la température interne y est plus élevée (3). On a cherché

____

(1) Cité par Rozier, Cours d'agric., art. *Chaleur*, sect. V.
(2) Cité par Senebier.
(3) Slevogt (Hermst., Arch. agr., c. 3, 1807, cité par Goeppert, Chal. des pl., p. 149) croit avoir remarqué que la neige fond plus vite sur les places qui contiennent beaucoup de *vacci-*

à mettre plus de précision dans ces observations. J. Hunter (1) a le premier essayé ce genre de recherches. Il plaça un thermomètre dans un trou oblique de onze pouces de profondeur fait dans un tronc de noyer de sept pieds de circonférence; il mastiqua l'orifice du trou et observa la marche du thermomètre. Au milieu de beaucoup de variations, il trouva qu'en automne il indiquait une température de deux ou trois degrés plus élevée que celle de l'air,

Schœpff à New-Yorck (2) et Bierkander en Suède, ont l'un et l'autre répété et agrandi les observations de Hunter. Les résultats de leurs recherches furent que, de l'automne au printemps, la température de l'arbre est plus élevée que celle de l'air ambiant, et qu'au contraire elle est plus basse que l'air du printemps à l'automne. Pictet et Maurice (3) ont répété ces observations à Genève pendant plusieurs années et ont obtenu les mêmes résultats; ils y ont joint une observation importante, parce qu'elle mène directement à l'explication des faits : ils placèrent divers thermomètres, les uns dans le tronc d'un gros marronier (4), les autres à diverses profondeurs en terre, et

nium *vitis-idœa*, ou de *vinca minor*, etc. Si le fait est exact, il pourrait bien tenir seulement à ce que les arbustes bas et leurs rameaux divisent beaucoup la neige, et que celle-ci fond plus vite lorsqu'elle est en moindre masse.

(1) *Philos. trans. for* 1775 et 1778; Journ. de phys., 9, p. 294; 18, p. 12 et 216.

(2) *Naturforscher*, 23 sti., p. 1-37. Halle, 1788.

(3) Biblioth. britann., première année.

(4) Pour se dispenser de retirer le thermomètre à chaque observation (ce qui est à la fois un embarras et une cause d'erreur)

ils virent que les variations du thermomètre qui indique la température de l'intérieur du tronc, correspondent sensiblement à celles d'un thermomètre situé à quatre pieds en terre, c'est-à-dire, à la profondeur moyenne des racines de l'arbre. M. Schubler et Neuffer ont plus récemment obtenu des résultats analogues (1). M. Herm-stædt (2) a vu au mois de janvier que le suc sortant des érables percés était liquide, tandis que ce même suc gelait exposé à l'air; d'où il est évident que le tronc de l'arbre est plus chaud que l'air à cette époque. Un thermomètre placé dans le tronc confirma ce résultat; et il a vu, entre autres observations, l'arbre à + 1° R. quand l'air était à — 10. Les tubercules et les racines ont aussi, selon le même auteur, une température supérieure, en hiver, à celle de l'atmosphère : il en a vu à + 1 et + 1,5, l'air étant à — 6 ou 7° R. Les fruits charnus, tels que les pommes, acquièrent plus promptement la tempéra ture ambiante.

En combinant ces faits, et surtout les derniers, avec la théorie de Rumford sur la conductibilité et avec les connaissances acquises sur l'ascension de la sève, on peut, sans beaucoup de peine (comme j'ai tenté de le faire dès 1805 dans les *Principes de botanique* placés en tête de la *Flore française*), se rendre raison de la température interne des végétaux.

---

on emploie, dans ce cas, des thermomètres dont le zéro est très-élevé au-dessus de la boule, de manière à ce qu'on peut l'observer sans le déplacer.

(1) Bull. sc. nat., 20, p. 261.
(2) *Mag. d. Gesellsch. naturf. freunde in Berlin.* 1808, p. 316.

L'eau qui est aspirée par les racines s'élève verticalement dans le tronc : cette eau est au degré de température que le sol possède à la profondeur moyenne des racines de l'arbre; elle est donc plus chaude que l'air en hiver et plus fraîche en été. Par conséquent, en s'introduisant dans le tronc, elle tend sans cesse à le réchauffer dans la saison froide et à le refroidir comparativement à l'air dans la saison chaude. Cet effet est facilité par deux lois physiques : 1° les liquides cèdent leur chaleur aux solides en contact avec eux, mais non aux molécules liquides qui les avoisinent; d'où résulte que la sève, dans sa route, perd de sa chaleur seulement pour la communiquer aux membranes qui l'entourent. 2° La chaleur se transmet difficilement au travers des matières solides qui présentent certaines conditions déterminables, et il se trouve que le tissu végétal réunit toutes les conditions qui rendent le transport difficile. Il contient beaucoup de carbone, qui est la matière solide la moins conductrice que l'on connaisse; il est disposé par couches concentriques et par petites cellules, qui contiennent souvent de l'air captif, circonstance qui est connue parmi celles propres à arrêter le passage de la chaleur. MM. Aug. de La Rive et Alph. De Candolle ont démontré par des expériences directes (1) que le bois sec est plus mauvais conducteur de la chaleur dans le sens transversal que dans le sens longitudinal. Ainsi, tandis que l'ascension de la sève met perpétuellement le centre du tronc en équilibre de température avec le sol, toute la structure du corps

____

(1) Mém. soc. de phys. de Genève, vol. IV, p. 71; Ann. de phys., 40, p. 91.

ligneux, et surtout de l'écorce, empêche le tronc de se mettre en équilibre de température avec l'air extérieur. Il doit donc nécessairement résulter de ce double effet que la température de l'intérieur des troncs doit être analogue à celle du sol où leurs racines plongent, c'est-à-dire plus chaude que l'air en hiver et plus froide en été, et que pour expliquer les faits, il n'est pas nécessaire d'admettre dans les végétaux une faculté calorifique analogue à celle des animaux à sang chaud. Cette influence de la sève, que je regarde comme la partie capitale du phénomène, est accrue par diverses circonstances accessoires, parmi lesquelles je citerai de préférence la notable diminution d'évaporation qui résulte pendant l'hiver de l'absence des feuilles, et la facilité bien plus grande avec laquelle le soleil réchauffe les troncs quand ils ne sont pas ombragés par le feuillage, deux circonstances qui se joignent à la cause principale pour expliquer leur chaleur en hiver et leur fraîcheur relative en été.

La théorie que je viens d'exposer paraîtra d'autant plus vraie, qu'on entrera dans plus de détails et d'applications : j'en citerai ici quelques exemples.

Les cultivateurs savent très-bien que les arbres et herbes à racines superficielles craignent plus le chaud de l'été et le froid de l'hiver que celles à racines profondes. En effet, les racines voisines de la surface du sol risquent de trouver la terre en été desséchée par l'évaporation, en hiver, durcie par la gelée ; mais en outre, si l'on veut laisser de côté ces cas extrêmes, elles pompent en été et en hiver une eau qui est presque à la température de l'air ambiant, et qui n'apporte par conséquent ni fraîcheur en été, ni chaleur en hiver ; les racines profondes, au contraire, trouvent toujours de l'eau liquide chaude en hiver, froide en été, et, en la charriant dans le tronc, le mettent dans l'état le plus propre à résister aux influences de la température atmosphérique.

Tous les botanistes savent que les arbres endogènes résistent moins bien au froid que la moyenne des exogènes. Cette différence tient à ce que ceux-ci ont le tronc revêtu d'une véritable écorce, et que l'écorce remplit au plus haut degré l'office d'arrêter le passage du calorique, soit parce qu'elle contient beaucoup de carbone, soit parce qu'elle est le dépôt principal des sucs résineux, gommeux et autres, difficiles à geler, soit parce qu'elle est composée d'un grand nombre de couches et souvent revêtue d'épidermes multiples, comme dans le bouleau : celui-ci, à raison de cette superposition de chemises multipliées, est l'arbre d'Europe qui s'avance le plus loin vers le pôle et le plus haut dans les Alpes.

La fraîcheur singulière du lait de coco et du suc de certains fruits des tropiques bien revêtus contre la température de l'air, tient à ce que ces fruits sont alimentés par la sève pompée assez profondément en terre par les racines pivotantes.

Les arbres à végétation languissante souffrent plus du froid et du chaud que ceux à végétation active, parce qu'ils pompent du sol une moins grande quantité de sève, et ont par conséquent plus de peine à se défendre contre les extrêmes de la température extérieure.

Les jeunes arbres sont plus facilement atteints par la gelée ou le desséchement, parce que, entre autres causes, leurs racines sont moins profondes, et le nombre de leurs couches étant moindre , les défend plus faiblement contre le froid ou le chaud extérieur.

Les arbres vivans ont en hiver une température interne plus haute que les arbres morts, parce qu'ils reçoivent dans leurs tissus une plus grande quantité d'eau plus chaude que l'air. Les arbres morts ou les pieux se maintiennent cependant en hiver un peu plus chauds que l'air extérieur. Hunter a vu un cèdre mort se maintenir à deux degrés au-dessus de l'air ambiant ; cet effet tient à deux causes : 1° la capillarité des méats et des vaisseaux fait qu'il pénètre toujours dans le tronc une petite quantité d'eau du sol ; 2° le tronc est de temps en temps réchauffé par les rayons du soleil , et , vu sa texture , perd sa chaleur plus lentement que l'air ambiant.

Nous étudierons ailleurs (1) les effets de la température sur les végétaux considérée comme cause d'accidens ou de maladies. Les faits que je viens de citer sont destinés à prouver la vérité de la théorie exposée plus haut sur la cause physique de la température interne des troncs.

Mais si cette température peut s'expliquer sans admettre dans les végétaux une véritable caloricité , d'autres faits tendraient à nous ramener à cette opinion ; telle est la chaleur des arum et de quelques autres fleurs dont nous avons parlé au chapitre III du livre III : mais ces faits sont si rares et relatifs à une époque si spéciale de la vie des plantes , qu'on ne peut les invoquer dans la question générale de la température des végétaux.

______

(1) Liv. V, chap. III.

§. 2. Phosphorescence.

On a observé dans quelques cas certaines lueurs phosphorescentes qui sont développées par les plantes. Ces cas sont rares, et relatifs à des végétaux ou des organes qui n'ont entre eux aucune analogie. La plupart sont difficiles à soumettre à des expériences régulières; quelques-uns sont relatifs à des végétaux morts ou mourans, et d'autres à des plantes vivantes. Je ne puis donc faire autre chose que d'énumérer les faits pour attirer sur eux l'attention des observateurs, mais sans prétendre le moins du monde les expliquer et à peine les classer.

Le bois pourri à un certain degré particulier de décomposition est, comme on sait, plus ou moins phosphorescent. Cette propriété n'a jusqu'ici été étudiée que d'une manière imparfaite.

Quelques champignons qui vivent sous terre ou dans le bois pourri offrent la même propriété : ainsi, nous apprenons par MM. Nees d'Esenbeck ( ) que les *rhizomorpha subterranea et aïdula* exhalent une lueur phosphorescente très-vive, assez, disent-ils, pour avoir pu lire à sa clarté ! Cette lueur est surtout sensible aux extrémités de la plante. Lorsqu'on la coupe après qu'elle a cessé d'en émettre, sa branche offre de nouveau le phénomène. Cette lueur n'est point détruite par l'immersion de la plante dans le gaz azote; mais elle l'est, selon les mêmes observateurs, par le gaz hydrogène, le gaz oxide d'azote et le chlore.

---

(1) *Act. soc. nat. cur.*, *XI*, *part.* 2.

J'ai déjà mentionné ailleurs (Fl. fr. suppl., p. 45) que l'*agarius olearius* répand à la fin de sa vie une lueur phosphorescente. Cet agaric est d'une couleur de feu très-vive, et analogue à celle de la capucine. Or, la phosphorescence semble être liée à cette couleur. Ainsi, la fille de Linné a observé que les fleurs de la capucine, du tagètes, du souci, du *lilium bulbiferum*, etc., et en général des corolles oranges exhalent, à la fin d'un jour chaud de l'été, des phosphorescences qui sont intermittentes et semblables à de petits éclairs. Je sais que ce fait a été inutilement cherché par plusieurs, et que dès-lors on l'a révoqué en doute. Mais les observations négatives ne prouvent que fort à la longue contre les assertions directes, et c'est par ce motif que je crois devoir encore recommander la vérification de cette observation. M. Tréviranus (1) pense qu'il y a ici une illusion d'optique, savoir, que l'œil, frappé de la teinte de ces couleurs qui contraste avec la demi-obscurité dont elles sont environnées, transmet au cerveau une idée exagérée de leur coloration. Cependant cette explication serait difficile à admettre, s'il est certain, comme l'atteste M. Haggren (2), que deux personnes qui observaient ensemble des fleurs de souci, avaient au même instant la sensation de l'éclair phosphorique.

On a lu, il y a quelques années, dans les *Annales des voyages*, l'assertion d'un voyageur qui assure qu'il existe en Afrique une espèce de pandanus dont la fleur en

---

(1) Bull. sc. nat., 21, p. 257; ext. du *Zeitschr. fur physiol.*, 1829, vol. 3, p. 257.

(2) Ann. de Crell., 1789.

s'ouvrant détermine une espèce d'éclair acccompagné de bruit; mais ce récit n'a pas été, que je sache, dûment confirmé.

M. de Martius rapporte que le suc de l'*euphorbia phosphorea* (1), lorsqu'il est extrait de la plante, et soumis à une température plus élevée, répand une lumière phosphorescente.

Il semble de ces faits, peu nombreux et peu cohérens entre eux, 1° que la phosphorescence paraît encore douteuse (sauf dans les rhizomorpha) dans les végétaux à l'état de vie; 2° qu'elle peut exister dans certains états de décomposition des sucs ou des tissus; mais ce sujet exige de nouvelles recherches.

---

(1) *Reise naah Brasil.*, I, p. 726-746.

CHAPITRE VIII.

De la Coloration des Végétaux.

Les couleurs si diverses que les végétaux révètent dans leurs différentes parties ont attiré, sous plusieurs rapports, l'attention des savans. Le physicien y a cherché des jeux variés des lois de la lumière. Le chimiste a tenté de démèler les matières qui déterminent ces colorations. Le botaniste classificateur y a trouvé des moyens, il est vrai souvent incertains, de distinguer les affinités des plantes. Le physiologiste doit s'occuper de la cause organique ou chimique qui détermine ces couleurs : sa tâche est plus difficile que celle des autres, car elle doit s'aider de tous leurs travaux, et les concilier avec cette force inexpliquée de la vie qui domine toutes les autres. Ses recherches ont été couronnées de succès dans certains cas ; elles sont encore restées stériles sur d'autres. Pour en rendre compte, nous étudierons successivement :

1°. Les plantes ou parties des plantes à leur état natif, et avant qu'elles aient reçu aucune coloration, ou, en d'autres termes, les plantes étiolées ;

2°. Les mêmes colorées en vert ;

3°. Les plantes ou parties des plantes colorées dans le sens des botanistes, c'est-à-dire, qui ne sont ni vertes ni étiolées ;

4°. Les mêmes décolorées par la vieillesse ou par la mort.

§. 1. Des parties non colorées.

On est tellement accoutumé à voir les végétaux décorés des couleurs les plus brillantes, ou tout au moins revêtus de cette teinte verte qui fait le fond de tous les paysages, qu'on a quelque peine à s'accoutumer à l'idée que ces couleurs n'existent point dans leur état primitif, et leur sont pour ainsi dire communiquées par l'acte même de leur végétation; c'est cependant l'exacte vérité. Le tissu membraneux des plantes est par lui-même complétement incolore, d'un blanc argenté ou d'un jaunâtre très-pâle; les matières renfermées dans les cellules sont, à de légères exceptions près, de la même teinte; mais tout cela change dès que ces matières sont exposées à l'action de la lumière solaire.

On a coutume de dire que les plantes vertes blanchissent à l'obscurité totale, parce qu'en effet le phénomène grossièrement observé se présente sous cette forme; la vérité est que les végétaux ou les organes des végétaux originairement blancs ou *étiolés* se colorent (au moins en grande partie) quand ils sont exposés à l'action de la lumière; mais les organes une fois colorés ne se décolorent réellement pas à l'obscurité; si elles semblent quelquefois le faire, cela tient à ce que, si l'on met à l'obscurité des feuilles à moitié développées, elles grandissent, et la matière verte qui les colorait étant délayée sur un plus grand espace et mêlée avec plus d'eau , leur donne une couleur plus pâle, sans cesser elle-même de rester colorée. Lorsqu'on porte une plante verte dans une cave obscure, elle continue à absorber un peu par ses racines, et cesse à la fois d'évaporer de l'eau et de décomposer le gaz acide carbonique par ses feuilles : celles-ci se chargent d'une quantité d'eau surabondante, et perdent de la force que le carbone donne à leur tissu : de ce double effet résulte la chute ou la mort de ces feuilles. Il arrive alors à cette plante, comme à toutes celles que l'on effeuille, savoir : que les bourgeons attirent la sève vers eux et se développent : mais ces nouvelles pousses qui ne sont point soumises à l'action de la lumière, sont étiolées. Cet état présente trois différences d'avec l'état ordinaire : 1° les parties étiolées conservent la couleur blanche propre au tissu non-éclairé ; 2° ces parties s'alongent beaucoup plus qu'à l'ordinaire ; 3° elles sont plus aqueuses, moins chargées de carbone, moins solides, moins sapides, moins odorantes. Toutes ces différences sont des conséquences directes de l'accroissement proportionnel de l'eau , et de la diminution ou cessation complète de la fixation du carbone. Nous aurons dans le livre suivant à récapituler ces effets complexes de l'obscurité sur les plantes. Je dois me borner ici à considérer l'étiolement dans ses rapports avec la couleur des végétaux. Guettard attribuait la non-coloration des plantes étiolées à la suppression de la transpiration ou exhalaison aqueuse ; mais cette opinion est aujourd'hui rejetée avec raison. En effet, on voit des fruits et des cryptogames d'une belle couleur verte, quoiqu'ils exhalent peu ou point ; au contraire, tous les faits s'accordent à prouver que toutes les parties destinées à devenir vertes ne peuvent point, en général, acquérir cette couleur sans

une action directe de la lumière sur leur surface ; cette
action est locale , car une partie mise à l'abri de la lumière reste blanche , quand le reste se colore en vert ;
elle est susceptible de tous les degrés, selon que la
clarté elle-même varie en intensité ; de sorte qu'il n'y a
point de degré de vert qu'on ne trouve depuis la surface
complétement blanche , jusqu'à celle qui a atteint toute
la verdure dont elle est susceptible.

Il est des plantes qui , dans leurs parties destinées à
devenir vertes, offrent des espaces , lesquels conservent
leur teinte originelle, blanche ou jaunâtre ; telles sont
les feuilles dites *panachées* en blanc ou en jaune ; tous les
végétaux vasculaires semblent plus ou moins susceptibles de cette maladie. On peut voir dans un mémoire de
M. Schlechtendal , inséré dans le *Linnæa* (1830, p. 494),
la liste des plantes où cette maladie a été observée ; mais
cette liste a en réalité moins d'importance théorique qu'on
ne pourroit le croire d'après la pratique , vu que toutes
les plantes en paraissent plus ou moins susceptibles. Les
jardiniers , et certains amateurs , ont souvent considéré
cette maladie comme un ornement ; ils ont distingué les
feuilles bordées, rayées ou tachées de blanc ou de jaunâtre.
En général, les feuilles des endogènes offrent des bandes
pâles longitudinales et parallèles aux nervures : celles des
exogènes ont des taches plus irrégulières. Ces bandes ou
ces taches sont évidemment des parties où la chromule
ne s'est pas développée , soit en quantité , soit en qualité
suffisantes , pour être verdies par l'action solaire ; mais la
cause directe de ce phénomène est entièrement inconnue ;
on sait seulement que ces panachures naissent souvent
sur une branche d'un arbre et peuvent se conserver par

les greffes ou les boutures qu'on en obtient; qu'elles se conservent en général mieux dans les terrains stériles , et se perdent souvent dans les sols fertiles ; qu'enfin, leur stabilité est très-variable d'une plante à l'autre. Dans quelques plantes, ces taches décolorées se combinent avec des taches noires , ou deviennent elles-mêmes noirâtres, par exemple, dans quelques arums.

Un autre fait qui mérite d'être mentionné ici , est l'état de certains organes scarieux, et comme naturellement réduits à leur tissu membraneux : tels sont, par exemple, les aigrettes des composées , des dipsacées et des valérianées, les stipules des paronychiées , les bords scarieux de plusieurs calices , etc. Cet état scarieux paraît déterminé , dans plusieurs cas, par l'étouffement ou la pression qui résulte de la position de ces organes , serrés dès leur naissance par ceux qui les entourent. Leurs cellules paraissent entièrement vides, soit de chromule , soit de tout autre suc élaboré , et leurs membranes ne présentent par conséquent que leur couleur primitive. Les poils ordinaires des plantes semblent, à beaucoup d'égards, se rapprocher de ces organes scarieux. On ne trouve de chromule que dans un bien petit nombre , par exemple , dans quelques-uns de ceux des courges, d'après l'observation de M. Rœper. Les poils de graines semblent aussi se rapporter à cette série. Il serait curieux d'éprouver si l'analyse de ces poils et de ces membranes qui représentent le tissu végétal au plus haut degré de simplicité , aurait du rapport chimique soit avec la gossypine, soit avec la lignine.

§ 2. Des parties vertes.

Nous avons vu , en parlant de la nutrition , que toutes

les parties vertes ou susceptibles de verdir, décomposent
le gaz acide carbonique de la sève ou de l'air, lorsqu'elles
sont exposées à la lumière solaire, qu'elles exhalent le
gaz oxigène, et fixent le carbone dans leur propre tissu.
De là il était naturel de penser que cette opération est
liée avec la formation de la couleur verte. En effet, lorsqu'elle a lieu, l'organe verdit; lorsqu'elle n'a pas lieu,
l'organe qui se développe à l'obscurité totale reste d'un
blanc argenté ou légèrement jaunâtre, qui paraît être la
couleur primitive du tissu; lorsqu'elle a lieu incomplète-
ment, les résultats sont intermédiaires entre les deux cas
précédens : ainsi, si un organe foliacé est exposé à une
lumière faible, il revêt une couleur d'un vert pâle qui
annonce que la décomposition de l'acide carbonique n'a
lieu que d'une manière imparfaite. Cette lumière faible
agit de même, qu'elle soit produite ou par le soleil agissant directement mais très-rarement, ou par la lumière dif-
fuse du jour, ou par celle des lampes. M. de Humboldt a
donné une couleur d'un vert très-pâle au *lepidium sativum*
exposé à la clarté de deux lampes. J'ai verdi la même
plante avec six lampes d'Argand placées à un pied de distance ; mais elle n'a pas exhalé de gaz oxigène sous l'eau.
Ce qui prouve, d'un côté, que la lumière des lampes
agit comme celle du soleil, de l'autre, qu'il peut y avoir
action de la lumière sans dégagement visible de gaz
oxigène, c'est ce qui arrive journellement aux plantes
élevées hors de l'action directe du soleil. Si on abrite
partiellement une plante, comme Mustel l'a fait sur un
laurier (1), contre l'action des rayons solaires, les parties

____

(1) Traité de la végét., 1, p. 132.

qui se développent sous cet abri restent blanches ou un peu jaunâtres, tandis que toutes les autres verdissent comme à l'ordinaire; d'où l'on doit conclure (et les faits relatifs aux végétaux cellulaires de couleur verte le confirment en entier) que la décomposition de l'acide carbonique et la coloration en vert par conséquent, sont des phénomènes partiels et locaux qui s'exécutent dans les cellules soumises à l'action de la lumière, sans que les conséquences de cette action se propagent au-delà, au moins sous ce rapport.

Le dépôt du carbone déterminé par l'action solaire n'agit point sur les membranes mêmes du végétal; celles-ci sont toujours blanches ou à peine jaunâtres, et plus ou moins transparentes; c'est ce dont il est aisé de se convaincre en enlevant ces membranes isolées des matières qu'elles renferment, ou en examinant celles qui n'ont pas encore reçu de matières dans leur intérieur, ou qui s'en sont entièrement dépouillées : telles sont celles des plantes naissantes, ou les membranes scarieuses : toutes ces parties, sont complétement décolorées. La couleur verte ne réside que dans cette matière qui remplit les cellules arrondies, que j'ai nommée *chromule* verte, et dont j'ai exposé les caractères en parlant des sécrétions (liv. II. ch. VIII, §. 4) : son abondance plus ou moins grande dans chaque cellule, et sa carbonisation plus ou moins complète, déterminent les diverses nuances du vert des surfaces foliacées. L'action des membranes y influe légèrement, soit à raison de leur teinte plus ou moins blanche, soit à raison de leur transparence ou de leur densité, soit par suite des poils dont elles sont revêtues ou de leur exfoliation, ou enfin des matières cireuses (1) dont elles peuvent être recouvertes. MM. Schubler et Funk (2) croient aussi que la couleur rouge des faces inférieures des feuilles de cyclamen, d'hépatique et de *trades cantia discolor*, tient à la coloration de leur épiderme, tandis que M. Macaire la rapporte à la chromule superficielle.

Mais comment le carbone qui est noir, déposé dans une matière blanchâtre, détermine-t-il une couleur verte? Mustel (3) d'après les notions de l'ancienne chimie, dit que le tissu de la plânte est jaune, et qu'elle est verdie par le phlogistique qui est bleu, et que le soleil dépose dans le végétal. Senebier (4) se rapproche de lui, en disant que le carbone n'est pas à proprement parler noir, mais d'un bleu très-foncé; et M. Chevreul (5) admet aussi que le carbone très-divisé dans l'eau, et vu par transmission, paraît bleu. D'autre part, Senebier ajoute que le tissu végétal n'est pas exactement blanc, mais d'un jaune très-pâle, et par conséquent, selon ce savant, il est facile de comprendre qu'ici comme dans tous les cas connus, le mélange intime d'un bleu, quelque foncé qu'il soit, avec un jaune quelconque, détermine le vert. Il cite en preuve de cette opinion le vert que l'on obtient en broyant ensemble de l'encre de Chine et de la gomme-gutte, et il montre que, selon la proportion des deux ingrédiens, on peut se rendre raison de tous les degrés de

---

(1) Voy. liv. II, chap. VIII, art. 2.
(2) *Uber Farben der Blume*, p. 31.
(3) Traité de la végét., I, p. 124.
(4) Physiol. végét., I, p. 300.
(5) Chim. appl. à la teinture. leçon VIII p. 18.

vert que présentent les organes foliacés des plantes.
Cette explication, quoique un peu mécanique, pourrait
bien être vraie ; ceux qui la croient insuffisante font remarquer cependant que le carbone n'est pas, selon
toute probabilité, mêlé dans le mucilage, mais qu'il y
a combinaison ; que c'est un fait général que les composés chimiques revêtent des couleurs souvent très-in-
dépendantes de leurs composans, et qu'ainsi le vert de
la chromule résulterait de la combinaison du carbone,
sans qu'on puisse en rendre encore de raison directe.

Les organes des végétaux vasculaires, dont la chromule est susceptible de verdir par l'action de la lumière
solaire, sont les feuilles, l'enveloppe cellulaire de l'é-
corce, la plupart des bractées et des calices, et dans
quelques plantes les ovaires et les fruits : au contraire, on
ne voit pas, en général, d'effets analogues dans les styles,
les graines, les étamines, les pétales, les corps ligneux,
les vieilles écorces et les racines. Il y a cependant
quelques cas exceptionnels à mentionner ici dans les
deux sens.

Parmi les organes susceptibles de verdir, on en voit
accidentellement ou naturellement qui se colorent autrement : telles sont les feuilles tachées ou colorées, les
bractées, les calices ou les fruits colorés. Nous revien-
drons sur ce sujet dans l'article suivant.

Parmi les organes qui ne sont pas ordinairement verts,
il en est qui prennent cette couleur. Ainsi on trouve
quelques plantes, telles que la plupart des rhamnées,
des malvacées, des pistachiers, le gui, le citronnier,
dont l'embryon est vert, quoique recouvert par plusieurs enveloppes. Dans le gui et plusieurs cactées, la

couleur verte de l'enveloppe cellulaire se propage le long des rayons médullaires jusqu'à la moelle. Il semble, dans ces deux cas, que l'action de la lumière s'est fait sentir au-delà de la limite ordinaire, et jusque dans le tissu de ces plantes. Du moins les cactus élevés à l'abri de la lumière ont la moelle blanche comme l'enveloppe cellulaire de l'écorce.

Les parties de la fleur, et notamment les pétales de la corolle, et surtout les sépales des périgones, offrent souvent des teintes vertes : comme ces organes ne sont que des feuilles métamorphosées, il est assez naturel que quelques-unes conservent une partie de leur nature foliacée : ainsi, les sépales des albuca et de plusieurs ornithogales présentent à l'extérieur une large bande verte qui exhale du gaz oxigène sous l'eau, au soleil, et doit par conséquent sa couleur à la même cause que les feuilles. Quelques corolles verdâtres, telles que celles de certaines erica, pourraient devoir aussi cette teinte à une cause analogue, quoique je ne sache pas qu'on en ait de preuves directes. Quant aux fleurs de couleur vert-d'eau, telle que l'*ixia viridiflora*, on ignore encore si cette couleur est liée avec la décomposition du gaz acide carbonique, ou si elle est un des cas possibles de la coloration de la chromule par la combinaison de l'oxigène. Peut-être la couleur verte de l'*agaricus viridis* rentre-t-elle dans la même catégorie.

Enfin, quoiqu'il soit vrai de dire en général que les racines ne verdissent pas, même quand elles sont hors de terre, il y a une exception curieuse à mentionner ici. M. Dutrochet a le premier observé, et j'ai souvent vérifié que les spongioles de quelques plantes revêtent une teinte d'un vert pâle lorsqu'elles sont exposées à la lumière ; telles sont les spongioles du pandanus, des epidendrum, du *tamus elephantipes*, etc. Y a-t-il alors décomposition du gaz acide carbonique de l'air ou de l'eau ? C'est ce qui est vraisemblable, mais non prouvé.

Si, après avoir ainsi comparé les organes entre eux, nous comparons les végétaux, nous en trouverons dans toutes les classes qui sont dépourvus de la faculté de décomposer le gaz acide carbonique par l'action de la lumière solaire, et qui, par conséquent, ne peuvent revêtir la couleur verte dans aucune de leurs parties. Parmi les végétaux vasculaires nous trouvons les orobanches, les lathræa, les cytinées, les cassytha, les cuscutes, les monotropa, les orchidées sans feuilles, qui ne se colorent pas, et sont en même temps des plantes parasites ; on peut au moins l'affirmer dans toutes les dicotylédones citées, et le soupçonner quant aux orchidées. La variété rouge de l'arroche des jardins dégage du gaz oxigène au soleil comme la variété verte, et elle se rapproche encore de celle-ci en ce que, selon l'observation de M. Rœper, elle devient verte par la dessiccation. Parmi les végétaux cellulaires, on trouve les champignons, les hypoxylons, la plupart des lichens, et quelques algues colorées. Les deux premières de ces familles sont évidemment dépourvues de la faculté de décomposer le gaz acide carbonique par la lumière : les lichens paraissent aussi dépourvus de cette faculté ; mais quelques-uns des plus colorés verdissent quand on les plonge dans l'eau, et dégagent alors un peu de gaz oxigène. Quant aux algues colorées, il en est, telle que l'*ulva fusca*, qui, quoique rougeâtres, dégagent du gaz oxigène sous l'eau, au soleil. Il est vraisemblable que ces exceptions légères et peu nombreuses, si on les compare à la masse des faits bien avérés, rentreront dans les lois générales lorsqu'elles seront mieux étudiées.

Je dois mentionner ici deux dernières classes d'exceptions plus singulières encore que toutes les autres.

1° Senebier a remarqué(1) que lorsqu'il y a une certaine quantité de gaz hydrogène dans l'air où l'on place une plante à l'obscurité, celle-ci ne perd pas complétement la couleur verte. Dès-lors, M. de Humboldt (2) a trouvé, dans les galeries souterraines des mines de Freyberg, les *poa annua* et *compressa*, le *plantago lanceolata*, le *trifolium arvense*, le *cheiranthus cheiri*, et le *rhizomorpha verticillata* (Lichen, Humb.), de couleur verte, quoique nés à l'obscurité totale, mais dans une atmosphère qui contenait du gaz hydrogène, ou une grande quantité d'azote. Ce phénomène a besoin d'être étudié et varié pour pouvoir le rallier aux autres faits connus. Dans diverses expériences que j'ai jadis tentées, je n'ai jamais vu verdir des plantes étiolées en les faisant végéter dans des bocaux contenant du gaz hydrogène.

2° Il paraît que les plantes ont besoin pour verdir de doses de lumière fort inégales : ayant fait végéter dans une cave des végétaux de plusieurs familles différentes, j'ai observé que tous n'étaient pas blancs au même degré. J'ai vu, par exemple, des mousses et des fougères encore assez vertes dans cette localité, où les autres végétaux étaient étio-

---

(1) Encyc. méth. et physiol. végét., 4, p. 275.
(2) *Aphor. ad calc. floræ Freyberg*; Thomps., Syst. chim., 8. p. 607.

57.

lés. Le cas extrême de cette susceptibilité de verdir à une très-faible lumière se rencontre dans quelques algues, qui prennent une teinte verte, quoiqu'elles croissent à des profondeurs telles qu'elles ne doivent recevoir qu'une lumière bien faible. M. de Humboldt (1) a vu, près des îles Canaries, la sonde jetée à la profondeur de 25 à 32 brasses (qui équivaut à environ 190 pieds), rapporter une production marine qu'il a nommée *fucus vitifolius*, et que les algologues ont rapportée, les uns au genre zonaria, les autres au genre caulerpa. Cette plante était d'un vert aussi décidé que celui des feuilles de graminées. Or, d'après les expériences de Bouguer (2), la lumière, après avoir traversé 180 pieds, est affaiblie dans le rapport de 1 à 1477,8. Ce fucus ne devait donc être éclairé que par une lumière 203 fois plus faible que celle d'une chandelle vue à un pied de distance. Cette faible clarté suffirait-elle pour exciter en elle la décomposition de l'acide carbonique, ou sa coloration tient-elle à quelque autre cause encore inconnue? Ce qui pourrait autoriser ce dernier soupçon, c'est le fait qui m'est attesté par M. Wydler, qu'il a vu des fucus verts même à l'intérieur, et qui avaient cru à de grandes profondeurs.

Au contraire, en faveur de la première opinion, on peut observer que l'action de la lumière sur les végétaux est très-probablement celle d'un stimulant qui détermine la décomposition du gaz acide carbonique ; que l'action de la chaleur paraît de même un stimulant qui détermine

---

(1) Voyage, 1. p. 175-176, édit. in-8° : Plant. équin., 2, p. 8, pl. 69.
(2) Traité d'optique. p. 254. 256. 346.

les sécrétions ; que nous voyons sans nous en étonner des plantes former des sécrétions à des degrés de température très-différens les uns des autres. Si le *protococcus nivalis* peut être excité à sécréter ses sucs par le faible degré de chaleur auquel il est soumis, telle autre plante pourrait bien former sa chromule verte avec un très-faible degré de clarté. Au reste, il importe de recueillir de nouveaux faits, et de les comparer entre eux avant d'asseoir aucune opinion.

§. 3. Des parties colorées.

Les feuilles qui, comme chacun sait, sont les organes les plus habituellement verts, peuvent passer à d'autres couleurs dans différens cas. 1° Il est fréquent de voir en automne leur couleur verte se transformer en jaune, comme dans le peuplier d'Italie, les érables, les orangers, les marroniers d'Inde, etc., ou en rouge, comme dans le sumac, les amaranthes, l'épine-vinette, le chevrefeuille, les polygonées, etc. (1). M. Guibourt (2) pense que ce changement est dû à un principe qui remplace la chromule verte dans les feuilles ; mais M. Macaire (3) a remarqué que peu avant l'époque de ce changement, la feuille cesse d'exhaler du gaz oxigène au soleil sans cesser d'en absorber pendant la nuit ; d'où il pense que sa chro-

---

(1) M. Guibourt a donné une liste de ces colorations par familles ; mais elle contient une foule d'exceptions.

(2) Journ. pharm., 1827, p. 27.

(3) Sur la coloration automnale des feuilles, dernier Mém. de la soc. de phys. de Genève, vol. 4, p. 50.

male s'oxigène, et que cette oxigénation à un premier degré détermine la couleur jaune, à un second la couleur rouge, car le rouge même le plus décidé commence toujours par passer par la teinte jaune. MM. Schubler et Funk (1) remarquent que les couleurs rouges sont plus fréquentes dans les feuilles qui contiennent quelque acide: telles sont celles de vigne, de poirier, de prunier, de sumac, de cornouiller, de viorne, d'oseille, etc. Les matières colorantes rouges tirées des feuilles forment des infusions qui, comme celles des fleurs rouges, deviennent plus intenses par l'effet des acides. Les feuilles jaunes se conduisent à cet égard comme les fleurs jaunes. M. Lemaire Lisancourt (2) croit aussi que le rouge est dû à quelque développement d'acide, et les autres couleurs à quelque développement d'alcali; mais quoiqu'il démontre bien que de très-petites quantités de ces matières suffisent pour modifier les couleurs, il est loin de prouver que ces développemens ont réellement lieu dans toutes les colorations.

2°. Les mêmes décolorations que les feuilles présentent à l'automne par l'effet de l'âge, elles les peuvent présenter par suite de certains accidens : ainsi, il arrive souvent que les feuilles piquées par les insectes, ou attaquées par des champignons parasites, ou atteintes par des gelées précoces, prennent partiellement ou totalement des teintes jaunes ou rouges; mais ce qui est remarquable ici, c'est que ces divers systèmes d'altération font passer

____

(1) *Untersuchungen über die Farben der Bluthen*, in-8°, Tubingen, 1825, p. 32.

(2) Bull. philom., 1824, p. 290.

la feuille à la couleur qu'elle aurait prise d'elle-même en automne : ainsi, les feuilles de peuplier, de lilas, deviennent jaunes, et celles de sumac ou de poirier deviennent rouges dans les cas accidentels, comme elles le font en automne.

3°. Certaines feuilles offrent naturellement, ou une de leurs surfaces, ou certaines portions de leur surface, marquées dès leur naissance de couleurs spéciales : ainsi, le *tradescantia discolor*, plusieurs begonia (1) ont la surface inférieure rouge; plusieurs arum offrent des taches rouges plus ou moins régulières; quelques amaranthes ont, dans un état qui semble celui de la santé, des bandes ou espaces quelconques colorés en jaune ou en rouge. M. Macaire a reconnu que la chromule rouge des feuilles discolores ne diffère point de la chromule rouge des feuilles qui prennent cette teinte à l'automne. Il est digne de remarque que, dans ces colorations régulières et naturelles, le rouge est très-fréquent et le jaune très-rare. quoiqu'il semblât que celui-ci, paraissant déterminé par un changement moindre, dût être plus fréquent. On ne connaît en particulier aucune feuille qui ait la surface inférieure jaune, tandis que plusieurs offrent cette surface d'un beau rouge. Les taches blanches ou noires qu'on observe sur certaines feuilles nous occuperont dans l'article 4 consacré aux décolorations. Le bleu paraît exclu de ce genre d'altération, sauf dans quelques eryngium.

4°. Dans plusieurs végétaux, les feuilles qui naissent dans le voisinage des fleurs sont susceptibles de présenter

---

(1) Dans ceux-ci, la cuticule même est colorée en rouge.

des teintes variées et presque toujours en rapport avec celles qu'auront les fleurs qu'elles accompagnent : ces feuilles florales ou bractées sont jaunes dans plusieurs euphorbes, plusieurs ombellifères, dans le *justicia oxyphylla*, etc., rouges dans le *salvia splendens* et une foule d'autres plantes, violettes dans le *salvia horminum*, et même bleues dans certaines variations d'hortensia; on y retrouve donc non-seulement les colorations des feuilles, mais encore celles des fleurs, quoiqu'elles y soient moins fréquentes. M. Macaire assure encore ici que la chromule rouge des bractées du *salvia splendens* offre les mêmes caractères chimiques que celle des feuilles qui rougissent en automne. Cette identité était déjà très-vraisemblable quand on pensait que les organes sont réellement identiques. Ces bractées paraissent colorées, parce que la chromule qui réside dans leurs cellules varie dans son degré d'oxigénation, et ces variations paraissent en rapport avec celles des fleurs.

5°. Tout ce que je viens de dire des bractées, dont les unes restent vertes et les autres prennent les couleurs des fleurs, est exactement applicable aux calices, dont les parties constituantes ne sont que des feuilles plus déformées encore que les bractées. Ces sépales ont seulement des couleurs plus analogues à celles des pétales dont ils se rapprochent davantage par la position et la contexture. Certains calices, tels, par exemple, que ceux du *primula calycanthema*, passent naturellement de l'état vert à l'état coloré, et démontrent déjà ainsi au botaniste que cette coloration doit tenir à une simple modification de la chromule. M. Macaire confirme ce soupçon en montrant l'identité de la chromule rouge du calice de *salvia splendens* avec celle des feuilles qui rougissent en automne.

6°. Pourquoi en serait-il autrement des pétales, et en général des parties pétaloïdes des fleurs ? Ces organes ne sont en définitif que des feuilles plus modifiées encore dans leur apparence : ils peuvent, dans certains cas accidentels, tels que dans l'*hesperis matronalis*, se transformer en véritables feuilles vertes et susceptibles d'exhaler du gaz oxigène. Y a-t-il le moindre motif de douter que ces pétales foliacés n'aient pas dans leurs cellules une chromule analogue à celle des feuilles, et par conséquent que, lorsqu'ils sont colorés, ils ne doivent cette coloration à une modification de la chromule ? Cette opinion se trouve encore confirmée par l'identité chimique de la corolle de *salvia splendens*, avec celle des calices, des bractées, des feuilles qui rougissent en automne.

Il est donc vraisemblable que toutes les variétés des couleurs des fleurs tiennent en général, et sauf certains cas spéciaux, évidemment déterminés par la présence d'acides ou d'alcalis libres, tiennent, dis-je, en général, à des degrés divers d'oxigénation de leur chromule ; et cette théorie s'étend aux fruits et aux bractées, lorsque ces organes participent aux mêmes couleurs. Cette opinion est conforme à celle exprimée sous une autre forme, depuis long-temps, par M. de Lamarck (1), que les colorations automnales des feuilles et des fruits sont des états morbides, et que les fleurs sont dès leur naissance dans un état analogue à celui que les feuilles acquièrent à la fin de leur vie. Elles leur ressemblent en effet sous

---

(1) Flore franç., édit. 3, vol. 1, p. 198.

ce double rapport, qu'elles ont peu ou point d'exhalaison aqueuse, et ne décomposent pas le gaz acide carbonique au soleil. Les feuilles peuvent s'oxigéner en absorbant du gaz oxigène pendant la nuit : les pétales le font peut-être par l'exhalaison de gaz azote qui leur est propre. On pourrait donc croire que leur coloration tient aussi à des degrés divers d'oxigénation; mais cet aperçu vague est encore loin de rendre raison des faits de détail, et réclame une étude spéciale de la part des chimistes. En exposant ici les résultats généraux des observations faites par les botanistes sur les colorations végétales, leur travail pourra peut-être y trouver quelques directions ultérieures.

J'ai déjà indiqué, soit en 1805 dans la *Flore française* (1), soit en 1813 dans la *Théorie élémentaire*, p. 174, soit surtout dans tous mes cours, la base de la classification des couleurs des végétaux, qui a dès-lors été habilement développée en 1825 par MM. Schubler et Funk, dans leur mémoire sur les couleurs des fleurs, publié à Tubingue, savoir qu'on peut diviser les fleurs en deux grandes séries : celles dont le jaune semble le type, et qui peuvent passer au rouge et au blanc, mais jamais au bleu, et celles dont le bleu est le type, qui peuvent passer au rouge et au blanc, mais jamais au jaune. La première de ces séries est appelée par les savans que je viens de citer série *oxidée*; la seconde, série *désoxidée*, et ils considèrent le vert des feuilles comme l'état d'équilibre intermédiaire entre les deux séries. J'ai eu longtemps l'habitude dans mes cours de désigner la pre-

____

(1) Flore franç., édit. 3, vol. 1, p. 198.

mière de ces séries sous le nom de fleurs *xanthiques*, et la seconde sous celui de fleurs *cyaniques*, pour indiquer que le jaune et le bleu sont leurs types. Cette manière de s'exprimer a l'avantage d'être complétement exempte d'hypothèse : celle de série oxidée et désoxidée est encore hypothétique, mais très-vraisemblablement vraie. MM. Schubler et Funk emploient encore l'expression de série *positive* ou *négative*, qui me paraît liée à des idées théoriques, que je crois peu avantageux d'introduire aujourd'hui dans la science. Voici, d'après ces principes, l'échelle qu'ils admettent, en laissant de côté le blanc dont nous parlerons plus tard.

Rouge,
Orange rouge,
Orange,
Orange jaune,
Jaune,
Jaune vert.

Série oxidée de S. et F.,
ou
xanthique DC.

Vert........................ Couleur des feuilles

Bleu verdâtre,
Bleu,
Bleu violet,
Violet,
Violet rouge,
Rouge,

Série désoxidée de S. et F.,
ou
cyanique DC.

Ce qu'on pourrait représenter comme suit :

Vert.

Série cyanique ou désoxidée.		Jaune vert,	Série xanthique ou oxidée.
	Bleu verdâtre,	Jaune,	
	Bleu,	Jaune orange,	
	Bleu violet,	Orange,	
	Violet,	Orange rouge.	
	Violet rouge.		

Rouge.

On peut déjà remarquer sur la seule inspection de ce tableau, que presque toutes les fleurs susceptibles de changer de couleur ne le font en général qu'en s'élevant ou en s'abaissant dans la série à laquelle elles appartiennent. Ainsi, quant à la série xanthique, les fleurs du *nyctago jalapæ* peuvent être jaunes, jaune-orange ou rouges. Celles du *rosa eglanteria*, jaunes-orange ou oranges-rouge. Celles des capucines varient du jaune à l'orange; celles du *ranunculus asiaticus* présentent toutes les teintes de la série du rouge jusqu'au vert; celles de l'*hieracium staticefolium*, et de quelques autres chicoracées jaunes, ou de quelques légumineuses telles que le lotus, passent au vert jaunâtre en se desséchant, etc. Quant à la série cyanique, les fleurs d'un grand nombre de borraginées, notamment le *lithospermum purpuro-cæruleum*, varient du bleu au violet rouge; celles de l'hortensia, du rose au bleu; les fleurs ligulées des asters varient du bleu au rouge ou au violet; celles des jacinthes, du bleu au rouge, etc.

Hâtons-nous cependant de signaler quelques exceptions ou réelles ou apparentes. 1º Quoiqu'en général les jacinthes ne varient que dans les couleurs bleues, rouges et blanches, on en trouve dans les jardins quelques variétés jaunâtres, et même d'un jaune un peu citrin, qui semblent s'approcher de la série xanthique. 2º La primevère auricule, qui est originairement jaune, passe au rouge-brun, au vert et à une sorte de violet, mais n'atteint cependant jamais le bleu pur. 3º Quelques pétales semblent offrir les deux séries dans deux parties distinctes de leur surface : ainsi le *convolvulus tricolor* présente vers la gorge de sa corolle une zone jaune, et au sommet une bande bleue, séparées par un espace blanc : les myosotis offrent souvent l'entrée de la gorge jaune, et le reste de la corolle bleu ou blanc ; mais chaque portion de ces corolles ne varie en général que dans sa propre série : cependant la fleur du *myosotis versicolor* varie tout entière du jaune au bleu pâle. Les violettes-pensées offrent aussi dans diverses places de leurs fleurs des couleurs de séries différentes, et quelquefois même des fleurs entières variant du jaune au violet. 4° Dans un grand nombre de radiées, les corolles à l'état tubuleux sont jaunes, et appartiennent à la série xanthique ; et à l'état ligulé, elles deviennent bleues, violettes ou rouges, et font partie de la série cyanique ; mais en même temps qu'elles ont changé de série de couleur, elles ont aussi notablement changé de forme, et même souvent de fonctions. Il semble que lorsqu'elles portent des étamines, leur corolle prend la couleur jaune des anthères, et que quand elles en sont privées, leurs corolles revêtent les couleurs des filamens.

Malgré ces exceptions, on peut affirmer que les deux séries que nous avons indiquées tout à l'heure sont assez conformes à la vérité pour qu'on puisse s'en servir, soit pour chercher la cause des couleurs, soit pour prévoir les variations possibles des fleurs d'une même espèce et quelquefois d'un même genre.

A la série des fleurs xanthiques appartiennent toutes ou presque toutes les espèces des genres *cactus*, *mesembryanthemum*, *aloe*, *cytisus*, *oxalis*, *rosa*, *verbascum*, *potentilla*, *œnothera*, *ranunculus*, *adonis*, *tulipa*, etc., etc.

A la série des fleurs cyaniques appartiennent toutes les espèces des genres *campanula*, *phlox*, *epilobium*, *vinca*, *scilla*, *hyacinthus* (sauf l'exception citée tout à l'heure), *geranium*, *anagallis*, *globularia*, etc., etc.

On trouve des espèces appartenant aux deux séries, mais constituant des sections distinctes dans les genres *linum*, *sonchus*, *gentiana*, *aconitum*, etc., etc.

Il est enfin des espèces appartenant à l'une de ces deux séries, qui ont été long-temps mélangées dans des genres appartenant à la série opposée, et qu'à un examen plus attentif on a dû en séparer génériquement : c'est ainsi que le *campanula aurea* a été séparé des campanules pour former le genre *muschia*, et les *ixia africana* et *thyrsiflora* séparés des ixia pour former le genre des *aristea*, etc.

Ainsi il y a en général, mais avec de fréquentes anomalies, un rapport entre ces séries de couleurs et la classification générique.

La couleur blanche n'est point mentionnée dans les séries que nous avons adoptées. Il est en effet très-douteux qu'elle existe dans la nature des fleurs à l'état de pureté, et elle semble n'être que l'une des autres couleurs réduite à la plus faible teinte. M. Redouté, qui s'est acquis une si brillante réputation dans l'art de peindre les fleurs blanches sur papier blanc, a une méthode fondée sur cette observation : il place derrière la fleur blanche qu'il veut représenter un papier identique avec celui sur lequel il va peindre, et il remarque que la fleur se détache toujours de ce papier par une teinte jaunâtre, bleuâtre, rougeâtre, etc. M. Rœper a observé que les campanules à fleurs blanches, qui sont des variétés de celles à fleurs bleues, reprennent une teinte bleue évidente lorsqu'on les sèche. MM. Schubler et Funk ont aussi remarqué que les infusions des fleurs blanches dans l'al-

cool ont toujours une teinte reconnaissable : les unes,
qui proviennent des blancs tirant sur le jaune, donnent
des infusions que les alcalis amènent à un jaune plus décidé ou plus brunâtre; les autres, qui proviennent des
blancs tirant sur le bleu ou le rouge, tendent à un rouge
faible par l'action des acides, ou au verdâtre par celui
des alcalis. Il doit donc se trouver des fleurs blanches
dans les deux séries, et il est rare qu'on ne puisse facilement reconnaître à laquelle de ces séries appartient
une fleur blanche, ou, en d'autres termes, quelle couleur elle prendra si on en obtient des variations. Cette pâ-
leur de couleur, qui constitue le blanc, paraît tenir à
ce que la chromule ne se confectionne pas complétement
dans certaines fleurs. C'est ce que je conclus :

1°. De l'analogie de cette couleur avec l'état des plantes
étiolées;

2°. Du nombre beaucoup plus grand de fleurs blanches
qu'on trouve dans les régions les plus septentrionales;

3°. D'un certain nombre de fleurs qui naissent blan-
châtres, et se colorent ensuite par l'action de la lumière
solaire. Ainsi, pour ne citer que les exemples les plus
tranchés, le *cheiranthus chamæleo* a une fleur d'abord
blanchâtre, puis d'un jaune citrin, puis rouge un peu
violet. Le *stylidium fruticosum* a des pétales d'un jaune
pâle à leur naissance, puis d'un blanc tirant un peu sur
le rose. L'*œnothera tetraptera* a les fleurs d'abord blanches, puis roses et presque rouges. Le *tamarindus in-
dica* a, selon Hayne (1), les pétales blancs le premier
jour, et jaunes le second. Le *cobœa scandens* a une co-

____

(1) *Arzn. gew.*, 10, n° 41, p. 41.

rolle d'un blanc verdâtre le premier jour, et violette le jour suivant. L'*hibiscus mutabilis* présente sous ce rapport un phénomène remarquable et instructif : sa fleur naît le matin de couleur blanche; elle devient rouge ou incarnate vers le milieu du jour, et finit par être rouge quand le soleil est couché. Ces transitions sont régulières sous le climat des Antilles. M. Ramon de la Sagra (1) a observé que le 19 octobre 1828 cette plante fleurit dans le jardin de la Havane, resta blanche tout le jour, et rougit seulement le lendemain à midi. Or, ce jour du 19 octobre fut remarquable en ce que le thermomètre ne s'y éleva qu'à 19 degrés centigrades, tandis qu'à l'ordinaire la température est à 30° cent. à l'époque où cet hibiscus fleurit. Il semblerait donc que la chaleur jouerait un rôle dans la coloration de la chromule comme dans les sécrétions, et ce soupçon s'accorde avec ce que nous avons dit tout à l'heure sur la prédominance des fleurs blanches dans les pays froids.

La couleur noire n'a point été, non plus que la blanche, mentionnée dans les deux séries de fleurs : cette couleur ne leur paraît point naturelle, et celles qui l'offrent sont en général des fleurs d'origine jaune qui passent à un brun très-foncé : c'est ce qui paraît avoir lieu pour les parties noirâtres des fleurs du *pelargonium tricolor* ou du *vicia faba*. Il en est de même des fleurs brunes ou noires provenant d'un rouge très-foncé : telle est, par exemple, celle de l'*orchis nigra*.

La couleur rouge offre ceci de remarquable qu'elle

____

(1) *Ann. scienc. de la Habana*, oct. 1828; Bibl. univ., 1829, vol. 41, p. 84.

tient aux deux séries; et si la théorie de l'oxidation se confirme, il semblerait qu'elle peut être obtenue par le maximum ou par le minimum d'oxigénation. On peut remarquer, en effet, que les teintes des diverses fleurs rouges diffèrent beaucoup plus entre elles que celles des autres couleurs. Celles qui arrivent au rouge par la série xanthique ont en général une teinte plus vive, nacarat ou ponceau; celles qui y arrivent par la série cyanique offrent des teintes qui approchent davantage du violet. Le rose, qui n'est que du rouge délayé, peut appartenir aux deux séries : ainsi, le rose de l'hortensia tient certainement au bleu, et celui de la rose paraît dériver du jaune. L'infusion des fleurs rouges dans l'alcool prend une teinte plus ou moins rouge; par l'addition d'un acide, ce rouge devient toujours plus foncé; quelquefois, comme pour l'infusion des pelargonium, la couleur passe à l'orange. Les alcalis y produisent des effets très-variés, selon les plantes (1). Il est quelques fleurs rouges qui doivent cette couleur au développement naturel d'un peu d'acide : telles sont les fleurs rouges des crassulacées. L'opinion qui a prévalu quelque temps, que les fleurs rouges doivent leur couleur à un oxide de fer, paraît sans fondement.

Si nous examinons maintenant les deux couleurs les plus antipathiques, savoir, le jaune et le bleu, nous y trouverons quelques caractères assez prononcés.

Les infusions des fleurs jaunes dans l'alcool sont d'un jaune

---

(1) Voy. les détails à la page 10 du mém. de MM. Schubler et Funk. J'en ai extrait plusieurs des faits qui précèdent et qui vont suivre.

clair, sans que les fleurs se décolorent beaucoup. Les acides n'ont d'autre action sur ces infusions que de les décolorer légèrement. Les alcalis leur donnent un jaune plus vif ou plus brun. Les fleurs jaunes sont au nombre de celles dont la couleur est la plus tenace : on peut y distinguer les jaunes vifs et luisans qui n'offrent presque jamais de variation; les jaunes plus pâles, comme ceux du *nyctago jalapæ* ou de l'*anthyllis vulneraria*, qui peuvent devenir blancs, et ceux qui s'approchent du rouge par l'orange, comme les soucis et les capucines. Ces dernières teintes sont celles où l'on a cru apercevoir ces espèces de fulgurations à la fin des jours chauds de l'été, phénomène dont la réalité est un peu équivoque, et que nous avons mentionné au chapitre précédent.

Les fleurs bleues donnent dans l'alcool des infusions tantôt d'un bleu clair, comme celle des lins; tantôt très-foncées comme celles de l'aconit ou du delphinium. Par l'addition des acides, ces infusions deviennent rouges, et par celles des alcalis elles deviennent vertes. Celles qui ont été colorées en rouge par les acides ne reprennent pas la couleur bleue par les alcalis, comme cela arrive aux infusions de fleurs rouges. M. Macaire (1) ayant vu une infusion rouge de *viola odorata* reprendre peu à peu la teinte naturelle à cette fleur par son mélange avec un alcali végétal, tel que la quinine ou la strychinine, soupçonne que la couleur de ces fleurs tient à une combinaison de leur chromule avec un alcali. MM. Schubler et Funk assurent que l'infusion de l'*hemerocallis cærulea* traitée par un acide, puis par un alcali, peut présenter

____

(1) Mém. soc. phys. de Genève, 4, p. 52.

dans le même vase toutes les teintes du spectre coloré. Les couleurs bleues sont au nombre des plus changeantes du règne végétal ; elles passent facilement au blanc et à diverses teintes de violet et de rouge.

Tout ce que je viens de dire des fleurs est applicable aux péricarpes charnus chez lesquels on peut distinguer les mêmes séries xanthique et cyanique. Les fruits du cerisier, du cornouiller, de l'épine-vinette, du groseiller, qui varient du rouge au jaune et au blanc, appartiennent à la première série ; ceux de la seconde sont très-rares, et je ne connais guère à y rapporter que le dianella, l'*ophiopogon japonicus*, quelques lantana, etc.

Il résulte de tout ce que je viens d'exposer que les modifications de la chromule paraissent être les causes de la diversité de couleurs de tous les organes dits appendiculaires, c'est-à-dire, qui sont ou des feuilles ou des modifications des feuilles ; que ces modifications paraissent résider principalement dans le degré de son oxigénation. Au degré du développement des feuilles proprement dites, la chromule est verte ; elle paraît tendre au jaune et au rouge lorsqu'elle est plus oxidée, comme on le voit par les changemens de couleurs des feuilles en automne et par l'effet des acides ; elle paraît tendre au bleu lorsqu'elle est moins oxidée, ou, ce qui revient au même, plus carbonée : ainsi, on assure que la fleur de l'hortensia devient bleue dans un sol abondamment muni de carbone ou de fer.

L'enveloppe cellulaire des branches se colore en vert ou prend des teintes jaunâtres dans le *fraxinus aurea*, ou rougeâtres dans le cornouiller sanguin, d'après des lois parfaitement analogues à celles observées dans les feuilles.

L'enveloppe cellulaire des racines a-t-elle de la chromule dans son tissu ? C'est ce qu'on n'a point encore démêlé : s'il y a une chromule dans cet organe, elle diffère éminemment de celle des feuilles, en ce qu'elle n'est pas susceptible de verdir à la lumière, et, sous ce rapport, serait analogue à celle des fleurs. Les plantes incapables de verdir, telles que les orobanches, sont probablement, sous ce rapport, organisées comme les racines ; mais il est vraisemblable que la plus grande partie des couleurs les plus apparentes des racines sont dues à des sécrétions propres. Les couleurs des parties internes des végétaux, de celles qui appartiennent à l'axe radical ou caulinaire, doivent être aussi rapportées à des causes différentes de la chromule.

Les couleurs propres des bois paraissent tenir essentiellement à la nature des matières qui se déposent ou se forment dans les clostres ou cellules oblongues dont le bois est composé. A l'état d'aubier, le bois est toujours blanc et conserve souvent cette teinte ; mais dans certains arbres, il prend une couleur plus ou moins foncée : rouge dans le sandal, noir dans l'ébène, jaune dans le mûrier. Cette couleur tient à la matière qui remplit les clostres, soit que ce soit une modification de la lignine, soit qu'elle lui soit comme mêlée ou surajoutée. M. Dutrochet (1) a vu que si l'on fait chauffer du bois d'ébène dans l'acide nitrique, cet acide dissout la substance noire qui remplissait les clostres, que ceux-ci acquièrent ainsi de la transparence, tandis que l'acide nitrique se colore for-

____

(1) Recherc. sur la struct., p. 55.

tement en noir. Le bois de Campêche (1) cède sa matière colorante rouge à l'eau et à l'alcool ; les acides la rendent plus foncée, et les alcalis la tournent au jaune. Ce bois contient de plus une matière propre que M. Chevreul (2) a fait connaître sous le nom d'*hæmatine.* Le bois de Brésil cède sa couleur à l'eau, à l'alcool et aux alcalis. Sa matière colorante paraît intimement unie au tannin, selon M. Chevreul (3) : lorsqu'elle est jaune, les acides la tournent au rouge et les alcalis au violet. La couleur rouge du bois de sandal n'est point soluble à l'eau, et l'est seulement à l'alcool. Le suc laiteux de la sanguinaire du Canada paraît devoir sa belle couleur rouge à l'action de l'alcali qu'elle contient (4). Ce petit nombre d'exemples, choisis presque au hasard parmi les troncs colorés, suffit pour prouver que leurs matières colorantes sont de natures très-diverses entre elles, et tendent par conséquent à prouver que ce sont des sécrétions spéciales.

Des faits et des raisonnemens analogues, appliqués aux racines donnent les mêmes résultats, soit pour les couleurs de leur corps ligneux, soit pour celles de leur écorce ; mais j'évite à dessein de les citer en détail, parce que, dans le plus grand nombre des analyses des racines, on n'a point assez exactement distingué le corps ligneux et le corps cortical, et que, dans plusieurs cas, on a confondu même les racines avec des rhizomes : d'où ré-

---

(1) Thomps., Syst. chim., 4, p. 254.
(2) Ann. chim., 66, p. 254.
(3) Thomps., Syst. chim., 4, p. 255.
(4) Voy. vol. 1, p. 362, article *Sanguinarine.*

sulte que si ces analyses peuvent suffire aux besoins des arts, elles sont tout-à-fait insuffisantes pour la physiologie.

Enfin, les couleurs diverses des écorces des arbres sont analogues à celles des feuilles en ce qui concerne la surface des jeunes pousses, mais rentrent complétement dans l'histoire des sécrétions en ce qui tient aux couches corticales, surtout dans les vieilles écorces.

Quant aux sucs sécrétés, causes premières de toutes ces couleurs, l'origine de leur coloration propre est un phénomène qui rentre dans une classe de faits peu appréciables, surtout sous le rapport physiologique. Nous ne pourrons essayer de nous en occuper avec quelque chance de succès, que lorsque l'anatomie végétale aura mieux fait connaître les cellules ou vaisseaux qui les renferment, et que les chimistes en auront multiplié les analyses, et surtout pris des précautions spéciales pour analyser ces sucs dépouillés de leurs enveloppes organiques.

Les couleurs des organes sexuels des fleurs sont encore peu étudiées : les globules du pollen sont presque toujours de couleur jaune; cette matière colorante forme dans l'alcool chaud une solution d'un blanc jaunâtre; les alcalis en relèvent la couleur; les acides la font passer au rouge, et les alcalis la ramènent au jaune (1); mais il est vraisemblable que ces propriétés ne sont pas communes aux matières colorantes de tous les pollens. Un stigmate, celui du *crocus sativus*, analysé par Vogel et Bouillon-Lagrange, offre une matière colorante, soluble à l'eau et à l'alcool, et qui, à raison de la variabilité de

____

(1) Neumann, Chim., p. 451; Thomps., Chim., 4, p. 281.

ses couleurs, a reçu le nom de *polychroïte* (1). Je ne cite ces faits isolés que pour montrer que leur petit nombre empêche de rien conclure sur ces organes.

Les couleurs de celles des plantes cryptogames qui ne sont pas de couleur verte, rentrent dans la série de faits que je viens de passer en revue : on n'a à cet égard qu'un très-petit nombre d'observations exactes, et il faut distinguer avec soin les familles auxquelles ils se rapportent, afin d'éviter des généralisations hasardées.

Les algues sont pour la plupart de couleur verte, et se comportent sous ce point de vue absolument comme les feuilles. J'ai donc peu de doute que leurs cellules contiennent de la chromule verte. Lorsque les algues sont de couleur plus ou moins rouge, il est vraisemblable qu'il se passe chez elles un phénomène analogue à ce qui a lieu dans les feuilles rouges des plantes vasculaires : ce soupçon est autorisé par la similitude des faits, et en particulier parce que l'*ulva fusca* donne, comme l'*atriplex hortensis rubra*, du gaz oxigène sous l'eau au soleil. Il n'est point de plantes où l'on voie aussi facilement que dans les algues, que la matière colorante est en solution dans l'eau contenue dans leurs cellules, et que les parois sont entièrement incolores. Quelques céramiées rouges offrent ce fait d'une manière curieuse : lorsqu'on les observe sous le microscope, on voit fréquemment que la paroi de chacun de leurs articles est double; le sac interne se contracte et serre la matière colorante, de telle sorte qu'elle ne paraît plus que

______

(1) Ann. de chim., 80, p. 188; Thomps., Chim., 4, p. 55 et 280.

comme un filet rouge situé dans l'axe, et la partie extérieure paraît vide et décolorée. J'ai observé ce fait sur des individus frais des *ceramium equisetifolium et casuarinæ*, etc. (1). On n'a encore observé qu'une seule algue de couleur jaune, c'est le *fucus luteus* de Bertoloni ; mais il se pourrait que cette couleur fût une altération morbide, analogue à la teinte jaunâtre ou blanche que toutes les algues prennent après leur mort.

Les hépatiques sont toutes douées d'une couleur verte, qui se comporte comme celle des feuilles ; mais plusieurs d'entre elles, telles, par exemple, que le *jungermannin tamarisci*, prennent facilement une teinte pourpre ou brune, comme le font plusieurs feuilles ordinaires.

Les lichens sont ou verts, ou susceptibles de verdir, ou diversement colorés. Rien ne peut faire affirmer définitivement en ce moment si ces couleurs tiennent, soit à quelques sécrétions spéciales, soit plutôt, comme le pense M. Meyer, à une chromule modifiée, comme dans les feuilles ou les fleurs. Ces végétaux singuliers offrent pendant leur vie un phénomène de coloration qui mérite d'être noté, savoir, que lorsqu'on les déchire ou qu'on les frotte, il se développe presque subitement une couleur verte dans la partie blessée. Ce développement de couleur est surtout très-remarquable dans les lichens crustacés qui couvrent les rochers, et semblent une poudre inorganique : dès qu'on les frotte avec le bout d'une canne, par exemple, on voit la trace de la canne marquée par une raie verte. Je me suis souvent servi de ce critère, soit pour reconnaître si les li-

_____

(1) Flore franç., édit. 3, vol. 2, p. 39 et 40.

chens crustacés sont vivans ou morts, soit pour les distinguer de certaines efflorescences salines avec lesquelles
on est quelquefois exposé à les confondre. Ce fait tient-
il à l'extravasion d'un suc spécial, auparavant inaperçu,
ou plutôt à l'action de l'oxigène de l'air et de la lumière sur la chromule, ou toute autre matière renfermée dans les cellules? C'est un petit problème qui
reste à résoudre.

Les champignons présentent toutes les couleurs possibles, excepté le vert pur. On n'a donc aucun motif
pour assimiler leur coloration à celle des feuilles, et il
est vraisemblable qu'elle est due à des sécrétions spéciales et probablement très-différentes entre elles. Quoique
la plupart naissent dans des lieux obscurs, leur coloration semble cependant être sous l'influence de la lumière. En effet, ceux qui vivent dans les souterrains
sont toujours ou complétement blancs, ou totalement
noirs : les premiers sont en général très-fugaces, très-
mous, et laissent très-peu de parties solides après leur
mort ou leur combustion : il est évident qu'ils contiennent beaucoup d'eau ou de ses élémens et très-peu de
carbone. Les champignons noirs, tels que la plupart des
sphæria, des truffes, le *peziza nigra*, etc., vivent, les
uns à l'obscurité totale, les autres à la clarté, et paraissent devoir cette couleur à une matière très-charbonnée :
la plupart d'entre eux sont compactes et solides. Dans
deux espèces de cette division très-différentes entre elles,
le *sphæria digitata* et le *peziza nigra*, j'ai reconnu une
exhalaison de gaz hydrogène; mais elle se retrouve dans
des champignons de couleurs diverses.

Tous les champignons à couleurs vives se trouvent

dans des lieux plus ou moins éclairés. Leurs couleurs paraissent en général dues à des matières résineuses : on remarque ordinairement que les espèces blanches sont moins âcres et plus souvent comestibles que les espèces vivement colorées ; mais l'oronge et l'*agaricus deliciosus* présentent deux exceptions très-prononcées à cette observation. Les couleurs des champignons sont tantôt superficielles, et tantôt elles pénètrent jusque dans le centre du tissu. Ceux qui sont laiteux ont, comme les plantes vasculaires, un lait le plus souvent blanc, quelquefois jaune ou rouge : il serait intéressant d'avoir une analyse de ce lait comparé à celui des papavéracées, par exemple, où l'on trouve les mêmes teintes.

Certains champignons charnus présentent un phénomène analogue à celui que j'ai signalé tout à l'heure dans les lichens crustacés. Lorsqu'on les coupe, on voit souvent leur tranche changer de couleur, et prendre entre autres teintes une belle couleur bleue : le *boletus cyanescens* et plusieurs autres bolets offrent en particulier ce phénomène. Césalpin (1) avait observé ceux dont la tranche devient verdâtre ; Bonnet (2), le premier je crois, a signalé ceux qui prennent la couleur bleue, en quoi il a été suivi par Pallas ; MM. Saladin (3) et Macaire (4) ont étudié les détails du phénomène. D'après ce dernier, les bolets susceptibles de bleuir lorsqu'on les coupe

---

(1) *De plantis*, p. 617.

(2) Sur le bel azur dont les champignons se colorent à l'air, Journ. de phys., vol. 3 ; OEuvres, in-8°, vol. 10.

(3) Expériences sur les changemens que la lumière produit, tc., Journ. de phys., juin 1779.

(4) Mém. de la soc. phys. de Genève, vol. 2, part. 2, p. 115.

prennent cette couleur à l'obscurité comme à la lumière, sous l'eau aérée un peu plus faiblement qu'à l'air : ils se colorent dans l'oxigène, dans les gaz qui contiennent de l'oxigène libre et dans l'oxide d'azote, mais non dans les gaz azote, hydrogène, acide carbonique. L'analyse de ces champignons lui a donné, entre autres produits, un peu de fer : il se demande si ce fer, en s'oxidant au second degré, ne pourrait point produire cette couleur bleue, comme il le fait dans les expériences de laboratoire? Mais l'extrême rapidité du phénomène me donne, comme à M. Macaire lui-même, quelque défiance de cette explication. Ce qui reste bien démontré, c'est que le phénomène du bleuissement est dû à l'action de l'oxigène sur le suc de certains champignons. Je dois ajouter ici qu'il existe quelques espèces de champignons, tels, par exemple, que le *thelephora cærulea*, qui pendant leur vie offrent extérieurement des couleurs bleues très-semblables à celles que les bolets dits indigotiers développent lorsqu'on les coupe : il serait curieux de les analyser comparativement avec ceux-ci. Au reste, si dans quelques cas très-rares, comme celui que j'ai indiqué tout à l'heure, on peut soupçonner que la présence d'un oxide de fer influe sur la coloration, on a abandonné depuis long-temps l'idée proposée par De la Folie (1), que les couleurs des plantes tiennent en général à des précipités ferrugineux.

Un fait analogue aux précédens paraît être la coloration en pourpre vif que l'oxigène de l'air opère, selon

---

(1) Journ. de phys., 4, p. 347.

Fabroni, sur le suc des feuilles de l'aloès soccotrin (1),
et qu'on observe fréquemment dans les serres. On doit
encore signaler ici les sucs colorés de certains végétaux,
tels que celui des variétés de raisin ou de la pêche sanguine. Je ne connais aucun fait propre à faire connaître
la nature de ces couleurs.

§. 4. Des parties décolorées.

Tout le brillant spectacle des couleurs végétales tend
à disparaître, soit dans des cas maladifs ou accidentels,
soit après leur mort; et ce qui rend cette étude curieuse,
c'est qu'on y voit souvent, 1° la décoloration déterminée
par les mêmes agens qui, dans d'autres circonstances,
déterminent la coloration; et 2° certains organes qui ne
se colorent pas pendant la vie, et qui prennent à leur
mort une teinte très-prononcée.

La lumière solaire paraît être l'agent le plus universel
de ces pertes ou de ces changemens de couleur. Pendant
la vie des plantes, elle agit, comme nous l'avons vu fréquemment, pour les colorer; mais, dans quelques cas,
son action trop intense les décolore. Ainsi les cultivateurs de tulipes placent leurs fleurs sous une tente, sa-
chant très-bien que l'action directe du soleil tend à altérer leurs couleurs plus promptement que cela n'a lieu à
l'ombre. Un grand nombre de fleurs à couleurs délicates,
et surtout dans la série cyanique, offrent ce phénomène.

La plupart des plantes aquatiques prennent en mourant une teinte blanche; on le voit souvent en particulier

____

(1) Ann. chim., 25, p. 301.

sur les algues marines , qui du plus vert ou du plus beau rouge passent au blanc lorsqu'elles meurent. Cet effet paraît surtout avoir lieu lorsqu'elles sont exposées à l'air et à la lumière ; mais la part de chacun de ces agens n'a pas été appréciée. Les algues d'eau douce et plusieurs herbes aquatiques présentent le même système de décoloration. L'air agit évidemment en altérant la chromule , probablement en lui enlevant son carbone ; car c'est là l'effet ordinaire de l'air sur tous les végétaux morts. Les chara , en particulier , desséchés à l'air , deviennent tout-à-fait blancs. Cette teinte tient sans doute à l'altération de leur chromule , mais probablement aussi à l'énorme quantité de matière calcaire que ces plantes ont, pendant leur vie, fixée dans leur tissu. Les prêles , qui en mourant deviennent aussi très-blanches , ont aussi une assez grande quantité de matière terreuse. Les couleurs d'un jaune-paille qu'un grand nombre de parties vertes des végétaux prennent à leur mort, tient, d'un côté, à l'oxigénation de la chromule, dont nous avons parlé dans l'article précédent, et de l'autre, à la décarbonisation déterminée après la mort par l'action de l'oxigène de l'air.

La plupart des feuilles revêtent en mourant cette couleur uniforme d'un roux ou d'un gris brun sale qu'on connaît sous le nom de *feuille morte*. Elle a de l'analogie avec celle qu'acquièrent les fruits qui deviennent blets , tels que les sorbes et les nèfles. L'état des feuilles à cette époque pourrait bien être dû, comme celui des fruits , à une altération de leurs principes un peu analogue à la putréfaction ou à la fermentation. Il est toujours , comme dans les fruits , accompagné d'une grande déperdition d'eau. Je ne connais pas d'observations directes faites sur cette teinte *feuille-morte*, qui ne se trouve guères que dans les parties qui ont été vertes.

Les écorces des arbres prennent à l'extérieur, en vieillissant, une teinte grisâtre, ou rousseâtre, ou blanchâtre, qui paraît déterminée par la réunion de diverses causes, savoir, l'action de la lumière, celle de l'oxigène de l'air, la déperdition de l'humidité des cellules extérieures, et peut-être aussi quelque altération spéciale dans leurs sucs ou les matières déposées.

Le corps ligneux, exposé à l'air et à la lumière, subit des effets très-divers : tantôt il y acquiert une teinte rousse, comme on le voit dans les boiseries non vernies des appartemens ; quelquefois il s'y décolore tout-à-fait, comme on le voit dans les bois mous exposés à l'humidité ; ailleurs il subit une espèce de putréfaction, de laquelle résultent des teintes verdâtres ou bleuâtres, et un état fréquent de phosphorescence.

Enfin il est quelques fleurs qui à la fin de leur fleuraison subissent des altérations extraordinaires : ainsi les corolles du *tournefortia mutabilis*, qui sont d'un beau blanc pendant leur vie, prennent, après la fécondation, une couleur d'un noir de charbon qui commence à se développer sur le bord extérieur du limbe, et gagne peu à peu toutes les corolles.

CHAPITRE IX.

Des Odeurs et des Saveurs végétales.

---

§. 1. des Odeurs.

Les odeurs que les végétaux exhalent sont si variées, et le plus souvent si agréables, qu'elles sont au nombre des circonstances qui ont le plus fortement attiré l'attention du public sur les plantes. Leur origine, leur nature, leur dispersion, leur mode d'action, ont aussi été l'objet des recherches de quelques savans ; mais il faut avouer que, comme il arrive ordinairement pour les sensations simples, les résultats de ces travaux n'ont pas répondu à ce qu'on aurait pu en espérer.

On sait qu'on désigne sous le nom d'odeur tantôt l'impression que font certaines matières sur la membrane pituitaire, tantôt la matière même qui détermine cette impression : on a aussi donné à cette matière les noms *d'esprit recteur* et *d'arôme*. Sans nous jeter ici dans les discussions de physique générale sur la nature des matières odorantes, nous nous bornerons à les considérer dans leurs rapports avec le règne végétal.

Linné, qui a porté sur tant d'objets son talent de classification, mais qui souvent aussi se contentait de distributions un peu arbitraires, a classé les odeurs végétales d'après la seule impression qu'elles font sur nos sens ; il en a établi sept classes qui ne sont définies que par des noms et des exemples, savoir :

1°. Les odeurs *ambroisiennes*, telles que le musc, le *malva moschata*, l'*asperula odorata*, etc.

2°. Les odeurs *pénétrantes* (*fragrantes*), telles que les fleurs du tilleul, de la tubéreuse, etc.

3°. Les odeurs *aromatiques*, telles que les feuilles de laurier, les fleurs d'œillet, les graines d'ammi.

4°. Les odeurs *alliacées*, telles que les feuilles des aulx, de l'alliaire, du petiveria, etc.

5°. Les odeurs *puantes* ou analogues à celles du bouc, (*hircini*), telles que l'*orchis hircina*, le *chenopodium vulvaria*.

6°. Les odeurs *vénéneuses* (*tetri*), par exemple, le tagetès, le chanvre, l'yèble, etc.

7°. Enfin, les odeurs *nauséabondes* (*nauseosi*), ou qui disposent à vomir, telles que les fleurs de stapelia, le tabac, etc.

A ces sept classes, si l'on voulait suivre un pareil genre d'énumération, il faudrait joindre :

8°. D'après H. B. de Saussure, les odeurs *piquantes* (*acres*), telles que celles de la moutarde.

9°. Les odeurs *muriatiques* (*muriatici*), telles que celles des fucus frais.

10°. Les odeurs *balsamiques* (*balsamei*) ou analogues aux vrais baumes, c'est-à-dire aromatiques et acides, tels que le benjoin.

11°. Les odeurs *hydrosulfureuses*, telles que celles qui s'exhalent des choux en demi-décomposition.

12°. Les odeurs *camphrées* (*camphorati*), telles que le camphre, l'*artemisia camphorata*, etc., etc.

M. Desvaux (1) avait proposé une classification analogue et divisé les odeurs en sept classes qualifiées par les épithètes de inertes, anaromatiques, suaves, aromatiques, balsamiques, pénétrantes et fétides. Mais il faut avouer que plusieurs de ces classes sont un peu arbitraires, et que lors même qu'on parviendrait à établir ainsi une classification qui paraîtrait juste et complète d'après l'impression des sens du plus grand nombre, cette méthode éclairerait peu la nature réelle des odeurs.

Les chimistes ont tenté une voie plus rationnelle lorsqu'ils ont cherché à se rendre compte de la nature propre des corps odorans : sous ce point de vue, Fourcroy (2) a divisé les arômes végétaux en cinq classes, savoir :

1°. Les odeurs extractives ou muqueuses qu'on obtient par la distillation des plantes inodores au bain-marie sans addition d'eau.

2°. Les odeurs huileuses, fugaces, indissolubles à l'eau, mais dont l'huile peut se charger; elles sont susceptibles d'être détruites par l'action de l'oxigène de l'air : telle est l'odeur des fleurs de jasmin, de jonquille, etc.

3°. Les odeurs huileuses, volatiles, dissolubles dans l'eau froide, et surtout dans l'eau chaude, et plus encore dans l'alcool : telles sont les eaux aromatiques des labiées, de romarin, etc.

4°. Les odeurs aromatiques et acides qui rougissent les couleurs bleues végétales, telles que les eaux et alcools aromatiques de cannelle et de benjoin.

---

(1) Cité par Cloquet, Diss. sur les odeurs, in-4°, p. 34.
(2) Ann. chim., 26, p. 252.

5°. Les esprits recteurs hydrosulfureux, qui précipitent en brun ou en noir les dissolutions métalliques, tels que les eaux distillées des choux et de plusieurs crucifères.

On ne peut nier qu'une classification de ce genre, si elle était complétée et régularisée, ne tendît à répandre de la lumière sur l'histoire des odeurs, au moins sous le point de vue de la chimie et de ses applications à l'art de la parfumerie ; mais encore il faudrait se défier de certaines analogies de sensation qui ne sont point liées à des analogies de nature. Ainsi, de ce que l'arsenic brûlé exhale une odeur d'ail, il faut se garder de conclure que l'ail contienne de l'arsenic ; et de même de ce que le *pelargonium moschatum* affecte nos sens d'une manière analogue au musc, on ne peut pas conclure sur ce critère que ces plantes contiennent du musc. Ces exemples tendent du moins à prouver qu'on ne peut pas rapporter les odeurs à une cause unique, comme le font ceux (1) qui prétendent sans preuves qu'elles tiennent à un dégagement d'hydrogène qu'on n'a jamais pu reconnaître.

Nicholson a considéré les odeurs végétales sous un point de vue qui a plus de rapports avec la physiologie, lorsqu'il a fait remarquer qu'en général les odeurs des corolles agissent plus ou moins vivement sur les nerfs de l'espèce humaine comme spasmodiques, tandis que celles des autres parties n'ont point le même genre d'action. Cette distinction a quelque vérité ; mais, telle qu'elle est présentée, elle semble plus en rapport avec la physiologie des animaux qu'avec celle des végétaux. Guidé primitivement par cette idée de Nicholson, quoiqu'elle soit

____

(1) Spreng. *bau. der Pflanz.*, p. 355.

peu exacte dans sa généralité, je crois avoir trouvé le
véritable point de la distinction des odeurs végétales, savoir, que ces odeurs sont les unes de simples *propriétés*,
tandis que les autres semblent être de véritables *fonctions*.
Je m'explique :

Toute matière susceptible d'une volatilisation totale
ou partielle peut être odorante, si ses vapeurs, en
atteignant la membrane pituitaire, y déterminent une
sensation. Cette propriété existe dans une foule de corps
inorganiques sans aucune espèce d'action de leur part ;
elle se retrouve dans un grand nombre de produits
des corps organisés, tels que le musc ou le camphre,
et est dans ces matières un simple résultat de leur
nature. Tant qu'elles se volatilisent en tout ou partie, elles sont odorantes ; et si la vie a quelque action sur
cette odeur, c'est parce qu'elle a déterminé dans l'origine
la formation de ces corps ; mais elle n'a point d'action
actuelle. Si cette assertion est évidente lorsque le musc
ou le camphre sont séparés de l'animal ou de la plante
qui les a produits, elle est également vraie quand ces matières sont encore renfermées dans les cavités où elles se
sont produites. Elles sont odorantes par une simple propriété de leur nature physique ou chimique. Sans doute,
la physiologie devrait tenter de reconnaître comment
chaque cellule élabore les sucs qu'elle reçoit, et les trans-
forme en matériaux divers ; mais la question de l'odeur
ne serait qu'un point accessoire de cet examen. Tous
ceux des matériaux immédiats des végétaux que nous
avons énumérés en parlant des sécrétions, ont, sous le
rapport qui nous occupe, de certaines propriétés, et les
diverses parties sont ou ne sont pas odorantes selon

qu'elles contiennent des matières susceptibles ou incapables de se volatiliser. Ainsi est-il besoin de dire qu'il y a des racines, des rhizomes, des bois, des écorces odorantes, quand nous savons qu'il se trouve dans ces divers organes des huiles volatiles ou d'autres matières susceptibles de se volatiliser? Cette propriété dure tant que la matière volatile existe, et par conséquent toutes les parties du végétal qui ont des substances de ce genre comme emmagasinées dans leur tissu, seront odorantes tant que la déperdition de cette matière durera. C'est ainsi que les bois résineux, tels que le cyprès ou le cèdre, sont indéfiniment odorans, parce que la matière résineuse où réside leur odeur s'évapore lentement. Les parties dont l'odeur réside dans de l'huile essentielle, conservent leur odeur très-long-temps quand l'huile essentielle est peu volatile, ou qu'elle est renfermée dans un tissu très-compacte et qui lui livre difficilement passage : ainsi le bois de rose de Ténériffe (*convolvulus scoparius*) conserve très-longtemps son odeur, et même à la longue, pour le reconnaître, il faut frotter le bois afin de dégager la matière volatile des cellules très-compactes où elle est renfermée. Certains bois, inodores à l'ordinaire, deviennent odorans lorsqu'on les tourne; celui de hêtre prend, dit-on (1), alors une odeur de rose. Lorsque des huiles analogues sont renfermées dans un tissu plus lâche, l'écorce de la cannelle par exemple, elles sont odorantes sans frottement pendant que l'arôme peut s'échapper, et deviennent à la longue presque complétement inodores. Enfin, si ces matières volatiles sont exposées à l'air libre,

____

(1) Cloquet. Diss. sur les odeurs. in-4°, p. 30.

elles exhalent une vive odeur en s'évaporant, puis disparaissent en entier ou sont réduites à leur partie fixe au bout d'un certain temps. Tous ces phénomènes de durée diverse des odeurs sont des cas particuliers d'un seul et même principe : lorsque les forces sécrétantes des végétaux ont accumulé sur un point donné une certaine quantité de matière susceptible en tout ou partie de se volatiliser, et d'agir sur l'organe olfactif, cette matière, ou l'organe qui la renferme, conserveront leur odeur tant que la matière volatile ne sera pas toute dispersée; et cela aura lieu indifféremment pendant la vie ou après la mort, que l'organe tienne ou ne tienne pas au tronc qui l'a produit. Cette classe d'arômes végétaux rentre donc complétement dans la chimie.

Mais il est d'autres cas dans lesquels un organe, et la fleur en est l'exemple le plus saillant, produit bien, comme dans la série précédente, une matière volatile, mais, au lieu de l'emmagasiner, l'exhale immédiatement. Cette exhalaison immédiate tient, soit à la plus grande volatilité de la matière, soit à la position superficielle ou au tissu plus lâche de l'organe qui l'a produit, soit enfin à ce que cette production y est en moindre quantité ou plus temporaire, etc. Ces matières ainsi produites rentrent comme les précédentes dans les lois de la chimie quant à leur nature ; mais elles se rattachent plus immédiatement à la physiologie par leur histoire. En effet, 1° ces odeurs (et je fais dans tout ceci allusion aux fleurs) ne peuvent se produire que pendant la vie, et comme elles se dispersent à mesure qu'elles se forment, les organes d'où elles émanent doivent perdre leur parfum immédiatement après leur mort; c'est en effet l'un des traits les plus remarquables de l'odeur des fleurs, comparée à celles des autres organes. 2° Les odeurs exhalées au moment de leur formation pourront être intermittentes comme le sont toutes les fonctions, tandis que celles qui sont dues à un magasin une fois formé et qui s'évapore graduellement, doivent être continues par leur nature propre ; et c'est ici l'une des preuves directes de la différence des deux classes. Les matières volatiles emmagasinées s'exhalent graduellement, avec cette seule modification, que l'élévation de la température accroît leur volatilisation, et par conséquent les rend plus odorantes pour un temps donné, mais les épuise pour l'avenir. Les matières immédiatement dégagées sont bien, jusqu'à une certaine limite, soumises à cette loi ; mais elles sont subordonnées plus directement à l'action vitale qui modifie l'action générale. Ainsi il est des fleurs dont l'odeur est continue avec de légères variations : telle est, par exemple, la fleur de l'oranger. Il en est d'autres tout-à-fait intermittentes : ainsi toutes les corolles à couleur triste, telles que le *pelargonium triste*, l'*hesperis tristis*, le *gladiolus tristis*, etc., sont presque complétement inodores tout le jour, et exhalent une odeur ambroisienne au coucher du soleil. Si la chaleur était la cause du phénomène, comme pour les huiles volatiles non soumises à l'action vitale, l'arôme devrait avoir été épuisé par la chaleur du jour, et ne pas commencer à cette époque. Il y a ici quelque chose de lié à la vie végétale, mais qui nous est mal connu. Cette heure du coucher du soleil est en général favorable au dégagement des odeurs exhalées immédiatement, tandis que celles qui sont produites par l'évaporation générale

des matières volatiles sont plus sensibles quand le soleil
est plus ardent : ainsi les odeurs des labiées , des cistes,
des bosquets de myrte ou d'oranger , embaument l'air
des provinces méridionales de l'Europe , d'autant plus
vivement qu'il fait plus chaud , tandis que les odeurs
d'un grand nombre de fleurs , ou sont nulles pendant la
chaleur et se dégagent le soir , comme dans les fleurs
tristes mentionnées tout à l'heure , ou sont faibles pendant le jour et se renforcent le soir , comme dans le *datura arborea* , l'*œnothera suaveolens*, le *genista juncea*, etc.
Dans quelques plantes , cette émission de l'odeur se présente d'une manière tout-à-fait brusque. Ainsi la fleur
du *cereus grandiflorus* commence à s'épanouir à sept
heures du soir , et commence aussi alors à exhaler son
odeur.

Il n'y a presque aucune fleur qui exhale son odeur
pendant le jour seulement. On a cité sous ce rapport le
cestrum diurnum; mais ce nom est destiné à indiquer
qu'il est plus odorant de jour que de nuit , tandis que le
cestrum nocturnum ne l'est qu'à l'entrée de la nuit. En
général , la grande ardeur du soleil tend à diminuer les
odeurs des fleurs, et par conséquent l'action de la lumière
semble plutôt nuisible que favorable à cette exhalaison.
Aussi Senebier a vu une jonquille qui fleurissait à l'obscurité totale, exhaler son parfum comme à l'ordinaire;
mais le *cacalia septentrionalis* présente une exception remarquable et contraire à cette observation. Les rayons
solaires en exhalent une odeur aromatique , qu'on peut
annuler en interceptant les rayons , et rétablir en enlevant l'obstacle interposé (1) La pluie et une trop grande

(1) Recluz, Journ. pharm., 1827 , p. 216.

humidité sont en général contraires au développement des odeurs. Ce fait, quoique bien reconnu, semble cependant en contradiction avec le développement habituel des odeurs florales au moment de la rosée, et avec cet autre observé par Senebier, que l'odeur d'une fleur de tubéreuse, (probablement parce qu'elle est due à une huile éthérée, non miscible à l'eau et plus légère qu'elle), était sensible au travers de l'eau qui fermait le récipient où il l'avait renfermée. Il semble qu'entre certaines limites l'humidité de l'air favorise le développement ou la perception de certains arômes : ainsi les terres argileuses sont odorantes après la pluie.

Enfin, tous ceux qui ont herborisé ou vécu dans les jardins savent très-bien que les odeurs des fleurs sont assez variables en intensité; elles se développent un peu plus tôt ou un peu plus tard, disparaissent ou se modifient beaucoup au moment où la fécondation s'est exécutée : phénomènes contraires à ceux qu'on observe dans les matières odorantes qui ne sont pas immédiatement soumises à l'action vitale, et dont l'odeur est en général plus régulière et plus continue.

L'action spasmodique des odeurs des fleurs paraît tenir à la réunion de deux causes : 1° étant le produit direct de la sécrétion, elles sont variables en intensité comme toutes les actions vitales; tandis que les arômes déterminés par la simple volatilisation graduée des corps ne doivent pas présenter les mêmes variations. Presque toutes les odeurs deviennent spasmodiques lorsqu'elles sont trop concentrées : on peut s'en convaincre dans tous les ateliers de parfumerie. Les odeurs les plus agréables, comme celle de la rose, peuvent devenir pénibles à supporter, lorsque, comme dans l'essence de roses, elles sont amenées à un degré extrême de concentration. 2° Il faut ajouter que, parmi les matières odorantes, les huiles volatiles sont celles qui tendent en général à agir sur les nerfs d'une manière spasmodique; et les arômes des fleurs paraissent, autant qu'on peut les analyser, appartenir à cette classe. Plusieurs fleurs sont remarquables par ce genre d'action. L'influence de la jonquille, de la tubéreuse sur les nerfs délicats est trop connue pour la mentionner, et trop évidente pour qu'on risque souvent de s'y soumettre : aussi l'humble violette, dont on se défie moins, est une des fleurs dont l'odeur produit le plus d'accidens. J'ai vu plusieurs femmes perdre connaissance pour en avoir porté en trop grande dose, ou pour les avoir conservées auprès d'elles pendant leur sommeil, et les livres de médecine en contiennent plusieurs exemples. On assure que des fleurs de nerium enfermées dans une chambre ont donné la mort à ceux qui s'y sont endormis (1), et que celles du *malva moschata* ont déterminé des accès d'hystérie. On a vu des personnes comme asphyxiées par l'odeur du safran (2). Les fleurs du *lobelia longiflora* déterminent des suffocations, d'après Jacquin, etc. Mais quoique ces accidens soient plus communs par l'effet des fleurs, ils sont aussi quelquefois déterminés par les odeurs émanées des autres organes. L'odeur de la bétoine agit sur les individus nerveux (3). Tout le monde sait que la céphalalgie arrive fréquemment lorsqu'on

____

(1) Linné. *Amœn. acad.*, 3, p. 200.

(2) Schenk, *de Floribus obs. med.* vii, obs. 1 ; cité par Cloquet, l. c.

(3) Cloquet, l. c. ; Valmont de Bomare, Dict.

s'endort à l'ombre d'un sureau, d'un noyer, d'un ai-
lante, ou près de l'anagyris ; l'ombre du mancenilier
produit même quelquefois la mort (1) : ainsi, l'assertion
de Nicholson, si elle est vraie dans un grand nombre de
cas, est fausse dans sa généralité.

Il est un grand nombre de fleurs dont l'odeur se développe ou se modifie après la fécondation. Ces odeurs
tardives paraissent généralement dues, non, comme les
odeurs ordinaires à une excrétion directe, mais à une
altération des principes dont le tissu de la fleur est formé.
Elles sont quelquefois agréables, comme dans la rose-
thé ou l'*asperula odorata* ; mais plus souvent encore elles
sont désagréables : ainsi, à la fin de leur fleuraison, plusieurs stapelia, l'*arum dracunculus*, etc., dégagent une
odeur cadavéreuse. Cette odeur ressemble tellement à celle
de la viande corrompue, que M. Duméril atteste (2) que
des mouches carniaires, des sylphes et des escarbots,
trompés par elle, y vont déposer leurs œufs comme dans
la viande. Ces fleurs contiennent-elles quelques matières
animales ? L'odeur exhalée par quelques champignons,
tels que le *phallus impudicus* et le *clathrus cancellatus*,
est tout-à-fait analogue aux précédentes : on en dit autant
des raflesia.

L'odeur du pollen a aussi du rapport avec les odeurs
animales, et, ce qui est singulier, elle est identique
avec celle qu'exhale la liqueur spermatique humaine :
c'est un fait fort connu quant au châtaignier et à l'épine-
vinette. M. Desfontaines a observé qu'on retrouve la

---

(1) Boyle, *Natur. del. affluv.*, p. 38.
(2) D'après M. Cloquet, Diss. sur les odeurs, p. 11.

même odeur, quoiqu'à un moindre degré, lorsqu'on
réunit une grande quantité d'un pollen quelconque. Cette
exhalaison propre au pollen se mêle souvent à celle des
corolles pour en modifier l'odeur.

Quelques jardiniers (1) prétendent qu'un oignon placé
près d'une rose en augmente l'odeur; ils assurent que
l'eau distillée (2) de ces roses est supérieure à celles des
roses communes, et fait rechercher par les pharmaciens
celles qui ont eu un oignon à leur pied. M. Murray, qui
adopte ce fait comme vrai, l'explique en disant que l'oignon contient beaucoup d'ammoniaque, et que M. Ro-
biquet a démontré que cette substance tend à rendre
aux corps leurs odeurs lorsqu'ils les ont perdues. Je
doute fort du fait principal, et ne veux ni défendre ni
attaquer l'explication, jusqu'à nouvel examen.

Quelques auteurs ont cité comme très-extraordinaires
certaines plantes dont les feuilles exhalent une odeur fé-
tide, tandis que les fleurs en ont une agréable, telles,
par exemple, que les datura et les volkameria; mais cela
n'a rien de surprenant, car les odeurs sont des sécrétions locales propres à chaque organe et quelquefois à
chaque portion d'organe.

§. 2. Des Saveurs végétales.

Les saveurs des diverses parties des végétaux sont évi-

---

(1) Voy. *Gardener's magas.*, et Ann. de la soc. d'hortic. de
Paris, 4, p. 357.

(2) *OEcon. neuigk. und verh.*, 1827; Bull. sc. agric., 8,
p. 119.

demment déterminées par la nature chimique des matières qui les composent et qui peuvent agir sur l'organe
du goût , soit lorsqu'elles sont solubles dans l'eau , ce
qui est le cas le plus ordinaire ; soit lorsqu'étant presque
insolubles , comme certaines huiles essentielles , elles
agissent sur la langue par une action directe qui dépend
de leur nature.

Cette formation des matières sapides est une conséquence directe des sécrétions, et ne peut intéresser la
physiologie végétale que d'une manière indirecte tout-à-
fait analogue à ce que nous avons dit tout à l'heure sur
les odeurs qui ne s'exhalent pas au moment de leur formation. Ce sujet est donc presque uniquement du ressort de
la chimie.

Je me bornerai à faire remarquer que les matières les
plus éminemment nutritives du règne végétal sont par
elles-mêmes peu ou point sapides : telles sont la gomme
et la fécule ; mais elles le deviennent par le mélange
naturel ou factice d'une foule de matières sapides qu'on
appelle condimens. Tantôt l'homme choisit les matières
insipides et nutritives , et y ajoute des condimens de son
choix , comme il le fait pour la farine ou le mucilage ;
plus souvent il choisit pour sa nourriture ceux des végétaux où ce mélange se trouve exister naturellement par
la présence du sucre ou de quelque matière extractive
gommo-résineuse , résineuse , éthérée , etc. Souvent une
saveur agréable résulte du mélange à petite dose d'une
matière qui , prise pure et en quantité plus considérable , pourrait être vénéneuse , ou tout au moins désa-
gréable : c'est ce qui explique pourquoi nous choisissons
si habituellement nos alimens dans des familles où se

trouvent d'autres espèces à saveur forte ou à propriétés dangereuses. Nous choisissons les espèces où la propriété existe , mais où elle est réduite à un terme assez léger pour ne servir que de condiment.

Toutes les circonstances qui favorisent la formation des sucs composés dans les cellules des végétaux contribuent à accroître la qualité nutritive et la qualité sapide des plantes. Ainsi, la lumière, la chaleur, en favorisant la formation de la gomme, de la fécule, du sucre , contribuent au premier effet; en élaborant complétement les matières sucrées, amères, astringentes , etc. , elles contribuent au second. Les plantes bien exposées à ces agens sont moins aqueuses, et par conséquent plus abondamment chargées des principes que l'homme y recherche; mais lorsqu'une plante présente naturellement ses principes sapides à un degré trop fort pour qu'il soit agréable ou salubre, nous cherchons alors à le diminuer, en soustrayant la plante, pendant sa végétation, à l'action des causes qui déterminent l'élaboration complète des sucs : ainsi, nous employons comme nourriture des plantes cueillies dans leur jeunesse , qu'on abandonne dans un âge avancé : telles sont les herbes de coquelicot (1) , de taraxacum , les jeunes pousses de l'asperge, du houblon, de l'ornithogale des Pyrénées (2) , du moloposperme à feuilles de ciguë (3) , de *clematis flam-*

----

(1) Aux environs de Montpellier, sous le nom de *rauselles.*

(2) On mange, aux environs de Genève , les jeunes pousses de *l'ornithogalum pyrenaicum* , sous le nom d'*aspergettes.*

(3) On mange en Roussillon , sous le nom de *couscouils* , les jeunes pousses encore étiolées du *molopospermum cicutarium.*

mula (1), et même, au rapport de Linné (2), d'aconit napel, etc., qui, dans plusieurs pays, servent de nourriture populaire dans leur jeunesse.

2° Nous déterminons artificiellement un certain degré d'obscurité sur certaines plantes, d'où résulte que l'élaboration de leurs sucs est incomplète, faute d'avoir décomposé assez d'acide carbonique, et que la quantité d'eau y est surabondante, parce que l'exhalaison aqueuse y est diminuée : c'est ainsi que nous faisons étioler, ou, comme disent les jardiniers, *blanchir*, pour les rendre comestibles, ceux de nos légumes dont la saveur est trop forte, tels que la chicorée, le cardon, le céleri, etc.

3°. Nous profitons de certaines dispositions propres à quelques plantes pour obtenir des matières moins sapides qu'à l'ordinaire. Ainsi les parties intérieures des têtes de choux, naturellement étiolées par leur position, acquièrent une saveur plus agréable, parce qu'elle est moins forte ; les dilatations des tiges des choux-raves, des branches florales des brocolis ou des choux-fleurs, donnent le même résultat pour une autre cause. C'est que le tissu s'y trouve imbibé d'une grande quantité d'eau et de mucilage, et que l'acide carbonique n'est pas décomposé par ces surfaces charnues.

4°. Enfin nous combinons ensemble l'effet de la jeunesse et de l'étiolement pour certaines plantes à saveur trop forte. Ainsi le *crambe maritima* fournit un bon légume en Angleterre, parce qu'on a soin de recouvrir d'un

----

(1) En Toscane.
(2) En Laponie.

vase tubuleux, opaque et cylindrique, les jeunes pousses au moment de leur sortie de terre.

Il est, au contraire, des cas où les plantes tendent à produire des saveurs recherchées par l'homme ; alors l'art de la culture consiste à réunir sur une plante ou un organe donné les circonstances les plus favorables à l'élaboration des sécrétions. Ainsi nous plaçons en espaliers et au plein soleil les pêchers et autres arbres fruitiers délicats ; nous enlevons (au moins dans les contrées médiocrement chaudes de l'Europe), nous enlevons, dis-je, les feuilles autour des grappes de la vigne pour que le fruit, recevant mieux les rayons du soleil, acquière une maturité plus complète.

Ainsi ces connaissances vagues et pratiques sur la végétation ont agrandi le cercle des végétaux qui pouvaient servir à nos besoins, et ont varié et multiplié nos jouissances.

CHAPITRE X.

De la Consistance des Végétaux, et de celle de leurs diverses parties.

———

Les végétaux présentent tous les degrés de consistance possibles, depuis cette frêle moisissure qui s'affaisse et se désorganise dès qu'on la touche, jusqu'à ces bois de fer qui résistent à l'action de la hache; depuis ce bois mou des bombax qui cède comme du fromage à la moindre pression, jusqu'à ces bois élastiques de l'arbousier qui servent à faire des arcs vigoureux. Sans prétendre entrer ici dans des détails suffisans pour faire comprendre toutes ces différences, il convient cependant d'indiquer leurs causes d'une manière générale.

Ces causes, si on les isole par la pensée, peuvent être ou anatomiques ou physiologiques; mais presque toujours ces deux classes d'influences sont intimement réunies.

Sous le rapport anatomique (voy. *Organ. végét.*, liv. 1ᵉʳ), le tissu végétal est formé de membranes qui constituent ou des cellules ou des tubes. Plus il y a de membranes dans une capacité donnée, plus il y a de lames qui résistent à l'action quelconque qui voudrait les lacérer ou les comprimer, et par conséquent on peut dire que la solidité d'un organe est, en général, en raison directe de la petitesse des cellules ou des vaisseaux dont il est composé.

Si les cellules sont sensiblement arrondies, le nombre des membranes est égal en tous sens, et par conséquent la résistance à l'action d'un corps coupant ou comprimant est la même dans toutes les directions. C'est ce qu'on observe lorsqu'on veut couper en travers ou en long un tubercule de pomme de terre ou le péricarpe charnu d'une pêche.

Si un organe se compose au contraire d'un grand nombre de cellules alongées ou de tubes qu'on peut considérer comme des cellules indéfiniment alongées, le nombre des membranes à rompre est très-différent selon qu'on veut rompre ou couper l'organe en travers ou en long. Dans le premier cas, on doit rompre un nombre considérable de membranes ; dans le second, on n'en rencontre que très-peu, et par conséquent la facilité à couper ou à rompre un organe est très-grande dans le sens des fibres, très-faible dans le sens opposé.

Sous le rapport physiologique, les cellules et peut-être les vaisseaux reçoivent dans leur tissu des quantités très-variables de matières solides ; celles-ci s'appliquent sur les parois membraneuses et en accroissent la solidité, de telle sorte qu'on peut admettre comme expression générale du fait, que la solidité d'un organe végétal est en raison composée directe de la petitesse de ses cellules ou de ses tubes, et de la quantité ou de la nature de la matière solide déposée sur leurs parois par l'acte de la végétation.

Les matières terreuses se déposent essentiellement dans les parties où se fait l'évaporation des sucs aqueux qui les ont charriés et qui les déposent à leur sortie : c'est ce dépôt qui donne aux membranes extérieures des feuilles ou des écorces une consistance plus solide qu'à toutes les membranes internes. Aussi peut-on remarquer que cette consistance des membranes externes est d'autant plus grande, comparativement au reste du tissu, que l'évaporation y est plus forte. Ainsi la cuticule est plus solide dans les organes où il y a plus de stomates, que dans ceux qui en sont privés, etc. Outre cette surface externe, les sucs terreux tendent, dans quelques cas, à former des dépôts à l'intérieur : c'est ce qu'on observe dans les nœuds des graminées et des bambous, dans les concrétions des joncs dits articulés, etc. ; mais on ignore encore la cause qui détermine l'accumulation de ces matières terreuses dans ces points déterminés. On sait que l'existence des matières terreuses dans les végétaux se reconnaît par la quantité de cendres qu'ils laissent après leur combustion en vase clos. Cette quantité pourrait donc donner une sorte de mesure du degré de solidité dû à cette cause.

Le dépôt de la matière ligneuse produit des résultats plus importans et plus variés que celui des matières terreuses, puisque c'est à ce dépôt que tient essentiellement la consistance des bois. Je suppose ici que le lecteur a présent à l'esprit ce que j'ai dit au livre second, en parlant de la lignine en général (liv. II, chap. VII, §. 5).

Quelques physiciens, admettant l'identité de la lignine dans tous les bois, supposent que la différence de densité des bois tient uniquement au rapprochement plus ou moins grand des faisceaux ligneux. Cette cause est vraie dans un grand nombre de cas : plus les parois des cellules et des vaisseaux sont multipliées dans un espace donné, moins il reste de place pour l'eau et pour l'air, et plus par conséquent le tissu doit être dense : mais cette cause n'est pas unique; et outre, qu'il faut en rapporter une partie à la différence même du poids des parties solides, il faut apprécier la quantité du dépôt qui se forme dans chaque cellule : ainsi les couches de l'aubier et du bois ne diffèrent entre elles ni par le nombre, ni par la grandeur des cellules ou des vaisseaux qui les composent, mais par le dépôt qui s'y est formé. Aussi tout le monde sait que le bois est plus dense que l'aubier. M. de Rumford, en les comparant par un procédé analogue à celui décrit plus haut, a trouvé que dans un pouce cube d'orme séché à l'air libre pendant cinq mois d'été (1),

	Part. lign.	Sève.	Air.
Le cœur du bois contient..	0,41622	0,35035	0,23223
L'aubier	0,38934	0,23994	0,37072

Quant à la sécrétion elle-même, les bois diffèrent essentiellement entre eux par la capacité de leurs cellules, lesquelles peuvent contenir d'autant plus d'eau et d'air, qu'elles sont plus vastes : d'où résulte que les bois sont en général d'autant plus légers, que leur tissu est moins serré. Rumford a pris la peine de constater par une expérience exacte cette différence bien connue; il a trouvé

---

(1) Il est probable que cette longue exposition à l'air avait fait évaporer une partie de l'eau de l'aubier; mais elle n'a pas dû changer sensiblement la proportion des matières solides, ce qui est ici le point essentiel.

qu'un pouce cube de bois contient au mois de septembre, quand l'arbre est en végétation :

	Part. lign.	Sève.	Air.
Chêne	0,39353	0,36122	0,24525
Peuplier	0,24289	0,21880	0,53851

On peut donc, d'après ces considérations, conclure que la densité différente des bois comparés entre eux, tient :

1°. Aux quantités d'eau et d'air interposées dans leur tissu, en abondance d'autant plus grande, que les cellules sont plus larges.

2°. A la quantité de lignine qui se dépose pendant la végétation sur les parois des cellules.

3°. A la nature propre de cette lignine, qui semble dans divers arbres contenir un peu plus ou un peu moins de charbon.

4°. Aux matières diverses, extractives, ou colorantes, ou résineuses, qui peuvent se trouver mélangées dans les cellules, et qu'on extrait par les menstrues dont on se sert pour obtenir la lignine pure.

Nous pourrons, d'après ces données, apprécier la liaison qui existe entre la consistance des bois et quelques autres de leurs qualités sensibles.

Nous avons vu que la lignine contient en moyenne 50 ou 52 pour 100 de carbone ; mais lorsqu'on la brûle, même avec beaucoup de soin, on n'en obtient jamais une aussi grande quantité : dans les combustions à l'air libre, une grande partie du charbon se vaporise sous forme de fumée, et une autre se convertit en acide pyroligneux. Dans des carbonisations en vase clos, et faites avec un soin minutieux, Rumford a obtenu de différens bois les quantités suivantes :

Erable........ 42,23   Peuplier 43,57
Chêne........ 43,00   Tilleul 43,59
Orme......... 43,27   Sapin.......... 44,18

De la grande uniformité de ces résultats il conclut que la substance ligneuse de tous les bois est identique, qu'elle est du charbon pur, et que le reste du corps ligneux compose ce qu'il appelle la *chair végétale* (1). Il suppose que si, au lieu de 52 parties de carbone que la lignine contient sur 100, on n'en trouve que 43 par la carbonisation, les 9 autres ont servi à faire l'acide pyroligneux.

La chaleur développée dans la combustion de différens bois paraît sensiblement en rapport avec le degré de siccité du bois; mais si la dessiccation est poussée trop loin dans une étuve, il y a alors diminution de chaleur produite, parce qu'une partie du charbon a disparu par sa combinaison préalable avec l'oxigène de l'air. Il résulte encore de la même série d'expériences qu'une partie de la chaleur développée est due à la combustion du gaz hydrogène. La tenacité avec laquelle le bois carboné lentement conserve sa forme primitive pourrait faire croire que la partie qui persiste sous forme de charbon représente le carbone du squelette membraneux, et que la partie qui s'est détruite dans la combustion est essentiellement ce qui était déposé dans les cellules.

Sans pouvoir distinguer encore exactement tous les dif-

-----

(1) Cette prétendue chair végétale se compose des matières aqueuses, mucilagineuses et autres, mélangées ou combinées avec le carbone de la lignine.

férens élémens que nous avons vu tout à l'heure influer sur la formation du bois, la pratique des arts populaires conduit à des résultats généraux qui trompent rarement : ainsi, on voit assez évidemment que plus les cellules d'un bois donné sont grandes, plus le bois est léger, mou et peu coloré, plus il est flexible (1), plus il croît rapidement, moins il donne (à volume égal) de chaleur quand on le brûle, et plus enfin sa combustion est accompagnée de flamme; ce qui indique qu'à proportion il s'y consume plus d'hydrogène. Ce sont là les caractères des bois blancs, tels que les saules et les peupliers, caractères qu'on retrouve jusqu'à un certain point dans l'aubier des bois durs. Ceux-ci ont toutes les qualités contraires : leurs cellules sont très-petites; leur tissu est plus dur, plus pesant, plus coloré et moins flexible; leur croissance plus lente : ils forment à volume égal plus de charbon et moins de flamme. Les herbes diffèrent des arbres, non-seulement parce que leurs cellules et leurs cavités aériennes sont plus grandes, mais aussi parce qu'il paraît se déposer peu de lignine dans leurs cellules. Les végétaux cellulaires en contiennent peu ou point. Dans les végétaux vasculaires, la quantité de lignine formée est

---

(1) M. Ch. Dupin a établi, par des expériences directes (Exp. sur la flexib. des bois, in-4°, 1815), que les bois les plus pesans sont les moins flexibles, et réciproquement; voici les résultats qu'il a obtenus :

	Pes. spéc.	Flexib. virtuelle.
Chêne............	0,7524	56
Cyprès............	0,6640	71
Hêtre............	0,6595	84
Sapin............ ...	0,4428	130

évidemment en rapport avec l'action des feuilles; d'où on peut conclure qu'elle est due au suc descendant.

Il résulte de ces considérations que non-seulement les espèces comparées entre elles diffèrent quant à la quantité et peut-être à la nature de leur principe ligneux, mais que la même espèce peut différer d'elle même : ainsi, les branches plus ou moins étiolées, ou qui ont vécu sous l'influence d'une lumière trop faible pour décomposer une dose suffisante d'acide carbonique, ne contiennent que très-peu de matière ligneuse, et d'autant moins que l'étiolement a été plus complet. Les arbres qui ont cru dans un terrain ou un climat trop humide ou trop froid pour leur nature, ont aussi un ligneux imparfaitement élaboré. Les jardiniers ont coutume de dire que le bois des branches de l'année est bien ou mal *aoûté*, quand l'élaboration du principe ligneux a eu lieu complétement ou incomplétement. Ils attribuent cette action à la sève d'*août*, ce dont je ne connais aucune preuve directe. La température et le climat de l'année entière, et surtout de la fin de l'été, me paraissent les causes générales du phénomène. Les arbres des pays chauds ou secs transportés dans des pays froids ou humides, y vivent souvent sans difficulté la première année, parce que leurs bourgeons naissent sur un bois bien aoûté; l'année suivante, on les voit diminuer en force, parce que leurs bourgeons naissent sur un bois mal aoûté. Aussi est-il fréquent de voir que les végétaux ligneux transportés dans un pays froid, y fructifient très-bien la première année, et cessent ensuite de porter fruit : c'est ce que j'ai vu en particulier dans une collection de variétés de vignes du midi de la France, transportées à Genève.

Cette cause explique souvent les succès vantés de certaines naturalisations, qui ensuite ne se soutiennent pas.

Les bois bien aoûtés ou qui ont reçu tout le principe ligneux que leur nature comporte, et qui, par conséquent, ont moins de parties aqueuses, résistent en général mieux à la gelée de l'hiver que ceux où ce principe manque en quantité ou en qualité : ainsi, on a remarqué que les arbres résistent mieux à la gelée après un été sec et chaud, qu'après une saison froide ou humide ; dans un bon terrain, comme la terre de bruyère par exemple, mieux que dans un mauvais sol, où les branches mal aoûtées gèlent plus facilement : c'est ce qui explique pourquoi certains arbres gèlent à un moindre degré de froid dans certains pays où l'été est peu chaud, et résistent mieux au froid dans les régions dont l'été est très-chaud. Le thé supporte l'hiver, en Chine, où l'été est très-chaud, des degrés de froid qui le tuent infailliblement chez nous.

La faculté des divers bois de se conserver intacts après leur mort pendant un temps plus ou moins long, tient en partie aux mêmes causes qui déterminent leur consistance : ainsi, les bois durs sont en général moins altérables par l'eau et par l'air que les bois mous ; mais, outre cette cause générale, il en est deux autres qui influent sur ce phénomène si important dans la pratique. 1° Les bois qui contiennent une plus grande quantité de silice sont, toutes choses étant d'ailleurs égales, beaucoup moins altérables que les autres : ainsi les endogènes sont, chacun dans sa consistance donnée, beaucoup moins altérables après leur mort que les exogènes. 2° Les bois qui contiennent une plus grande quantité de sucs résineux sont moins altérables que les autres ; et cet effet tient lui-même à deux causes, savoir : que les matières résineuses résistent mieux à l'action de l'humidité à cause de leur insolubilité à l'eau , et que les insectes les attaquent plus rarement à cause de leur saveur et de leur odeur. Cette plus grande durée des bois résineux est très-remarquable quand on compare les conifères avec d'autres bois d'égale densité : ainsi le sapin, malgré sa légèreté, dure plus que le peuplier; le mélèze résiste à l'action de l'humidité plus que tous les arbres d'Europe ; la durée du cèdre est célèbre depuis long-temps. On sait que les portes de la cathédrale de Constantinople, bâties sous Constantin, étaient encore debout sous le pontificat d'Eugène IV, c'est-à-dire 1100 ans après leur construction (1).

Quoique les pesanteurs et les ténacités des bois et des écorces soient soumises dans les mêmes espèces à certaines variations, je crois devoir terminer ce chapitre par l'indication de deux tables qui s'y rapportent. La première fait connaître, d'après Varenne de Fenille (2), la densité ou le poids comparatif de divers bois. La seconde, extraite de Roxburgh (3) et de M. Labillardière (4), indique la tenacité comparative des fibres de plusieurs plantes.

<hr>

(1) Davy, Chim. agr., 1, p. 178.
(2) Dict. d'hist. nat., art. *Bois*.
(3) *Technic. repos.*, 1824; Bull. sc. agr., 5, p. 368.
(4) Ann. mus. d'hist. nat., 2, p. 474.

Tableau de la pesanteur spécifique de divers bois.

Un pied cube de	liv.	onc.	gr.
Sorbier cultivé pèse	72	1	1
Lilas	70	11	
Cornouiller	69	9	5
Chêne vert (*quercus ilex*)	69	9	
Olivier	69	7	4
Buis	68	12	4
Pommier (var. court-pendu)	66	3	3
Mahaleb	62	2	6
If	61	7	3
Prunier domestique	59	1	7
Oranger	57	14	c
Aubépine	57	5	6
Faux acacia (*robinia*)	55	15	7
Néflier	55	11	1
Allouchier (*cratægus aria*)	53	6	6
Merisier	54	15	
Hêtre	54	8	3
Nerprun (*rhamnus infectorius*)	54	4	
Poirier sauvage	53	2	
Cytise (*cytisus laburnum*)	52	11	6
Erable duret (*acer campestris*)	52	11	1
Mélèze	52	8	2
Pêcher	52	6	6
Alisier (*cratægus torminalis*)	51	11	7
Prunellier (*prunus spinosa*)	51	10	5
Charme	51	9	
Pommier (var. de reinette)	51	9	
Platane (*platanus occidentalis*)	51	8	7
Sicomore (*acer pseudo-platanus*)	51	1	5
Frêne	50	12	1
Orme	50	10	4

	liv.	ouc.	gr.
Abricotier.....................................	49	12	7
Gleditsia (*Gl. triacanthos*)...............	49	2	4
Noisetier.....................................	49	1	
Pommier sauvage..............................	48	7	2
Bouleau (*betula alba*).......................	48	2	5
Tilleul.......................................	48	2	1
Arbre de Judée (*cercis siliquastrum*)........	47	15	4
Cerisier......................................	47	11	7
Houx...	47	7	2
Sorbier des oiseleurs.........................	46	2	2
Pommier cultivé (sans indic. de var.).......	45	12	2
Noyer..	44	1	
Mûrier blanc.................................	45	13	3
Érable plane (*acer platanoides*).............	45	4	4
Sureau.......................................	42	3	6
Mûrier noir..................................	41	14	7
Marseau (*salix capræa*).....................	41	6	6
Châtaignier..................................	41	2	7
Genévrier....................................	41	2	
Mûrier à papier (*broussonetia*).............	40	2	1
Lierre.......................................	39	9	5
Ypréau (*populus alba*)......................	38	14	2
Pin de Genève (*pinus sylvestris*)..........	38	12	2
Peuplier blanc (*populus alba*).............	38	7	7
Tremble (*populus tremula*)..................	37	10	2
Aulne..	35	10	1
Marronier d'Inde.............................	35	7	1
Peuplier de la Caroline (*populus angulata*).	34	7	
Tulipier.....................................	34	5	3
Catalpa......................................	32	10	5
Sapin (*abies pectinata*)....................	32	6	6
Peuplier noir (*P. nigra*)..................	29	0	
Saule (*salix alba*).......................	27	6	7
Peuplier d'Italie (*P. fastigiata*)..........	25	2	7

Tableau de la tenacité comparative de diverses fibres.

En cordages, d'après Roxburg.　　　Fibres isolées de 1/10 de millim.,
　　　　　　　　　　　　　　　　　　　　d'après Labillardière.

I. Fibres corticales des Exogènes,

Ont rompu sous un poids de		Ont rompu sous le poids de	
	liv. angl.		grammes.
Chanvre venu de Londres.........	105	Fil de chanvre de France....	420,5917
Robinia cannabina.............	88		
Chanvre de Calcutta	74		
Abroma augusta	74		
Bauhinia du Népaul	69		
Crotalaria juncea...............	68		
Corehorus olitorius............	68		
Hibiscus manihot..............	62		
Guazuma	58		
Sterculia	53		
Lin cultivé à Calcutta...........	39	Fil de lin de France........	195,8128

II. Fibres du tronc des Endogènes.

Lin de la Nouvelle-Zélande (*phormium tenax*)...............	»	Fil de phormium..........	590,5034
Agave americana (aloès Pitte)...	110	Fil d'agave	176,2349
Ejoo sagucrus de Rumph (palmier).	96		
Coïr (espèce de cocotier)........	87		
Aletris nervosa...............	74		
Soie pour terme de comparaison ..	»	Fil de soie............	855,9978

CHAPITRE XI.

De l'Individualité et de la durée des Végétaux (1).

***

§. 1. Des divers sens du terme *individu* en botanique.

TOUTE idée exacte sur la durée des végétaux repose nécessairement sur l'idée qu'on se forme de leur individualité. Des opinions très-diverses sont adoptées à ce sujet par différens naturalistes , et de cette confusion de langage résulte , comme à l'ordinaire, une grande confusion d'idées.

1°. On peut, en suivant la manière de voir de M. Turpin , considérer comme un individu chacune des cellules partielles dont le végétal est composé , cellules qu'on trouve quelquefois isolées , et dont on peut concevoir l'existence séparée.

2°. On peut encore, en suivant les traces de Darwin , considérer comme un individu toute gemme ou bourgeon , et le végétal se trouve, dans cette manière de s'exprimer , composé d'autant d'individus qu'il s'est développé de bourgeons sur sa surface entière.

***

(1) Un extrait de ce chapitre a été publié sous le titre de *Notice sur la longévité des arbres,* dans la Biblioth. universelle, mai, 1831.

3°. On donne habituellement le nom d'individu au végétal formé par bouture, marcotte ou tubercule, c'est-à-dire par la simple division mécanique d'une partie d'un végétal déjà développé.

4°. En suivant la théorie de Gallesio, on considère comme individu tout être provenant d'un embryon fécondé ou d'une graine, et lorsqu'on le divise par les procédés cités plus haut, on ne fait que séparer un individu en parties, mais on ne forme pas de nouveaux individus.

5°. Enfin, dans le langage ordinaire, on confond sans examen de leur origine les trois dernières classes, et on appelle individu tout végétal dont les parties sont continues, et qui a une vie et une existence séparées d'un autre.

Pour éviter toute équivoque de langage, et ne pas adopter cependant l'emploi de trop de périphrases, j'appellerai la première manière de voir un *individu-cellule ;* la seconde, *individu-bourgeon ;* la troisième, *individu-bouture ;* la quatrième, *individu-embryon,* et la cinquième gardera, selon l'usage ordinaire (*penes quem est jus et norma loquendi*), le nom simple d'individu-végétal.

L'idée de considérer la cellule comme un individu repose sur deux classes d'observations : 1° sur ce qu'on trouve quelques êtres qui ne paraissent composés que de cellules isolées ou groupées d'après des lois très-simples ; 2° sur la supposition que la construction de tous les végétaux peut être ramenée à des agrégats de cellules, d'après des lois plus ou moins compliquées. Contre la première classe d'exemples on peut objecter et leur extrême rareté et leur petitesse ; d'où résulte qu'ils ont été peu étudiés, qu'ils l'ont été avec un instrument facilement trompeur, et dans l'emploi duquel nous sommes sans cesse disposés à croire que la limite de l'art est la limite réelle des choses. Relativement à la seconde classe de ces raisonnemens, on conçoit que, si le règne végétal ne se composait que de végétaux cellulaires, on pourrait mieux admettre la cellule comme leur élément unique. On peut bien dire que les cellules, en s'alongeant modérément, forment les petits tubes', et qu'en s'alongeant indéfiniment, elles forment les grands tubes; mais tout cela n'explique point l'origine des trachées; tout cela surtout est fort loin de la complication des organes des végétaux vasculaires, et de la nécessité de cette complication pour toutes les fonctions de leur existence. Il faut convenir que, dans l'état actuel de nos connaissances, on ne peut rapporter aux cellules seules la structure entière des végétaux que par une de ces prévisions qu'on attribuera au génie si elles se vérifient, ou à l'esprit d'hypothèse si elles restent toujours dans le doute.

Une cellule unique serait, dans cette théorie, l'origine première de tout germe, soit qu'il soit susceptible de se développer de lui-même, comme dans le bourgeon, soit qu'il exige le préalable de la fécondation, comme dans l'embryon, et on explique ainsi comment il peut se développer des germes dans presque toutes les parties du végétal. M. Turpin cite en faveur de cette opinion l'exemple de feuilles d'ornithogale, sur la surface desquelles il est né des espèces de bulbilles. Ce fait, quoique tout-à-fait identique avec les bulbilles qui naissent sur les écailles des lis, avec le développement de ce qu'on appelle improprement bouture de feuilles (*voyez* liv. III, chap. VII); ce fait, dis-je, se présente avec des circonstances curieuses. Mais en l'admettant tel qu'il est donné, et sans adjonction d'hypothèses, je ne saurais encore y voir la preuve que la bulbille soit une seule cellule développée. Je ne dis point que je rejette cette opinion comme une erreur; mais je suspens tout jugement, comme on doit le faire sur une idée séduisante par sa généralité, mais qui manque de preuves suffisantes.

La durée de l'individu-cellule, dans le sens que nous venons d'exposer, est tout-à-fait impossible à déterminer, puisque nous ne pouvons en général observer cette durée que sur des agrégats prodigieusement composés, et que c'est cette composition même qui constitue pour nous les espèces végétales.

L'individualité du bourgeon a été habilement exposée par Darwin. L'opération de la greffe en présente l'exemple le plus frappant. Quelle que soit l'origine d'un bourgeon, on voit celui-ci, dans cette mystérieuse opération, susceptible d'être transplanté sur un autre arbre, et de continuer à fournir ses propres produits. Ainsi, il est facile de concevoir que, de même qu'on peut faire artificiellement par la greffe un arbre qui serait formé, pour ainsi dire, d'autant d'espèces ou de variétés différentes qu'on le voudrait (1), de même on doit concevoir qu'un arbre est formé d'autant de bourgeons qu'il s'en est développé, et que ces bourgeons ont chacun une vie individuelle. Cette vie se reconnaît encore dans certains cas où un bourgeon se trouve atteint d'une maladie ou monstruosité spéciale : ainsi, il n'est pas rare de voir

____

(1) J'ai cité plus haut un vieux poirier, sur lequel on avait greffé plusieurs centaines de variétés différentes.

dans la nature sauvage une branche seule dans un arbre porter ou des feuilles panachées (comme je l'ai vu dans le xylosteon, etc.), ou des rameaux fasciés (comme dans le jasmin jaune), ou des fleurs doubles (comme dans le marronier d'Inde) (1). Si l'on greffe les bourgeons nés sur cette branche, ils conservent le phénomène, et l'on obtient ainsi dans les jardins des sortes d'accidens qui sont constans presque au même degré que des variétés, et qu'on ne peut cependant rapporter à la fécondation : ce sont des conséquences de l'individualité des bourgeons. Ceux-ci paraissent avoir une durée déterminée, et qu'on peut croire être en général d'une année, d'après le nombre immense des végétaux, dont les pousses sont au plus annuelles ; mais, dès la fin de l'année, ils reproduisent de l'aisselle de chacune de leurs feuilles de nouveaux bourgeons individuels.

L'individualité du bourgeon se concilie avec sa composition, où l'on retrouve toutes les parties dont le végétal le plus compliqué doit se composer ; elle se lie aussi avec l'hypothèse que les germes qui forment les bourgeons et ceux qui forment les embryons, sont originairement de même nature, quoique les premiers se développent comme d'eux-mêmes, et que les seconds réclament impérieusement l'acte préliminaire de la fécondation.

Ainsi, la manière de voir de Darwin s'accorde bien et avec la structure anatomique, et avec les faits physiologiques ; et un végétal, dans cette théorie, présente la plus

____

(1) Voy. DC. Plantes rares du jardin de Genève, 1 vol. in-4°; n° 24.

grande analogie avec le polype, qui pousse çà et là des sortes de bourgeons; mais dans le polype ces bourgeons ou individus nouveaux se séparent d'eux-mêmes, et dans le végétal ils restent ordinairement liés en un seul corps avec leur mère.

Il est cependant quelques cas où dans le végétal ils tendent à se séparer : ainsi, les tubercules de plusieurs plantes se détachent de leur mère par le desséchement des filets qui les supportent, comme dans la pomme de terre livrée à elle-même, ou par la rupture naturelle de leur point d'attache, comme les bulbilles de l'*ixia bulbifera* et les cayeux de plusieurs aulx. Le même phénomène se présente dans les stolons des fraisiers, qui, après avoir poussé des racines, se détachent spontanément de leur mère. L'art a imité ces faits naturels dans la formation des boutures et des marcottes, et l'on obtient des êtres distincts résultant évidemment de l'individualité des bourgeons.

M. Gallesio réserve le nom d'individu à celui qui provient d'un embryon fécondé, et admet par conséquent que toutes les fois que l'on est parvenu naturellement ou artificiellement à former des individus-bourgeons, on n'a fait que diviser un être unique en plusieurs. L'analogie avec ceux des animaux où la fécondation a été nécessaire confirme cette manière de voir ; elle reçoit une grande force de l'identité absolue des individus nés de la séparation des bourgeons qui proviennent du même embryon.

Mais, dans le langage ordinaire, on appelle individu végétal tout être doué d'une vie séparée, soit qu'il provienne d'un bourgeon, soit qu'il provienne d'un embryon. Cette manière de s'exprimer est forcée; car il serait, dans la plupart des cas, très-difficile, et dans quelques-uns tout-à fait impossible de distinguer si un arbre ou une herbe qui se présente à nous provient d'un bourgeon ou d'un embryon. Ainsi, quelque théorie qu'on veuille adopter dans la science physiologique, il est bien nécessaire de pouvoir exprimer cette idée vague dans son origine, mais positive dans son résultat, l'individualité des végétaux dont les parties sont continues et qui vivent d'une vie distincte. Le langage ordinaire a besoin d'exprimer, sans périphrase, que le saule-pleureur qui ombrage le tombeau de Napoléon à Sainte-Hélène est un autre individu que celui qui décore la tombe de Jean-Jacques Rousseau à Ermenonville, quoique l'un et l'autre proviennent très-probablement du même embryon.

§. 2. De la durée générale de l'individu végétal pris en masse.

L'individu végétal, pris dans le sens vague et général qu'on a l'habitude de donner à ce mot, peut être considéré sous deux points de vue : ou bien il est formé par l'agrégation d'une multitude d'individus-bourgeons qui se greffent sans cesse les uns sur les autres, ou bien il est lui-même un tout unique qui grandit par l'addition successive et indéfinie de fibres, de couches ou de cellules nouvelles : dans ces deux manières de voir, on est forcé de convenir que la vie de ces individus, pris en masse, est indéfinie, et n'a d'autres termes que les accidens ou les maladies.

Dans la première supposition, sur l'admission de laquelle M. Ursin (1) a récemment insisté, après une foule

____

(1) Lycée armoricain, 63 . p. 187 : Bull. sc. nat. , 16 , p. 226.

d'autres, il n'y a certainement rien qui répugne à la raison à concevoir que si un agrégat est formé d'êtres qui se renouvellent sans cesse, cet agrégat peut durer indéfiniment. Ainsi, dans le règne animal, un grand nombre de zoophytes marins vivent en commun, et construisent en commun les matières pierreuses qui forment les récifs et peut-être même la base des îles de la mer du Sud. Ces immenses sociétés peuvent, sans doute, exister à la même place dès l'origine des êtres organisés, et s'y continuer encore indéfiniment : chacun des êtres partiels qui les forment ont pu périr et se renouveler ; l'agrégat existe toujours. Si les arbres sont considérés sous ce point de vue, on peut en dire tout autant : chacun d'eux est un agrégat d'individus-bourgeons ; et comme chacun de ceux-ci se développe chaque année aussi jeune, aussi vivant que dans la jeunesse de l'ensemble, cet ensemble n'est destructible que par des causes accidentelles.

Disons-nous, au contraire, que l'arbre en masse est un individu comparable à ce que nous désignons sous ce nom dans les animaux vertébrés, par exemple : mais au moins il faut convenir qu'il en diffère éminemment en ce qu'il n'est pas développé tout à la fois, qu'il n'a pas ses organes essentiels situés au centre, mais qu'au contraire il se développe graduellement par l'addition de nouvelles parties situées à l'extérieur, et que ces nouvelles parties sont tout aussi actives que l'ont été les anciennes ; il faut ajouter que les sucs qui dans les animaux passent sans cesse dans les mêmes vaisseaux, et doivent par conséquent finir nécessairement par les obstruer, passent toujours, au contraire, chez les végétaux, dans des vaisseaux nouveaux ; qu'ils peuvent bien sans doute finir par les obstruer , mais qu'alors il s'en trouve d'autres prêts à remplir le même office.

Ainsi, sous quel point de vue qu'on considère l'individu végétal pris en masse , on est forcé de conclure qu'en théorie ce genre d'individus n'a pas un terme défini d'existence, et ne peut mourir que de maladie ou d'accident, mais non de vieillesse proprement dite. Cette idée, que j'ai exposée le premier dès l'année 1805 (1), a excité quelque étonnement , et a été attaquée par divers écrivains qui ne s'étaient pas donné la peine de l'approfondir.

Lorsque je dis que les végétaux ont une durée indéfinie, je ne dis pas que la plupart n'aient pas un terme habituel de mort; je dis seulement que ce terme n'est pas nécessaire. Je sais , comme ceux qui n'admettent pas mon opinion, que les végétaux, tout comme les animaux, meurent par une multitude d'accidens divers ; mais dans les animaux, lors même qu'on en supposerait un mis à l'abri de tous les accidens connus , on pourrait bien prolonger sa vie , mais on n'empêcherait pas qu'il ne succombât à la vieillesse proprement dite, c'est-à-dire, à l'obstruction ou à l'endurcissement des vaisseaux nourriciers ; tandis que dans les végétaux cette cause n'existe point , et l'individu ne meurt que par des causes extérieures ou étrangères , sinon à sa propre existence, au moins à l'endurcissement des cellules ou des vaisseaux.

Pour mettre cette vérité dans tout son jour , et passer en même temps en revue les faits les plus avérés sur la

____

(1) Fl. fr., vol. 1 , p. 222.

durée des végétaux , nous examinerons dans les articles suivans :

1°. Quelles sont les causes de mort des végétaux ;

2°. Comment il se trouve que, dans plusieurs cas, ces causes agissent de manière à déterminer une durée à peu près régulière ;

3°. Comment on peut s'assurer que, dans d'autres cas, l'accroissement se continue sans signe de dépérissement notable;

4°. Enfin nous expliquerons par ces données les cas d'extrême longévité observés dans le règne végétal.

§. 3. Des causes ordinaires de la mort des végétaux
à un terme plus ou moins régulier.

Les graines des végétaux étant sans cesse dispersées par des forces aveugles, telles que l'air, l'eau, etc., tombent fréquemment dans des lieux où elles ne peuvent germer , et où elles meurent immédiatement. Parmi celles qui germent, il en est un grand nombre qui naissent dans des lieux où les circonstances physiques sont contraires à leur développement , ou qui sont déjà tellement occupés par d'autres végétaux plus anciens , que les nouveaux venus y périssent au bout de peu de temps. Ceux qui échappent à ces nombreuses causes de destruction en rencontrent d'autres dont l'action sera appréciée en détail dans le livre suivant. La lumière , la chaleur, l'eau , peuvent ne pas se trouver toujours dans les proportions exigées pour la vie de chaque espèce : des matières vénéneuses peuvent les atteindre, ou par leurs racines , ou par leurs feuilles ; d'autres végétaux les étouffent par leurs enlacements ou par leur ombre; de nombreux animaux les dévorent ou les mutilent, et l'homme en détruit sans cesse pour ses besoins et ses jouissances. Il ne s'agit pas ici de retracer en détail tous ces faits trop connus, mais de passer en revue ceux qui, bien que dus à des causes extérieures ou accidentelles, semblent déterminer la mort de certains végétaux à des époques fixes, ou tout au moins à des époques qui ressemblent à celles qu'on observe dans l'histoire des animaux.

Le retour périodique de la gelée dans tous les climats tempérés ou septentrionaux, est une des causes qui, au moins pour les végétaux cultivés, a souvent induit en erreur sur leur vraie durée. Il est peu de jardins botaniques où l'on ne voie certaines plantes réellement vivaces, qui semblent annuelles, parce que le froid de l'automne les tue chaque année. C'est ainsi que les belles-de-nuit (*nyctago*), qui sont vivaces dans leur pays natal, meurent à chaque automne dans nos climats, et ont chaque printemps besoin d'être semées de nouveau. Il en est de même des ricins, qui, dans leur patrie et dans nos serres, peuvent persister sous forme de très-petits arbustes, et qui sont des herbes annuelles lorsqu'on les livre à eux-mêmes dans les pays sujets à la gelée. Une foule de plantes vivaces ou demi-ligneuses rentrent dans cette catégorie, et ne doivent leur durée à peu près fixe, dans certains climats, qu'au retour périodique d'un accident qui les tue.

On peut en dire autant de certaines plantes qui vivent dans les lieux soumis ou à des sécheresses régulières, ou à des inondations périodiques; elles périssent par des accidens qui reviennent à des époques déterminées, et leur constituent une durée à peu près fixe, sans qu'on puisse dire pour cela que leur mort est une mort de vieillesse.

Supposons qu'un arbre ait échappé à toutes les causes extérieures de la mort des végétaux, examinons encore ce qui doit résulter de sa propre nature. Plus cet arbre grandit, plus les chances accidentelles de fracture peuvent se multiplier : à chaque fois qu'une de ses branches est rompue par le vent, il s'établit une carie qui part du point de la fracture et descend plus ou moins dans le tronc. Ces caries se consolidaient facilement quand les branches rompues étaient petites ou peu nombreuses ; elles sont d'autant plus redoutables, qu'elles ont lieu sur des branches très-grosses ou très-nombreuses : ainsi, les vieux arbres abandonnés à eux-mêmes doivent offrir fréquemment des troncs creux et cariés à l'intérieur, d'où résulte et que ces arbres sont plus facilement abattus ou déracinés par les vents, et que leur tissu est plus altérable par l'humidité. Cette cause de mort est, jusqu'à un certain point, liée à la nature de l'espèce ; elle sera d'autant plus active, que l'arbre sera ou plus élancé, ou plus rameux, ou d'un tissu plus fragile : il devra donc arriver qu'en moyenne on pourra dire, dans certaine espèce, qu'elle vit ordinairement tel nombre d'années, sans que pour cela sa mort ait été réellement déterminée par la vieillesse. Cet effet s'exagère encore aux yeux des agriculteurs par deux circonstances : 1° quant aux arbres soumis à la taille, le jardinier détermine artificiellement des blessures régulières qui finissent à la longue par faire carier les troncs, et elles causent la mort des végétaux cultivés à un terme qui peut sembler à peu près fixe. Ainsi, les oli-

viers, les saules taillés en têtard, sont creux par suite de
la taille que l'homme leur impose. 2° L'agriculteur, et le
forestier en particulier, ont remarqué que, passé une
certaine époque, il n'y a pas de profit à conserver les
arbres, soit parce que les chances de fractures deviennent plus fréquentes ; soit que la moindre carie fait perdre
au tronc beaucoup plus de valeur que l'addition de nouvelles couches ligneuses ne lui en donne ; soit que de
très-grands arbres tendent toujours à nuire aux plantes
qui les entourent, et font perdre souvent plus de produits qu'il n'en donnent ; soit enfin parce que la valeur
d'un long accroissement donné à un arbre ne vaut pas
l'intérêt de l'argent pendant un temps donné. La réunion
de ces causes fait que les agriculteurs admettent facilement des termes de croissance pour chaque espèce d'arbre,
et les assimilent ainsi aux animaux. Si on considère leurs
adages à cet égard comme des règles pratiques, on peut
dire qu'ils ont raison (1) ; si on les considère comme des
observations de physiologie, on doit dire qu'ils ont tort.
Ces prétendus termes assignés à chaque arbre ne tiennent point à ce que l'arbre cesse de produire chaque
année une nouvelle couche, mais à ce qu'il résulte de
l'ensemble des faits qu'il est plus avantageux, comme
valeur, de le détruire et de le remplacer par de jeunes
arbres. Il n'y a donc rien dans ce phénomène dont on
puisse conclure une mort de vieillesse.

---

(1) On peut voir un bon résumé de ces règles pratiques sur
l'âge des arbres, fait par M. Baudrillart, et dont on trouve un extrait dans la Bibl. physico-écon., 1826, p. 13 ; Féruss., Bull.
sc. agric., 7, p. 245.

L'âge influe encore sur la santé des arbres sous un autre point de vue peut-être plus grave, mais moins bien observé. Nous avons vu que les racines ont besoin d'une certaine action de l'oxigène de l'air : or, à mesure qu'elles s'alongent, elles se trouvent dans l'une des deux circonstances suivantes :

1°. Si elles sont disposées à se diriger vers le centre de la terre, ou à être très-verticales, elles s'éloignent d'autant plus de l'atmosphère, et ne peuvent profiter de son action; l'absence de l'oxigène doit tendre à nuire à leur santé. Cet effet doit être peu considérable, car la profondeur de la terre végétale n'est pas en général très-grande, et on ne trouve pas réellement de racines pivotantes à une grande profondeur.

2°. La plupart des racines sont plus ou moins dirigées dans un sens oblique ou à peu près horizontal, soit par leur propre nature, soit parce que leur pivot rencontre des obstacles invincibles, et force le tronc radical à se diviser latéralement. Ces racines, à peu près horizontales, peuvent toujours jouir de l'action de l'air; mais elles sont souvent gênées dans leur croissance par la rencontre des autres racines.

Ainsi, dans l'un et l'autre cas, le développement des racines éprouve des obstacles qui s'accroissent avec l'âge; ce sont eux qui déterminent cet état des arbres forestiers qu'on dit *couronnés*. Ces accidens peuvent bien déterminer à la longue la mort des plus grands arbres, mais ce sont des accidens extérieurs : ce n'est pas encore une mort de vieillesse, dans le sens où on applique ce terme aux animaux : cette mort est due à des causes extérieures, et non à des causes internes.

Les plantes qui ne fructifient qu'une fois dans leur vie, ou les monocarpiennes, semblent celles de toutes où la durée est la mieux définie, et qui annoncent le plus évidemment des signes comparables à la vieillesse. Remarquons toutefois que cette durée diffère, soit entre les espèces, soit entre les individus d'une même espèce. Les plantes monocarpiennes peuvent être annuelles, bisannuelles ou d'une durée beaucoup plus longue, selon que leur fructification a habituellement lieu au bout de une, deux ou plusieurs années; elles vivent jusqu'à ce qu'elles aient porté fruit et meurent à cette époque; mais leur durée totale peut varier.

Ainsi, par exemple, on fait durer à volonté une plante annuelle six mois ou un an, en la semant au printemps ou à l'automne, comme nous le faisons pour la plupart de nos céréales. On a souvent remarqué dans les pays montagneux qu'un champ de seigle, recouvert intempestivement par la neige, peut vivre une année de plus qu'à l'ordinaire, parce qu'il ne peut fructifier au premier été, et prolonge sa vie jusqu'au second.

Les plantes bisannuelles de nos climats se transforment souvent en plantes annuelles, soit dans les serres, soit dans les climats plus chauds; et je ne doute point que, soumises au même accident que les champs de seigle dont je viens de parler, elles deviendraient trisannuelles.

Les plantes monocarpiennes à longue durée sont encore plus variables : ainsi, l'*agave americana*, qui, dans les pays chauds, vit quatre ou cinq ans avant de fleurir, peut se conserver dans les serres des pays tempérés jusqu'à cinquante ou même cent ans, et peut-être davantage, sans fleurir, et par conséquent sans périr.

La production des graines est donc évidemment la cause immédiate de la mort des plantes monocarpiennes. Cette conclusion se corrobore par le fait remarquable que toutes les fois qu'on est parvenu à rendre une plante annuelle stérile sans nuire à sa santé, on l'a rendue vivace en même temps : ainsi, la capucine double est vivace, et la simple est annuelle. Les giroflées doubles des jardins, qui sont vivaces, ne diffèrent probablement pas comme espèces des *mathiola annua* et *græca*, qui sont annuelles et à fleurs simples. La stérilité des fleurs doubles les rend vivaces, et il n'y a, en effet, aucune plante à fleur double qui soit annuelle.

Un certain nombre de plantes annuelles peuvent se transformer en plantes à tige un peu ligneuse et permanente : ainsi, le *brassica suffruticosa*, Desf., quoique ligneux, ne paraît pas différer du *moricandia arvensis*, qui est annuel. Le *zylla myagroides* est, selon M. Delile, annuel dans les lieux où sa végétation n'est point troublée, et devient vivace lorsque sa tige, broutée ou pincée, ne peut ni se développer, ni fleurir. On sait qu'on est parvenu, à force de soins, à élever en petit arbuste et à rendre vivace le réséda odorant (1), qui est annuel, et même à l'ordinaire très-herbacé.

A ces deux séries de faits qui tendent à prouver que les plantes annuelles et vivaces diffèrent moins qu'on ne le croit, ajoutons que toutes les plantes annuelles ont des jeunes pousses à l'aisselle de leurs feuilles, qu'elles sont par conséquent disposées à se ramifier et à former

______

(1) Voyez sa figure dans le Botan. regist., pl. 227. Les jardiniers le décorent du nom fastueux de réséda en arbre.

des végétaux composés de plusieurs individus-bourgeons.
Si elles ne le font pas d'une manière évidente, c'est que
l'époque de la maturation de leurs graines est pour elles
une maladie mortelle.

Les plantes vivaces elles-mêmes paraissent vivre plus
long-temps lorsqu'elles mûrissent peu ou point de graines :
c'est ce qu'on observe souvent dans la culture de celles
à fleurs doubles. J'ai déjà mentionné (liv. III, chap. X)
des luzernes bigarrées (*medicago versicolor*), qu'un vieil-
lard très-digne de foi assure connaître à la même place
et à la même grandeur depuis 60 ou 80 ans, et qui ne
portent jamais de graines (probablement parce qu'elles
sont hybrides). Il semble que cette stérilité a tendu à
leur donner cette longue durée.

Nous avons vu, en parlant des dépôts de nourriture,
que la graine est un organe actif qui attire à lui, en mûrissant, la nourriture déposée dans le placenta, ou, en
d'autres circonstances, du réceptacle des fleurs, ou
même de la souche et de la racine : quand les fleurs et
les graines sont proportionnellement peu voraces, et que
la racine et la souche sont épaisses et solides, la plante
peut survivre à l'action épuisante des graines. Si la tige
est assez solide pour n'être pas épuisée par cette action,
elle persiste, et la plante est dite ligneuse ou caulocar-
pienne; si la tige est épuisée, et que la racine seule
persiste, on a une plante vivace ou rhizocarpienne;
si la racine elle-même est grêle, faible et épuisée
par l'action absorbante des fruits, on a une plante
monocarpienne, annuelle ou bisannuelle. On peut remarquer en effet que ces dernières plantes sont, en général,
ou munies d'un grand nombre de semences, ou douées

d'une racine très-grêle. Dans l'un et l'autre cas, il y a déplacement de nourriture, émaciation et mort de la racine. Est-ce là une mort de vieillesse, dans le vrai sens du mot ? Pas plus qu'une femme qui meurt en couche n'est un individu mourant de vieillesse. C'est une maladie accidentelle qui est constante dans une espèce, parce qu'elle tient à de certaines conditions de sa structure, mais qui se trouve réunie à des circonstances, d'où l'on peut inférer que, sans cet accident, la plante aurait pu continuer à vivre.

Toutes ces considérations tendent à prouver que les végétaux meurent d'accident ou de maladie, et non de vieillesse. Mais, pour compléter cette démonstration, il faut examiner si réellement les nouvelles couches qui se forment chaque année sont, dans un âge avancé, aussi propres à conserver la vie et à en produire de nouvelles que dans la jeunesse. C'est ce dont je vais m'occuper dans l'article suivant.

§. 4. De la progression de l'accroissement du tronc
des arbres exogènes.

Si c'est la vieillesse qui tue les arbres, on doit, à un âge avancé, commencer à trouver une diminution progressive dans leur accroissement, car on ne trouve guère dans la nature organisée d'effet subit qui ne s'annonce pas par une marche régulière : si, au contraire, ce sont les accidens extérieurs qui déterminent le phénomène, nous devrons trouver l'accroissement des arbres variable selon les espèces et les circonstances sans règle régulière.

Pour résoudre cette question, je me suis attaché depuis

long-temps à mesurer exactement la marche de l'accroissement des vieux arbres. La vie de l'homme est trop courte et les documens historiques trop rares à ce sujet, pour pouvoir mesurer facilement l'accroissement des arbres encore debout; mais, d'après la formation des couches ligneuses, il est facile de le faire pour les arbres coupés toutes les fois qu'on peut obtenir une coupe nette près du collet. Quand j'ai rencontré des troncs d'arbres coupés de cette manière, j'ai pris soin de les mesurer par le procédé suivant : J'applique une bandelette de papier sur la coupe depuis la moelle jusqu'à l'écorce; je marque sur cette bandelette la rencontre de toutes les zones indiquant les couches ligneuses ; je conserve toutes ces bandelettes étiquetées, et j'y trouve toute l'histoire de l'accroissement d'un arbre. Je divise ces séries par dixaines d'années, et en les mesurant j'obtiens ainsi le nombre de lignes dont un arbre donné croît en dix ans. La comparaison de ces chiffres de dix ans en dix ans me donne très-bien la marche de l'accroissement du demi-diamètre : en doublant les chiffres, on aurait l'accroissement du diamètre, d'où on déduit facilement celui de la circonférence. C'est d'après cette méthode que j'ai recueilli les élémens de la table ci-jointe : je la présente ici, soit parce qu'elle donne déjà par elle-même quelques résultats, soit parce que j'espère que sa publication engagera les voyageurs à fournir de nouveaux élémens à ce genre de calculs. Voy. le tableau ci-contre.

A la simple inspection des chiffres relatés, il est aisé de s'apercevoir que, quoique la loi de l'accroissement offre une certaine régularité, elle est loin d'être absolument régulière, même dans une seule espèce. C'est surtout dans le chêne que ces variations sont sensibles ; et Juge Saint-Martin , qui a écrit une bonne histoire pratique de cet arbre, en avait déjà fait la remarque (1). Ainsi, le chêne A a commencé par grossir lentement et a cru davantage en vieillissant, tandis que le chêne B a commencé par croître rapidement pour diminuer ensuite sa rapidité, et que les chênes C, D et E, ont commencé par de petits accroissemens, en ont eu ensuite de plus grands, et ont repris dans une troisième période un accroissement moindre, mais plus regulier : ce dernier cas est celui qui est le plus fréquent. On peut voir par cette table, et je l'ai vérifié sur plusieurs autres cas que j'ai cru inutile de citer en détail, qu'en général nos arbres les plus communs croissent avec une certaine rapidité jusqu'à un âge donné (environ 50 à 70 ans), puis prennent alors une marche d'accroissement moins prompte, mais singulièrement régulière, et qui ne diminue point même à un âge avancé. Ainsi, des deux arbres les plus vieux que j'aie mesurés, le chêne de 335 ans et l'ormeau de 335, le premier a commencé à 60 ans un accroissement d'environ 8 lignes de diamètre (4 de rayon) par dixaine d'années, qui se continuait encore à l'époque où on l'a coupé ; le second a commencé, à 120 ans, une période d'accroissement moyen d'environ 24 lignes de diamètre par dixaine d'années, moyenne dont les derniers chiffres s'écartaient moins que quelques-uns des intermédiaires. Les mêmes conséquences peuvent se déduire de la progression de l'accroissement du chêne de 210 ans et du mélèze de 255 ans, et même de celle

____

(1) Traité de la cult. du chêne , p. 203.

du sapin de 120 ans : ainsi ce dernier, en particulier, est curieux, parce qu'il a cru davantage de 100 à 110 ans, et de 110 à 120 ans, qu'il ne l'avait fait dans les quatre dixaines d'années précédentes.

On peut, ce me semble, conclure de ces faits, 1° qu'au moins, dans les limites observées, rien, dans la progression de l'accroissement des vieux arbres dicotylédones, n'annonce l'approche de la caducité, et que chaque année ils grossissent d'une quantité qui peut bien être inférieure à celle de leur jeunesse, mais qui ne paraît pas aller sensiblement en diminuant à dater d'une certaine époque.

2°. Les inégalités de développement paraissent généralement dues à ce que la moyenne des racines de l'arbre a rencontré dans certaines périodes des zones de bon ou de mauvais terrain, ou peut-être, dans quelques cas, à ce que l'arbre, débarrassé de ses voisins, a pu croître en plus grande liberté.

3°. La diminution d'accroissement que tous les arbres éprouvent à une époque donnée, paraît tenir à deux causes, savoir : en premier lieu, la plus grande profondeur et longueur de leurs racines qui, en s'éloignant de l'air libre, prospèrent moins, et qui, en rencontrant celles des arbres voisins, sont gênées ou en partie affamées par elles ; et en second lieu, à ce que l'écorce du tronc, en vieillissant et en devenant à la fois plus sèche, plus chargée de charbon et de matière terreuse, oppose un certain obstacle au libre accroissement du liber et de l'aubier : ainsi, M. Knight (1) a vu que de vieux

---

(1) *Philos. trans.*, 1805, p. 277.

ically

poiriers et de vieux pommiers , ayant été débarrassés de la partie extérieure de leur écorce , ont plus formé de bois en deux ans qu'ils n'en avaient fait dans les vingt ans précédens.

Si l'on avait des observations de ce genre faites en divers lieux sur un très-grand nombre d'individus de la même espèce , on pourrait établir pour chaque espèce d'arbre une formule approximative de son accroissement, de telle sorte qu'étant donnée la circonférence , on pourrait ne pas s'écarter beaucoup en essayant de deviner l'âge de l'arbre. Les données actuelles ne suffisent que pour montrer la variabilité des cas particuliers. Ainsi il est aisé de conclure des chiffres mentionnés dans la table de la page 795 , les résultats suivans sur la circonférence du corps ligneux des arbres à divers âges.

	50 ans.		100 ans.		150 ans.		200 ans.		250 ans.		300 ans	
	po.	l.	po.	l.	po.	l.	po.	l.	po.	l.	po.	l.
Le chêne B avait de circ.	72	9	127	3	166	8						
C —			19	4	33	6	45	10	57	10		
E —			39	6	5.	10	62	10	72	6	84	2	93	6

ou, en d'autres termes , les accroissemens de la circonférence des arbres ont été dans la progression suivante :

B a cru de 873 lignes dans le premier demi-siècle.
    654 dans le second.
    484 dans le troisième , en supposant les deux dernières dixaines égales aux trois premières.

C a cru de 232 lignes dans le premier demi-siècle.
    170 dans le second.
    148 dans le troisième.
    154 dans le quatrième.

E a cru de 474 lignes dans le premier demi-siècle.
    148 dans le second.
    112 dans le troisième.
    116 dans le quatrième.
    140 dans le cinquième.
    112 dans le sixième.

Ces différences énormes d'un arbre à l'autre prouvent combien on ferait d'erreurs si l'on voulait juger de l'âge d'un arbre d'après sa seule grosseur. L'arbre B avait à cinquante ans la même circonférence que l'arbre E à deux cents ans ; mais il faut remarquer que ces différences sont plus sensibles dans la jeunesse que dans un âge avancé, et par conséquent on peut arriver à quelques résultats assez approximatifs, lorsqu'on a des observations faites sur des arbres très-vieux : c'est ce qui résulte des faits ci-dessus et de ceux mentionnés à l'article suivant.

Une conséquence pratique peut se déduire de ces résultats. On sait que le bois est d'autant plus susceptible de se conserver, qu'il est plus dur et plus compacte ; que sa dureté est en général proportionnée à la dose de carbone qu'il a combinée dans son tissu, et que cette dose est sensiblement proportionnelle à la lenteur de l'accroissement ; d'où résulte que chaque arbre d'une espèce donnée doit être d'autant plus solide, que son accroissement a été plus lent, ou, en d'autres termes, que ses couches annuelles seront plus étroites. Les arbres B et C offrent les deux extrêmes à cet égard. L'arbre B avait cru dans une pente de terrain assez fertile, bien exposé, et probablement arrosé modérément et continuement par des eaux filtrant sous terre : il a formé un tronc de belle apparence, mais à couches évidemment trop épaisses pour être bien aoûtées; son bois ne sera pas de longue durée.

L'arbre E, au contraire, a cru dans un terrain sec et pierreux, très-peu fertile : il s'est accru très-lentement, et a formé un arbre à tissu serré et d'apparence peu brillante; mais, sans aucun doute, son bois est beaucoup plus durable que le précédent.

Si on avait la moyenne de l'accroissement du chêne, on pourrait immédiatement déterminer la durée, et à certains égards la valeur des bois de construction, selon qu'ils s'écarteraient de cette moyenne. Ainsi, si nous connaissions la largeur moyenne des couches des arbres, que M. Ch. Dupin (1) a soumis à ses expériences sur la flexion des bois, nous pourrions en conclure si ces troncs représentent bien la moyenne de la force de chaque espèce, et s'en écartent en plus ou en moins.

Enfin, si une plus longue série d'observations montre, comme celles que j'ai recueillies, qu'il y a pour chaque espèce une période de grand accroissement, qui pour le chêne dure soixante ans, et qui est suivie d'une autre où l'accroissement est plus régulier, mais moins considérable, on pourrait déduire de cette considération quelques règles relatives à l'âge auquel il convient de couper les arbres.

Je me borne pour le moment à ces considérations. Je désirerais qu'elles pussent engager les observateurs placés ou dans les pays d'anciennes forêts, ou près des grands ateliers de construction, à nous donner des me-

_____

(1) Exp. sur la flexibilité, la force et l'élasticité des bois, in-4°, Paris, 1815.

sures exactes des couches des plus vieux arbres exogènes qu'ils pourraient rencontrer.

Je lis dans la *Sylva* d'Evelyn (éd. 2., vol. 2, p. 191),
qu'un danois nommé Henri Ranjovius, planta en 1580,
dans la province de Ditmarsches, des chênes, des sapins, des bouleaux, etc., et plaça une pierre sur laquelle
il inscrivit la date de cette plantation, afin, dit-il, que
la postérité puisse connaître leur âge. Il serait curieux
de savoir si ces arbres existent encore; car, dans ce cas,
on aurait une connaissance exacte de l'accroissement que
ces espèces peuvent prendre en deux siècles et demi.

S'il est difficile d'obtenir des renseignemens rigoureux sur l'âge des arbres vivans, on peut obtenir des
renseignemens approximatifs qui suffisent aux besoins
par l'un des procédés suivans :

1°. On peut recueillir des mesures de la circonférence
du tronc à diverses époques, en déduire l'accroissement
annuel du diamètre, et, par une règle de proportion,
l'âge de l'individu, sauf l'erreur résultant de l'accroissement plus rapide de la jeunesse : c'est un procédé dont
je ferai souvent usage dans l'article suivant.

2°. M. Fr. G. Otto (1) a proposé dans ce but un procédé plus applicable à l'art forestier, et que je trans-
crirai ici textuellement :

« On mesure le diamètre à une hauteur d'environ cinq pieds,
» et on pratique au même point sur une surface circulaire (2)

____

(1) Journ. des forêts. vol. 1; Bull. des sc. agr., vol. XII,
p. 160.

(2) Il suffit, selon moi, au lieu d'une entaille circulaire, de
faire deux entailles aux côtés opposés, et de prendre la moyenne
entre les deux.

» une entaille pour compter un certain nombre de couches an-
» nuelles dont on prend la mesure. On trouve ensuite l'accrois-
» sement annuel des arbres qui ne croissent plus en hauteur par
» la formule $\dfrac{4\,d\,(D-d)\,V}{n\,D\,2}$, et celui des arbres qui croissent

» encore en hauteur par l'expression $\dfrac{D\,3-(D-2\,d)\,3\,V}{n\,D\,3}$

» dans lesquels D est le diamètre, V le volume de l'arbre, d
» l'épaisseur des couches annuelles qu'on a comptées, et n le
» nombre de ces couches. Ces formules reposent sur deux théo-
» rèmes : 1° les cônes ou cylindres de même hauteur sont entre
» eux comme les carrés de leurs diamètres ; 2° les cônes ou cy-
» lindres semblables sont comme les cubes de leurs diamètres.
» En effet, en appelant c le nombre de couches, dont le volume
» est n, on a les deux proportions :

$$V : C = D^2 : D^2 - (D - 2\,d)^2 ;$$
$$V : C = D^3 : D^3 - (D - 2\,d)^3 ;$$

» d'où l'on tire :

$$C = \frac{4\,d\,(D-d)\,V}{D^2} \quad \text{et} \quad C = \frac{(D^3 - (D - 2\,d)^3)\,V}{D^3}$$

» Divisant ensuite cet accroissement total des couches par le
» nombre n, on obtiendra l'accroissement pendant un an (1).
    » Ces formules sont justes, si l'on admet que dans dix ou
» vingt ans un arbre n'acquerra ni plus ni moins de bois que
» dans un pareil nombre d'années écoulées ; mais, si les couches
» d'accroissement, calculées de vingt en vingt ans depuis envi-
» ron quatre-vingts ans, sont d'égale épaisseur, le quotient sera
» trop petit, et, dans ce cas, on fera usage des formules sui-
» vantes : 1° pour les arbres qui ne croissent plus en hauteur
» on aura :

---

(1) Et par conséquent l'âge de l'arbre, sauf l'erreur en moins
résultant de ce qu'il a crû plus vite dans les premières années.

$$V : C = D^2 : (D + 2 d)^2 (D — 2 d)^2 ;$$

» d'où l'on tirera :

$$C = \frac{8 d \times V}{D}$$

» et l'accroissement annuel sera :

$$\frac{8 d \times V}{2 n D} = \frac{5 d \times V}{n D} .$$

» 2°. Pour les arbres qui croissent encore en hauteur, on
» aura :

$$V : C = D^3 (D + 2 d)^3 — (D — 2 d)^3 ;$$

» et l'accroissement annuel sera :

$$\frac{(D + 2 d)^3 — (D — 2 d)^3 V}{2 n D^3} .$$

» Réduisant pour plus de commodité lorsqu'on opère sur de
» grands nombres, cette expression devient :

$$\frac{(6 D^2 \times 8 d^2) d V}{n D^3} .$$

» L'estimateur qui préfère mesurer la circonférence de l'arbre
» après avoir déterminé le diamètre, doit se servir des formules
» suivantes : soit P la circonférence de l'arbre et p le diamètre,
» les deux formules ci-dessus deviendront :

$$\frac{4 p d (P — p d) V}{n P^2} , \; \text{et} \; \frac{4 p d V}{n P} .$$

3°. Quand on aura déterminé un grand nombre de
fois, et dans des circonstances différentes, l'accroissement annuel des individus d'une même espèce, on
pourra obtenir une moyenne de ces accroissemens, et
alors la simple connaissance de la circonférence d'un

arbre suffira pour connaître approximativement son âge,
non pour les arbres jeunes où les irrégularités sont trop
grandes, mais pour ceux qui passent un siècle, par exemple, et où la croissance commence à prendre plus de régularité. Plusieurs des approximations de l'article suivant
sont fondées sur ce principe.

§. 5. De la longévité de quelques arbres exogènes.

S'il est vrai que la durée des arbres n'est limitée que
par des maladies ou des accidens, on doit de temps en
temps rencontrer des individus qui échappent à ces causes
accidentelles et parviennent à un âge très-avancé : on
devrait surtout chercher ces exemples loin de l'action
destructive des hommes, parmi les arbres très-durs qui
peuvent échapper aux causes ordinaires de destruction,
ou chez ceux qui habitent ces parties privilégiées du globe
qui n'ont pas à craindre l'inclémence des climats; mais
nous manquons souvent de documens, même sur nos
arbres d'Europe, et à plus forte raison sur ceux des pays
étrangers. J'en recueillerai ici les principaux exemples
qui m'ont paru mériter quelque confiance, et qui ont de
l'intérêt, soit quant à la longévité absolue des arbres, soit
quant à celle de certaines espèces. Tous ces calculs reposent, quant aux pieds d'une extrême vieillesse, sur
des mesures d'arbres plus jeunes : or, comme les arbres
grandissent moins dans leur vieillesse, il est clair que si
je me trompe, c'est toujours en moins et non en plus. Je
note cette circonstance comme étant importante, quant
aux résultats généraux qui méritent seuls ici quelque
intérêt. Je commence cette énumération par les exogènes,

où les couches concentriques et annuelles donnent des résultats positifs dans certains cas, lesquels servent à éclairer ensuite les cas douteux (1).

J'ai donné, dans le tableau page 975, la note que M. Al. Forel m'a communiquée sur un ORMEAU qui a été abattu à la promenade de Morges en 1827. La coupe de cet arbre, faite près du collet, annonçait un âge de 335 ans. Cet arbre était parfaitement sain et avait cru rapidement dans un sol humide et léger et dans une situation favorable ; son tronc avait 17 pieds 7 pouces vaudois (le pied = 3 décim.) de diamètre au collet, 30 pieds de circonférence un peu au-dessous de l'embranchement, lequel avait lieu à 12 pieds du sol. De ces cinq grosses branches, une atteignait 16 pieds de circonférence. L'arbre est tombé par un temps calme, probablement miné par les eaux du lac Léman dont il était voisin. Ces renseignemens précis, que je dois à l'obligeance de M. Forel, prouvent que le diamètre de cet arbre a cru en moyenne de 3 1/2 lignes par an; mais si on le divise par siècles, on voit qu'il avait cru de 6 lignes par an dans le premier siècle, de 2 1/2 dans le second, de 2 3/4 dans le troisième : ce compte est parfaitement d'accord avec l'estimation vague faite par M. Loiseleur, que les ormeaux plantés par ordre de Sully devant les églises de France avaient, au bout de deux siècles, de 15 à 20 pieds de circonférence; ce qui donne de 3 1/2 à 4 1/2 lignes d'accroissement annuel.

____

(1) Ceux qui prendront de l'intérêt à ce sujet doivent lire le chapitre III du livre III de la *Sylva* d'Evelyn, où ils trouveront réunis une foule de faits curieux sur la grosseur des arbres.

Le CHEIROSTEMON est désigné par les Espagnols du Mexique sous le nom d'*arbol de manitas* ; on n'en a long-temps connu qu'un seul pied dans la ville de Tolucca, où MM. de Humboldt et Bonpland l'ont encore vu : il est dès long-temps en vénération parmi les indigènes, et la tradition atteste qu'il est antérieur à la conquête du Mexique en 1553, et probablement il devait être déjà un peu gros, puisqu'une tradition a rattaché son existence à cet événement. Cette ancienneté, quoique peu considérable, est remarquable à cause de la mollesse et de la légèreté du bois de cet arbre.

J'ai vu en 1814 à Gigean, village situé entre Montpellier et Pezenas, un LIERRE qui est placé dans un jardin auprès d'un mur dans un terrain très-sec. Sa base avait 6 pieds de circonférence et donnait naissance à deux gros troncs de 2 à 3 pieds de circonférence ; ces troncs s'élevaient droits, et ensuite s'appuyaient et se ramifiaient sur le bout de la muraille. La cime recouvrait en entier un triangle de 72 mètres carrés de surface. La hauteur totale était de 18 pieds : on m'a assuré qu'il avait été plus grand encore, et avait souffert d'un orage peu d'années auparavant. J'ai coupé un lierre de 45 ans ; sa tige n'avait que 7 pouces 1/2 de circonférence, et j'en ai mesuré un autre qui paraît plus âgé et qui est plus petit, mais dont je n'ai pu compter les couches. Si on suppose un accroissement égal dans toute la durée, ce qui est peu probable, le lierre de Gigean aurait eu, en 1814, au moins 433 ans. J'apprends de M. Victor Broussonet qu'en 1829 (à l'âge par conséquent de 4 1 2 siècles environ), il a été abattu par un ouragan : il n'en reste plus que deux petites branches de 4 pouces de diamètre.

Le TILLEUL paraît être l'arbre d'Europe qui est susceptible d'atteindre les plus grandes dimensions en diamètre ; mais comme son bois est peu compacte et que ses branches tendent à s'étaler beaucoup, il est facilement détruit par les vents.

Le tilleul le plus âgé, dont je connaisse la date avec précision, est celui qui fut planté dans la ville de Fribourg, en Suisse, pour célébrer la bataille de Morat en 1476. Cet arbre a actuellement (1831) une circonférence de 15 pieds 9 pouces, soit 630 lignes de diamètre ; ce diamètre, acquis en 355 ans, donne pour accroissement annuel 1,77 lignes, soit environ 1 3/4 ligne. Ce tilleul commence à dépérir un peu, et, d'après son apparence et la localité, je présume qu'il a cru moins que la moyenne de l'espèce. On pourrait donc, sans crainte d'erreur, porter à 2 lignes au lieu de 1 3/4 l'estimation moyenne de l'accroissement annuel des vieux tilleuls.

Il existe non loin de Fribourg, au village de Villars-en-Moing, un tilleul plus ancien et plus gros que celui de Fribourg, et dont l'histoire se rattache à la même date. D'après la mesure qu'en a faite M. de Circourt, en 1831, il a 70 pieds de hauteur, 56 de circonférence à 4 pieds au-dessus du sol ; il se sépare à 6 pieds de hauteur en deux grandes masses subdivisées elles-mêmes en cinq autres moindres, mais toutes touffues et bien saines. Suivant la tradition du pays, il était déjà célèbre par sa vétusté et sa grosseur en 1476, et des tanneurs, profitant de la confusion qui régnait aux approches de la bataille de Morat, le mutilèrent pour en avoir l'écorce : ce fut alors qu'il repoussa les bourgeons dont j'ai mentionnés tout à l'heure. En supposant qu'il ait cru comme celui de Fribourg, son diamètre de 1639 lignes indiquerait 1230 ans, ce qui donnerait 875 ans pour son âge à l'époque de la bataille de Morat. Je pense que ces chiffres sont trop élevés, et que cet arbre a cru plus vite que celui de Fribourg, soit parce qu'il est dans un meilleur terrain, soit parce qu'il est mieux élevé et mieux conservé; mais je ne puis l'apprécier exactement.

Un troisième exemple de tilleul remarquable par sa grandeur et les époques historiques qui s'y rattachent, est celui de Neustadt, sur le Kocher, dans le royaume de Wurtemberg. Cet arbre a été mentionné fort en détail par Evelyn, et j'ai obtenu de nouveaux renseignemens sur lui par M. Jules Trembley, qui l'a mesuré en 1831, et m'a communiqué des notes sur son histoire, extraites par un naturaliste de Neustadt des registres mêmes de la ville. Cet arbre, qui appartient à l'espèce du tilleul à grandes feuilles (*T. macrophylla*), devait être déjà très-grand en 1229; car, d'après les anciens documens, la nouvelle ville fut bâtie alors sur la grande route, auprès du grand arbre, après la destruction de l'ancienne ville nommée Helmbundt; destruction qui avait eu lieu en 1226, à la suite d'un soulèvement. Evelyn remarque aussi que cette ville postérieure à l'arbre porta le nom de *Neustadt près du gros tilleul*. Un vieux poème, qui date de 1408, dit : *Devant la porte il s'élève un tilleul soutenu par 67 colonnes*. Le nombre de ces colonnes ou piliers en pierre, destinés à soutenir les branches qu'on avait artificiellement étalées, était de 82 en 1664; il est aujourd'hui de 106. Selon Evelyn, on trouvait sur ces colonnes des inscriptions remontant à l'an 15.. aujourd'hui, les plus anciennes sont celles des deux colonnes du devant, qui portent les armoiries du duc Christophe de Wurtemberg, à la date de 1558; plusieurs autres portent les noms de ceux qui les ont fait élever, par exemple, du margrave Frédéric de Brandebourg, en 1562; du comte G. Ernest de Henneberg, en 1583; de l'abbé Jean de Schœnthal, en 1584, etc. Cet arbre se divise à son sommet en deux grosses branches, dont l'une atteint une longueur de 106 pieds, et l'autre qui n'atteint qu'à la moitié de cette longueur, a été brisée par le vent en 1773.

Avant cet accident, l'arbre commençait déjà à languir un peu, soit par quelques dommages moins constatés, soit à cause de la direction trop horizontale donnée artificiellement à ses grosses branches ; mais l'étendue de sa cime occupe encore un espace de 400 pieds. Evelyn dit qu'en 1664 la circonférence de son tronc était de 37 pieds 4 doigts, mesure de Wurtemberg; et M. Jules Trembley a trouvé qu'en 1831 cette circonférence, prise à 5 ou 6 pieds au-dessus du sol, est de 37 pieds 6 pouces 3 lignes de la même mesure; ce qui semblerait indiquer ou que l'arbre a bien peu accru son diamètre depuis 150 ans, ou que la mesure d'Evelyn a été prise à fleur de terre, vers la place où commence l'évasement des racines. Si l'on calcule l'âge probable de cet arbre d'après ces données, on voit que sa circonférence, à 5 ou 6 pieds de hauteur, est de 33 pieds 3 pouces 3 lignes de roi; ce qui donne un diamètre de 1529 lignes, ou un âge de 1147 ans, d'après celui de Morat; ce qui donnerait l'âge de 546 ans à l'époque de la fondation de la ville. Mais si on estime la moyenne de l'accroissement du tilleul à 2 lignes par an, on aurait 764 ans pour celui de Neustadt. Or, la note manuscrite que j'ai reçue de cette ville dit que, d'après les documens historiques, on estime qu'il doit avoir de 7 à 800 ans.

On trouve encore quelques tilleuls cités pour leur grosseur : tel est le tilleul de Norwich, mentionné par Evelyn (*Sylva*, éd. 2, vol. 2, pag. 186); il existait de son temps (1664) à Depcham, et avait été désigné par Brown sous le nom de *tilia colossæa depehamensis*. Il avait alors 8 yards et demi de circonférence dans la partie la plus mince du tronc, à 6 pieds au-dessus du sol, 16 yards au niveau du terrain, et 30 yards de hauteur. En calculant son âge à 2 lignes par an, on trouve qu'il avait alors 530 ans. J'ignore s'il existe encore.

Enfin, la Statistique du département des Deux-Sèvres (p. 249) mentionne un énorme tilleul qui existe au château de Chaillié, près Melles. Mesuré en 1804, il avait 15 mètres de circonférence, et son tronc soutenait six énormes branches qu'on était obligé d'étayer. Calculé d'après la moyenne de 2 lignes par an, il devait avoir alors 1076 ans.

Au reste, comme il existe, soit en Allemagne, soit en France, un grand nombre de tilleuls dont la date peut être connue par des documens locaux, il sera facile de constater si la moyenne de deux lignes (qui est sûrement trop faible pour les tilleuls d'un ou deux siècles) se trouve juste pour les arbres fort âgés. Il conviendra de distinguer avec soin dans ces recherches les tilleuls à grande ou à petite feuille, dont l'accroissement est probablement différent.

Le HÊTRE *(fagus sylvatica)* est un des arbres forestiers de l'Europe sur l'âge duquel je trouve le moins de renseignemens. Juge Saint-Martin dit qu'il croît deux fois plus vite que le chêne ; et M. Dralet assure que les forêts de hêtres atteignent le terme que les forestiers estiment celui de la maturité , long-temps avant le chêne. Il existe à Pommiers, près Genève , quelques hêtres situés autour de l'ancien couvent; les deux plus gros ont été mesurés en 1818 par M. Deluc, qui a trouvé leur circonférence , pour le premier, de 15 pieds ; pour le second , de 13 pieds 6 pouces. Mon fils les a mesurés de nouveau en 1831 , et a trouvé la circonférence du premier 15 pieds 4 pouces (1) , et celle du deuxième 13 pieds 7 pouces. Le diamètre du premier a cru de 15 lignes en 13 ans, ce qui fait plus d'une ligne par an (2), et le second a cru moins encore; mais je le néglige, parce qu'il est possible qu'il ait été mesuré à deux hauteurs différentes. Je présume, en combinant ces données avec celles de l'art forestier, que le hêtre croît rapidement dans sa jeunesse , et très-lentement dans un âge avancé ; de sorte que je ne puis encore rien conclure sur l'âge qu'il peut atteindre.

J'ai donné , dans le tableau p. 975, la mesure exacte d'un des plus gros MÉLÈZES *(larix europœa)* que j'aie vus; il avait 5 pieds et demi de diamètre, soit 792 lignes : son âge était de 255 ans; ce qui donne un accroissement moyen de 3 lignes par an. M. Loiseleur mentionne (sans citer son autorité) un mélèze du Valais qui devait avoir 12 pieds de diamètre , soit 1728 lignes; ce qui ferait un âge d'environ 576 ans. Dans sa jeunesse , le

---

(1) M. Rœper l'a trouvée la [illegible] 5 pieds 6 pouces.
(2) Ou d'une ligne et demi [illegible] de M. Rœper.

mélèze croît plus rapidement : Pœderlé dit en avoir mesuré un de 54 ans qui avait 114 pouces de circonférence , soit environ 450 lignes de diamètre ; ce qui donnait 8 lignes d'accroissement annuel , au lieu de 5 que je déduis d'un vieux arbre.

Le CEÏBA (*bombax pentandrum*) passe pour un des plus gros arbres du monde , mais ne paraît pas au nombre des plus anciens. Herrera dit qu'à Guatimala il y en a que quinze hommes ont peine à embrasser , ce qui ferait environ soixante-quinze pieds de circonférence , ou de vingt à vingt-cinq de diamètre ; mais Jacquin fait observer que sa croissance est rapide. Le tissu de son bois , qui est mou et facile à couper , annonce aussi que sa végétation doit être prompte.

Le fameux CHATAIGNIER du mont Etna , dit en Sicile *castagno di cento cavalli*, a 160 pieds de circonférence, selon Houel (*Voy. en Sicile*, 2 , p. 79 , pl. 114) , et 180 d'après M. Presl (*Fl. sic.* , *pref.* , pag. IX) , et serait probablement un des exemples les plus remarquables de grandeur et de longévité , si l'on pouvait croire qu'il n'est pas formé par la soudure de plusieurs arbres nés probablement d'une ancienne souche qui leur est commune à tous , selon l'observation du chanoine Ricupero. M. Simond m'en a communiqué un plan qui laisse peu de doute sur cette opinion , et M. Duby, qui l'a récemment observé, est aussi arrivé au même résultat. Il y a dans les environs trois autres châtaigniers très-remarquables par leur grosseur. L'un, dit *châtaignier de Sainte-Agathe*. a 70 pieds de circonférence; un autre, dit *della Nave*, en a 64; et un troisième, dit *della Navella*, 57 (Ercil, l. c.); mais ce ne sont que des nains comparés à celui des cent chevaux, car celui-ci est un tronc unique. Son âge est malheureusement impossible à déterminer. Pœ-derlé (1) cite un châtaignier très-sain du comté de Glocester, qui avait cinquante pieds de circonférence, à cinq pieds du sol, et que l'on croyait âgé de plus de neuf cents ans. Bosc (2) en cite un à Sancerre, qui avait trente pieds de tour, et qui, il y a six cents ans, portait le nom du *gros* châtaignier, d'où on augurait qu'il avait environ mille ans. Ces estimations me paraissent très-douteuses. En supposant l'accroissement du châtaignier double de celui du chêne, on aurait pour celui de Glocester six cent vingt-six ans, et pour celui de Sancerre trois cent soixante ans. Mais en réalité on manque de documens sur la croissance de cet arbre.

Le PLATANE D'ORIENT est un des plus gros arbres des climats tempérés. Pline en cite un dans la Lycie, dont le tronc, creusé par le temps, offrait une cavité de quatre-vingt-un pieds de circonférence, dans laquelle le consul Licinius Mutianus coucha avec dix-huit personnes de sa suite. Cette assertion est conforme à celle d'un voyageur moderne, qui atteste qu'il existe dans la vallée de Bujukderé, à trois lieues de Constantinople, un platane qui a quatre-vingt-dix pieds de hauteur, et dont le tronc a cent cinquante pieds de circonférence. Ce tronc est creusé intérieurement jusqu'au niveau du sol. Le vide qui s'y est formé a quatre-vingts pieds de circonférence, et occupe un espace de cinq cents pieds carrés. Malheureusement nous manquons de documens précis sur la marche de l'accroissement de cet arbre, et nous ne pou-

(1) Man. de l'arb., 1, p. 182.
(2) Dict. d'agr., 3, p. 432.

.vons conclure directement l'âge d'après la grosseur. On conçoit cependant que de pareils arbres doivent être fort anciens. Hunter rapporte (*Evel. Sylva*, éd. 2, v. 2, p. 56, dans les notes) qu'un platane d'Occident, planté dans·le Norfolk en 1744, avait, à l'âge de trente-un ans, sept pieds neuf pouces anglais de circonférence à un pied et demi au-dessus du sol; ce qui fait environ dix lignes d'accroissement en diamètre par an. Ce calcul appliqué à l'arbre de Bujukderé, ne lui donnerait que sept cent vingt ans : mais il est vraisemblable qu'il faut au moins le doubler et peut-être le tripler, pour avoir égard à la différence des jeunes arbres aux arbres âgés. Si on estime qu'un platane d'un siècle a un pied et demi de diamètre, on ne peut guère admettre moins de quatre siècles pour un platane de quarante-huit pieds de diamètre. M. Voutier (*Guer. des Grecs*, 1825, p. 112) en cite un à Tyresia, près Patras, de vingt pieds de diamètre.

L'architecte Scammozzi dit (au rapport d'*Evelyn Sylv.*, éd. 2, v. 2, p. 186) avoir vu à Saint-Nicolas en Lorraine une table d'un seul morceau de NOYER qui avait vingt-cinq pieds de largeur, sur une longueur et épaisseur convenables. On dit que l'empereur Frédéric III donna sur ce bloc monstrueux un magnifique repas en 1472. Si on suppose que le noyer croît deux fois plus vite que le chêne, l'arbre qui avait fourni cette table aurait eu environ neuf siècles.

Les CYPRÈS sont sûrement au nombre des arbres qui parviennent à la plus grande vieillesse; mais je n'ai pu trouver à leur égard des renseignemens détaillés. Hunter (dans la deuxième édition d'*Evelyn Sylva*, v. 2) dit qu'en 1776 il existait encore dans le jardin du palais

PÉRIODES D'ACCROISSEMENT du corps ligneux de quelques arbres mesurés d'après la longueur du rayon de la coupe horizontale. (Les valeurs sont exprimées en *lignes.*)

Colonnes 1 à 11 :

	1er de 1 à 10 ans	2e de 11 à 20	3e de 21 à 30	4e de 31 à 40	5e de 41 à 50	6e de 51 à 60	7e de 61 à 70	8e de 71 à 80	9e de 81 à 90	10e de 91 à 100	11e de 101 à 110
A. Chêne de 98 ans, à Fontainebleau	4	3	3 1/2	6	7	7 1/4	6 3/4	7 1/4	8	7	6
B. Chêne (1) de 150 ans au moins (2), près Annecy	27	31	37	30	24	22	28	22	16	16	15
C. Chêne de 210 ans, à Fontainebleau	5	8	11 1/5	6	6 2/3	7	5 1/3	5 1/2	4 3/4	4 3/4	4 3/4
D. Chêne de 60 ans, à Fontainebleau	7	14 1/3	11	9	4 1/2	4 3/4	»	»	»	»	»
E. Chêne de 333 ans, à Fontainebleau	9	16 1/2	19 2/3	19	11 1/2	6 1/4	4 1/2	4 2/3	4 1/4	4	3 3/4
F. Mélèze de 71 ans, amont de Bex	25	26	30	19	15	13	8 1/2	»	»	»	»
G. Mélèze de 255 ans, dans le Valais	24	30 1/2	29	36	25	28 1/2	23	14 1/2	15	12	16
H. Ormeau de 333 ans, à Morges, mesuré par M. Alexis Forel	8	22	29 1/4	36	44	37	39 1/4	35	29 1/2	22 1/2	15
I. Hêtre de 48 ans, à Fontainebleau	8	6 1/2	7 1/4	5	[illegible]	»	»	»	»	»	»
K. Sapin de 130 ans flotté sur l'Arve, mesuré par mon fils	20 1/2	27	26	22 1/2	17 3/4	18	9	8 1/2	6 1/2	6 1/2	11
L. If de 71 ans	4	3 3/4	6	5 1/4	3 1/2	6 1/4	4	»	»	»	»

Colonnes 12 à 21 :

	12e de 111 à 120	13e de 121 à 130	14e de 131 à 140	15e de 141 à 150	16e de 151 à 160	17e de 161 à 170	18e de 171 à 180	19e de 181 à 190	20e de 191 à 200	21e de 201 à 210
A. Chêne de 98 ans	»	»	»	»	»	»	»	»	»	»
B. Chêne (1) de 150 ans au moins (2)	16	15	»	»	»	»	»	»	»	»
C. Chêne de 210 ans	4 1/2	4 1/2	4 3/4	5	4 1/4	4 1/2	5	4 1/2	4 1/2	4 1/8
D. Chêne de 60 ans	»	»	»	»	»	»	»	»	»	»
E. Chêne de 333 ans	4 1/4	4	5	4	4 1/4	4 1/2	4	4	3 1/2	4
F. Mélèze de 71 ans	»	»	»	»	»	»	»	»	»	»
G. Mélèze de 255 ans	13	10 1/4	11	11 1/2	10 1/2	10	9 1/2	9	10 1/2	11
H. Ormeau de 333 ans	15	12	12	9	9 1/2	8 3/4	11 1/2	15	17	17
I. Hêtre de 48 ans	»	»	»	»	»	»	»	»	»	»
K. Sapin de 130 ans	11	»	»	»	»	»	»	»	»	»
L. If de 71 ans	»	»	»	»	»	»	»	»	»	»

Colonnes 22 à 31 :

	22e de 211 à 220	23e de 221 à 230	24e de 231 à 240	25e de 241 à 250	26e de 251 à 260	27e de 261 à 270	28e de 271 à 280	29e de 281 à 290	30e de 291 à 300	31e de 301 à 310
A. Chêne de 98 ans	»	»	»	»	»	»	»	»	»	»
B. Chêne (1) de 150 ans au moins (2)	»	»	»	»	»	»	»	»	»	»
C. Chêne de 210 ans	»	»	»	»	»	»	»	»	»	»
D. Chêne de 60 ans	»	»	»	»	»	»	»	»	»	»
E. Chêne de 333 ans	3 1/2	5	4	4	3 3/4	4	4	4 1/4	4 1/4	4 1/2
F. Mélèze de 71 ans	»	»	»	»	»	»	»	»	»	»
G. Mélèze de 255 ans	11 1/4	10 1/2	11	10 1/4	»	»	»	»	»	»
H. Ormeau de 333 ans	13	18	14	13	12	8 3/4	15	14	14 1/2	8
I. Hêtre de 48 ans	»	»	»	»	»	»	»	»	»	»
K. Sapin de 130 ans	»	»	»	»	»	»	»	»	»	»
L. If de 71 ans	»	»	»	»	»	»	»	»	»	»

(1) Ce chêne appartient probablement à l'espèce à glands pédonculés, et les autres à celle qui a les glands sessiles.

(2) Il y avait quelques couches extérieures détruites par un commencement d'équarrissage.

(Tome II).

PÉRIODES D'ACCROISSEMENT du corps ligneux de quelques arbres mesurés d'après la longueur du rayon de la coupe horizontale.	de 1 à 10 ans.	de 81 à 90.	10e de 91 à 100.	11e de 101 à 110.	12e de 111 à 120.	13e de 121 à 130.	14e de 131 à 140.
	lignes.	nes,	lig.es.	lignes.	lignes.	lignes.	lignes...
A. Chêne de 98 ans, à Fontainebleau............	4	8	7	6	»	»	«
B. Chêne (1) de 130 ans au moins (2), près Annecy.	27	6	16	15	16	15	5.1
C. Chêne de 210 ans, à Fontainebleau...........	5	3/4	4 3/4	4 3/4	4 1/2	4 1/2	8\1
D. Chêne de 60 ans, à Fontainebleau...........	7	»	»	»	»	»	«
E. Chêne de 333 ans, à Fontainebleau...........	9	1/4	4	3 3/4	4 1/4	4	i.
F. Mélèze de 71 ans, au-dessus de Bex...........	25	»	»	»	»	»	«
G. Mélèze de 255 ans, dans le Valais.............	24	5	12	16	13	10 1/4	[illegible]
H. Ormeau de 355 ans, à Morges, mesuré par M. Alexis Forel.......	8	1/2	22 1/2	15	15	12	[illegible]
I. Hêtre de 48 ans, à Fontainebleau...........	8	»	»	»	»	»	[illegible]
K. Sapin de 130 ans flotté sur l'Arve, mesuré par mon fils.........	20 1/2	1/2	6 1/2	11	11	»	[illegible]
L. If de 71 ans............	4		»	»	»	»	

(1) Ce chêne appartient probablement à l'espè[ce]...   (2) Il y avait quelques couches extérieu[res]...

de Grenade des cyprès bien connus pour remonter
au règne d'Audelé, le dernier des rois maures, et qui
portent encore le nom de *los cupressos de la reyna sul-
tana*, en souvenir d'une anecdote relative à une sultane
accusée de s'y être rencontrée avec un Abencerage. Or,
les Maures furent expulsés en 1492; ce qui donnerait au
moins trois siècles pour l'âge de ces cyprès. J'apprends
de M. Webb qu'ils existent encore, ce qui doit faire
ajouter un demi-siècle à cette estimation. Il y a à Somma,
près Milan, un cyprès qui, d'après Millin (Voyage dans le
Milanais, in-8°, vol. 1, p. 282), avait en 1794 au moins
seize pieds de circonférence.

L'ORANGER et le CITRONNIER paraissent destinés à devenir très-vieux lorsqu'ils se trouvent à l'abri de la
gelée. Une tradition déjà relatée en 1559 par Augustin
Gallo, établit que l'oranger du couvent de Sainte-Sabine
à Rome a été planté par saint Dominique en 1200; et,
d'après Evelyn, celui du monastère de Fondi, l'a été
par saint Thomas-d'Aquin en 1278. Le premier de ces
arbres existe encore; mais M. Gallesio remarque qu'en
1560 il était, au rapport de Ferrari, d'une extrême
vieillesse; de sorte qu'on peut croire que le pied actuel,
qui n'a que vingt-cinq centimètres de diamètre, est un
rejeton de l'ancien, peut-être gelé en 1709. L'oranger
de Versailles, connu sous le nom de *Grand-Bourbon* ou
de *François I*er, a, dit-on, été retenu sur la vente des
biens du connétable de Bourbon en 1523, à cause de sa
beauté, ce qui suppose qu'il était déjà remarquable
pour sa grandeur, il y a un peu plus de trois siècles.
D'après la tradition du temps, il aurait très-près de
quatre cents ans, et celui de saint Dominique six cents

trente ans. Il y avait en 1804, dans l'orangerie de Bonn, six orangers qu'on croyait âgés de trois siècles, et qui avaient des troncs de soixante-dix-huit centimètres de circonférence (*Statist. de Rhin et Moselle*, in-folio, p. 147), ce qui donne précisément le même diamètre que celui de l'oranger de Versailles.

Les vieux cèdres du Liban observés en 1787 par Labillardière, et déjà mesurés en 1574 par Rauwolf, ont, dit-on, 1000 à 2000 ans; mais ce calcul me paraît exagéré. Les cèdres les plus remarquables des pays civilisés ont été mesurés à 83 ans, savoir : 1° Celui du jardin de Chelsea, planté en 1683, mesuré en 1766, avait, à 2 pieds de terre, 12 pieds anglais de circonférence. 2° Celui du jardin de Paris, planté en 1734, avait à 40 ans, d'après Thouin, 79 pouces de tour, et d'après M. Loiseleur, à 83 ans, 106 pouces à 4 1/2 pieds du sol, soit 8 pieds 10 pouces français. Ce dernier avait donc cru d'environ 5 lignes en diamètre par an. 3° Hunter (dans la deuxième édition d'*Evelyn Sylva*, v. 2, p. 3) cite un cèdre abattu par un ouragan à Hendon-Place, près Londres, le 1er janvier 1779, et qui passait pour avoir été planté par la reine Élisabeth. Il avait donc environ deux siècles. Sa circonférence, à 7 pieds au-dessus du sol, était de 16 pieds anglais, ce qui ferait à peu près 5 pieds français de diamètre. Celui-ci n'aurait donc eu que 3 à 4 lignes d'accroissement annuel. 4° Un autre cèdre, cité par le même auteur, avait 14 pieds de circonférence à l'âge de 113 ans, ce qui donne 5 1/2 lignes anglaises équivalant à 5 lignes pied de roi pour son accroissement annuel. Mais si l'on observe que dans les quarante premières années le cèdre de Paris a acquis 500 lignes de diamètre et 104 seulement dans les quarante-trois années suivantes, on verra que pour les très-vieux cèdres il faut réduire ce terme d'accroissement à peu près à moitié; de sorte que les cèdres observés par Maundrel pourraient, sans exagération, être estimés à 600 ans pour son époque et 800 en 1787. Ils avaient 12 yards et 6 pouces de circonférence ou 1527 lignes (mesure de roi) de diamètre. On sait que dès-lors ils ont tous été détruits, et qu'il ne reste plus sur le Mont-Liban que de jeunes cèdres; mais ce n'est point l'âge, mais la main des hommes, qui a fait périr les anciens : on a aussi noté que le chêne de Hendon-Place, abattu par l'ouragan, était parfaitement sain.

L'ERABLE FAUX-PLATANE (*acer pseudo-platanus*) est encore un des arbres d'Europe qui paraît atteindre un âge remarquablement avancé. J'ai vu en 1811, dans le département de la Haute-Loire, deux arbres de cette espèce qui sont très-gros et qui ont donné leur nom au village de *Due Erabe*, à l'entrée duquel ils sont placés; mais j'ai négligé de les mesurer. L'arbre le plus célèbre de cette espèce que l'on connaisse est celui qui est à l'entrée du village de Trons dans les Grisons, et sous lequel on assure que les premiers confédérés jurèrent, en 1424, de donner la liberté à leur pays. Bridel (le frère du botaniste) le mentionne dans le *Conservateur suisse* (1, p. 148), en disant que c'est un tilleul; et l'inscription placée sur la chapelle qui est à côté dit aussi que le serment fut juré sous un tilleul. Ebel (*voy.* 4, p. 395) a dit que c'était un érable; et un rameau de l'arbre envoyé par M. le colonel Aug. Bontems ne laisse aucun doute à ce sujet (*voy.* sa lettre dans *Bibl. univ.*, août 1831); il y prouve, par divers argumens, que c'est

bien l'arbre même où a été prêté le serment , et il donne
la mesure de son tronc. Ebel, qui avait dit en 1798
qu'il avait 51 pieds de circonférence, a sans doute voulu
parler de la cime, car M. Bontems ne trouve à son tronc
aujourd'hui que 26 pieds 6 pouces de circonférence à
18 pouces de terre. Si on suppose qu'il avait 100 ans
en 1424, et on ne peut guère supposer moins à un arbre
choisi pour un acte solennel, il aurait aujourd'hui environ
500 ans; et comme son diamètre est de 1214 lignes, son
accroissement moyen aurait été de 2 1/2 lignes par an ,
terme très-plausible à admettre , d'après ce que nous savons de la végétation de cette espèce.

Le CHÊNE est , comme nous l'avons vu (art. 5) , si variable dans les phases de sa végétation, qu'il est difficile
de conclure son âge d'après sa grosseur; mais on peut au
moins arriver à quelque probabilité. Hunter (*Evelyn
Sylva*, édit. 2, v. 2, p. 147) rapporte la figure et les dimensions d'un chêne observé en 1776 près Bentley : il
était très-vigoureux ; son tronc, à 5 pieds au dessus du sol,
avait 33 pieds 8 pouces anglais de circonférence ; ce qui
fait 1543 lignes de diamètre : si on le compare à la croissance du chêne B de mon tableau , et qu'on retranche un
onzième pour la différence du pied anglais et français, on
trouve que le chêne de Bentley devait avoir 344 ans. Si
on le compare au chêne E de mon tableau, on voit qu'il
doit avoir 1337 ans ; et si on prend la moyenne, on est
disposé à l'estimer à 810 ans. Dans la Samogitie (1) on
appelle *baublis* ou *bamblis* de vieux chênes qu'on croit

---

(1) *Sylwan*, 1827, vol. IV ; Bull. des sc. agr., vol. 12,
p. 259.

remonter au temps du paganisme. L'un d'eux, situé à Bordza, ayant été à moitié incendié par accident, fut abattu par le propriétaire en 1812; il avait 19 1/2 aunes (vraisemblablement 39 pieds) de circonférence à la base où le centre était endommagé, 13 5/12 aunes vers le milieu du tronc à environ 18 pieds de hauteur. On compta 710 couches concentriques distinctes dans le bord, et on estima à 300 les couches indistinctes, ce qui donnerait environ 1000 ans pour l'âge de ce chêne. Si on l'eût calculé d'après les données, on l'aurait trouvé avoir 1080 ans; ce qui est bien près de l'approximation des observateurs. On pourrait donc conclure de ces deux résultats que dans les très-vieux chênes l'accroissement annuel est un peu moins de 2 lignes par an. Evelyn fait une énumération longue et curieuse des gros chênes observés de son temps dans les diverses parties de l'Angleterre : il en cite un à Welbeck-lane qui avait, à 1 pied du sol, 53 pieds 1 pouce de tour. Cet arbre existait encore, prodigieusement mutilé, en 1775, et l'éditeur de la deuxième édition en a publié la figure : il devait avoir alors environ 860 ans. Son diamètre, à sa base, était de 12 pieds; il avait donc grossi d'environ 1 pied, soit 144 lignes, en 120 ans, ou un peu plus d'une ligne par an; d'où l'on voit que la moyenne de 810 qui fait environ 2 lignes par an pour la totalité de sa vie, est assez juste, vu qu'il a dû croître davantage dans sa jeunesse.

Un journal (l'*Étoile* du 4 septembre 1824) a rapporté qu'un bûcheron avait récemment abattu dans les Ardennes un vieux chêne qui recelait dans son tronc quelques débris de vases à sacrifice, et des médailles ou monnaies samnites. Il en conclut que cet arbre est de

la date de ces monumens qu'il estime à 276 ans avant la
fondation de Rome ; et de là il conclut que l'arbre ayant
au moment où on les y a déposés, 60 à 80 ans, devait
avoir, en 1824, environ 5600 ans. Cette conclusion est
erronée, car, même en supposant les faits exacts, ils
prouveraient seulement que l'arbre est postérieur à cette
époque, puisqu'on a bien pu enfouir des monnaies long-
temps après leur frappe. Cependant on peut bien augurer
vaguement qu'il remonte à l'époque de l'invasion des
Barbares, où l'on a enfoui tant de médailles; ce qui donnerait encore 15 à 16 siècles d'antiquité à cet arbre, que
Dalechamp disait être presque immortel.

M. Picconi (*Econ. olear.*, 2, p. 79) dit que le plus
gros OLIVIER qu'il connaisse dans l'état de Gênes est à
Pescio, et qu'il a 31 palmes, soit 7 mètres et 696 millim.
de tour, ce qui donne environ mille et cinquante lignes
de diamètre; et Moschettini estime que l'accroissement
annuel de l'olivier est en moyenne d'une ligne et demie :
si cette règle était admise, l'olivier de Pescio aurait environ sept siècles. Moschettini cite un olivier qui avait
432 lignes de diamètre, ce qui lui donnerait à peu près
l'âge de trois siècles. Mais ces exemples sont probablement au-dessous de la vérité, soit parce que les estimations sont déduites de la croissance de plus jeunes oliviers, soit parce que cet arbre, repoussant de sa souche,
le tronc observé peut avoir succédé sur la même racine
à un ancien tronc. « L'olivier, dit M.' de Châteaubriand
» (*Itin. à Jérus.*, vol. 2, p. 260), est pour ainsi dire
» immortel, parce qu'il renaît de sa souche. On conser-
» vait dans la citadelle d'Athènes un olivier dont l'ori
» gine remontait à la fondation de la ville. Les oliviers du

» jardin de ce nom à Jérusalem sont au moins du temps
» du Bas-Empire. En voici la preuve : en Turquie, tout
» olivier trouvé debout par les Musulmans, lorsqu'ils en-
» vahirent l'Asie, ne paie qu'un médin au fisc ; tandis que
» l'olivier planté depuis la conquête doit au Grand-
» seigneur la moitié de ses fruits : or, les 8 oliviers dont
» nous parlons ne sont taxés qu'à 8 médins. »

La dureté, l'incorruptibilité et la lenteur de l'accroissement du bois de l'IF (*taxus baccata*), doivent faire
présumer que cet arbre est au nombre de ceux qui arrivent à une grande vieillesse. J'ai compté 71 couches
dans un tronçon d'environ demi-pied d'épaisseur ; Œhlafeu
en a compté 150 dans un tronc de 13 pouces, et Veillard
280 sur une tranche de 20 pouces de diamètre ; ce qui
donne environ une ligne d'accroissement annuel pendant
150 ans, et un peu moins d'une ligne après ce terme :
on peut juger, d'après ces données, de l'âge des ifs qui
ont quelque célébrité pour leur grosseur, savoir :

1°. Les ifs du comté d'Yorck, près Rippon, à l'ancienne abbaye de Fontaine, qui, au rapport de Hunter
(*Evelyn Sylva*, éd. 2, p. 259), mesurés par Pennant
en 1770, avaient de 13 à 26 pieds 6 pouces de circonférence, et qui, en 1133, avaient servi à abriter les
moines pendant qu'on rebâtissait leur abbaye. Le plus
gros de ces ifs a 1214 lignes de diamètre ; ce qui annoncerait environ le même nombre d'années, en supposant
que la différence du pied anglais au pied de roi compense
que l'if ancien semble ne pas croître d'une ligne par an.
Si cet if de l'abbaye de Fontaine existe encore, il approcherait, comme on le voit, de l'âge de 1280 ans.

2°. L'if observé par Evelyn (*Sylva* 2, p. 193) en 1660,

dans le cimetière de Crow-Hurst, au comté de Surrey, avait alors 10 yards anglais de tour; ce qui équivaut à 337 pouces de roi, soit à 1287 lignes de diamètre : il aurait eu donc alors environ 1287 ans, et comme il existe encore, il a, en suivant ces données, 1458 ans.

3°. L'if du cimetière de Fotheringal, en Écosse, que le même Pennant a trouvé avoir 58 pieds et demi de circonférence; ce qui donnerait 2588 lignes de diamètre, et à peu près le même nombre d'années.

4°. Surtout l'if mesuré par Evelyn au cimetière de Braburn, dans le comté de Kent, et qu'il appelle *super-annuated* : il avait, en 1660, cinquante-huit pieds neuf pouces de circonférence; ce qui est bien près de 60 pieds, soit 2880 lignes de diamètre, et aurait eu par conséquent, il y a 171 ans, 2880 ans environ. S'il existe encore, il aurait plus de 3000 ans.

Le MAHOGONI OU BOIS D'ACAJOU (*cedrela mahogoni*) est un arbre qui paraît devoir compter parmi les plus anciens du globe, vu que la dureté et la pesanteur de son bois annoncent un accroissement très-lent. P. Browne dit qu'à la Jamaïque il atteint 6 à 7 pieds de diamètre. Miller dit, probablement d'après Houston, qu'à Cuba on en fait des planches de six pieds de largeur, ce qui suppose un diamètre d'au moins 7 pieds. Catesby ne leur attribue que 4 pieds de diamètre aux îles Bahama. M. Hooker, qui a publié une excellente notice sur cet arbre (*Bot. misc.* 1, p. 21), dit qu'à Honduras on regarde qu'une période de deux siècles est nécessaire pour qu'un arbre puisse être coupé, et que les plus gros blocs qu'on ait mis dans le commerce étaient de 17 pieds de longueur, 57 pouces de largeur et 46 d'épaisseur. Ces documens sont insuffisans

pour avoir quelque approximation sur l'âge auquel les
mahogonis peuvent parvenir. Si l'on admet le diamètre
indiqué par Browne, et qu'on suppose que le mahogoni
croît en moyenne de 2 lignes par an comme notre chêne,
on trouverait que l'âge des plus gros est d'environ 500 ans :
or, il est peu probable qu'un bois aussi compacte croisse
aussi vite que mon hypothèse l'admettrait, et je suppose
que je suis resté fort au-dessous de la vérité.

Ce que je viens de dire du mahogoni s'appliquerait
très-bien aussi au Courbaril (*hymenæa courbaril*), qui
est le géant des Antilles. MM. Mercier et Wydler, qui
l'ont vu à la Trinité et à Porto-Ricco, m'ont attesté
qu'on en trouve qui ont 20 pieds de diamètre. Or, c'est
un arbre à bois très-dur, très-pesant, et qui croît très-
lentement. Patrick Browne remarque que, si on ne le
coupe pas très-vieux, il n'y a qu'une petite quantité de
cœur complétement lignifié : comme on en fabrique des
meubles d'une grande dimension, il faut bien qu'il arrive à un âge très-avancé. Si l'on suppose qu'il croît
aussi vite que le chêne, il arriverait à 14 siècles.

Le Baobab (*adansonia digitata*) est l'exemple le plus
célèbre de l'extrême longévité qui ait encore été observée avec précision. Il porte dans son pays natal un nom
qui correspond à celui de mille ans, et, contre l'ordinaire, ce nom est resté au-dessous de la vérité. Adanson
en a remarqué un aux îles du Cap-Vert qui, trois siècles
auparavant, avait été observé par deux voyageurs anglais;
il a retrouvé dans le tronc l'inscription qu'ils y avaient
écrite, recouverte par 300 couches ligneuses, et a pu juger ainsi de la quantité dont cet énorme végétal avait
cru en trois siècles. En partant de cette donnée, et de

ce que l'observation des jeunes baobabs lui fournissait
sur leur accroissement, il a dressé un tableau de leur
végétation, dont M. Duchesne a extrait les nombres suivans :

A 1 an le baobab a 1-1 1/2 pouce de diam. et 5 pieds de haut.

20 ans........	1 pied	15
50...........	2	22
100	4	29
1000...........	14	58
2400...........	18	64
5150...........	30	75

C'était là le terme gigantesque de la dimension du
baobab qui a servi à l'observation directe d'Adanson. Il
assure qu'il en a vu dans le pays de plus gros qu'il esti-
mait, d'après ces données, à peu près à 6000 ans.

Cette durée est d'autant plus singulière, que le bois
du baobab n'est pas dur, et que les écorchures qu'il
reçoit y déterminent souvent la carie ; mais, d'un autre
côté, l'énorme diamètre que son tronc acquiert comparativement à sa hauteur, lui donne le moyen de résister au choc des vents. M. Perrottet dit (1) qu'on trouve
fréquemment en Sénégambie des baobabs qui ont de 60
à 90 pieds de circonférence ; que leur écorce verte et
luisante est encore si pleine de vie, qu'à la moindre
blessure il en sort un liquide abondant ; ce qui est loin
d'annoncer un état de décrépitude.

Enfin, le dernier exemple que je me permettrai de
citer dans la série des dicotylédones, est le Cyprès-
chauve (taxodium distichum, Rich., ou *cupressus disti-*

____

(1) Fl. seneg., 1, p. 77.

cha, Linn.). Cet arbre est fort abondant dans le sud des Etats-Unis, et se retrouve au Mexique. On en cite en particulier un individu existant dans les jardins de Chapultepec, qui est appelé *cyprès de Montezuma*, parce qu'il passe pour avoir été en pleine végétation à l'époque où ce prince était sur le trône (1520); ce qui lui donnerait au moins 3 siècles. Son tronc a 41 pieds anglais de circonférence, et sa végétation est forte et vigoureuse (1). Un autre individu de la même espèce est encore plus remarquable. M. Rich. Exter, dans une lettre adressée au ministre des Etats-Unis, M. Poinsett, dit que ce taxodium est situé dans le cimetière de Santa-Maria de Tesla, à deux lieues et demie à l'ouest d'Oaxaca; et il y en a cinq ou six autres autour de lui aussi gros que celui de Chapultepec. Les habitans d'Oaxaca le nomment *sabino*. Le plus gros de ces arbres a 46 varas, soit 117 pieds 10 pouces français de circonférence, 37 1/2 de diamètre, et environ 100 pieds de hauteur. Il n'y a aucun doute (2), dit le voyageur, que c'est un arbre unique, et non formé de plusieurs; il est mentionné par Cortéz, qui abrita sous son ombre toute sa petite armée, et il est un objet de haute vénération pour les Mexicains indigènes.

---

(1) *Magaz of nat. history*, 1831, jan., p. 31.

(2) M. Alph. De Candolle observe cependant (Bibl. univ., avril 1831, p. 389) avec raison que la preuve qu'il en donne n'est pas suffisante; il se fonde sur ce qu'on ne voit qu'une seule écorce. Cette circonstance existe dans presque tous les arbres soudés. Ce qui me fait présumer qu'il est unique, c'est qu'il n'y a presque point d'exemples connus de conifères soudés naturellement par approche.

Michaux, dans son histoire des arbres de l'Amérique, cite des taxodium qui, dans les Florides et la Basse-Louisiane, acquièrent aussi 120 pieds de haut, mais qui ont, dit-il, 40 pieds de circonférence mesurée au-dessus d'une base conique trois ou quatre fois plus considérable que le corps de l'arbre. Si M. Exter a mesuré l'arbre d'Oaxaca sur cette base, la mesure de Michaux semblerait d'accord avec la sienne.

Nous avons, en suivant la note de M. Alph. De Candolle (*Bibl. univ.*, 1831, avril), deux moyens pour tenter de deviner l'âge de l'arbre d'Oaxaca :

1°. Michaux dit que les plus gros taxodium cultivés en France à Malesherbes, ont acquis un pied de diamètre en 45 ans : celui d'Oaxaca a environ 37 1/2 pieds de roi de diamètre. Si donc il avait cru toute sa vie comme celui de Malesherbes l'a fait pendant 45 ans, il aurait 1687 ans ; mais on sent que cette quantité doit être inférieure à la vérité, puisque les vieux arbres croissent plus lentement que les jeunes.

Si on supposait, au contraire, que le taxodium d'Oaxaca a cru comme le baobab, on trouverait qu'il est encore plus vieux que lui dans le rapport de 37 1/2 à 30 ; ce qui porterait son âge à plus de 6000 ans. Cette supposition serait plausible, car on sait que les conifères croissent, en général, bien plus lentement que les malvacées. Il reste cependant des doutes graves relativement à l'arbre d'Oaxaca : c'est de savoir, 1° s'il est réellement un arbre unique, et non formé de plusieurs soudés ; et 2° surtout s'il a été mesuré sur l'évasement voisin de la racine, et si cet évasement, mentionné dans les arbres de la Louisiane, et dont on ne parle pas quant à ceux du

Mexique, doit être compté dans l'appréciation régulière du diamètre de l'arbre, qui, selon qu'on résoudra ces doutes, sera ou l'un des plus anciens, ou décidément le plus ancien des végétaux connus du globe ; car la moyenne entre les deux calculs ci-dessus serait encore de 4000 ans.

Je crois donc avoir exposé dans cet article la preuve détaillée qu'il a existé ou qu'il existe encore sur le globe des arbres très-vieux, savoir :

Un ormeau à l'âge de....	335 ans.
Cheirostemon...........	400 environ.
Lierre..................	450.
Mélèze	576.
Tilleul.................	1147-1076.
Cyprès.................	550 environ.
Platane d'Orient.......	720 et plus.
Oranger...............	630.
Cèdre du Liban........	800 environ.
Olivier................	700 environ,
Chêne.................	1500-1080-840.
If....................	1214-1458-2588-2880.
Baobab...............	5150 (en 1757).
Taxodium.............	4000 à 6000 environ.

Tant qu'on n'avait eu que le chiffre du baobab donné par Adanson, on avait été tenté de le regarder comme une erreur ou comme une exception. Le tableau précédent prouvera, je pense, qu'il rentre dans les lois générales de la végétation, et fixera l'attention sur ce phénomène de l'extraordinaire longévité et de la durée comme indéfinie dont certains végétaux sont susceptibles.

§. 6. Examen spécial de la durée des endogènes.

Tout ce que j'ai dit jusqu'ici s'appliquait plus exclusivement aux exogènes, dont le corps ligneux croît chaque année par des couches extérieures, et qui poussent une grande abondance de branches; ces végétaux offrent donc les combinaisons les plus favorables pour s'accroître indéfiniment. Les endogènes sont dans une position qui semble moins favorable à l'idée d'une croissance indéfinie; leurs fibres anciennes sont placées en dehors du tronc, dont elles forment la zone extérieure, et les fibres nouvelles naissent au centre. Or, on peut croire qu'il doit arriver un terme où le tronc, qui ne peut croître en diamètre, est totalement solidifié, et par conséquent doit mourir par une cause analogue à la mort de vieillesse des animaux. Cet effet peut avoir lieu évidemment à un terme très-avancé, et en théorie il est impossible de le révoquer en doute. En fait, je ne trouve qu'un exemple qu'on puisse citer en sa faveur, et encore est-il contestable ! M. Delile dit, dans sa *Flore d'Égypte*, p. 174, qu'un cultivateur des environs du Caire lui a assuré que, « lorsqu'un dattier a vieilli et que la sève commence à » se porter plus faiblement à son sommet, il est possible » de couper ce dattier et de le replanter en descendant » son sommet en terre. Une année avant cette opération » on enfonce deux coins de bois en croix à travers le » tronc, à trois coudées environ au-dessous des feuilles ; » on recouvre ces coins et les nouvelles blessures, d'un » bourrelet de limon retenu par un réseau de corde ; on » tient ce limon toujours humide....., et il se trouve à la

» fin de l'hiver des radicules sur ce bourrelet de limon ;
» on coupe alors le sommet de l'arbre sous le bourrelet,
» et on le plante sous une rigole. » Remarquons d'abord
que ce fait est assez rare, pour qu'aucun des voyageurs
qui ont visité les pays à palmiers, ni même M. Delile,
l'aient jamais vu. Donc cet endurcissement des fibres des
palmiers est prodigieusement rare, et même le simple
fait de la diminution des fruits des grands dattiers ne
suffit pas pour prouver qu'il ait lieu d'une manière sensible. Il se peut en effet qu'on répugne à avoir des dattiers trop élevés, soit parce que le vent les brise facilement, soit parce qu'il est trop pénible d'y monter pour
leur fécondation artificielle ou la cueillette de leurs
fruits. Ainsi, le fait même, quand il serait commun,
pourrait bien tenir à d'autres causes qu'à l'endurcissement des fibres. Observons, au reste, que nous voyons
en petit des faits analogues dans la culture de nos serres ;
quand on enlève la couronne d'un ananas, on fait précisément, mais avec moins de peine, une bouture analogue physiologiquement à la marcotte de dattier mentionnée par le cultivateur du Caire.

L'obstruction des fibres centrales des palmiers semble
encore confirmée par le fait attesté par Rumphius (1), que
dans les cocotiers très-âgés, les fruits sont plus petits, et
que les feuilles elles-mêmes se dessèchent et tombent
dans l'extrême vieillesse ; mais la cause de ce dépérissement n'est point expressément indiquée, et pourrait bien
tenir à d'autres circonstances, telles que l'action fré-

____

(1) *Herb. amb.*, vol. 1, p. 5.

2.　　　　　　　　　　　　　6 4

quente de la foudre, les ravages des vers qui dévorent le bourgeon, etc.

Je ne connais donc aucun fait positif qui prouve qu'il puisse arriver un jour une obstruction totale des fibres des palmiers; mais j'en admets la possibilité en théorie. Examinons cependant ce qui se passe habituellement dans ces arbres : il naît sans cesse de leur collet, ou très-rarement des aisselles de leurs feuilles, des bourgeons qui se développent et forment, ou des branches si on les laisse en place, ou de nouveaux arbres si on les détache de l'ancien : cette formation des nouveaux bourgeons est d'autant plus active, que le bourgeon terminal du premier tronc est moins vigoureux. Ainsi, dans nos serres, quand nous voulons multiplier un cycas ou un littæa, nous brûlons le bourgeon terminal; nous forçons ainsi les bourgeons du collet ou des aisselles à se développer, et nous obtenons un individu rameux, susceptible de se diviser en plusieurs. De même, dans les palmiers livrés à eux-mêmes, si un accident atteint leur bourgeon terminal, les bourgeons latéraux du collet ou des aisselles tendent à continuer la vie de l'arbre; le tronc primitif peut bien périr, mais l'individu n'en a pas moins une durée indéfinie. C'est ce qui arrive aux Caraïbes lorsqu'ils coupent la tige de leurs palmiers pour se nourrir du bourgeon terminal appelé chou-palmiste; cette ablation, faite en temps opportun, fait développer de nouveaux jets vers le collet; et quoique je répugne à décolorer les belles métaphores morales qu'on a établies sur cet usage, je suis tenté de croire que les Caraïbes ne sont pas plus barbares dans cette opération que nous ne le sommes lorsque nous coupons les jets de nos asperges, certains que nous sommes qu'il en va renaître d'autres de la souche, et que ce n'est point par paresse qu'ils coupent l'arbre par le pied, mais afin de profiter de son tronc, et de favoriser d'autant plus le développement des bourgeons radicaux.

Ainsi, d'un côté, rien ne prouve en fait que le tronc des palmiers ait un terme fixé d'accroissement; et, lors même qu'on l'admettrait, il faudrait au moins convenir que le développement des bourgeons du collet tend à continuer l'individu indéfiniment. Un palmier ne meurt pas plus quand son tronc principal est détruit, qu'un arbre ordinaire ne meurt quand son tronc gèle jusqu'au collet et repousse du pied. Je sais que parmi les palmiers, tout comme parmi les arbres exogènes, il en est quelques-uns qui ne repoussent pas habituellement du pied; mais ceci est évidemment une particularité de certaines espèces et non une loi générale. Cherchons cependant à nous faire une idée de la durée de ces troncs principaux des endogènes, comme nous l'avons fait pour les exogènes. Cette recherche est plus difficile par diverses causes, et surtout parce que nous connaissons moins bien les moyens de juger de l'âge des individus :

1° Les zones laissées sur la tige par la chute des feuilles ne sont visibles ni dans les parties trop jeunes, ni souvent dans les parties trop âgées, de sorte qu'on ne peut les compter que dans une partie de la longueur.

2° Nous ne savons pas avec le même degré de certitude que pour les zones concentriques des exogènes, si ces anneaux extérieurs représentent toujours la même période dans diverses espèces, ils indiquent évidemment la cicatrice des feuilles; mais pour assurer, comme on le dit vulgairement, qu'ils indiquent les années, il faudrait, pour chaque espèce, savoir combien il y naît de feuilles par an.

3°. Il est un grand nombre d'endogènes où ces cercles manquent complétement, et où l'on n'a par conséquent aucun moyen connu d'estimer l'âge d'un individu quand on manque de documens historiques.

4°. Ces végétaux étant presque tous originaires des pays intertropicaux, on n'a pas recueilli à beaucoup près autant de faits historiques ou physiologiques sur leur histoire.

Je ne pourrai donc citer à leur égard que quelques exemples peu concluans.

L'âge des palmiers est, comme je viens de le dire, difficile à reconnaître avec quelque précision, et le peu que nous en savons n'annonce pas une grande antiquité. M. Martin de Saint-Tropez, dit (Nouv. Duhamel) qu'il existait en 1809 à Cavalaire en Provence un DATTIER semé en 1709, et haut de cinquante pieds sur dix-huit pouces de diamètre. Il est tombé en 1830, à Nice, au quartier de l'Empeitat, un dattier qui avait soixante-quinze pieds de hauteur, et avait un peu plus de cent trente ans (1). Ces deux exemples sembleraient annoncer cinq à six pouces d'alongement par année. M. Delille (*Fl. d'Égy.*) dit que les dattiers les plus élevés de ce pays sont de soixante pieds. MM. Cavanilles et Desfontaines citent le même maximum pour ceux de l'Espagne et de la Barbarie. Les uns et les autres disent que les Arabes estiment leur plus longue vie à deux ou trois siècles.

____

(1) Bull. de la chamb. d'agric. de Nice, 1831, p. 27.

Le CÉROXYLON des Andes du Pérou, que MM. de Humboldt et Bonpland ont vu atteindre à cent quatre-vingts pieds, c'est-à-dire le triple du dattier, pourrait donc, si la marche de l'accroissement est conforme à celle du dattier, avoir peut-être de six à neuf siècles; mais cette opinion est une simple supposition.

Les plus grands palmiers du Brésil, mentionnés dans le bel ouvrage de M. Martius, sont les suivans :

	Haut. tot. Pieds.	Diam. Pouces.	Dist. des ann. anc. Pouces.
OEnocarpus bataua ...	80	12	7
Euterpe oleracea.......	120	8—9	4—5
Euterpe edulis........	100	6—7	4—5
Iriartea exorhiza......	80—100	12	4—6
Guilielma speciosa......	80—90	6—8	4—5
Cocos oleracea.	60—80	12	1—2
Cocos nycifera........	60—80	4—12	5—12

On pourrait donc, si, comme on le dit et comme il est probable, les anneaux marquent les années, croire que l'œnocarpus bataua vivrait cent trente-quatre ans, les deux euterpe environ trois cents ans; le cocos oleracea, six à sept cents ans, le cocos nucifera, de quatre-vingts à trois cent trente ans. Ce dernier chiffre serait d'accord avec l'assertion de Rumphius, que le cocotier porte fruit jusqu'à l'âge de soixante et même cent ans: mais je ne donne ces chiffres qu'avec une grande défiance.

Le fameux DRAGONNIER (dracæna draco) d'Orotava, qui existe encore, est sûrement un des plus anciens monumens du globe. Selon M. de Humboldt (Étude de la nature, v. 2, p. 51 et 109), il a quarante-cinq pieds de circonférence un peu au-dessus du sol, ou, selon ce même observateur, seize pieds de diamètre. Selon M. Ledru, qui l'a visité en 1796, il avait alors vingt mètres de hauteur, treize de circonférence vers le milieu, et vingt-quatre à la base; ce qui donnerait une grosseur un peu plus forte que celle indiquée par M. de Humboldt. Lorsque l'île de Ténériffe fut découverte en 1402, la tradition rapporte qu'il était déjà aussi gros et aussi creux qu'à présent, et qu'il était, dès cette époque, un objet de vénération pour les peuples de l'île. Cette tradition, déjà citée dans les plus anciens auteurs, et ce qu'on connait de l'extrême lenteur de la végétation des dragoniers, peut faire présumer la haute antiquité d'un arbre que quatre siècles ont à peine modifié. De temps en temps une partie de ses branches est détruite par le vent, ce qui explique cette espèce d'état stationnaire. Il a perdu une grande partie de sa cime le 21 juillet 1819, mais n'en continue pas moins à végéter. On peut voir une relation détaillée de cet arbre gigantesque, publiée dans les *Actes des Curieux de la nature*, vol. 13, p. 781, par M. Berthelot. Ce voyageur remarque qu'en comparant les jeunes dragoniers qu'il a vus à Orotava avec le grand arbre du jardin Franchi, les calculs qu'il a faits sur l'âge de ce dernier *ont plus d'une fois confondu son imagination.*

§. 7. De la longévité probable de quelques autres végétaux moins connus que les précédens.

J'ai indiqué dans les articles précédens ce que j'ai pu recueillir de plus exact sur la durée de quelques-uns des géans du règne végétal : mais je suis loin d'avoir désigné toutes les espèces qui mériteraient d'être étudiées sous ce rapport. J'aurais voulu pouvoir donner au moins des approximations sur l'âge de ce *pinus lambertiana*, que Douglas a trouvé en Californie, dont le tronc s'élève de cent cinquante à deux cents pieds, et qui, dit-on, a de vingt à soixante pieds de circonférence (1). J'aurais voulu connaître l'âge du bois de Brésil et des autres bois de teinture, du bois d'ébène, du bois de fer, dont le tissu est tellement serré, qu'on peut à peine compter leurs couches ; ce qui annonce et la lenteur de leur croissance et leur inaltérabilité. J'aurais voulu recueillir des renseignemens sur ces figuiers des Indes, qui, malgré la légèreté et l'altérabilité de leur bois, paraissent vivre fort long-temps. Parmi nos grands arbres européens, j'aurais voulu obtenir des renseignemens sur l'âge auquel peuvent parvenir l'yeuse, le micocoulier (2), le caroubier, l'arbre de Judée (3), le *phyllirea latifolia*,

____

(1) Est-ce le tronc ou la cime dont on a voulu parler ?

(2) Il y a au jardin de Montpellier un celtis qui, mesuré en 1831 par M. Victor Broussonet, a 12 pieds de circonférence à 2 pieds du sol. Il est probable que, planté à la fondation du jardin, il a 233 ans, et qu'on peut estimer que le micocoulier croît en diamètre d'un peu plus de 2 lignes par an.

(3) Il existe dans le jardin de Montpellier un cercis qui, mesuré en 1831 par M. Victor Broussonet, a 26 pieds 5 pouces de circonférence à 2 pieds au-dessus du sol. Si, comme on pourrait le croire, il avait été planté en 1598 avec le jardin, il aurait 233 ans, et aurait cru de 5 lignes par an ; mais cet accroissement me paraît évidemment exagéré, et je présume que cet arbre était déjà alors assez gros pour avoir été conservé lors de la fondation du jardin.

le liége, le buis, le diospyros, le cerisier des montagnes, etc. Des arbustes peuvent même prendre une dimension qui annonce un grand âge. Ainsi il y avait en 1805, à Rough-Island (*Bull. sc. agr.*, 9, p. 152), un arbousier dont la tige avait neuf pieds, et M. Mackay en a mesuré un de six pieds trois pouces à Balruddery ; dimension qui, vu la lenteur de la végétation de cette espèce, annonce une grande ancienneté. J'ai trouvé en 1811, près du village du Caire, département de la Haute-Loire, une aubépine qui avait trente pieds de hauteur et un pied de diamètre. On a cité un genévrier ayant deux pieds de diamètre, et croissant à Essling (1). J'en ai vu moi-même un de cette dimension à Draguignan, qui paraissait digne d'attention sous ce rapport, qu'il était avec trois autres arbres indigènes, autour d'une pierre levée celtique ; mais d'après l'accroissement d'un genévrier de cinquante ans que j'ai mesuré, celui d'Essling et celui de Draguignan ne devaient avoir que trois cent quatre-vingts ans.

Ce n'est pas, au reste, seulement parmi les arbres qu'on peut croire qu'il existe des végétaux fort âgés ; je suis disposé à penser que la partie souterraine des végétaux vivaces, abritée par sa position même contre les intempéries de l'atmosphère, peut parvenir à une extrême vieillesse, et je me permettrai de citer ici quelques-uns des faits qui m'ont frappé, afin d'appeler sur ce sujet l'attention des observateurs.

J'ai déjà mentionné dans l'*Organographie* ce singulier saule, dit herbacé, qui, lorsqu'il croit sur les pelouses

_____

(1) Evel. *Sylva*, 2, p. 189.

des Alpes, dans des lieux situés au-dessous des pentes dont le terrain glisse lentement, est graduellement enterré, et s'alonge chaque année de la quantité nécessaire pour atteindre la surface, de telle sorte qu'il présente l'apparence d'un gazon de plusieurs toises d'étendue, qui est en réalité le sommet d'un arbre souterrain. J'ai tenté de déraciner ce singulier genre d'arbre, et n'ai jamais pu parvenir à sa base. Or, la longueur que j'avais déterrée, comparée avec la lenteur extrême avec laquelle cette cime s'alonge, aurait déjà indiqué un âge fort avancé. Il serait curieux de faire quelques efforts pour atteindre à la véritable base de cet arbre souterrain, et pour apprécier son âge, que je crois très-considérable.

J'en dirai autant des *cryngium maritimes* et de l'*echinophora*, qui croissent sur les dunes du midi de l'Europe. J'ai souvent essayé de les déraciner, sans avoir en général pu parvenir, je ne dis pas à l'extrémité de la racine, mais même au véritable collet : tout ce que j'ai pu débarrasser du sable était toujours la vraie tige ascendante qui, enterrée par l'accroissement de ce sable, avait pris l'apparence d'une racine. Si l'on suppute le faible accroissement en longueur de cette tige souterraine, on peut croire qu'elle s'est peut-être alongée avec l'exhaussement de la dune, et qu'elles sont quelquefois contemporaines.

Ce que je viens de dire des rhizomes verticaux n'est-il pas bien plus plausible des rhizomes horizontaux qui rampent sous terre, soit qu'ils s'alongent en tous sens, comme ceux du chiendent, du *carex* ou de l'*arundo arenaria*; soit que, comme ceux de plusieurs aulx, des fougères, des *nymphæa*, ils s'alongent et poussent chaque année des feuilles par une de leurs extrémités, et se dessèchent ou se détruisent par l'autre. Qui oserait affirmer que ces rhizomes ne soient pas quelquefois beaucoup plus vieux qu'ils ne le paraissent, et qu'on est habitué de le croire? Voyez la profondeur extraordinaire des prêles, leur permanence dans les mêmes lieux, la lenteur de leur accroissement, et vous serez amené à croire, avec M. Vaucher, que leur ancienneté est considérable. Voyez ces graminées à racines serrées ou traçantes qui tallent sans cesse, et qui forment ces steppes compactes de l'Amérique et de l'Asie; ne sait-on pas que ces humbles gramens étouffent les arbres qui s'en trouvent enlacés? Y a-t-il probabilité que de jeunes pieds venus de graines se développent dans ce tissu continu? et n'est-il pas plus vraisemblable que ces prairies naturelles et permanentes sont composées de souches d'une grande antiquité, et que leur nature siliceuse abrite contre l'humidité?

Voyez ces orchis qui poussent chaque année un nouveau tubercule, tantôt d'un côté, tantôt d'un autre, et qui peuvent se conserver indéfiniment dans les prairies dont la main de l'homme, l'action des animaux fouisseurs ou les dévastations des torrens ne changent pas l'état.

Je descendrai même à des végétaux plus humbles encore pour chercher des exemples de longévité. M. Vaucher a suivi pendant quarante ans un même lichen, sans l'avoir vu ni périr ni beaucoup grandir. Que sais-je? peut-être, parmi ces taches qui couvrent certains rochers, il en est dont l'existence remonte jusqu'au moment où ce rocher a été mis à nu, peut-être jusqu'à celui de l'un des cataclysmes qui ont soulevé nos montagnes; peut-être ce tapis de mousse, sans cesse inondé, qui décore le fond de quelques rivières , est-il là sans cesse renaissant de lui-même sans fécondation , depuis que le lit de cette rivière est fixé. Qui me dira combien il a fallu d'années pour former cette masse pesante, compacte , et grosse comme la tête, que les Napolitains appellent *pietra fungaia* (pierre à champignons) , et qu'on sait aujourd'hui être le tubercule radical d'une espèce de bolet (*boletus tuberaster*)?

Ainsi, partout, dans toutes les classes, nous trouvons des êtres dont la durée est inconnue et défie l'œil de l'observateur. Ce serait un sujet curieux de recherches que cette longévité des plantes herbacées. J'ose le signaler ici aux observateurs : souvent j'ai eu le désir de m'en occuper; mais, détourné par d'autres travaux, je n'ai pu le faire : c'est là un des cas nombreux où le botaniste se rappelle avec regret le fameux adage d'Hippocrate : *Ars longa , vita brevis.*

§. 8. Conclusion.

Je crois avoir prouvé dans ce chapitre que, si on considère un végétal comme un agrégat d'individus sans cesse renaissans , il n'est pas étonnant que ces agrégats se conservent indéfiniment; que si , au contraire , on veut considérer un végétal comme un être unique, il faut convenir que, surtout quant aux exogènes, cet être est doué d'un accroissement indéfini , ne meurt pas de vieillesse, dans le sens où ce mot s'emploie dans les animaux , mais toujours de quelque accident.

J'ai aussi prouvé qu'il existe encore vivans sur notre globe des arbres qui dépassent tout ce qu'on a coutume de croire sur leur durée habituelle. Nous avons vu que, même dans notre Europe, où l'homme a depuis si long-temps changé la face du sol et détruit les arbres pour ses besoins ou ses caprices, il en a échappé à ses destructions quelques-uns qui semblent avoir atteint une durée de trois mille ans; mais nous avons vu que, hors d'Europe, soit par l'effet d'un meilleur climat, soit parce qu'ils ont été mieux respectés, on trouve des arbres plus vieux encore, et qui paraissent dépasser une durée de cinq mille ans. Ces monumens vivans remontent donc jusqu'à l'époque que les monumens de l'histoire et de la géologie semblent indiquer pour celle du dernier cataclysme, ou pour l'origine de l'état actuel de la surface de notre globe. Cette circonstance doit faire comprendre combien il y aurait d'intérêt à multiplier des recherches de ce genre, surtout dans les pays intertropicaux. J'ose recommander ces recherches aux voyageurs. Les moyens de cette investigation sont simples et faciles. Je crois devoir les récapituler ici sommairement; et d'abord, quant aux exogènes :

1°. Toutes les fois qu'il sera possible de compter le nombre des couches d'une branche horizontale, il faut le faire avec soin, soit en prenant seulement leur nombre et le diamètre total, soit surtout en marquant sur une bande de papier la trace de chaque couche du centre à la circonférence ;

2°. Lorsque l'arbre sera trop gros ou trop précieux pour être coupé, il faut mesurer exactement son diamètre à environ deux pieds au-dessus du collet, et chercher à calculer le nombre de ses couches par les moyens suivans, séparés ou réunis, savoir :

Ou en cherchant dans les environs un pied plus jeune dont on puisse couper le tronc pour compter les zones;

Ou en entaillant le gros tronc latéralement, de manière à connaître l'épaisseur des cinquante ou cent dernières couches.

Relativement aux endogènes, on doit :

1°. Chercher à reconnaître quel est le temps qui s'écoule entre la formation de chacun des anneaux de la tige d'une espèce donnée ;

2°. Compter le nombre des anneaux et le maximum de la hauteur totale d'une espèce.

Enfin, pour l'une et l'autre classes, il faut recueillir avec soin :

1°. Les monumens ou témoignages historiques qui peuvent rattacher l'existence d'un arbre donné à une époque connue ;

2°. Recueillir les documens qui pourraient constater que, depuis une époque donnée, il aurait cru d'une quantité quelconque en épaisseur du tronc, si c'est un exogène, ou en longueur, si c'est un endogène.

De pareilles recherches seraient curieuses à faire :

1°. Sous le rapport physiologique, sur les arbres les plus durs et les plus compactes du globe, tels que les bois de teinture, les bois d'ébène ou les mahogonis et autres confondus avec ceux-ci;

2°. Sous le rapport géologique, dans les îles et contrées d'origine volcanique ou madréporique, afin de déterminer leur ancienneté ;

3°. Sous le rapport historique, afin d'éclairer, dans certains cas, les dates obscures de quelques monumens.

J'adresse ces mêmes demandes d'investigation aux physiologistes d'Europe, qui peuvent, mieux que dans les pays étrangers, rencontrer des arbres dont la date est connue par des témoignages authentiques, et dont la grosseur, une fois connue, servirait pour déterminer l'âge d'autres individus. Puissent ces excitations concourir à faire résoudre ce problème remarquable de physiologie végétale !

CHAPITRE XII.

De la Suspension réelle ou apparente de la Végétation.

Si la force vitale des végétaux agit d'une manière plus obscure , et qui paraît plus faible que celle des animaux, il faut convenir qu'elle compense cette faiblesse par sa ténacité. Nous avons vu , en nous occupant de la durée des plantes , combien elle est susceptible de dépasser celle des animaux , et nous aurons la confirmation de la ténacité de la vie végétale en passant en revue les exemples où cette vie , qui paraissait anéantie , se trouve revivifiée par le simple contact de l'eau. On a dans le règne animal quelques exemples analogues : ainsi , le rotifère reprend la vie et le mouvement lorsqu'on l'humecte , et on ne connaît point encore la limite de cette faculté. On a aussi l'exemple des crapauds , qui peuvent, dit-on , conserver leur vie pendant un nombre d'années indéfini , lorsqu'ils se trouvent enfermés dans du plâtre ou quelqu'autre matière pierreuse qui les mette à l'abri de toute altération. Des propriétés analogues se retrouvent dans un grand nombre de végétaux.

L'exemple le plus connu , et en même temps le plus remarquable de la suspension du mouvement vital , est l'état de torpeur dans lequel les graines mûres peuvent ordinairement passer plusieurs mois , et quelquefois un grand nombre d'années. J'ai déjà exposé les faits de ce genre, en parlant de la maturité et de la conservation des graines (liv. III, chap. V, §. 2), et je n'y reviendrai pas. J'observerai seulement que cette conservation des graines est généralement plus longue et plus prononcée que celle des œufs des animaux. Ceux-ci semblent dans un état de torpeur moins complet ; ils paraissent absorber un peu d'oxigène, et être soumis à l'action de la température entre des limites étroites, il est vrai, mais sensibles ; tandis que les graines semblent plus complétement engourdies, ou, en d'autres termes, ont besoin d'un concours de causes plus rarement réunies pour se réveiller. Il n'y a d'ailleurs aucune comparaison entre la durée de la torpeur des œufs, qui passe rarement quelques mois, et celle des graines qui peuvent conserver pendant des siècles la faculté de germer.

Mais les plantes déjà développées présentent encore des traces remarquables de cette faculté de suspendre leur mouvement vital, et de le reprendre dans des circonstances données. M. Théod. de Saussure (1) a suivi ce sujet avec l'exactitude qui le caractérise. Il a vu que la plupart des graines qui ont commencé à germer peuvent être soumises à un desséchement très-intense, et reprendre leur vie après un état de torpeur souvent assez long. Les graines germées, sur lesquelles cette faculté a été observée, sont le froment, le seigle, l'orge et le maïs parmi les graminées ; la vesce, la lentille parmi les légumineuses ; le cresson alénois, le chou et la moutarde

____

(1) Mém. soc. phys. et Hist. nat. de Genève, vol. 3, part. 2, p. 1-25.

parmi les crucifères, le chanvre parmi les urticées, la laitue parmi les composées, et le sarrasin parmi les polygonées. Au contraire, la féve, le haricot, le pourpier, la raiponce et le pavot en ont paru dépourvus. Ainsi, cette faculté n'est liée ni avec la structure donnée de la graine, puisque des semences de familles très-différentes l'ont offerte, et que des graines de la même famille ont présenté des résultats différens ; ni avec la nature de cette graine, puisqu'il y en a d'huileuses et de farineuses dans les deux séries ; ni même avec ce que nous savons en général de la force de certaines espèces ; car la féve et le haricot, par exemple, sont, en général, aussi robustes que la vesce ou la lentille : il y a ici un effet de vitalité ou d'hygroscopicité indépendant de ceux qui nous sont connus.

Parmi les espèces douées de cette faculté, les unes ont pu revenir à la vie, seulement quand elles avaient été exposées à l'ombre à une température de 35 degrés centigrades ; d'autres ont pu supporter jusqu'à 70 degrés centigrades, c'est-à-dire la température la plus élevée que les graines puissent éprouver dans nos climats : telles sont les graines de froment, de seigle, de vesce et de chou, pourvu que leur germination fût peu avancée, et qu'elles renfermassent peu d'eau dans leur tissu avant d'être soumises à cette température élevée.

La graine germée et desséchée reste pour reprendre son eau de végétation, lorsqu'on la place entre deux éponges ou du papier-joseph humide, au moins autant de temps que la même graine met d'ordinaire à germer : aussi les graines lentes à germer, c'est-à-dire qui absorbent l'eau avec lenteur, sont-elles à proportion plus dif-

ficiles à rappeler à la vie que celles qui germent promptement. En général, plus la germination était avancée ,
plus cette sorte de revivification s'est montrée lente et difficile. Quelques plantes germantes perdent leurs radicules
par la dessiccation , et en repoussent de nouvelles ; ce qui
rend leur végétation moins vigoureuse. La plupart ont pu
supporter trois mois de desséchement, quelques-unes cinq
à six mois; aucune n'a pu le supporter un an. Un desséchement artificiel , plus intense qu'il ne peut se présenter à l'état naturel , n'a produit sur les graines mûres
guère d'autre effet que de ralentir l'acte de la germination. Le même desséchement , opéré sur des graines germées , a empêché chez quelques-unes le retour à la vie
par l'humectation. Celles de froment, de seigle , d'orge
et de chou , ont seules résisté à cette épreuve. Parmi les
graines farineuses non germées , soumises à l'état entier
et à l'état pulvérulent , au vide desséché par l'acide sulfurique , les unes y éprouvent des pertes, ou égales , ou
qui ne diffèrent pas plus d'un cinquième ; les autres
éprouvent une déperdition beaucoup plus grande à l'état
pulvérisé qu'à l'état entier : les premières ne peuvent pas
être rappelées à la vie; les secondes ont cette faculté ;
celles-ci sont évidemment plus sensibles à la force hygroscopique; elles cèdent plus facilement leur eau dans
le vide sec, et la regagnent aussi plus facilement dans
l'air très-humide. Il est vraisemblable , comme l'observe
encore le savant physicien auquel nous devons les faits
précédens , que cette faculté de certaines graines germées de reprendre la vie après un desséchement mo-
mentané , est une des circonstances qui corrigent les
variations extrêmes de l'état de l'air, et qui rendent certaines plantes plus robustes que d'autres.

Les plantes parvenues à un âge plus avancé donnent toutes, avec plus ou moins d'intensité, des traces de cette faculté de régénération après le desséchement. Tout le monde sait que des plantes fanées par une trop grande exhalaison d'eau, reprennent leur fraîcheur lorsqu'on les humecte, soit par la surface, soit en leur faisant absorber de l'eau par leurs racines, ou la tranche transversale de leurs tiges. Cette dernière absorption est, selon les bouquetières, plus rapide lorsqu'on se sert d'eau tiède ou chaude, probablement parce que cette chaleur tend à exciter l'action absorbante des cellules.

M. Carradori (1) a vu des plantes d'*umbilicus pendulinus* reprendre leur fraîcheur par l'immersion dans l'eau, après trois et même après sept jours de fanaison et de dessiccation. M. Dutrochet a vu que le desséchement peut être poussé très-loin sans que la plante perde la faculté de réabsorber de l'eau : il s'est assuré par l'expérience qu'une mercuriale annuelle, qui avait perdu quinze pour cent de son poids, et qui était dans un état complet de flaccidité, avait repris sa fraîcheur, ou, comme il l'appelle, son état turgide, en trempant pendant quatre heures dans de l'eau à douze degrés Réaumur. Il est difficile de ne pas comparer ce fait avec celui observé par M. Fr. Delaroche sur une grenouille qui, mise dans une étuve à soixante degrés, y perdit vingt-sept pour cent de son poids, et les regagna ensuite par l'immersion dans l'eau. M. Dutrochet a vu une autre mercuriale qui avait perdu par la fanaison trente-six pour cent de son poids, ne reprendre qu'imparfaitement

____

(1) *Sulla vitalita delle piante.* Milano. 1807. p. 5.

son état de turgescence, et seulement dans les parties inférieures ; mais il en plaça une troisième qui avait perdu quarante-six pour cent de son poids, plongeant dans de l'eau par sa base, et ayant sa cime dans un air saturé d'humidité ; elle reprit alors, quoique avec lenteur, son poids et sa turgescence naturelle au bout de quatre jours.

On voit dans ces deux dernières expériences que l'obstacle principal à la reprise de l'état turgide est l'évaporation qui lutte contre l'absorption ; et c'est pour cela que les bouquetières ont soin de tenir à l'obscurité les plantes qu'elles veulent conserver fraîches ou rappeler à l'état de fraîcheur. On doit donc s'attendre que les plantes qui évaporent peu d'eau devront se maintenir fraîches bien plus long-temps que d'autres, lors même qu'elles n'absorbent rien. Ainsi M. Théod. de Saussure a vu un opuntia qui avait servi trois semaines à des expériences propres à l'affaiblir, et qui, placé dans une armoire pendant quatorze mois, où il avait eu à supporter un froid de huit degrés, et une chaleur de vingt-et-un degrés Réaumur ; il a vu, dis-je, cet opuntia vidé et aminci par la perte de la moitié de son eau de végétation ; mais il poussait des racines et des tiges ; il exhalait encore de l'air sous l'eau au soleil, et mis en terre, il a repris la vie. J'ai vu moi-même un pied de *sempervivum cæspitosum*, que M. Christian Smith avait ramassé aux îles Canaries, et desséché pour l'herbier, qui a passé dix-huit mois (six mois dans sa collection et douze mois dans la mienne), à l'état de plante sèche (1).

---

(1) Rapport sur les plantes rares du jardin de Genève dans les mém. de la soc. de phys. et d'hist. nat., vol. 1, p. 455.

Au bout de ce terme, je m'aperçus du développement
d'un petit bourgeon à l'extrémité de sa tige ; je le fis
mettre en terre : il s'y est developpé, et je conserve
encore dans l'orangerie du jardin de Genève cet individu obtenu après dix-huit mois de séjour dans l'herbier. Ces exemples tendent peut-être à inspirer quelque
créance pour un fait cité par Bomare et Rozier, mais que
je n'ai point vu, savoir, que si en automne on coupe
une branche chargée de boutons à fleur, qu'on en mastique la coupe, et qu'on la mette dans une boîte bien
close, on peut dans l'hiver la faire fleurir en ravivant la
coupe et en la trempant dans l'eau. Je tire ce fait de la
Physiologie de Perrotti (p. 150) ; mais il n'en a pas vu
plus que moi la vérification.

Certaines tiges remplies de fécule paraissent douées à
un haut degré de cette faculté de revivification. J'ai reçu
une tige de zamia, qui se trouva pourrie aux deux extrémités. Je fis retrancher les parties gâtées, et je plaçai le
reste du tronçon en terre, dans un vase plongé dans
la tannée d'une serre modérément chaude ; au bout de
dix-huit mois seulement, cette tige a poussé quelques jets.

C'est sans doute à cette classe de faits qu'il faut rapporter quelques exemples curieux de la ténacité avec laquelle certaines racines peuvent rester sous terre, privées de toute végétation apparente, et pousser ensuite
des jets nouveaux lorsqu'une circonstance favorable se
présente. Ainsi M. Desfontaines a vu une apocinée, et
M. Dureau de La Malle une souche de *clematis viticella*,
pousser après quatre ans d'enfouissement (1). Le même

____

(1) Ann. sc. nat., 5, p 574.

observateur (1) a vu des racines de mûrier noir pousser des jets après une torpeur de vingt-quatre ans.

Tout le monde connait la faculté qu'offrent les tubercules, les bulbes, les rhizomes des amomées, des aroïdes, etc., pour conserver pendant bien du temps la faculté de reprendre la vie dès qu'ils sont exposés à des circonstances de température et d'humidité convenables. Il semble, d'après la nature de ces organes et des tiges citées tout à l'heure, que cette faculté est d'autant plus grande, que l'organe soumis à l'expérience est à la fois plus rempli de dépôts de nourriture accumulée et moins susceptible d'évaporation. Un exemple extrême de la faculté de revivification a été récemment cité dans quelques journaux; mais j'avoue que je ne saurais y croire. On dit que M. Hulton a présenté à la société médico-botanique de Londres (2) une bulbe trouvée dans la main d'une momie égyptienne, qui, mise en terre, aurait repris la vie. Je présume que cette bulbe avait été placée dans la caisse de la momie depuis que celle-ci avait été retirée des catacombes. Tout au moins je puis affirmer que des grains de *triticum turgidum*, que M. Acerbi avait retirés des caisses des momies, et qu'il m'avait envoyés, n'ont point germé lorsque je les ai semés. Ces grains, dont l'analyse a été faite par M. Théod. de Saussure (3), étaient dans un état de carbonisation assez

------

(1) Ann. sc. nat., 9, p. 558; Bull. sc. nat., 11, p. 56.
(2) *Flora*, 1830, p. 584.
(3) Mémoire (inédit) lu à la soc. de phys. et d'hist. nat. de Genève en 1830.

analogue à celui qu'une combustion lente et faible aurait pu leur donner.

Un fait remarquable, mais encore totalement isolé,
est celui qui m'a été attesté par M. Thouin, et que j'ai
déjà cité sous un autre rapport (1). Ce célèbre horticul-
teur avait envoyé une collection de pommiers à M. De-
midow à Moscou. Les caisses arrivèrent gelées. On les
plaça dans une glacière, et on eut soin de les rapprocher graduellement de l'entrée pour les dégeler. Au printemps on les sortit de la glacière : on planta les pommiers qui reprirent vie : mais une caisse fut oubliée au
fond de la glacière ; elle y passa une année tout entière.
Au printemps suivant, on la traita comme les précédentes, et les arbres qu'elle contenait reprirent de même
après une torpeur de dix-huit mois. Cette expérience remarquable, que je connais seulement sur le témoignage
d'un homme digne de toute confiance, mais qui la
tenait lui-même d'un autre, mériterait d'être répétée et
variée.

Quelques classes de cryptogames sont très-remarquables par la faculté qu'elles ont de reprendre leur mouvement vital après des intervalles assez longs. Les lichens
possèdent à un haut degré cette propriété. Il paraît que,
selon les circonstances atmosphériques auxquelles ils sont
soumis, ils peuvent ou rester long-temps stationnaires,
ou recommencer à pousser à de longs intervalles. Mais
si les faits cités par les auteurs sont bien exacts, nulle
famille ne serait comparable aux mousses sous ce rapport. Leur tissu est si peu altérable, qu'à quelque époque

____

(1) Flor. franç., vol. 1.

qu'on humecte une mousse desséchée , elle s'imbibe d'eau et reprend toute l'apparence de la vie et de la fraîcheur. Ainsi Gleditsch assure que des mousses desséchées depuis cent ans avaient repris toute leur ancienne vigueur après sept ou huit heures d'immersion dans l'eau froide. On a vu au jardin d'Oxford (1), les mousses de l'ancien herbier de Dillenius, qui, plongées dans l'eau, ont repris la vie au bout d'environ deux siècles ; mais est-ce seulement l'apparence de la vie ou la vie elle-même que les mousses ont reprise dans ces expériences ? Necker affirme qu'une espèce de mnium (n. 4, de Dill.), qui lui fut apportée sans fructification et à moitié corrompue, ayant été placée par lui dans un sol convenable, émit de nouveaux jets et des capitules de fleurs mâles. Il assure encore que le *barbula ruralis*, l'*orthotrichum striatum*, l'*hypnum abietinum*, et quelques autres mousses conservées deux ans dans une boîte, et entièrement desséchées, ayant été placées dans un lieu humide et ombragé, y ont, au bout de trois mois, commencé à végéter (2). Ainsi il semble constaté que dans ces végétaux d'organisation très-simple, la vie (comme dans les rotifères) peut être réellement suspendue pendant long-temps, et se ranimer ensuite par l'influence de l'humidité, aidée de celles de l'air et de la chaleur.

Ces considérations sur la suspension des fonctions vitales nous conduisent naturellement à examiner les principes de la transplantation, qui est une opération essentiellement destinée à rendre cette suspension de fonctions la moins dangereuse possible.

---

(1) Bridel, hist. musc., 1, p. 76.
(2) Act. Théod. palat., vol. 2, p. 444.

CHAPITRE XIII.

De la Transplantation des Végétaux.

———

La greffe (chap. IV, liv. IV) est le transport d'un bourgeon ou d'un scion à une autre place de l'arbre, ou sur
un autre tronc; le bouturage (liv. III, chap. VII) est le
transport d'une branche ou d'une racine dans un lieu
disposé favorablement pour le développement de l'organe
qui lui manque. La transplantation est l'acte par lequel on
transporte un végétal en totalité à une autre place, en
ayant soin d'y réunir les circonstances favorables à sa reprise. Cette opération est presque impossible dans l'état
de nature, vu l'immobilité propre aux végétaux; ou, si
on l'observe quelquefois, ce ne peut être que dans des
cas bien rares et tout-à-fait accidentels, comme, par
exemple, lorsque le cours d'un torrent déracine une
plante riveraine, et la porte à quelque distance dans un
sable mobile où elle peut s'enraciner de nouveau. Dans
l'état de culture, au contraire, la transplantation est un
procédé fréquemment employé, très-populairement connu,
et que je dois mentionner, non pour entrer dans les détails
qu'il comporterait, mais pour montrer sa liaison avec les
lois de la végétation.

La transplantation peut s'exécuter d'après deux systèmes généraux : ou bien on laisse toutes les racines intactes et en place, et on enlève en bloc le terrain dans

lequel le végétal est implanté, pour le transporter ailleurs,
ou bien on dégage la plante plus ou moins complétement
du sol qui l'entoure, et on l'enchâsse dans un nouveau
terrain. Je donnerai à la première méthode le nom de
transportation, et à la deuxième celui de *transplantation*
proprement dite.

§. 1. De la Transportation.

La transportation, telle que je viens de la définir,
s'exécute tous les jours dans les pays de montagne lorsqu'un bloc de terre se détache d'une pente avec les végétaux qu'il nourrit, et vient en glissant se placer dans un
autre lieu. On conçoit que dans cette opération les racines n'étant ni rompues ni dérangées, peuvent continuer
sans interruption à exercer leurs fonctions, et que par
conséquent ce mode de transport peut avoir lieu dans
toutes les saisons; car, dans le fond, la plante n'a pas
changé de position, mais c'est le terrain qui la porte qui
en a changé.

On imite cette opération ou cet accident de l'ordre naturel par divers procédés de culture : ainsi, des plantes
en vase, ou qui croissent sur des corps mobiles, comme
un tronc d'arbre ou un rocher, sont transportables sans
le moindre obstacle, puisque leur sol n'est pas remué
dans son intérieur et n'éprouve qu'un mouvement général de translation. Ainsi, le jardinier qui a semé une
plante dans un vase, et qui veut la mettre en pleine terre,
s'assure que le sol du vase, soit par sa nature propre, soit
par son degré moyen d'humidité, est assez tenace pour
rester en bloc un moment sans être maintenu ; il secoue

le vase, détache la terre en bloc avec la plante, la dépose dans un creux fait d'avance, et place ainsi la jeune plante en pleine terre sans aucun dérangement de ses moindres radicules. Dans d'autres cas où il redoute cette opération à cause de la grandeur ou de la délicatesse de la plante, il enterre le vase tout entier en le brisant après son enfouissement. Ainsi, tous les jours on voit dans les terrains un peu compactes enlever avec la bêche des blocs qui contiennent des plantes vivantes, et qu'on transporte ainsi sans déranger leurs racines. Cette opération est très-commune en particulier dans le transport des gazons naturels: quand il s'agit de plantes feuillées plus délicates ou de terres plus meubles, on consolide la motte, soit en la comprimant, soit, comme le propose M. l'abbé Berlèze (1), en l'entourant de plâtre liquide qui la serre et y forme comme une sorte de mur ou d'enduit.

Un procédé analogue aux précédens est celui par lequel on transporte de gros arbres dans les temps de gelée; lorsque le temps est disposé à geler, on fait le soir autour d'un arbre un fossé circulaire assez grand pour que le massif de terre isolé par ce fossé contienne toutes ou presque toutes les racines; lorsque ce massif se trouve congelé (et pour assurer cette congélation, on prend quelquefois le soin de l'arroser d'avance), on enlève le lendemain matin le massif comme un bloc de glace, et on le transporte ailleurs, sans autre difficulté que celle qui résulte du poids et du volume. Ce procédé est surtout applicable aux arbres conifères qui n'ont pas de trop

____

(1) Ann. soc. d'hortic. de Paris. 1828. p. 160; Bull. sc. agr., 12, p. 365.

grandes racines. Le seul danger à redouter est la trop grande intensité, ou la prolongation de la gelée, qui tend à attaquer les racines. On l'évite en arrosant immédiatement le bloc, dès qu'il est enterré, avec de l'eau à une température de 8 à 12 degrés au-dessus de zéro.

On conçoit sans peine que ces procédés et autres analogues sont les plus sûrs pour changer les plantes de place, puisque leurs racines ne sont point altérées; aussi cherche-t-on à s'en rapprocher, quand on le peut, en enlevant les plantes avec leur motte; mais dans le plus grand nombre de cas, ce transport en bloc est impossible, et il faut recourir à la vraie transplantation.

§. 2. De la Transplantation proprement dite.

Dans cette opération, le végétal est plus ou moins complétement dépouillé de la terre qui entoure ses racines, et placé dans un nouveau sol. Les principes, et par conséquent les procédés de la transplantation sont fort différens, selon qu'il s'agit de l'exécuter sur des végétaux munis de leurs feuilles, ou sur ceux qui en sont dépourvus.

On transplante des végétaux feuillés dans trois cas assez différens :

1°. Des plantes herbacées et à la première année de leur vie sont souvent soumises à cette opération. On leur donne généralement alors le nom de *plantons*. On les arrache de la terre meuble où elles ont germé, en ayant soin d'endommager leurs racines le moins possible, et on les place dans un sol nouveau où on pratique un trou proportionné à leur grandeur. Pour assurer leur reprise,

on arrose immédiatement, afin de raviver l'action absorbante des racines, et on cherche à abriter le feuillage
contre les rayons directs du soleil, afin de diminuer l'évaporation, et de faire ainsi que l'eau pompée par les racines ait le temps d'être absorbée par les cellules des
tiges et des feuilles. Dans quelques cas, on assure encore
ce résultat en mettant ces plantes dans un lieu chaud.
Il est des plantes, telles que celles de chou, de colza,
dont la reprise est, dit-on, plus sûre, ou tout au moins
s'exécute également bien, lorsqu'elles sont un peu fanées; les racines pompent alors l'eau du sol avec d'autant
plus de rapidité que le tissu intérieur en est dépourvu;
mais on connaît que si la dessiccation est allée trop loin,
la reprise devient douteuse. Les plantes âgées sont d'autant plus difficiles à transplanter chargées de feuilles,
que ces feuilles sont plus grandes, plus minces et plus
abondamment munies de stomates, parce que l'évaporation peut alors facilement l'emporter sur l'absorption.
On remédie à cet inconvénient en coupant partie ou
totalité de leurs feuilles.

2°. On transplante avec facilité les plantes ou sous-
arbrisseaux garnis de feuilles charnues, épaisses, et qui,
ayant peu de stomates, évaporent fort peu. Ces plantes
peuvent rester long-temps exposées à l'air sans se flétrir
ni se dessécher, et ont ainsi le temps de reprendre leurs
fonctions radicales.

3°. Enfin, on transplante avec leurs feuilles les arbres
toujours verts, tels que les pins. les sapins, les magnolia, etc. Le moment qu'on choisit pour cette opération est le printemps, parce qu'alors leurs anciennes
feuilles, encroûtées par les dépôts terreux et charbon-

neux d'une année entière, évaporent très-peu, que les nouveaux bourgeons sont tellement prêts à pousser qu'ils peuvent le faire de suite aux dépens de la nourriture accumulée dans le tissu, et que c'est l'époque où leurs radicelles commencent à se développer. L'état coriace des feuilles de ces végétaux leur permet, comme aux plantes grasses, de se maintenir vivantes jusqu'à la régénération des radicelles et des bourgeons.

Sauf ces trois cas, et ceux où l'on peut agir par transportation, il convient en général de transplanter les arbres à feuilles caduques et les herbes vivaces à l'époque du repos de la végétation ou de l'absence des feuilles. Les causes physiologiques qui doivent déterminer ce choix sont les suivantes :

1°. Pendant l'absence des feuilles, les racines continuent, comme nous l'avons vu (liv. II, ch. XIV), à absorber un peu d'eau, et l'évaporation est nulle ou presque nulle, de sorte que le végétal se trouve naturellement dans la position que nous avons dit tout à l'heure être la plus favorable.

2°. Le rhizome ou la tige du végétal sont, après la chute des feuilles, à l'époque où ces organes contiennent la plus grande quantité de dépôts de nourriture accumulée, et peuvent par conséquent se suffire le plus long temps à eux-mêmes.

L'expérience confirme tous les jours ces données de la théorie, et chacun sait que, quoiqu'il ne soit pas rigoureusement impossible de transplanter des végétaux feuillés, chacun sait que c'est une opération très-hasardeuse, tandis qu'exécutée dans l'absence des feuilles elle est presque immanquable. Elle peut s'exécuter pendant toute la durée de ce temps de repos ; mais dans les climats sujets à la gelée, il convient de la faire ou en automne, avant l'époque ordinaire du gel, ou au printemps, après que celle-ci est terminée. Cette dernière époque est préférable pour les végétaux qui sortent de l'orangerie et qui craignent la gelée, parce qu'on leur donne un été tout entier pour s'y préparer par l'endurcissement de leur bois. Quant aux végétaux robustes et qui ne redoutent pas le froid ordinaire du climat, je ne vois, quoi qu'on en ait dit, aucune raison physiologique qui doive décider de l'époque qui convient le mieux. Dans deux jardins botaniques que j'ai plantés, je n'ai jamais pu apercevoir la moindre différence dans le succès des plantations faites en automne et au printemps. Mais il y a des motifs pratiques pour préférer l'automne, savoir, entre autres, 1° que si on renvoie au printemps, on risque de voir le froid se prolonger assez et la feuillaison s'accélérer ensuite, de sorte qu'on risque de manquer de temps, tandis que la besogne que, par des saisons inverses, on ne pourrait terminer en automne, on l'achève au printemps; 2° que, lorsqu'il s'agit de végétaux qu'on tire de loin, il vaut mieux les faire voyager dans l'automne que dans le printemps, qui est sujet à plus de variations de température; 3° que lorsqu'on achète ses arbres, on trouve les pépinières bien garnies en automne, tandis qu'au printemps on n'a que le rebut des autres, etc.

La transplantation s'exécute d'après deux principes différens : 1° d'ordinaire on ne prend pas un soin rigoureux de la conservation des petites radicelles, et souvent même on en coupe une partie. Cette méthode se fonde, d'un côté, sur la perte de temps et la diffi-

culté qu'on éprouverait à conserver toutes les racines,
et, de l'autre, sur la probabilité qu'il se développera à
l'époque ordinaire, c'est-à-dire à la fin de l'hiver, un
nouveau chevelu qui réparera peut-être avec avantage
les radicelles détruites. On a même remarqué que, lorsque les racines ont été blessées, contuses ou déchirées
dans l'acte de la transplantation, il vaut mieux les affran-
chir, comme disent les jardiniers, c'est-à-dire retrancher
les parties blessées par une coupe nette, plutôt que de
les laisser; ces racines blessées pourrissent facilement, et
la gangrène peut gagner jusqu'au tronc, tandis qu'une
tranche nette se cicatrise mieux, et favorise l'absorption des sucs, et le développement des jeunes radicelles.
Cette méthode est généralement adoptée dans la pratique, et suffit en général aux besoins de la culture.

La seconde méthode qui a été récemment mise en pratique par MM. H. Steward (1) et Monk (2), consiste à
ménager avec un soin minutieux les moindres radicelles
des arbres, et à les replacer avec le même soin dans leur
nouvelle position, en ayant égard à l'analogie des terrains, et à ne pas placer subitement dans des lieux dé-
couverts les arbres accoutumés à l'ombre, ou l'inverse.

On assure que par cette précaution on peut transplanter des arbres de toute grandeur et obtenir ainsi presque subitement des avenues ou des parcs plantés de
grands arbres : c'est ce que M. H. Steward a exécuté en
Ecosse avec un succès remarquable. Je dois cependant
faire remarquer que, même par l'ancienne méthode, on

____

(1) *The Planter's gude*, 1 vol. in-8°, Lond., 1828.
(2) Trans. de la soc. d'hortic. de Londres, vol. VII. p. 56.

peut transplanter des arbres beaucoup plus gros qu'on ne
le pense; c'est ce que j'ai vu pour des marroniers, des
broussonnetias, et même pour des tulipiers et des catalpas,
quoiqu'ils soient au nombre des arbres délicats. Un des
moyens d'assurer la reprise des arbres transplantés dont
les jardiniers se servent souvent et abusent quelquefois ,
c'est d'éteter les arbres et de réduire beaucoup le nombre
de leurs branches; aussi était-ce jadis chez eux un dicton
populaire, *que si on plantait son père il faudrait lui couper
la tête.* Par là ils retardent le développement des bourgeons, et par conséquent il en résulte que l'évaporation
ne commence que lorsque l'arbre a déjà assez de radicelles pour fournir à une forte succion. Il est donc certain
que ce procédé assure la reprise, et lorsqu'on l'exécute
modérément il a peu d'inconvéniens; mais si on coupe le
jet vertical, on déforme le port habituel de l'arbre; ce
qui doit faire proscrire cette opération, au moins pour
tous les arbres pyramidaux. Si on le coupe lorsqu'il est
déjà épais, on forme une carie qui dispose l'arbre à périr;
si on coupe de grosses branches latérales sans les précautions qui seront exposées plus tard (liv. V, chap. XI),
on risque d'avoir un arbre carié ou déformé. Si on coupe
les branches des arbres résineux ou laiteux, on y détermine des extravasations dangereuses de sucs, et pour tous
on risque d'établir une transsudation de sucs séveux analogue aux pleurs de la vigne et propre à les épuiser. Ce
phénomène est très-connu dans les ormeaux mal taillés
des grandes routes. Enfin, pour les pieds très-âgés où
cette opération est peut-être nécessaire, on s'en est fort
exagéré l'utilité, au moins pour les arbres qui ne sont pas

cultivés comme fruitiers. M. Goutelongue (1) en a récemment fait sentir les inconvéniens : elle doit être en particulier proscrite dans les jardins botaniques où l'on a intérêt à conserver l'arbre dans son port naturel. L'un des avantages de la méthode écossaise citée plus haut, c'est que, dit-on, elle permet de conserver toutes les branches.

On a dit qu'il convenait d'orienter l'arbre dans sa nouvelle position comme il l'était dans l'ancienne ; mais cette précaution est habituellement négligée dans la pratique, et, je crois, avec raison ; je n'ai jamais pu voir du moins aucun fait qui autorisât à donner de l'importance à cette orientation. M. Stewart conseille même d'intervertir l'orientation de l'arbre.

Il convient, en général, d'ouvrir les creux dans lesquels on compte planter les arbres, aussi long-temps avant cette opération que la nature des lieux le comporte, et de l'enrichir par des composts. Cette précaution est d'autant plus utile que le terrain est plus sec et plus compacte ; elle permet à l'eau pluviale de pénétrer plus avant, et d'opérer, soit l'humectation du sol, soit la dissolution des matières organiques qui peuvent s'y trouver : de plus, elle facilite l'abord de l'air atmosphérique, et tend à transformer ces matières en gaz acide carbonique ou autres substances solubles. Lorsqu'on place les arbres dans un terrain très-sec et très-compacte, il ne faut pas se contenter de remplir le creux de bonne terre, parce que l'arbre se trouve comme empoté, et ne perce pas

---

(1) Journ. des prop. ruraux, 1827. p. 161.

le sol voisin , mais il faut faire le creux assez grand pour mélanger sur ses bords le terreau avec le mauvais sol , de manière à ce que les racines s'étendent graduellement dans celui-ci. Pour éviter la dessiccation du terreau meuble, M. Stewart propose de battre la terre avec une large demoiselle de paveur, afin d'en rendre la surface compacte. Dans ce même but, et aussi pour protéger l'arbre contre le vent et les bestiaux, M. Monck conseille d'entourer son tronc avec de grosses pierres.

Lorsque le terrain est , au contraire, humide et vaseux, ou le climat très-pluvieux, ces cavités préparées à l'avance ne font qu'accroître le mal. Les Hollandais ont l'usage , lorsqu'ils plantent des arbres dans de semblables terrains , de placer des fascines au fond du creux, afin d'égoutter l'eau surabondante , et de maintenir de l'air autour des racines; ce que nous avons déjà vu être fort nécessaire. Par des motifs analogues, on ne doit pas planter les arbres dans des temps de pluie ; leurs racines noyées dans la vase risquent de périr ou par la pourriture , ou par le manque d'air.

Quand on est dans le cas de planter des arbres qui viennent de faire un long voyage, ou qui sont arrachés depuis long-temps, on se trouve bien de les faire tremper par la base, vingt-quatre heures avant de les planter, dans une eau de température un peu élevée (10 à 15 degrés), afin d'humecter leurs racines, et de les disposer ainsi à pomper plus rapidement l'eau du sol. Cette même précaution, ou l'acte de les enterrer par leurs bases dans un sol humide , est très-convenable pour les boutures ou les greffes qui ont voyagé ou qui sont coupées depuis long-temps.

Les autres précautions que les jardiniers observent dans la transplantation me paraissent trop étrangères à la physiologie pour trouver place ici. On peut les chercher dans les ouvrages d'horticulture.

CHAPITRE XIV.

De la Mort partielle des Organes.

HEDWIG avait établi, comme le caractère le plus universel entre les deux règnes organiques, la permanence des organes sexuels pendant la vie entière chez les animaux, et leur chute suivie d'un renouvellement annuel dans les végétaux.

Ce caractère, quoique vrai, ne mérite point un rang aussi élevé, puisqu'il n'est qu'un cas très-particulier d'un phénomène général, la non permanence d'une partie des organes des végétaux.

M. Turpin a distingué les organes en deux grandes classes qu'il nomme axiles et appendiculaires. Les organes axiles ou qui forment l'axe de la plante, sont la racine et la tige : ces organes sont en général permanens, ou ne meurent partiellement que de trois manières, qui, les unes et les autres, paraissent accidentelles, savoir :

1°. Certaines parties de la tige ou de la racine attaquées ou par la pourriture ou par toute autre maladie, peuvent être altérées au point de mourir; alors il se manifeste des phénomènes analogues à ce qui se passe dans les animaux : tantôt la carie ou la gangrène se propage, et il en résulte la mort totale du végétal; tantôt la partie malade se cerne d'elle-même, et la partie vivante la rejette, comme dans la nécrose.

2°. Certaines parties articulées de la tige peuvent se

séparer les unes des autres, comme on le voit dans la champlure de la vigne ou dans quelques diatomées : dans le premier cas, c'est une véritable maladie déterminée par le froid ; dans le second, c'est un phénomène fort peu connu dans son essence, comme l'être sur lequel on l'observe.

3°. Les tiges annuelles des plantes vivaces meurent après la maturité des graines, par suite de l'épuisement que ce phénomène y détermine. Ce cas est moins évidemment accidentel que le précédent ; mais on peut reconnaître qu'il doit réellement être considéré comme une sorte d'accident déterminé par des causes internes. En effet, il est une foule de cas où une partie plus ou moins considérable de ces tiges persiste, soit lorsqu'elles n'ont pas porté de graines, soit lorsqu'elles se sont trouvées à l'abri du froid ou de l'humidité.

Quant aux organes appendiculaires, ils sont, par leur nature, toujours temporaires, toujours destinés à mourir après que leur rôle est achevé, et le plus souvent à se séparer d'eux-mêmes, à cette époque, de la tige qui leur a donné naissance. C'est ainsi qu'à des termes divers les feuilles de tous les végétaux vasculaires finissent par mourir d'une mort réellement comparable à la mort de vieillesse des animaux ; leur tissu s'obstrue par le dépôt continuel des sucs terreux qui y abordent ; l'évaporation ne peut plus s'exécuter, et la succion elle-même s'arrête : les organes paraissent perdre leur faculté contractile, et une mort irrémissible est la suite de ces phénomènes. Comme je l'ai expliqué dans l'*Organographie* (vol. 1, pages 355 — 358), les feuilles articulées sur la tige se désarticulent, les feuilles continues meurent partiellement. De semblables phénomènes ont lieu dans les organes de nature analogue aux feuilles, ou qui ne sont que des feuilles modifiées, tels que les bractées, les involucres, les spathes, les sépales, les pétales, les étamines, les carpelles. Tous ces organes meurent à un temps déterminé : les uns, et c'est le cas le plus fréquent, se désarticulent et tombent ; les autres se détruisent partiellement, et finissent par disparaître. Le phénomène de la vie animale, qui pourrait être le mieux comparé avec celui-ci, serait la chute des plumes ou des poils, ou même la chute des ailes de quelques insectes ; mais quelle différence prodigieuse dans l'importance des deux phénomènes ! Dans les animaux, les organes, sujets à une mort partielle nécessaire, sont des organes accessoires qui ont en général très-peu d'importance pour la vie, soit de l'individu, soit de l'espèce. Chez les végétaux, les organes qui se détruisent et se renouvellent ainsi, sont au nombre des plus essentiels, tels sont, 1° les feuilles qui sont les organes de l'exhalaison, de la décomposition de l'acide carbonique, de la formation des sucs nourriciers et des sucs propres ; 2° les organes sexuels et ceux qui leur servent de tégument ou de protection ; ou, en d'autres termes, les organes éminemment nécessaires à la nutrition et à la reproduction. C'est là la véritable mort de vieillesse des végétaux, et son terme se lie évidemment avec l'individualité des bourgeons, et concourt à prouver que c'est là la véritable individualité des végétaux.

CHAPITRE XV.

Du Tempérament des Végétaux.

———

Les corps bruts, comparés entre eux, sont sensiblement identiques par leurs propriétés lorsqu'ils sont purs;
et les différences de couleur ou de toute autre propriété
qu'on observe entre deux cristaux de même espèce,
tiennent toujours à des mélanges de matière étrangère;
mais, lorsqu'il s'agit de corps organisés et vivants, les
êtres diffèrent entre eux par un grand nombre de particularités : les unes, liées à la distinction même des espèces, peuvent être ramenées aux caractères mêmes qui
les constituent, et tiennent à des circonstances de formes
directement appréciables; les autres, liées à l'action vitale
elle-même, ne font point partie des caractères proprement dits, et ne peuvent être appréciées que d'une manière indirecte. Les premières font partie des branches
de la science qui porte les noms d'organographie ou
de taxonomie; les dernières sont du ressort de la physiologie. On appelle en général *tempérament* cette nature
propre des individus comparés entre eux ou des espèces
comparées entre elles, nature qui détermine des différences de vitalité indépendantes des caractères proprement dits, ou qui tout au moins ne sont pas liés avec eux
d'une manière telle que nous puissions l'indiquer. Nous
examinerons rapidement ces faits d'abord dans les indi-

vidus d'une même espèce, puis dans les espèces elles-mêmes comparées entre elles.

§. 1. Des individus.

Tout le monde sait que les individus de l'espèce humaine, par exemple, ou de toute autre espèce animale, ne sont pas tous doués de la même force ni de la même précocité, et on désigne cette propriété individuelle sous le nom de *tempérament propre*, ou d'*idiosyncrasie*. Cette diversité individuelle paraît exister aussi dans les végétaux, quoiqu'elle y soit moins prononcée et moins fréquente.

Si nous parlons de la précocité, il n'est personne qui n'ait vu les végétaux d'un pré ou d'un champ, les arbres d'une promenade, fleurir à des époques un peu différentes, quoique placés dans des circonstances semblables. J'en ai déjà cité des exemples détaillés en parlant de la fleuraison, liv. III, chap. II, art. 3. On sait que les fruits ou les graines de deux végétaux de la même espèce ne mûrissent pas rigoureusement à la même époque, sans qu'on puisse toujours rapporter ces faits à une cause appréciable.

On a souvent remarqué que des individus issus des mêmes graines, cultivés dans le même terrain et dans toutes les circonstances semblables, sont cependant souvent différens entre eux en grandeur ou sous quelques autres rapports. Il est peu de cultivateurs qui n'aient vu des faits de ce genre.

De là plusieurs physiologistes ont cru qu'on devait admettre que, dans les végétaux comme dans les animaux, il peut se trouver une différence d'intensité dans l'action vitale ou la contractilité des organes des individus d'une même espèce; et il est difficile en effet, dès qu'on admet une force de la nature de celle-ci, de ne pas admettre en même temps qu'elle est susceptible de quelques modifications d'intensité. Il faut avouer cependant que nous sommes loin de savoir apprécier toutes les causes qui peuvent agir sur la vitalité des plantes, et qu'il est bien possible que nous rapportions ainsi à la vie certaines différences qui sont dues aux événemens antérieurs que l'individu a eu à supporter; mais ce doute pourrait s'appliquer aussi au règne animal, et on pourrait soutenir que si un individu a un tempérament donné (phlegmatique ou bilieux, par exemple), cela tient à la réunion de toutes les circonstances d'hérédité, de nutrition, de climat, etc., par lesquelles il a passé. La notion d'idiosyncrasie, ou de tempérament propre, appliquée aux végétaux, me paraît de même ordre, et je l'admets, non pour affirmer qu'il y a diversité originelle entre les individus d'une même espèce, quoique je sois disposé à le croire, mais pour désigner un ensemble de faits dont le résultat est évident, quoique la cause en soit douteuse.

La similitude qu'on observe entre les individus provenus de greffe ou de bouture, comparée avec la diversité de ceux qui proviennent de graines, me paraît un argument puissant en faveur de l'opinion du tempérament propre des individus végétaux. La diversité des branches provenant sur le même arbre de deux bourgeons différens, qu'on peut considérer comme deux individus greffés sur un même tronc, tend encore à confirmer cette idée. J'avoue qu'elle est encore vague et qu'elle a besoin d'être étudiée avec précision.

§. 2. Des Espèces.

Si de l'examen des individus nous nous élevons à celui des espèces, nous trouverons de même dans les deux règnes organiques des espèces plus robustes ou plus délicates, plus précoces ou plus tardives, etc. , sans que rien dans leur organisation puisse nous expliquer cette différence. Qui pourrait nous dire avec quelque degré de vraisemblance pourquoi l'âne est plus robuste que le cheval, ou pourquoi le calluna (*erica vulgaris* , Linn.) est plus robuste que presque toutes les bruyères ? Ce sont encore là des exemples de tempéramens propres aux espèces qui font partie de leur histoire , mais ne peuvent se rapporter, au moins dans l'état actuel de la science , à leurs formes proprement dites.

La comparaison des espèces robustes et délicates présente quelques considérations qui ne sont pas dénuées d'intérêt : une plante robuste est celle dont l'organisation ou la force est telle , qu'elle peut supporter des variations plus considérables de température, de clarté , d'humidité , etc. Une plante délicate est celle, au contraire , dont l'organisation est telle, qu'elle ne peut supporter que des variations très-légères des divers agens extérieurs. Il doit résulter de cette différence essentielle , 1° que les espèces robustes doivent être beaucoup plus communes dans les pays où elles croissent, et les espèces délicates beaucoup plus rares ; 2° que les espèces robustes pourront se trouver dispersées sur une grande étendue de terrain, tandis que les espèces délicates seront cantonnées dans le petit nombre de points qui réuniront les conditions favorables à leur existence ; 3° que les différences de hauteur au-dessus du niveau de la mer établiront des limites d'autant plus fixes pour chaque espèce, qu'elle est plus délicate, d'autant plus larges qu'elle est plus robuste (1) ; 4° que les espèces robustes doivent présenter beaucoup plus de variations et de vraies variétés et même de races, que les espèces délicates, car celles-ci périssent plutôt que de se laisser modifier, tandis que les premières peuvent, en se modifiant, supporter des changemens notables dans l'action des agens extérieurs ; 5° que les espèces robustes ou communes, ce qui est la même chose, doivent être beaucoup plus faciles à cultiver, puisqu'on peut plus facilement leur donner des circonstances convenables, tandis que les espèces délicates ou rares qui ont besoin d'un concours déterminé de circonstances sont plus rebelles à la culture ; 6° qu'ainsi, par conséquent, les espèces cantonnées dans un lieu ou un pays déterminé, doivent être plus difficiles à conserver dans les jardins que celles qui occupent naturellement un plus grand espace sur le globe (2). Ainsi, en voyant le cantonnement des mélastomacées, on pouvait prévoir que leur culture offrirait des difficultés, ou en voyant les difficultés de la culture des orchidées dans les jardins, on pouvait prévoir que celles des divers pays étaient différentes les unes des autres. Je n'insiste pas sur ces considérations qui doivent se traiter

____

(1) DC., Mém. soc. d'Arcueil, vol. 3.
(2) DC., Collect. de mém., 1, Mélastomacées.

en détail sous le rapport de la géographie botanique, mais qui se rattachent aussi à la théorie physiologique du tempérament des espèces. Les époques précoces ou tardives des fleuraisons ou des feuillaisons, les heures du développement des fleurs, etc., sont des phénomènes qui doivent se rapporter à la manière plus ou moins vive dont les tissus de certains végétaux sont affectés par la chaleur, la lumière, etc. On ne peut qu'indiquer ces faits généraux sans prétendre les expliquer en détail.

§. 3. Considérations générales sur la périodicité.

La périodicité, ou ce retour régulier des mêmes phénomènes à des intervalles égaux ou presque égaux, est une des circonstances les plus singulières de la vie des êtres organisés. Pour s'en faire une idée juste, il faut distinguer trois classes de phénomènes périodiques, ou, si l'on aime mieux, trois causes de périodicité vitale.

1° Le retour régulier de certains phénomènes de la nature inanimée déterminent aussi le retour régulier de quelques phénomènes vitaux : c'est ainsi que l'alternative des saisons ou celle du jour et de la nuit peuvent être considérées comme les causes essentielles ou occasionelles de plusieurs phénomènes ; et dans les végétaux en particulier, les faits relatifs au développement annuel, ceux relatifs à la fleuraison, au sommeil des feuilles et des fleurs, ont un rapport évident avec cette classe de faits.

2°. Plusieurs phénomènes vivans paraissent avoir besoin, pour leur développement de l'accumulation, d'une certaine quantité de nourriture déposée dans quelque point de leur tissu ; et comme ce dépôt de nourriture exige un certain temps déterminé par l'ensemble de la nutrition, il en résulte que ces phénomènes doivent prendre une certaine périodicité : ainsi, la fructification semble, dans plusieurs cas, déterminée par ce dépôt préalable de nourriture.

3°. Il peut y avoir dans le tissu même des êtres organisés une disposition vitale à un retour périodique des mêmes faits. Cette disposition est évidente dans les animaux en tout ce qui tient à leurs fonctions nerveuses; et comme leur appareil nerveux se mêle à tous les organes, il en résulte qu'on trouve des traces de périodicité plus ou moins prononcées jusque dans leurs fonctions végétatives. Les plantes sont-elles douées de cette même disposition, ou les phénomènes de périodicité qu'elles présentent peuvent-ils être tous rejetés dans les deux premières classes? C'est une question d'autant plus difficile à résoudre, qu'il est probable que dans un grand nombre de cas particuliers les trois causes citées ici peuvent agir à la fois, et qu'il est délicat de démêler la part de chacune. Ainsi, on peut dire d'une manière générale que la fleuraison annuelle est déterminée par le retour périodique des saisons; mais il est des cas où elle a lieu indépendamment de ce retour, comme, par exemple, pour les plantes de l'hémisphère austral qui continuent à fleurir pendant quelque temps à leur époque accoutumée, ou pour les nymphæa d'Egypte qu'on voit, au moins les premières années, se développer dans nos serres à l'époque de leur fleuraison habituelle. D'après cette circonstance, on pourrait croire que cette fleuraison est déterminée par une certaine accumulation de nourriture qui marche d'accord avec le retour des saisons; et les

exemples d'arbres que l'enlèvement de leurs fruits force
à fleurir de nouveau, pourrait confirmer cette idée.

Mais elle est peu applicable à des phénomènes de plus
courte durée : ainsi, on peut bien croire que l'alternative
du jour et de la nuit influe sur le sommeil des feuilles et
des fleurs, mais elle n'en est pas la cause essentielle, puisque, à l'obscurité continue et à la clarté continue, ces
phénomènes s'exécutent encore : la présence ou l'absence
de la lumière pendant un temps donné peut bien déterminer la longueur et l'époque des périodes ; mais il paraît
qu'il existe un besoin propre au végétal d'exécuter ces
mouvemens.

Ce besoin de mouvemens périodiques est dans la physiologie animale si évidemment lié dans bien des cas
avec l'action nerveuse, qu'on pourrait être tenté de déduire de l'existence de la périodicité dans les végétaux,
l'existence de quelque force analogue à la sensibilité ;
mais la périodicité semble être liée avec l'essence de
toutes les forces vitales ; dès qu'il y a eu excitation d'un
genre quelconque dans un corps vivant, il succède à
cette excitation une dépression momentanée : pendant
cette dépression, les phénomènes de la nutrition et le
repos redonnent une nouvelle action à l'organe, et il redevient capable d'excitation : dans les animaux, cette
alternation est sensible et dans les fonctions de la sensibilité, et dans celles de l'irritabilité, et dans celles de la
simple excitabilité, autant que nous savons les distinguer ;
si on retrouve ces alternatives chez les végétaux, on en
peut bien conclure qu'ils sont doués d'une force analogue à la force vitale des animaux, mais non à l'une en
particulier des trois divisions qu'on y a établies : par

conséquent, les phénomènes de la périodicité n'altèrent pas les raisonnemens généraux par lesquels nous avons, dans le premier livre de cet ouvrage, rapporté tous les phénomènes de la vie végétale à la simple excitabilité.

FIN DU DEUXIÈME VOLUME.

www.ingramcontent.com/pod-product-compliance
Lightning Source LLC
LaVergne TN
LVHW010601180726
843502LV00001B/97